HTML5 Web 开发
（全案例微课版）

刘　辉　编著

清华大学出版社
北　京

内 容 简 介

本书是针对零基础读者编写的Web入门教材。该书侧重案例实训，并提供扫码微课来讲解当前热门的案例。

本书分为22章，内容包括认识HTML 5、设计网页的文本、设计网页列表与段落、网页中的图像和超链接、表格与div标签、网页中的表单、网页中的多媒体、HTML5的新特征、使用CSS层叠样式表、JavaScript和jQuery、绘制图形、文件与拖放、地理定位技术、离线Web应用程序、处理线程和服务器发送事件、数据存储和通信技术、响应式网页设计、流行的响应式开发框架Bootstrap，最后通过4个热门综合项目，让读者进一步掌握项目开发经验。

本书通过精选热门案例，让初学者快速掌握HTML5 Web开发技术。通过微信扫码看视频，可以随时在移动端学习技能对应的视频操作。本书适合读者自学，也可作为相关院校的参考教材。

图书在版编目(CIP)数据

HTML5 Web 开发 : 全案例微课版 / 刘辉编著 . —北京：清华大学出版社，2021.5
ISBN 978-7-302-56893-3

Ⅰ. ① H… Ⅱ. ①刘… Ⅲ. ①超文本标记语言－程序设计 Ⅳ. ① TP312

中国版本图书馆 CIP 数据核字 (2020) 第 226863 号

责任编辑：张彦青
封面设计：李　坤
责任校对：王明明
责任印制：沈　露

出版发行：清华大学出版社
网　　址：http://www.tup.com.cn，http://www.wqbook.com
地　　址：北京清华大学学研大厦 A 座　　**邮　　编：**100084
社 总 机：010-62770175　　**邮　　购：**010-62786544
投稿与读者服务：010-62776969，c-service@tup.tsinghua.edu.cn
质 量 反 馈：010-62772015，zhiliang@tup.tsinghua.edu.cn
印 装 者：北京鑫海金澳胶印有限公司
经　　销：全国新华书店
开　　本：185mm×260mm　　**印　　张：**22.75　　**字　　数：**554 千字
版　　次：2021 年 5 月第 1 版　　**印　　次：**2021 年 5 月第 1 次印刷
定　　价：89.00 元

产品编号：087787-01

前　言

“网站开发全案例微课”系列图书是专门为网站开发和数据库初学者量身定做的一套学习用书。整套书涵盖网站开发、数据库设计等内容，具有以下特点。

前沿科技

无论是数据库设计还是网站开发，精选的都是技术较为前沿或者用户群最多的领域，帮助大家认识和了解最新动态。

权威的作者团队

组织国家重点实验室和资深应用专家联手编著该套图书，融合了丰富的教学经验与优秀的管理理念。

学习型案例设计

以技术的实际应用过程为主线，全程采用图解和多媒体同步结合的教学方式，生动、直观、全面地剖析各种应用技能，降低学习难度，提高学习效率。

扫码看视频

通过微信扫码看视频，可以随时在移动端学习。

为什么要写这样一本书

HTML5 刚一推出，就立刻受到了世界各大浏览器厂商的热烈欢迎和支持。随着用户页面体验要求的提高，页面前端技术日趋重要，HTML5 的技术成熟，使其在前端技术中凸显优势。对于初学者来说，实用性强和易于操作是目前最大的需求。本书面向想学习网页前端设计的初学者，可以快速让初学者入门后提高实战水平。

本书特色

零基础、入门级的讲解

无论您是否从事计算机相关行业，无论您是否接触过 HTML5 Web 开发，都能从本书中找到最佳起点。

实用、专业的范例和项目

本书内容在编排上紧密结合深入学习 HTML5 Web 开发的过程，从 HTML5 的基本概念开始，逐步带领读者学习 HTML5 Web 开发的各种应用技巧，侧重实战技能，使用简单易懂的实际案例进行分析和操作指导，让读者学起来简明轻松，操作起来有章可循。

随时随地学习

本书提供了微课视频，通过手机扫码即可观看，可随时随地解决学习中的困惑。

全程同步教学录像

涵盖本书所有知识点，详细讲解每个实例及项目的创建过程及技术关键点。可以比看书更轻松地掌握书中所有的网页制作和设计知识，而且扩展的讲解部分可以让读者有更多的收获。

读者对象

本书是一本完整介绍HTML5 Web开发应用技术的教程，内容丰富、条理清晰、实用性强，适合以下读者学习使用：

- 零基础的自学者
- 希望快速、全面掌握Web开发的人员
- 高等院校或培训机构的老师和学生
- 参加毕业设计的学生

创作团队

本书由刘辉编著，参加编写的人员还有刘春茂、李艳恩和李佳康。在编写本书的过程中，我们虽竭尽所能将最好的讲解呈现给读者，但难免有疏漏和不妥之处，敬请读者不吝指正。

编者

本书案例源代码

王牌资源

目　录

第1章 认识HTML 5

本章导读

制作网页可采用可视化编辑软件，但是无论采用哪一种网页编辑软件，最后都是将所设计的网页转化为 HTML 文件。那么什么是 HTML 文件？如何编辑 HTML 文件？作为新手如何开发工具？这些问题是本章要重点解决的。

知识导图

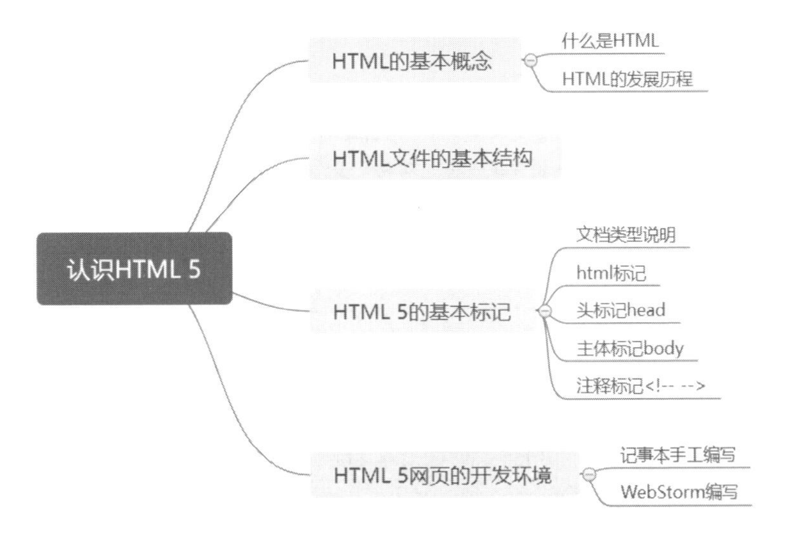

1.1 HTML 的基本概念和版本

因特网上的信息是以网页的形式展示给用户的，网页是网络信息传递的载体。网页文件是用标记语言书写的，这种语言称为超文本标记语言（Hyper Text Markup Language，HTML）。

1.1.1 什么是 HTML

HTML 不是一种编程语言，而是一种描述性的标记语言，用于描述超文本中的内容和结构。HTML 最基本的语法是 < 标记符 ></ 标记符 >。标记符通常都是成对使用，有一个开头标记和一个结束标记。结束标记只是在开头标记的前面加一个斜杠“/”。当浏览器收到 HTML 文件后，就会解释里面的标记符，然后把标记符相对应的功能表达出来。

例如，在 HTML 中用<p></p>标记符来定义一个换行符。当浏览器遇到<p></p>标记符时，会把该标记中的内容自动形成一个段落。当遇到
 标记符时，会自动换行，并且该标记符后的内容会从一个新行开始。这里的
 标记符是单标记，没有结束标记，标记后的“/”符号可以省略；但为了使代码规范，一般建议加上。

1.1.2 HTML 的版本

标记语言从诞生至今，经历了二十多年，各版本及发布日期如表 1-1 所示。

表 1-1　超文本标记语言的版本

版本	发布日期	说明
超文本标记语言（第一版）	1993 年 6 月	作为互联网工程工作小组（IETF）工作草案发布（并非标准）
HTML 2.0	1995 年 11 月	作为 RFC 1866 发布，在 RFC 2854 于 2000 年 6 月发布之后被宣布已经过时
HTML 3.2	1996 年 1 月 14 日	W3C 推荐标准
HTML 4.0	1997 年 12 月 18 日	W3C 推荐标准
HTML 4.01	1999 年 12 月 24 日	微小改进，W3C 推荐标准
ISO HTML	2000 年 5 月 15 日	基于严格的 HTML 4.01 语法，是国际标准化组织和国际电工委员会的标准
XHTML 1.0	2000 年 1 月 26 日	W3C 推荐标准（修订后于 2002 年 8 月 1 日重新发布）
XHTML 1.1	2001 年 5 月 31 日	较 1.0 有微小改进
XHTML 2.0 草案	没有发布	2009 年，W3C 停止了 XHTML 2.0 工作组的工作
HTML 5	2014 年 10 月	HTML5 标准规范最终制定完成

1.2 HTML 文件的基本结构

完整的 HTML 文件包括标题、段落、列表、表格、绘制的图形以及各种嵌入对象，这些对象统称为 HTML 元素。HTML 5 文件的基本结构如下：

```
<!DOCTYPE html>
<html>
<head>
<title>网页标题</title>
</head>
<body>
网页内容
</body>
</html>
```

从上面的代码可以看出，一个基本的 HTML 5 网页由以下几部分构成。

（1）<!DOCTYPE html> 声明：该声明必须位于 HTML 5 文档中的第一行，也就是位于 <html> 标记之前。<!DOCTYPE html> 声明不属于 HTML 标记；它是一条指令，告诉浏览器编写页面所用标记的版本。由于 HTML5 版本还没有得到浏览器的完全认可，后面介绍时还采用以前的通用标准。

（2）<html></html> 标记：说明本页面是用 HTML 语言编写的，使浏览器软件能够准确无误地解释和显示。

（3）<head></head> 标记：HTML 的头部标记，头部信息不显示在网页中，此标记内可以包含一些其他标记，用于说明文件标题和整个文件的一些公用属性。可以通过 <style> 标记定义 CSS 样式表，通过 <script> 标记定义 JavaScript 脚本文件。

（4）<title></title> 标记：title 是 head 中的重要组成部分，它包含的内容显示在浏览器的窗口标题栏中。如果没有 title，浏览器标题栏将显示本页的文件名。

（5）<body></body> 标记：body 包含 HTML 页面的实际内容，显示在浏览器窗口的客户区。例如，在页面中，文字、图像、动画、超链接以及其他 HTML 相关的内容都在 <body> 标记中定义。

1.3 HTML 5 的基本标记

HTML 文档最基本的结构主要包括文档类型说明、HTML 文档开始标记、元信息、主体标记和页面注释标记。

1.3.1 文档类型说明

基于 HTML 5 设计准则中的“化繁为简”原则，Web 页面的文档类型说明（DOCTYPE）被极大地简化了。

HTML 文档头部的类型说明代码如下：

```
<!DOCTYPE html PUBLIC "-//W3C//DTD XHTML 1.0 Transitional//EN"
"http://www.w3.org/TR/xhtml1/DTD/xhtml1-transitional.dtd">
```

可以看到，这段代码既麻烦又难记，HTML5 对文档类型进行了简化，简单到 15 个字符就可以了，代码如下：

```
<!DOCTYPE html>
```

> **注意**：文档类型说明必须在网页文件的第一行。即使是注释，也不能在 <!DOCTYPE html> 的上面，否则将视为错误的注释方式。

1.3.2 html 标记

html 标记代表文档的开始，由于 HTML5 语言语法的松散特性，该标记可以省略，但是为了使之符合 Web 标准和体现文档的完整性，以及养成良好的编写习惯，这里建议不要省略该标记。

html 标记以 <html> 开头，以 </html> 结尾，文档的所有内容书写在它们之间。语法格式如下：

```
<html>
...
</html>
```

1.3.3 头标记

头标记 head 用于说明文档头部的相关信息，一般包括标题信息、元信息、CSS 样式和脚本代码等。HTML 的头部信息以 <head> 开始，以 </head> 结束，语法格式如下：

```
<head>
...
</head>
```

> **说明**：<head> 元素的作用范围是整篇文档，定义在 HTML 语言头部的内容往往不会在网页上直接显示。
> 在头标记 <head> 与 </head> 之间还可以插入标题标记 title 和元信息标记 meta 等。

1. 标题标记

HTML 页面的标题一般是用来说明页面用途的，它显示在浏览器的标题栏中。在 HTML 文档中，标题信息设置在 <head> 与 </head> 之间。标题标记以 <title> 开始，以 </title> 结束，语法格式如下：

```
<title>
...
</title>
```

标记中间的“…”就是标题的内容，它可以帮助用户更好地识别页面。预览网页时，设置的标题在浏览器标题栏的左侧显示，如图 1-1 所示。此外，在 Windows 任务栏中显示的也是这个标题。页面的标题只有一个，位于 HTML 文档的头部。

图 1-1　标题栏在浏览器中的显示效果

2. 元信息标记

<meta> 元素可提供有关页面的元信息（meta-information），比如针对搜索引擎和更新频度的描述和关键词。<meta> 标记位于文档的头部，不包含任何内容。<meta> 标记的属性定义了与文档相关联的名称 / 值对，<meta> 标记提供的属性及取值见表 1-2。

表 1-2 <meta> 标记提供的属性及取值

属性	值	描述
charset	character encoding	定义文档的字符编码
content	some_text	定义与 http-equiv 或 name 属性相关的元信息
http-equiv	content-type expires refresh set-cookie	把 content 属性关联到 HTTP 头部
name	author description keywords generator revised others	把 content 属性关联到一个名称

1）字符集 charset 属性

在 HTML 5 中，有一个新的 charset 属性，它使字符集的定义更加容易。例如，下面的代码告诉浏览器，网页使用 ISO-8859-1 字符集显示：

```
<meta charset="ISO-8859-1">
```

2）搜索引擎的关键词

在早期，meta keywords 关键词对搜索引擎的排名算法起着一定的作用，也是很多人进行网页优化的基础。关键词在浏览时是看不到的，使用格式如下：

```
<meta name="keywords" content="关键词,keywords" />
```

> **说明：**不同的关键词之间应使用半角逗号隔开（英文输入状态下），不能使用“空格”或“|”间隔。
>
> 是 keywords，不是 keyword。
>
> 关键词标签中的内容应该是一个个短语，而不是一段话。

例如，定义针对搜索引擎的关键词，代码如下：

```
<meta name="keywords" content="HTML, CSS, XML, XHTML, JavaScript" />
```

关键词标签 keywords，曾经是搜索引擎排名中很重要的因素，但现在已经被很多搜索引擎完全忽略。如果我们加上这个标签，对网页的综合表现没有坏处，不过，如果使用不恰当的话，对网页非但没有好处，还有欺诈的嫌疑。在使用关键词标签 keywords 时，要注意以下几点。

- 关键词标签中的内容要与网页核心内容相关，应当确信使用的关键词会出现在网页文本中。
- 应当使用用户易于通过搜索引擎检索的关键词，过于生僻的词汇不适合作为 meta 标签中的关键词。

- 不要重复使用关键词，否则可能会被搜索引擎惩罚。
- 一个网页的关键词标签里最多包含 3 ~ 5 个最重要的关键词，不要超过 5 个。
- 每个网页的关键词应该不一样。

说明：由于设计者或 SEO 优化者以前对 meta keywords 关键词的滥用，导致目前它在搜索引擎排名中的作用很小。

3）页面描述

meta description 元标签（描述元标签）是一种 HTML 元标签，用来简略描述网页的主要内容，是通常被搜索引擎用在搜索结果页上展示给最终用户看的一段文字。页面描述在网页中并不显示，页面描述的使用格式如下：

```
<meta name="description" content="网页的介绍" />
```

例如，定义对页面的描述，代码如下：

```
<meta name="description" content="免费的Web技术教程。" />
```

4）页面定时跳转

使用 <meta> 标记可以使网页在经过一定时间后自动刷新，这可通过将 http-equiv 属性值设置为 refresh 来实现。content 属性值可以设置为更新时间。

在浏览网页时经常会看到一些欢迎信息的页面，在经过一段时间后，这些页面会自动转到其他页面，这就是网页的跳转。页面定时刷新跳转的语法格式如下：

```
<meta http-equiv="refresh" content="秒;[url=网址]" />
```

说明：上面的 [url= 网址] 部分是可选项，如果有此项，页面定时刷新并跳转，如果省略该选项，页面只定时刷新，不进行跳转。

例如，实现每 5 秒刷新一次页面。将下述代码放入 head 标记中即可：

```
<meta http-equiv="refresh" content="5" />
```

1.3.4 主体标记

网页所要显示的内容都放在网页的主体标记内，它是 HTML 文件的重点所在。在后面章节所介绍的 HTML 标记都将放在这个标记内。然而它并不只是一个形式上的标记，它本身也可以控制网页的背景颜色或背景图像，这将在后面进行介绍。主体标记以 <body> 开始，以 </body> 结束，语法格式如下：

```
<body>
...
</body>
```

注意：在构建 HTML 结构时，标记不允许交错出现，否则会造成错误。

在下列代码中，<body> 开始标记出现在 <head> 标记内，这是错误的：

```
<!DOCTYPE html>
<html>
<head>
<title>标记测试</title>
<body>
</head>
</body>
</html>
```

1.3.5 注释标记

注释是在 HTML 代码中插入的描述性文本，用来解释该代码或提示其他信息。注释只出现在代码中，浏览器对注释代码不进行解释，并且在浏览器的页面中不显示。在 HTML 源代码中适当地插入注释语句是一种非常好的习惯，对于设计者日后的代码修改、维护工作很有好处；另外，如果将代码交给其他设计者，其他人也能很快读懂前者所撰写的内容。

语法：

```
<!--注释的内容-->
```

注释语句元素由前后两部分组成，前面部分一个左尖括号、一个半角感叹号和两个连字符，后面部分由两个连字符和一个右尖括号组成：

```
<!DOCTYPE html>
<html>
<head>
<title>标记测试</title>
</head>
<body>
<!--这里是标题-->
<h1>HTML 5网页设计</h1>
</body>
</html>
```

页面注释不但可以对 HTML 中的一行或多行代码进行解释说明，而且可以注释掉这些代码。如果希望某些 HTML 代码在浏览器中不显示，可以将这部分内容放在 <!-- 和 --> 之间，例如，修改上述代码，如下所示：

```
<html>
<head>
<title>标记测试</title>
</head>
<body>
<!--
<h1>HTML 5网页</h1>
-->
</body>
</html>
```

修改后的代码将 <h1> 标记作为注释内容处理，在浏览器中将不会显示这部分内容。

> **注意：**在 HTML 代码中，如果注释语法使用错误，则浏览器会将注释视为文本内容，注释内容将显示在页面中。

1.4 HTML 5 网页的开发环境

有两种方式可以产生 HTML 文件：一种是自己写 HTML 文件，事实上这并不是很困难，也不需要特别的技巧；另一种是使用 HTML 编辑器 WebStorm，它可以辅助使用者来进行编写工作。

1.4.1　使用记事本手工编写 HTML 文件

前面介绍过，HTML 5 是一种标记语言，标记语言代码是以文本形式存在的，因此，所有的记事本工具都可以作为它的开发环境。

HTML 文件的扩展名为 .html 或 .htm，将 HTML 源代码输入到记事本并保存之后，可以在浏览器中打开文档以查看其效果。

使用记事本编写 HTML 文件的具体操作步骤如下。

01 单击 Windows 桌面上的“开始”按钮，选择“所有程序”→“附件”→“记事本”命令，打开一个记事本文件，在记事本文件中输入 HTML 代码，如图 1-2 所示。

02 编辑完 HTML 文件后，选择“文件”→“保存”命令或按 Ctrl+S 快捷键，在弹出的“另存为”对话框中，选择“保存类型”为“所有文件”，然后将文件扩展名设置为 .html 或 .htm，如图 1-3 所示。

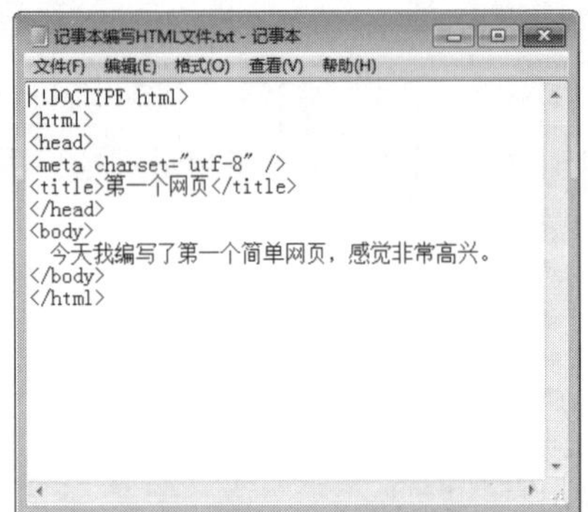

图 1-2　编辑 HTML 代码

图 1-3　“另存为”对话框

03 单击“保存”按钮，即可保存文件。打开网页文档，运行效果如图 1-4 所示。

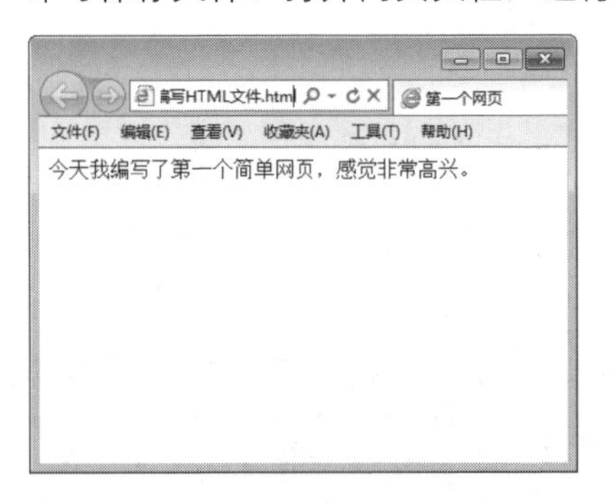

图 1-4　网页的浏览效果

1.4.2　使用 WebStorm 编写 HTML 文件

WebStorm 是一款前端页面开发工具。该工具的主要优势是有智能提示，智能补齐代码，代码格式化显示，联想查询和代码调试等功能。对于初学者而言，WebStorm 不仅功能强大，而且非常容易上手操作，被广大前端开发者誉为 Web 前端开发神器。

下面以 WebStorm 英文版为例进行讲解。首先打开浏览器，输入网址 https://www.jetbrains.com/webstorm/download/#section=windows，进入 WebStorm 官网下载页面，如图 1-5 所示。单击 Download 按钮，即可开始下载 WebStorm 安装程序。

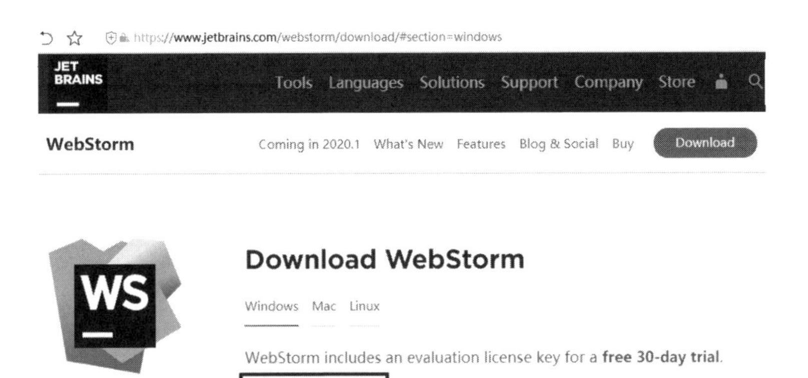

图 1-5　WebStorm 官网下载页面

1. 安装 WebStorm 2019

下载完成后，即可进行安装，具体操作步骤如下。

01 双击下载的安装文件，进入安装 WebStorm 的欢迎界面，如图 1-6 所示。

02 单击 next 按钮，进入选择安装路径界面，单击 Browse... 按钮，即可选择新的安装路径，这里采用默认的安装路径，如图 1-7 所示。

图 1-6　欢迎界面

图 1-7　选择安装路径界面

03 单击 Next 按钮，进入选择安装选项界面，选择所有的复选框，如图 1-8 所示。

04 单击 Next 按钮，进入选择开始菜单文件夹界面，默认为 JetBrains，如图 1-9 所示。

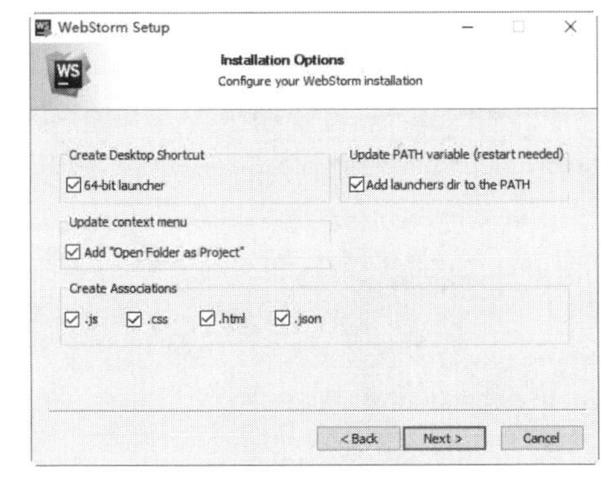

图 1-8　选择安装选项界面

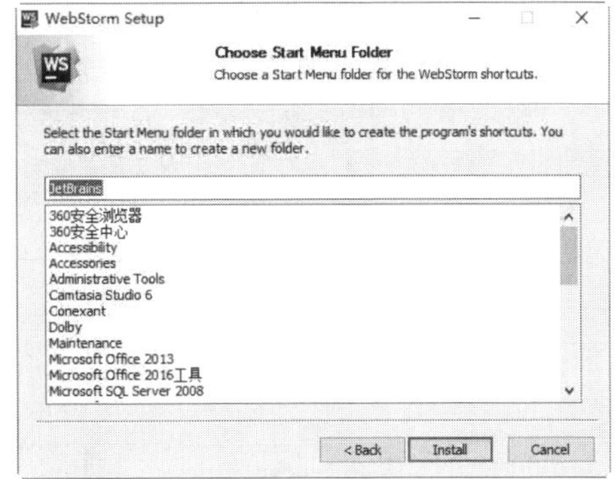

图 1-9　选择开始菜单文件夹界面

05 单击 Install 按钮，开始安装软件并显示安装的进度，如图 1-10 所示。

06 安装完成后，单击 Finish 按钮，如图 1-11 所示。

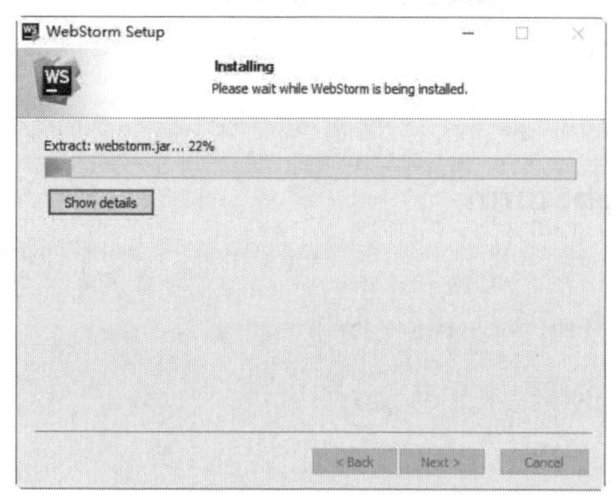

图 1-10　开始安装 WebStorm

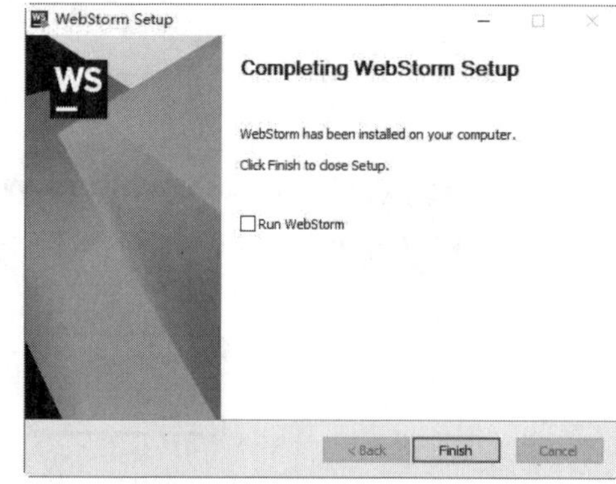

图 1-11　WebStorm 安装完成

2. 创建和运行 HTML 文件

01 单击 Windows 桌面上的“开始”按钮，选择“所有程序”→ JeBrains WebStorm 2019 命令，打开 WebStorm 欢迎界面，如图 1-12 所示。

02 单击 Create New Project 按钮，打开 New Project 对话框，在 Location 文本框中输入工程存放的路径，也可以单击按钮选择路径，如图 1-13 所示。

图 1-12　WebStorm 欢迎界面

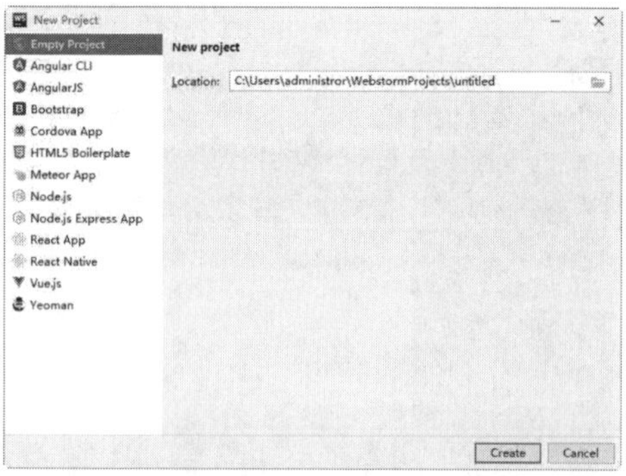

图 1-13　设置工程存放的路径

03 单击 Create 按钮，进入 WebStorm 主界面，选择 File → New → HTML File 命令，如图 1-14 所示。

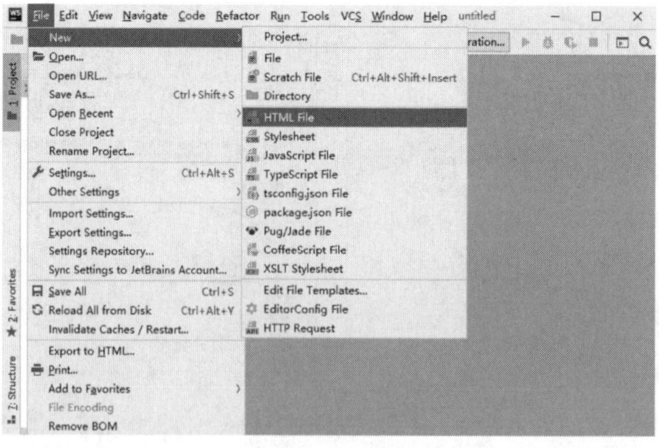

图 1-14　创建一个 HTML 文件

04 打开 New HTML File 对话框，输入文件名称为“index.html”，选择文件类型为 HTML 5 file，如图 1-15 所示。

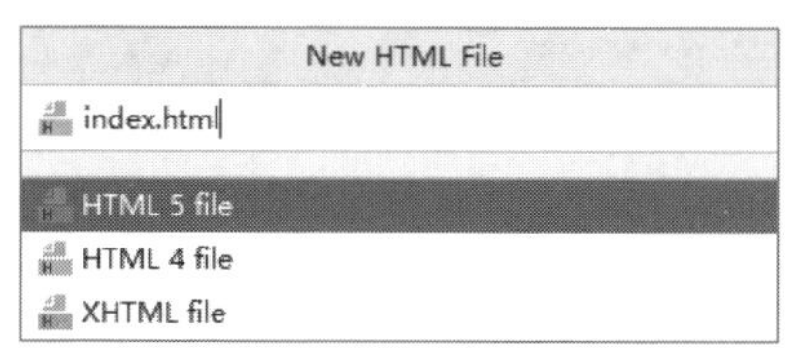

图 1-15　输入文件的名称

05 按 Enter 键即可查看新建的 HTML5 文件，接着就可以编辑 HTML5 文件。例如，这里在 <body> 标记中输入文字“使用工具好方便啊！”，如图 1-16 所示。

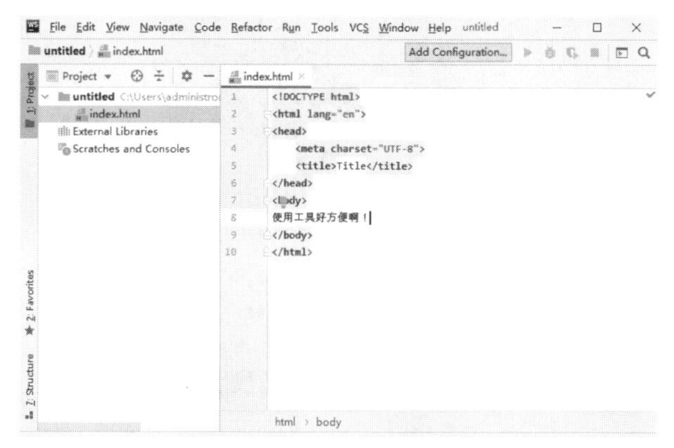

图 1-16　输入文件的名称

06 编辑完代码后，选择 File → Save As 命令，打开 Copy 对话框，可以保存文件或者另存为一个文件，还可以选择保存路径，设置完成后单击 OK 即可，如图 1-17 所示。

07 选择 Run → Run 命令，即可在浏览器中运行代码，如图 1-18 所示。

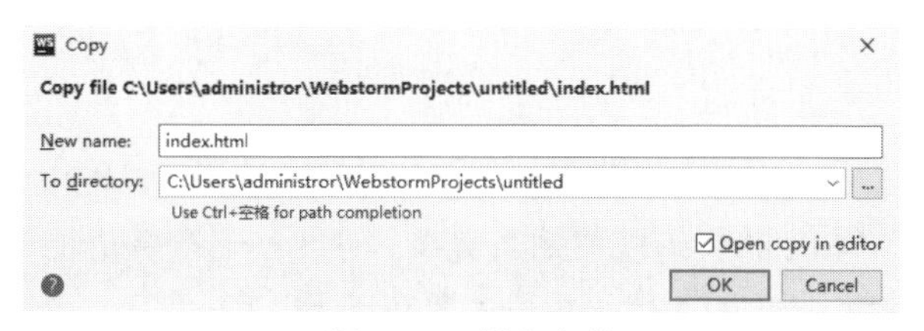

图 1-17　保存文件

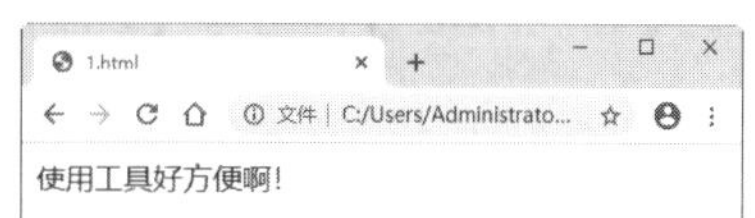

图 1-18　运行 HTML5 文件的代码

实例 1：渲染一个清明节的图文页面效果

01 新建一个 HTML5 文件，在其中输入下述代码：

```
<!DOCTYPE html>
<html>
<head>
<title>简单的HTML5网页</title>
</head>
<body>
  <h1>清明</h1>
  <P>
    清明时节雨纷纷,<br>
    路上行人欲断魂。<br>
    借问酒家何处有,<br>
    牧童遥指杏花村。<br>
    </P>
  <img src="qingming.jpg">
  </body>
  </html>
```

02 保存网页，运行效果如图 1-19 所示。

图 1-19　清明节的图文页面效果

1.5　新手常见疑难问题

疑问 1：为何使用记事本编辑的 HTML 文件无法在浏览器中预览，而是直接在记事本中打开？

很多初学者，在保存文件时，没有用扩展名 .html 或 .htm 作为文件的后缀，导致文件还是以 .txt 为扩展名，因此无法在浏览器中查看。如果读者是通过鼠标右击创建记事本文件的，在为文件重命名时，一定要以 .html 或 .htm 作为文件的后缀。特别要注意的是，当 Windows 系统的扩展名隐藏时，更容易出现这样的错误。读者可以在“文件夹选项”对话框中设置是否显示扩展名。

疑问 2：HTML 5 代码有什么规范?

很多学习网页设计的人员，对于 HTML 的代码规范知之甚少。作为一名优秀的网页设计人员，很有必要学习比较好的代码规范。HTML5 代码规范主要有以下几点。

1. 使用小写标记名

在 HTML 5 中，元素名称可以大写也可以小写，推荐使用小写元素名。主要原因如下。

（1）混合使用大小写元素名的代码是非常不规范的。

（2）小写字母容易编写。

（3）小写字母让代码看起来整齐而清爽。

（4）网页开发人员往往使用小写，这样便于统一规范。

2. 要记得关闭标记

在 HTML 5 中，大部分标记都是成对出现的，所以要记得关闭标记。

疑问 3：和早期版本相比，HTML 5 语法有哪些变化?

为了兼容各个不统一的页面代码，HTML 5 在语法方面做了以下改变。

（1）标签不再区分大小写。

标签不再区分大小写是 HTML 5 语法变化的重要体现，例如以下例子的代码：

```
<P>大小写标签</p>
```

虽然“<P> 大小写标签 </p>”中的开始标记和结束标记大小写不匹配，但是这完全符合 HTML 5 的规范。

（2）允许属性值不使用引号。

在 HTML 5 中，属性值不放在引号中也是正确的。例如以下代码片段：

```
<input checked="a" type="checkbox"/>
```

上述代码片段与下面的代码片段效果是一样的：

```
<input checked=a type=checkbox/>
```

> **提示：** 尽管 HTML 5 允许属性值可以不使用引号，但是仍然建议读者加上引号。因为如果某个属性的属性值中包含空格等。容易引起混淆的内容，则可能会引起浏览器的误解。例如以下代码：
>
> ```
> <img src=mm ch01/01.jpg />
> ```
>
> 此时浏览器就会误以为 src 属性的值是 mm，这样就无法解析路径中的 01.jpg 图片。如果想正确解析图片的位置，就得加上引号。

1.6 实战技能训练营

实战 1：制作符合 W3C 标准的古诗网页

制作一个符合 W3C 标准的古诗网页，最终效果如图 1-20 所示。

实战 2：制作有背景图的网页

通过 body 标记渲染一个有背景图的网页，运行效果如图 1-21 所示。

图 1-20 古诗网页的预览效果

图 1-21 带背景图的网页

第2章　设计网页的文本

本章导读

网页文本是网页中最主要也是最常用的元素。设计优秀的网页文本，不仅可以让网页内容看起来更有层次，也可以给用户带来美好的视觉体验。网页文本的内容包括标题文字、普通文字、段落文字、水平线等。本章就来介绍如何设计网页文本内容。

知识导图

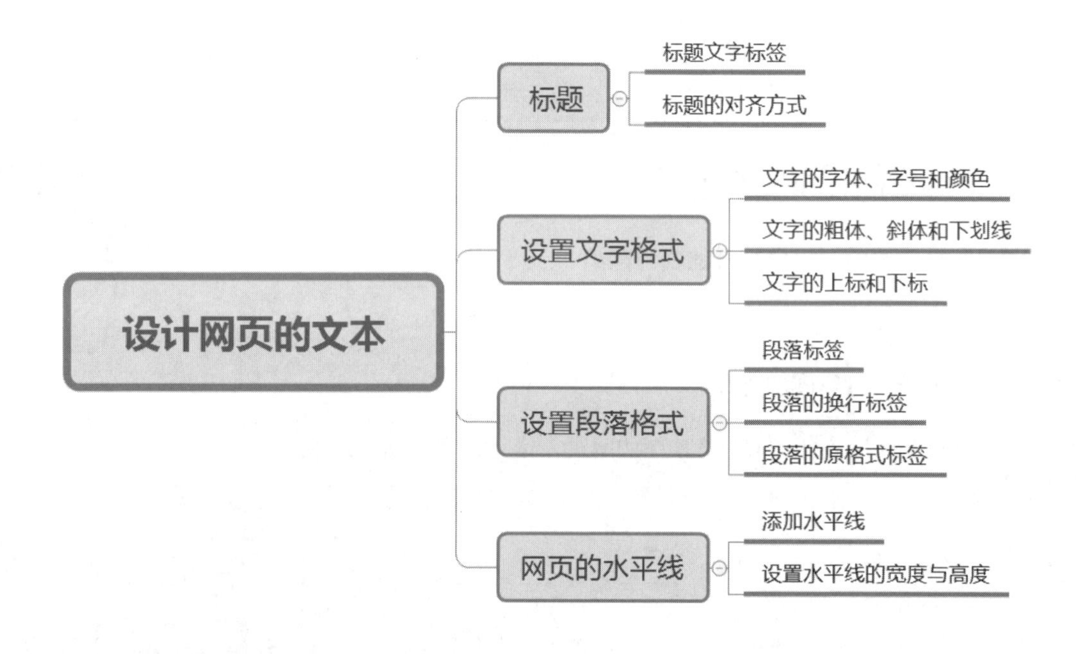

2.1 标题

在 HTML 文档中，文本除了以正文的形式出现之外，还可以作为标题。通常一篇文档最基本的结构就是由若干不同级别的标题和正文组成的。

2.1.1 标题文字标签

HTML 文档中包含各种级别的标题，各级别的标题由 <h1> 到 <h6> 元素来定义，<h1> 至 <h6> 标题标签中的字母 h 是英文 headline（标题行）的简称。其中，<h1> 代表 1 级标题，级别最高，<h6> 的级别最低。

```
<h1>这里是1级标题</h1>
<h2>这里是2级标题</h2>
<h3>这里是3级标题</h3>
<h4>这里是4级标题</h4>
<h5>这里是5级标题</h5>
<h6>这里是6级标题</h6>
```

注意：作为标题，它们的重要性是有区别的，<h1> 标题的重要性最高，<h6> 的最低。

实例 1：巧用标题标签，编写一个短新闻

本实例巧用 <h1> 标签、<h4> 标签、<h5> 标签，实现一个短新闻页面效果。新闻的标题放在 <h1> 标签中，发布者放在 <h5> 标签中，新闻正文内容放在 <h4> 标签中。具体代码如下：

```
<!DOCTYPE html>
<html>
<head>
<!--指定页面编码格式-->
<meta charset="UTF-8">
<!--指定页头信息-->
<title>巧编短新闻</title>
</head>
<body>
<!--表示新闻的标题-->
<h1> “雪龙"号再次远征南极</h1>
<!--表示相关发布信息-->
<h5>发布者：老码识途课堂<h5>
<!--表示对话内容-->
<h4>经过3万海里航行,2020年3月10日，“雪龙"号极地考察破冰船载着中国第35次南极科考队队员安全抵达上海吴淞检疫锚地,办理进港入关手续。这是“雪龙"号第22次远征南极并安全返回。自2020年11月2日从上海起程执行第35次南极科考任务，“雪龙"号载着科考队员风雪兼程,创下南极中山站冰上和空中物资卸运历史纪录,在咆哮西风带布下我国第一个环境监测浮标,更经历意外撞上冰山的险情及成功应对。</h4>
</body>
</html>
```

运行效果如图 2-1 所示。

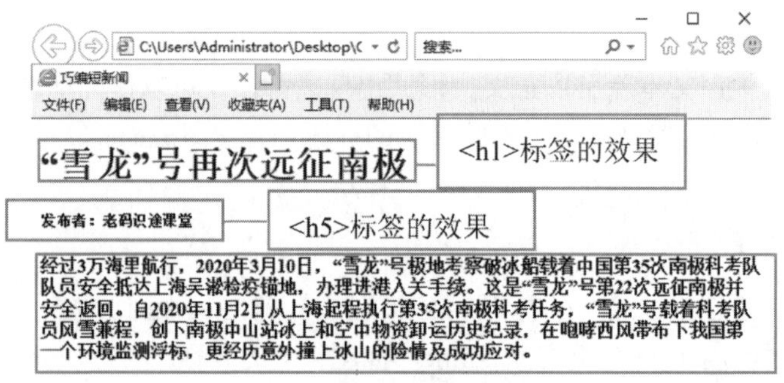

图 2-1　短新闻页面效果

2.1.2　标题的对齐方式

默认情况下，网页中的标题是左对齐的。通过 align 属性，可以设置标题的对齐方式。语法格式如下：

```
<h1 align="对齐方式">文本内容</h1>
```

这里的对齐方式包括 left（文字左对齐）、center（文字居中对齐）、right（文字右对齐）。需要注意的是对齐方式一定要添加双引号。

实例 2：混合排版一首古诗

本实例通过 <body background="gushi.jpg"> 来定义网页背景图片，通过 align="center" 来实现标题的居中效果，通过 align="right" 来实现标题的靠右效果，具体代码如下：

```
<!DOCTYPE html>
<html>
<head>
    <!--指定页面编码格式-->
    <meta charset="UTF-8">
    <!--指定页头信息-->
    <title>古诗混排</title>
</head>
<!--显示古诗图背景-->
<body background="gushi.jpg">
<!--显示古诗名称-->
<h2 align="center">望雪</h2>
<!--显示作者信息-->
<h5 align="right">唐代：李世民</h5>
<!--显示古诗内容-->
<h4 align="center">冻云宵遍岭,素雪晓凝华。</h4>
<h4 align="center">入牖千重碎,迎风一半斜。</h4>
<h4 align="center">不妆空散粉,无树独飘花。</h4>
<h4 align="center">萦空惭夕照,破彩谢晨霞。</h4>
</body>
</html>
```

运行效果如图 2-2 所示。

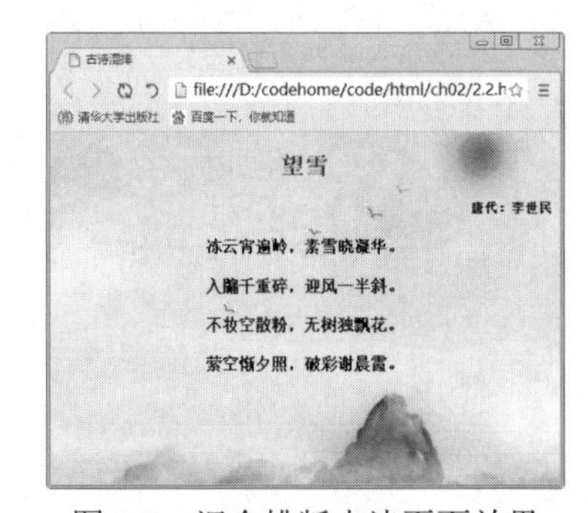

图 2-2　混合排版古诗页面效果

2.2 设置文字格式

在网页编程中，直接在 <body> 标签和 </body> 标签之间输入文字，这些文字就可以显示在页面中。本节将介绍如何设置网页文字的修饰效果。

2.2.1 文字的字体、字号和颜色

font-family 属性用于指定文字字体类型，如宋体、黑体、隶书、Times New Roman 等，具体的语法如下。

```
style="font-family:黑体"
```

font-size 属性用于设置文字大小，语法格式如下。

```
Style="font-size : 数值| inherit | xx-small | x-small | small | medium | large |
x-large | xx-large | larger | smaller | length"
```

其中，通过数值来定义字体大小，例如用 font-size:10 px 的方式定义字体大小为 10 像素。此外，还可以通过 medium 之类的参数定义字体的大小，各参数的含义如表 2-1 所示。

表 2-1　设置字体大小的参数

参　数	说　明
xx-small	绝对字体尺寸。根据对象字体进行调整。最小
x-small	绝对字体尺寸。根据对象字体进行调整。较小
small	绝对字体尺寸。根据对象字体进行调整。小
medium	默认值。绝对字体尺寸。根据对象字体进行调整。正常
large	绝对字体尺寸。根据对象字体进行调整。大
x-large	绝对字体尺寸。根据对象字体进行调整。较大
xx-large	绝对字体尺寸。根据对象字体进行调整。最大
larger	相对字体尺寸。相对于父对象中的字体尺寸相应增大。使用成比例的 em 单位计算
smaller	相对字体尺寸。相对于父对象中的字体尺寸相应减小。使用成比例的 em 单位计算
length	百分数或由浮点数字和单位标识符组成的长度值，不可为负值。其百分比取值基于父对象中字体的尺寸

color 属性用于设置颜色，其属性值的说明如表 2-2 所示。

表 2-2　颜色设定方式

属性值	说　明
color_name	规定颜色值为颜色名称（例如 red）
hex_number	规定颜色值为十六进制值（例如 #ff0000）
rgb_number	规定颜色值为 rgb 代码（例如 rgb（255,0,0））
inherit	规定应该从父元素继承颜色
hsl_number	规定颜色值为 HSL 代码（例如 hsl（0,75%,50%）），此为新增加的颜色表现方式
hsla_number	规定颜色值为 HSLA 代码（例如 hsla（120,50%,50%,1）），此为新增加的颜色表现方式
rgba_number	规定颜色值为 RGBA 代码（例如 rgba（125,10,45,0.5）），此为新增加的颜色表现方式

实例 3：活用文字描述商品信息

本实例通过 style="font-family：黑体；font-size：zopt" 来定义字体与字号，具体代码如下：

```
<!DOCTYPE html>
<html>
<head>
<!--指定页头信息-->
<title>活用文字描述商品信息</title>
</head>
<body >
<!--显示商品图片,并居中显示-->
<h1 align=center><img src="goods.jpg"></h1>
<!--显示图书的名称,文字的字体为黑体,大小为20-->
<p style="font-family:黑体; font-size:20pt;align=center ">商品名称:
HTML5+CSS3+JavaScript网页设计案例课堂（第2版）</p>
<!--显示图书的作者,文字的字体为宋体,大小为15像素-->
<p style="font-family:宋体;font-size:15pt" >作者:
刘春茂</p>
<!--显示出版社信息,文字的字体为华文彩云-->
<p style="font-family: 华文彩云"  >出版社: 清华大学
出版社</p>
<!--显示商品的价格,文字的颜色为红色-->
<p style="color:red">出版时间: 2018年1月</p>
</body>
</html>
```

运行效果如图 2-3 所示。

图 2-3　文字描述商品信息效果

2.2.2　文字的粗体、斜体和下划线

重要的文本通常以粗体、斜体、加下划线等方式显示，通过 HTML 中的 <b> 标签、<em> 标签、<strong> 标签、<i> 标签和 <u> 标签来实现。

实例 4：文字的粗体、斜体和加下划线效果

下面的案例将综合应用 <b> 标签、<em> 标签、<strong> 标签、<i> 标签和 <u> 标签。

```
<!DOCTYPE html>
<html>
<head>
<title>文字的粗体、斜体和下划线</title>
</head>
<body>
<!--显示粗体文字效果-->
<p><b>吴兴自东晋为善地,号为山水清远。其民足于鱼稻蒲莲之利,寡求而不争。宾客非特有事于其地者不至
焉。</b></p>
<!--显示强调文字效果-->
<p><em>故凡守郡者,率以风流啸咏、投壶饮酒为事。</em></p>
<!--显示加强调文字效果-->
<p><strong>自莘老之至,而岁适大水,上田皆不登,湖人大饥,将相率亡去。</strong></p>
<!--显示斜体字效果-->
<p><i>莘老大振廪劝分,躬自抚循劳来,出于至诚。富有余者,皆争出谷以佐官,所活至不可胜计。</i></p>
<!--显示下划线效果-->
<p><u>当是时,朝廷方更化立法,使者旁午,以为莘老当日夜治文书,赴期会,不能复雍容自得如故事。</u></
p>
```

```
</body>
</html>
```

运行效果如图 2-4 所示，实现了文字的粗体、斜体和加下划线效果。

文字的粗体、斜体和下划线
file:///D:/codehome/code/html/ch02/2.4.html

吴兴自东晋为善地，号为山水清远。其民足于鱼稻蒲莲之利，寡求而不争。宾客非特有事于其地者不至焉。

故凡守郡者，率以风流啸咏、投壶饮酒为事。

自莘老之至，而岁适大水，上田皆不登，湖人大饥，将相率亡去。

莘老大振廪劝分，躬自抚循劳来，出于至诚。富有余者，皆争出谷以佐官，所活至不可胜计。

当是时，朝廷方更化立法，使者旁午，以为莘老当日夜治文书，赴期会，不能复雍容自得如故事。。

图 2-4　文字的粗体、斜体和加下划线的预览效果

2.2.3　文字的上标和下标

文字的上标和下标分别可以通过 <sup> 标签和 <sub> 标签来实现。需要特别注意的是，<sup> 标签和 <sub> 标签都是双标签，放在开始标签和结束标签之间的文本会分别以上标或下标的形式出现。

实例 5：文字的上标和下标效果

本案例将通过 <sup> 标签和 <sub> 标签来实现上标和下标效果。

```
<!DOCTYPE html>
<html>
<head>
<title>上标与下标效果</title>
</head>
<body>
<!-显示上标效果-->
<p>勾股定理表达式：a2+b2=c2
a<sup>2</sup>+b<sup>2</sup>=c<sup>2</sup></p>
<!-显示下标效果-->
<p>铁在氧气中燃烧：3Fe+2O<sub>2</sub>=Fe<sub>3</
sub>O<sub>4</sub>
</body>
</html>
```

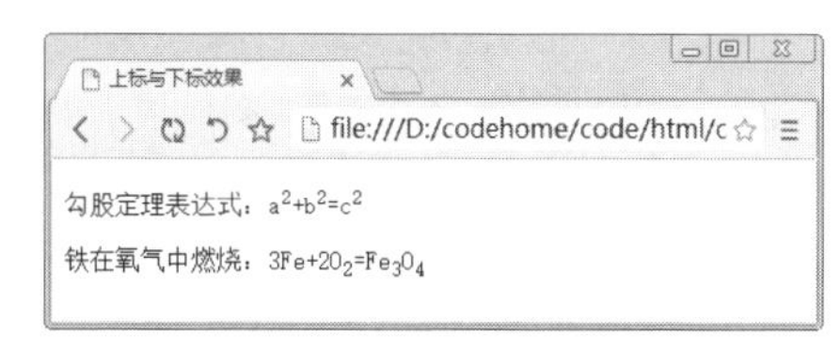

图 2-5　上标和下标预览效果

运行效果如图 2-5 所示，分别实现了上标和下标文本显示。

2.3　设置段落格式

在网页中如果要把文字合理地显示出来，离不开段落标签的使用。对网页中的文字段落进行排版，并不像文本编辑软件 Word 那样可以定义许多模式来安排文字的位置。在网页中要将某一段文字放在特定的地方是通过 HTML 标签来实现的。

2.3.1 段落标签

在 HTML5 网页文件中，段落效果可以通过 <p> 标签来实现。具体语法格式如下：

```
<p>段落文字</p>
```

段落标签是双标签，即 <p></p>，在 <p> 开始标签和 </p> 结束标签之间的内容形成一个段落。如果省略结束标签，则从 <p> 标签开始，直到遇见下一个段落标签之前的文本，都在一个段落内。段落标签用来定义网页中的一段文本，文本在一个段落中会自动换行。

实例 6：创意显示老码识途课堂

```
<!DOCTYPE html>
<html>
<head>
<title>创意显示老码识途课堂</title>
</head>
<body>
  <p>****************************************老码识途课堂
******************************</p>
<p>    老码识途课堂专注编程开发和图书出版18年,致力打造零基础在线IT技术
学习</p>
<p>平台。通过全程技能跟踪,实现1对1高效技能培训。目前,老码识途课堂主要为零</p>
<p>基础读者提供优质的课程,课程内容新颖,模拟现实开发中的项目流程,快速积累</p>
<p>行业开发经验,为读者提供一站式服务,培养学生的编程思想。</p>
<p>*******************************微信公众号: 老码识途课堂***************************</
p>
</html>
```

运行效果如图 2-6 所示。

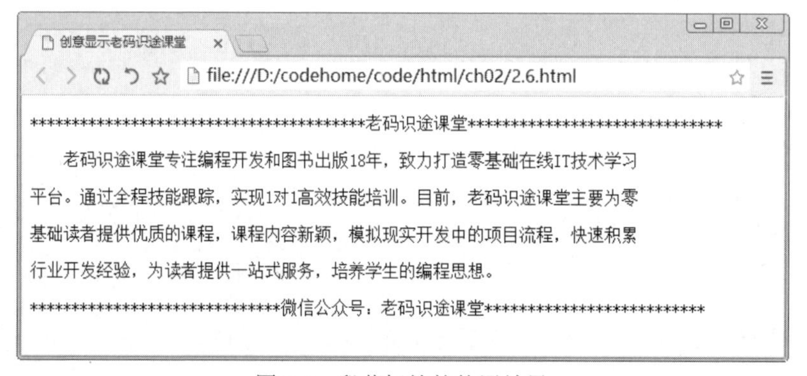

图 2-6　段落标签的使用效果

2.3.2 段落的换行标签

在 HTML5 文件中，换行标签为
，该标签是一个单标签，它没有结束标签，作用是将文字在一个段内强制换行。一个
 标签代表一个换行，连续的多个
 标签可以实现多次换行。

实例 7：巧用换行实现古诗效果

本案例通过使用
 换行标签，实现古诗的页面布局效果。通过使用 4 个
 换行标

签达到了换行的目的，这里和使用多个 <p> 段落标签一样可以实现换行的效果。

```
<!DOCTYPE html>
<html>
<head>
<title>文本段换行</title>
</head>
<body>
<p align="center">嘲顽石幻相<br/>
女娲炼石已荒唐,又向荒唐演大荒。<br/>
失去本来真面目,幻来新就臭皮囊。<br/>
好知运败金无彩,堪叹时乖玉不光。<br/>
白骨如山忘姓氏,无非公子与红妆。
</body>
</html>
```

运行效果如图 2-7 所示。

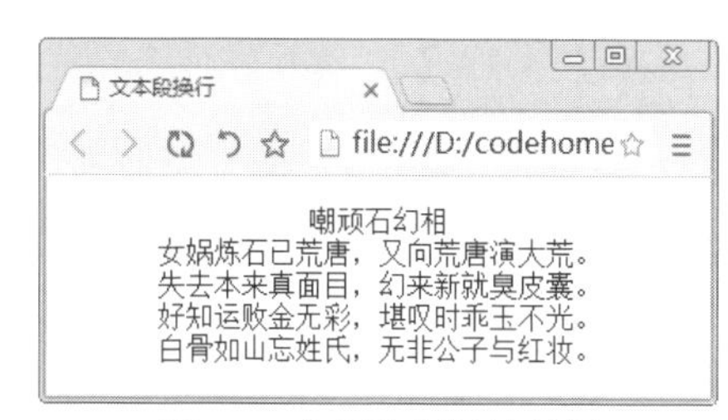

图 2-7　使用换行标签效果

2.3.3　段落的原格式标签

在网页排版中，对于类似空格和换行符等特殊的排版效果，通过原格式标签进行排版比较容易。原格式标签 <pre> 的语法格式如下：

```
<pre>
网页内容
</pre>
```

实例 8：巧用原格式标签实现空格和换行的效果

本例使用 <pre> 标签实现空格和换行效果，其中包含 <h1> 标签会实现换行效果。

```
<!DOCTYPE html>
<html>
<head>
<title>原格式标签</title>
</head>
<body>
<pre>恭喜!        您成功晋级了!

  请在指定时间进行复赛,争夺每年一度的<h1>冠军</h1>荣誉。
</body>
</html>
```

运行效果如图 2-8 所示。

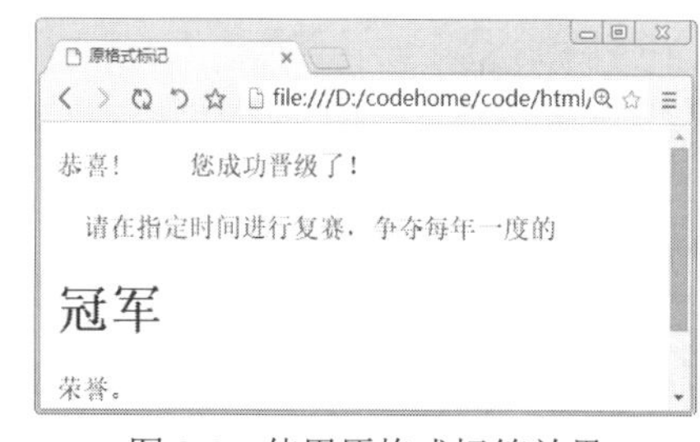

图 2-8　使用原格式标签效果

2.4　网页的水平线

使用 <hr> 标签可以在 HTML 页面中创建一条水平线，并设置水平线的高度、宽度、颜色、对齐方式等样式。

2.4.1　添加水平线

在 HTML 中，<hr> 标签没有结束标签。

实例 9：巧用水平线实现表格效果

本实例使用 <hr> 标签创建水平线，从而实现商品报价表的表格效果。

```
<!DOCTYPE html>
<html>
<head>
<title>添加水平线</title>
</head>
<body>
<h1 align="center">5月份商品报价表</h1>
<!—绘制水平线,实现表格效果-->
<hr>
<p align="center">冰箱: 3668元</p>
<hr>
<p align="center">洗衣机: 4668元</p>
<hr>
<p align="center">空调: 9888元</p>
<hr>
<p align="center">电视机: 5888元</p>
</body>
</html>
```

图 2-9　添加水平线效果

运行效果如图 2-9 所示。

2.4.2　设置水平线的宽度与高度

使用 width 与 size 属性可以设置水平线的宽度与高度。其中，width 属性规定水平线的宽度，以像素计或百分比计；size 属性规定水平线的高度，以像素计。

实例 10：设置不同宽度和高度的水平线

本实例通过修改水平线的 size 与 width 属性，从而实现不同效果的水平线。其中一个水平线的高度为 50 像素，一个水平线的宽度为 150 像素，并且靠右对齐。

```
<!DOCTYPE html>
<html>
<head>
<title>设置水平线的宽度和高度</title>
</head>
<body>
<p>普通的水平线</p>
<hr>
<p>高度为50像素的水平线</p>
<hr size="50" >
<p>宽度为150像素并且靠右的水平线</p>
<hr width="150"  align="right">
</body>
</html>
```

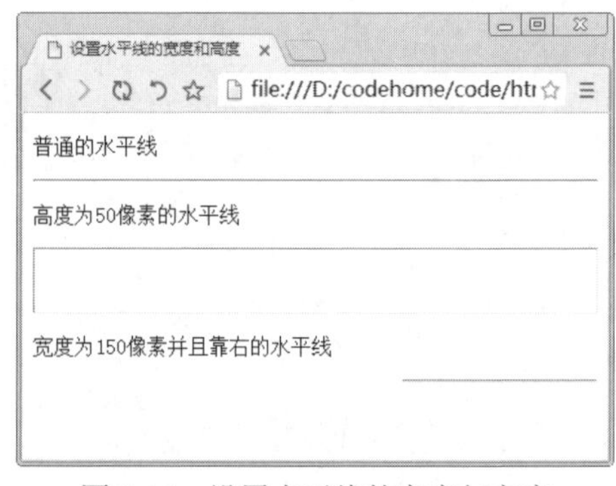

图 2-10　设置水平线的宽度与高度

运行效果如图 2-10 所示。

2.5　新手常见疑难问题

疑问 1：换行标签和段落标签的区别？

换行标签是单标签，一定不能写结束标签。段落标签是双标签，可以省略结束标签也可以不省略。在默认情况下，段落之间的距离和段落内部的行间距是不同的，段落间距比较大，行间距比较小。HTML 无法调整段落间距和行间距，如果希望调整它们，就必须使用 CSS 样式表。

疑问 2：如何设置水平线的颜色

在 <hr> 标签中，通过 color 属性可以设置水平线的颜色。例如给网页添加一个红色水平线，代码如下：

```
<hr color="red" >
```

2.6　实战技能训练营

实战 1：编写一个包含各种对齐方式的页面

请使用 left（文字左对齐）、center（文字居中对齐）、right（文字右对齐）三种对齐方式来制作页面，运行效果如图 2-11 所示。

实战 2：巧用标签做设计页面

请使用 <h1> 标签、<h4> 标签、<h5> 标签，实现一个笑话信息的发布，运行效果如图 1-12 所示。

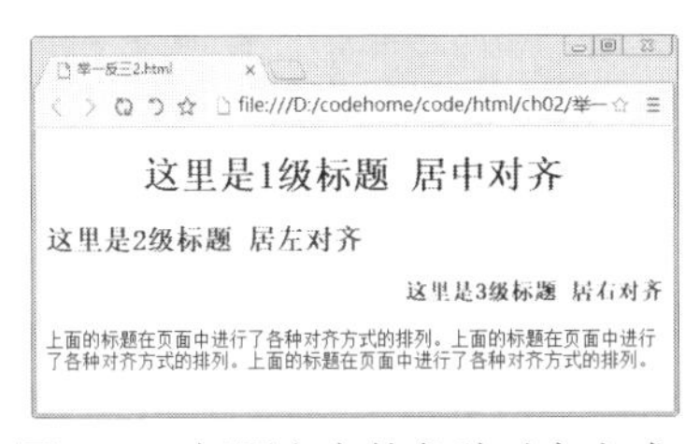

图 2-11　标题文字的各种对齐方式

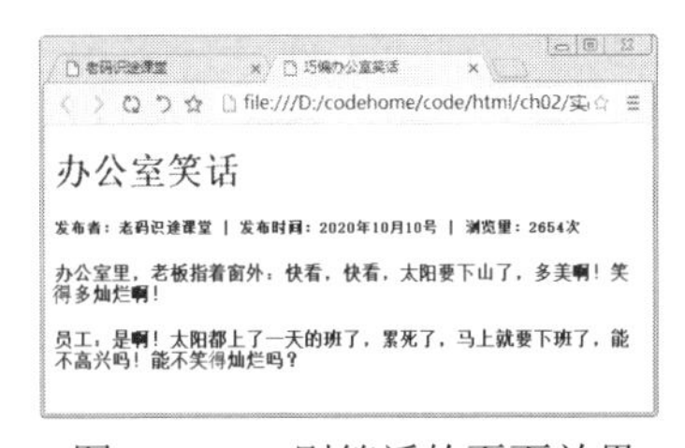

图 2-12　一则笑话的页面效果

实战 3：设计教育类页面效果

请综合运用网页文本的设计方法，制作教育网的文本页面，运行效果如图 2-13 所示。

图 2-13　教育类页面效果

第3章 设计网页列表与段落

本章导读

列表与段落是网页中最主要也是最常用的元素。列表可以有序地编排一些信息资源，使其结构化和条理化，以便浏览者能更加快捷地获得相应信息。网页中用来表达同一个意思的多个文字组合，可以称为段落，段落是文章的基本单位，同样也是网页的基本单位。

知识导图

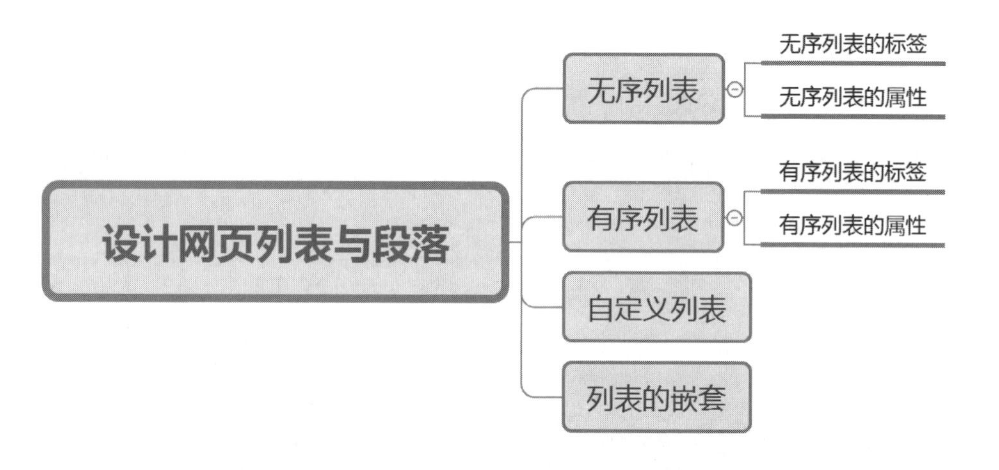

3.1 无序列表

HTML 网页中的无序列表如同文字编辑软件 Word 中的项目符号。本节就来介绍如何在网页中设计文字无序列表。

3.1.1 无序列表的标签

在无序列表中，列表项之间没有顺序级别之分。无序列表使用标签 <ul></ul>，其中每一个列表项使用 <li></li> 标签，其结构如下：

```
<ul>
    <li>无序列表项</li>
    <li>无序列表项</li>
    <li>无序列表项</li>
    <li>无序列表项</li>
</ul>
```

在无序列表结构中，使用 <ul></ul> 标签表示无序列表的开始和结束，<li> 则表示一个列表项的开始。在一个无序列表中可以包含多个列表项，并且 <li> 可以省略结束标签。

实例 1：使用无序列表显示商品分类信息

```
<!DOCTYPE html>
<html>
<head>
<title>无序列表</title>
</head>
<body>
<p style="color: red; font-size:
20px;">商品分类信息</p>
<ul>
    <li>家用电器</li>
    <li> 办公电脑</li>
    <li>家具厨具</li>
    <li>男装女装</li>
</ul>
</body>
</html>
```

运行效果如图 3-1 所示。

图 3-1 用无序列表显示商品分类信息

3.1.2 无序列表的属性

默认情况下，无序列表的项目符号都是 •。如果想修改项目符号，可以通过 type 属性来设置。type 的属性值可以设置为 disc、circle 或 square，分别显示不同的效果。

实例 2：建立不同类型的商品列表

下面的案例使用多个 <ul> 标签，通过设置 type 属性，建立不同类型的商品列表。

```
<!DOCTYPE html>
<html>
<head>
<title>不同类型的无序列表</title>
</head>
<body>
<h4>disc 项目符号的商品列表：</h4>
<ul type="disc">
    <li>冰箱</li>
    <li>空调</li>
    <li>洗衣机</li>
    <li>电视机</li>
</ul>
<h4>circle 项目符号的商品列表：</h4>
<ul type="circle">
    <li>冰箱</li>
    <li>空调</li>
    <li>洗衣机</li>
    <li>电视机</li>
</ul>
<h4>square 项目符号的商品列表：</h4>
<ul type="square">
    <li>冰箱</li>
    <li>空调</li>
    <li>洗衣机</li>
    <li>电视机</li>
</ul>
</body>
</html>
```

运行效果如图 3-2 所示。

图 3-2　不同类型的商品列表

3.2　有序列表

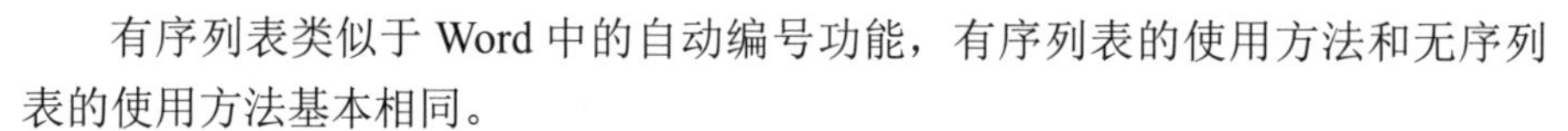

有序列表类似于 Word 中的自动编号功能，有序列表的使用方法和无序列表的使用方法基本相同。

3.2.1　有序列表的标签

有序列表使用编号来编排项目，它使用标签 <ol></ol>，每一个列表项使用 <li></li>。每个项目都有前后顺序之分，多数用数字表示，其结构如下：

```
<ol>
    <li>第1项</li>
    <li>第2项</li>
    <li>第3项</li>
</ol>
```

实例 3：创建有序的课程列表

下面实例使用有序列表实现文本的排列显示。

```
<!DOCTYPE html>
<html>
<head>
<title>创建不同类型的课程列表</title>
```

```
</head>
<body>
<h2>本月课程销售排行榜</h2>
<ol>
    <li>Python爬虫智能训练营</li>
    <li>网站前端开发训练营</li>
    <li>PHP网站开发训练营</li>
    <li>网络安全对抗训练营</li>
</ol>
</body>
</html>
```

运行效果如图 3-3 所示。

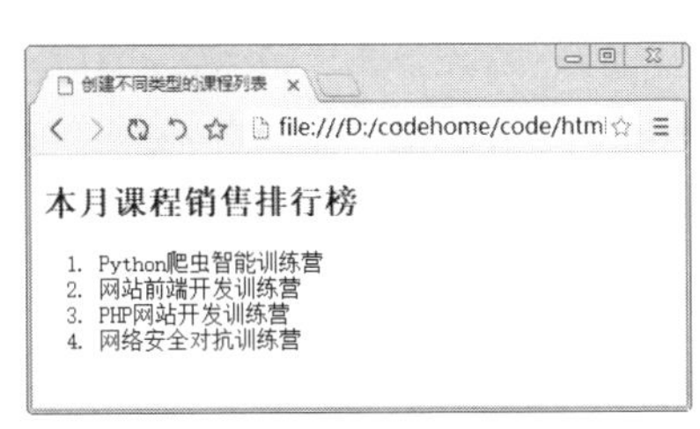

图 3-3 有序列表效果

3.2.2 有序列表的属性

默认情况下，有序列表的序号是数字形式。如果想修改成字母等形式，可以通过修改 type 属性来实现。其中 type 属性可以取值为 1、a、A、i 和 I，分别表示数字（1,2,3…）、小写字母（a,b,c…）、大写字母（A,B,C…）、小写罗马数字（ⅰ, ⅱ, ⅲ…）和大写罗马数字（Ⅰ, Ⅱ, Ⅲ…）。

实例 4：创建不同类型的课程列表

下面实例实现两种不同类型的有序列表。

```
<!DOCTYPE html>
<html>
<head>
<title>创建不同类型的课程列表</title>
</head>
<body>
<h2>本月课程销售排行榜</h2>
<ol>
    <li>Python爬虫智能训练营</li>
    <li>网站前端开发训练营</li>
    <li>PHP网站开发训练营</li>
    <li>网络安全对抗训练营</li>
</ol>
<h2>本月学生区域分布排行榜</h2>
<ol type="A">
    <li>广州</li>
    <li>上海</li>
    <li>北京</li>
    <li>郑州</li>
</ol>
</body>
</html>
```

运行效果如图 3-4 所示。

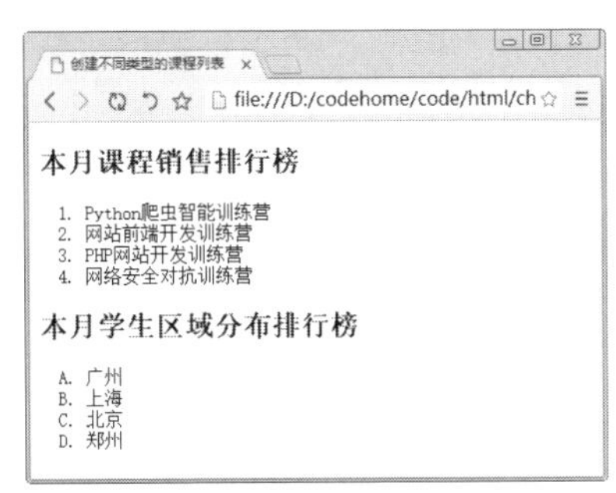

图 3-4 不同类型的有序列表

3.3 自定义列表

在 HTML5 中还可以自定义列表，自定义列表的标签是 <dl>。自定义列表的语法格式如下：

```
<dl>
    <dt>项目名称1</dt>
    <dd>项目解释1</dd>
    <dd>项目解释2</dd>
    <dd>项目解释3</dd>
    <dt>项目名称2</dt>
    <dd>项目解释1</dd>
    <dd>项目解释2</dd>
    <dd>项目解释3</dd>
</dl>
```

实例 5：创建自定义列表

本实例使用 <dl> 标签、<dt> 标签和 <dd> 标签，设计自定义的列表样式。

```
<!DOCTYPE html>
<html>
<head>
<title>自定义列表</title>
</head>
<body>
<h2>各个训练营介绍</h2>
<dl>
     <dt>Python爬虫智能训练营</dt>
       <dd>人工智能时代的来临,随着互联网数据越来越开放,越来越丰富。基于大数据来做的事也越来越多。数据分析服务、互联网金融、数据建模、医疗病例分析、自然语言处理、信息聚类,这些都是大数据的应用场景,而大数据的来源都是利用网络爬虫来实现。</dd>
     <dt>网站前端开发训练营</dt>
       <dd>网站前端开发的职业规划包括网页制作、网页制作工程师、前端制作工程师、网站重构工程师、前端开发工程师、资深前端工程师、前端架构师。</dd>
     <dt>PHP网站开发训练营</dt>
      <dd>PHP网站开发训练营是一个专门为PHP初学者提供入门学习帮助的平台,这里是初学者的修行圣地,提供各种入门宝典。</dd>
     <dt>网络安全对抗训练营</dt>
       <dd>网络安全对抗训练营在剖析用户进行黑客防御中迫切需要或想要用到的技术时,力求对其进行"傻瓜"式的讲解,使学生对网络防御技术有一个系统的了解,能够更好地防范黑客的攻击。</dd>
</dl>
</body>
</html>
```

运行效果如图 3-5 所示。

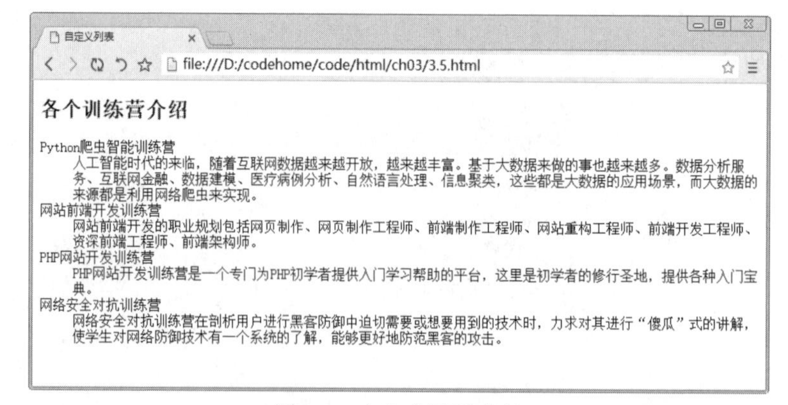

图 3-5　自定义网页列表

3.4 列表的嵌套

嵌套列表是网页中常用的元素，通过重复使用 <ol> 标签和 <ul> 标签，可以实现无序列表和有序列表的嵌套。

实例 6：创建嵌套列表

本实例使用 <ol> 标签和 <ul> 标签，设计自定义的列表样式。

```
<!doctype html>
<html>
<head>
<title>无序列表和有序列表嵌套</title>
</head>
<body>
<ul>
       <li ><a href="#">课程销售排行榜</a>
             <ol >
                    <li><a href="#">Python爬虫智能训练营</a></li>
                    <li><a href="#">网站前端开发训练营</a></li>
                    <li><a href="#">PHP网站开发训练营</a></li>
                    <li><a href="#">网络安全对抗训练营</a></li>
               </ol>
         </li>
            <li ><a href="#">学生区域分布</a>
                <ul>
                    <li><a href="#">北京</a></li>
                    <li><a href="#">上海</a></li>
                    <li><a href="#">广州</a></li>
                    <li><a href="#">郑州</a></li>
                  </ul>
            </li>
 </ul>
</body>
</html>
```

运行效果如图 3-6 所示。

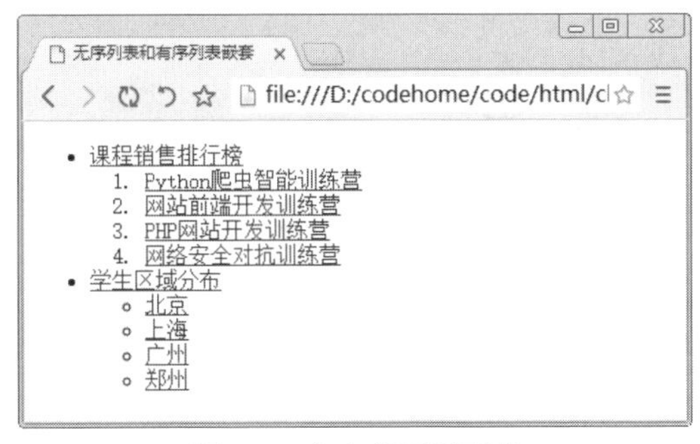

图 3-6 自定义网页列表

3.5 新手常见疑难问题

疑问 1：无序列表 <ul> 元素的作用？

无序列表元素主要用于条理化和结构化文本信息。在实际开发中，无序列表在制作导航菜单时使用广泛。导航菜单的结构一般都使用无序列表实现。

疑问 2：文字和图片导航速度谁更快？

文字导航不仅速度快，而且更稳定。例如，有些用户上网时会关闭图片。在处理文本时，除非特别需要，否则不要为普通文字添加下划线。就像用户需要识别哪些能点击一样，不能让读者将本不能点击的文字误认为能够点击。

3.6 实战技能训练营

实战 1：编写一个包含嵌套的无序列表的页面

使用 <ul> 和 <li> 标签设计一个嵌套的无序列表，运行结果如图 3-7 所示。

图 3-7　无序列表嵌套

实战 2：编写一个包含自定义列表的页面

编程实现一个包含自定义列表的页面，运行结果如图 3-8 所示。单击页面中的箭头图标，可以折叠或展开项目内容。

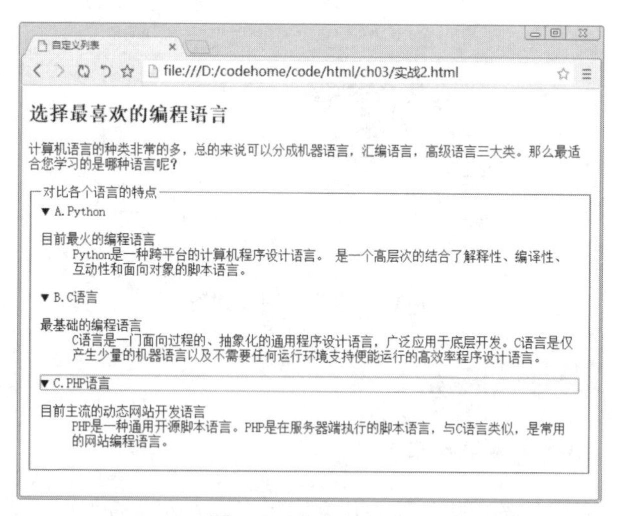

图 3-8　自定义列表

第4章　网页中的图像和超链接

本章导读

图像是网页中最主要也是最常用的元素。图像在网页中具有非常重要的作用，它能装饰网页，呈现出丰富多彩的效果。超链接是一个网站的灵魂，它可以将一个网页和另一个网页串联起来。只有将网站中的各个页面链接在一起，这个网站才能称为真正的网站。本章将重点讲述图像和超链接的使用方法和技巧。

知识导图

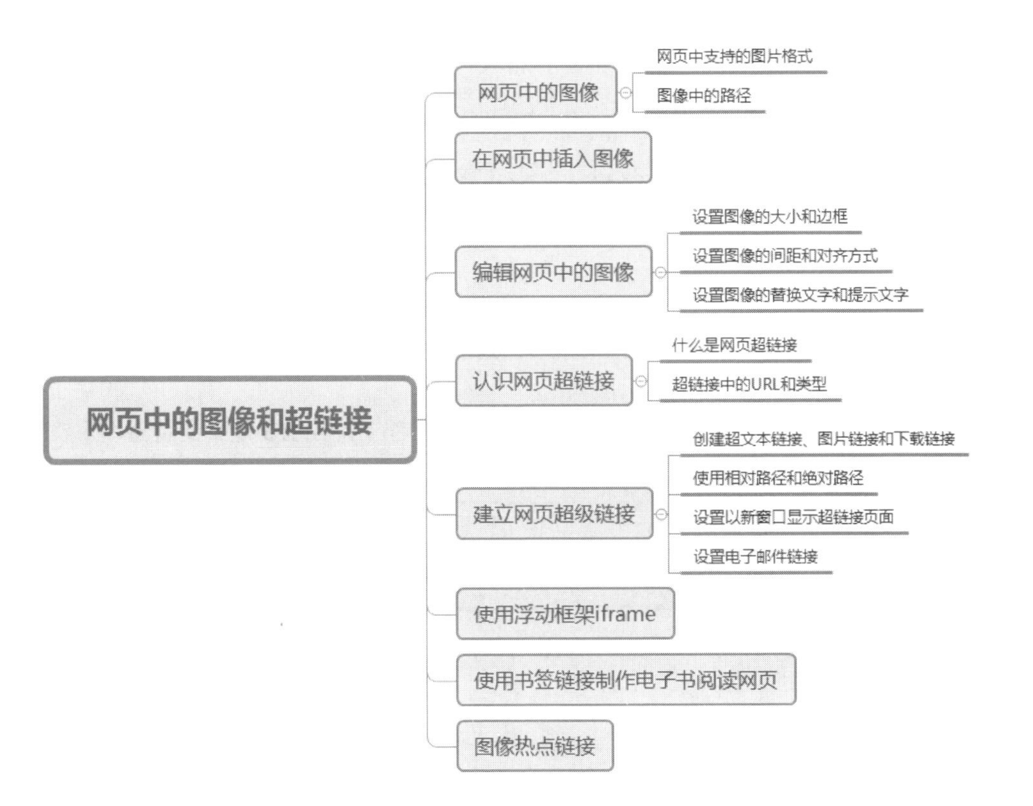

4.1 网页中的图像

俗话说“一图胜千言”，图片是网页中不可缺少的元素，巧妙地在网页中使用图片可以丰富网页。网页支持多种图片格式，并且可以为插入的图片设置宽度和高度。

4.1.1 网页中支持的图片格式

网页中可以使用 GIF、JPEG、BMP、TIFF、PNG 等格式的图像文件，其中使用最广泛的主要是 GIF 和 JPEG 两种格式。

1. GIF 格式

GIF 格式是由 CompuServe 公司提出的与设备无关的图像存储标准，也是 Web 上使用最早、应用最广泛的图像格式。GIF 通过减少组成图像的每个像素的储存位数和采用 LZH 压缩存储技术来减少图像文件的大小，GIF 格式文件最多只能是 256 色的图像。

GIF 具有图像文件小、下载速度快、低颜色数下 GIF 比 JPEG 载入得更快、可用许多同样大小的图像文件组成动画的特点，在 GIF 图像中可指定透明区域，使图像具有非同一般的显示效果。

2. JPEG 格式

JPEG 是目前 Internet 中最受欢迎的图像格式，它可支持 24 位真色彩，能展现丰富生动的图像，还能压缩。但其压缩方式是以损失图像质量为代价的，压缩比越高，图像质量损失越大，图像文件也就越小。

一般情况下，同一图像的 BMP 格式的大小是 JPEG 格式的 5 ～ 10 倍。而 GIF 格式最多只能是 256 色，因此载入 256 色以上图像的 JPEG 格式成了 Internet 中最受欢迎的图像格式。

当网页中需要载入一个较大的 GIF 或 JPEG 图像文件时，载入速度会很慢。为改善网页的视觉效果，可在载入时设置为隔行扫描。隔行扫描在开始显示图像时看起来非常模糊，接着逐渐添加细节，直到图像完全显示出来。

GIF 是支持透明、动画的图片格式，但色彩只有 256 色。JPEG 是不支持透明和动画的图片格式，但是色彩模式比较丰富，大约保留 1670 万种颜色。

注意： 网页中现在也有很多 PNG 格式的图片。PNG 图片具有不失真、兼有 GIF 和 JPG 的色彩模式、网络传输速度快、支持透明图像制作的特点，近年来在网络中也很流行。

4.1.2 图像中的路径

HTML 文档支持文字、图片、声音、视频等媒体格式，但是对于这些格式，除了文本是写在 HTML 中的，其他都是嵌入式的，HTML 文档只记录这些文件的路径。这些媒体信息能否正确显示，路径至关重要。

路径的作用是定位文件的位置。文件的路径可以有两种表述方法，以当前文档为参照物表示文件的位置，即相对路径；以根目录为参照物表示文件的位置，即绝对路径。

为了方便讲述绝对路径和相对路径，先看如图 4-1 所示的目录结构。

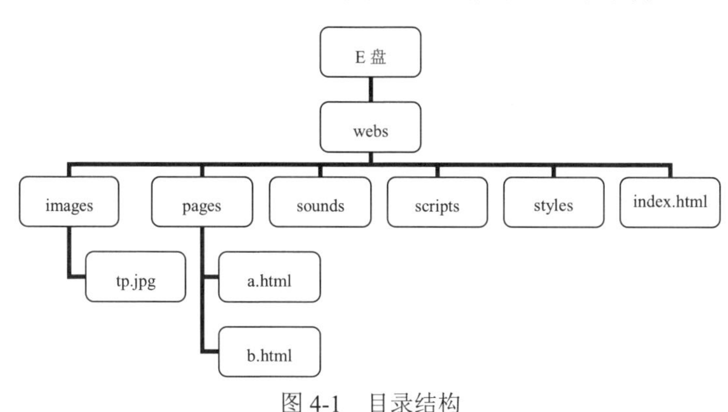

图 4-1　目录结构

1. 绝对路径

如果在 E 盘的 webs 目录下的 images 下有一个 tp.jpg 图像，那么它的路径就是 E:\webs\imags\tp.jpg，像这种完整地描述文件位置的路径就是绝对路径。如果将图片文件 tp.jpg 插入网页 index.html，绝对路径的表示方式如下。

```
E:\webs\imags\tp.jpg
```

如果使用绝对路径 E:\webs\imags\tp.jpg 进行图片链接，那么在本地电脑中将一切正常，因为在 E:\webs\imags 下的确存在 tp.jpg 这个图片。如果将文档上传到网站服务器，那就会不正常了，因为服务器给你划分的存放空间可能在 E 盘其他目录中，也可能在 D 盘其他目录中。为了保证图片正常显示，必须将 webs 文件夹放到服务器或其他电脑的 E 盘根目录下。

通过上述讲解，读者会发现，如果链接的资源是本站点内的，使用绝对路径对位置的要求非常严格。因此，链接本站内的资源不建议采用绝对路径。如果链接其他站点的资源，必须使用绝对路径。

2. 相对路径

如何使用相对路径设置上述图片呢？所谓相对路径，顾名思义就是以当前位置为参考点，自己相对于目标的位置。例如，在 index.html 中链接 tp.jpg 就可以使用相对路径。根据目录结构图可以这样来定位：从 index.html 位置出发，它和 images 属于同级，路径是通的，因此可以定位到 images，images 的下级就是 tp.jpg。使用相对路径表示图片如下。

```
images/tp.jpg
```

使用相对路径，不论将这些文件放到哪里，只要 tp.jpg 和 index.html 文件的相对关系没有变，就不会出错。

在相对路径中，“..”表示上一级目录，“../..”表示上级的上级目录，以此类推。例如，将 tp.jpg 图片插入 a.html 文件中，使用相对路径表示如下。

```
../images/tp.jpg
```

注意：细心的读者会发现，路径分隔符使用了“\”和“/”两种，其中“\”表示本地分隔符，“/”表示网络分隔符。因为网站制作好后肯定是在网络上运行的，因此要求使用“/”作为路径分隔符。

4.2 在网页中插入图像

图像可以美化网页，插入图像使用单标签 <img>。img 标签的属性及描述如表 4-1 所示。

表 4-1 img 标签的属性及描述

属性	值	描述
alt	text	定义有关图形的简短描述
src	URL	要显示的图像的 URL
height	pixels %	定义图像的高度
ismap	URL	把图像定义为服务器端的图像映射
usemap	URL	定义作为客户端图像映射的一幅图像。请参阅 <map> 和 <area> 标签，了解其工作原理
vspace	pixels	定义图像顶部和底部的空白。不支持。请使用 CSS 代替
width	pixels %	设置图像的宽度

src 属性用于指定图片源文件的路径，它是 img 标签必不可少的属性。语法格式如下。

```
<img src="图片路径">
```

图片的路径可以是绝对路径，也可以是相对路径。下面的实例是在网页中插入图片。

实例 1：通过图像标签，设计一个象棋游戏的来源介绍

```
<!DOCTYPE html>
<html >
<head>
<title>插入图片</title>
</head>
<body>
<h2 align="center">象棋的来源</h2>
<p>    中国象棋是起源于中国的一种棋戏,象棋的"象"是一个人,相传象是舜的弟弟,他喜欢打打杀杀,他发明了一种用来模拟战争的游戏,因为是他发明的,很自然也把这种游戏叫做"象棋"。到了秦朝末年西汉开国,韩信把象棋进行一番大改,有了楚河汉界,有了王不见王,名字还叫作"象棋",然后经过后世的不断修正,一直到宋朝,把红棋的"卒"改为"兵",黑棋的"仕"改为"士","相"改为"象",象棋的样子基本完善。棋盘里的河界,又名"楚河汉界"。</p>
<!--插入象棋的游戏图片,并且设置水平间距为200像素-->
<img src="pic/xiangqi.gif" hspace="200">
</body>
</html>
```

运行效果如图 4-2 所示。

除了可以在本地插入图片以外，还可以插入网络中的图片，例如插入百度图库中的图片，插入代码如下：

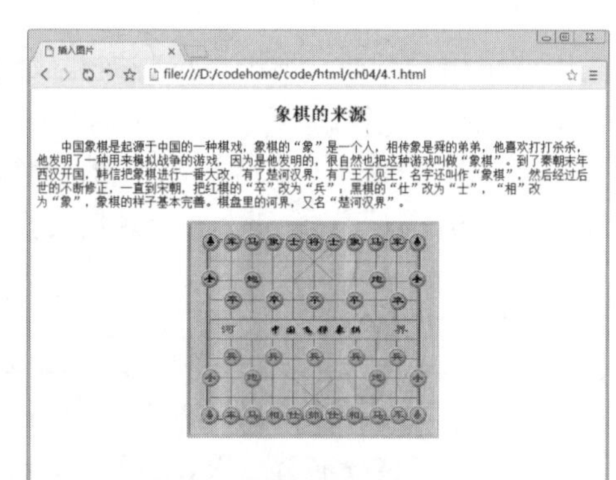

图 4-2 在网页中插入图像

```
<img src="http://www.baidu.com/img/图片名称.gif" />
```

4.3 编辑网页中的图像

在插入图片时，用户还可以设置图像的大小、边框、间距、对齐方式和替换文本等。

4.3.1 设置图像的大小和边框

在 HTML 文档中，还可以设置插入图片的显示大小，一般是按原始尺寸显示，但也可以设置任意显示尺寸。设置图像尺寸分别用属性 width（宽度）和 height（高度）。

设置图像大小的语法格式如下：

```
<img src="图像的地址" width="宽度值" height="高度值">
```

这里的高度值和宽度值的单位为像素。如果只设置宽度或者高度，则另一个参数会按照相同的比例进行调整。如果同时设置宽度和高度，且缩放比例不同的情况下，图像可能会变形。

默认情况下，插入的图像没有边框，可以通过 border 属性为图像添加边框。语法格式如下:

```
<img src="图像的地址" border="边框大小值">
```

这里的边框大小值的单位为像素。

实例 2：设置图像的大小和边框效果

```
<!DOCTYPE html>
<html>
<head>
<title>设置图像的大小和边框</title>
</head>
<body>
<img src="pic/pingban.jpg">
<img src="pic/pingban.jpg" width="100">
<img  src="pic/pingban.jpg"  width="150"
height="200">
<img src="pic/pingban.jpg" border="5">
</body>
</html
```

运行效果如图 4-3 所示。

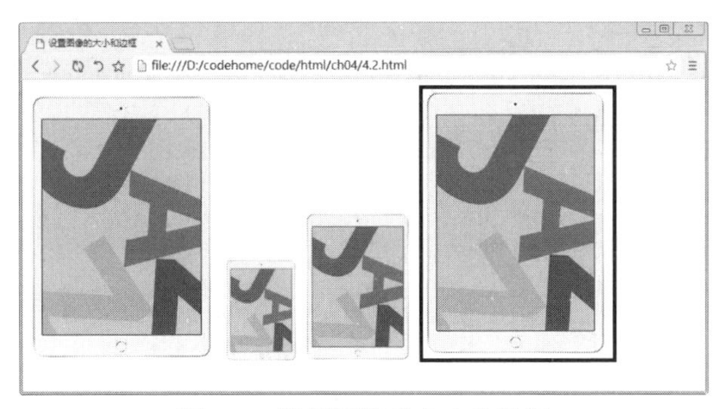

图 4-3　设置图像的大小和边框

图像的尺寸单位可以选择百分比或数值。百分比为相对尺寸，数值是绝对尺寸。

> **注意：** 网页中插入的图像都是位图，放大尺寸，图像会出现马赛克，变得模糊。

> **技巧**：要在 Windows 中查看图像的尺寸，只需要找到图像文件，把鼠标指针移动到图像上，停留几秒后，就会出现一个提示框，说明图像文件的尺寸。

4.3.2 设置图像的间距和对齐方式

在设计网页的图文混排效果时，如果不使用换行标签，则添加的图片会紧跟在文字后面。如果想调整图片与文字的距离，可以通过设置 hspace 属性和 vspace 属性来完成。其语法格式如下：

```
<img src="图像的地址" hspace="水平间距值" vspace="垂直间距值">
```

图像和文字之间的排列通过 align 参数来调整。对齐方式分为两种：绝对对齐方式和相对文字对齐方式。其中，绝对对齐方式包括左对齐、右对齐和居中对齐，相对文字对齐则指图像与一行文字的相对位置。其语法格式如下：

```
<img src="图像的地址" align="相对文字的对齐方式">
```

其中，align 属性的取值和含义如下。

（1） left：把图像对齐到左边。

（2） right：把图像对齐到右边。

（3） middle：把图像与中央对齐。

（4） top：把图像与顶部对齐。

（5） bottom：把图像与底部对齐。该对齐方式为默认对齐方式。

实例 3：设置图像的水平对齐间距

```
<!doctype html>
<html>
<head>
<title>设置图像的水平间距</title>
</head>
<body>
<h3>请选择您喜欢的商品：</h3>
<hr size="3" />
<!--在插入的两行图片中,分别设置第一个图片的对齐方式为middle,其他图片设置为不同的对齐方式以形成
对比-->
第一组商品图片<img src="pic/1.jpg" border="2" align="middle"/>
              <img src="pic/2.jpg" border="2" align="middle"/>
             <img src="pic/3.jpg" border="2" align="middle"/>
             <img src="pic/4.jpg" border="2" align="middle"/>
<br /><br />
第二组商品图片<img src="pic/5.jpg" border="1" align="middle"/>
            <img src="pic/6.jpg" border="1" align="middle"/>
            <img src="pic/7.jpg" border="1"align="middle"/>
            <img src="pic/8.jpg" border="1"align="middle"/>
</body>
</html>
```

运行效果如图 4-4 所示。

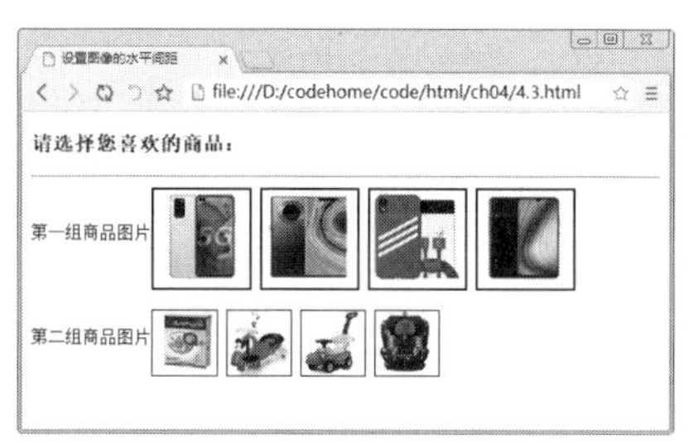

图 4-4　设置水平对齐间距效果

4.3.3　设置图像的替换文字和提示文字

图像提示文字的作用有两个：其一，当浏览网页时，如果图像下载完成，将鼠标指针放在该图像上，鼠标指针旁边会出现提示文字，为图像添加说明性文字；其二，如果图像没有成功下载，在图像的位置上就会显示替换文字。

为图像添加提示文字可以方便搜索引擎的检索，除此之外，图像提示文字的作用还有以下两个。

（1）当浏览网页时，如果图像下载完成，将鼠标指针放在该图像上，鼠标指针旁边会显示 title 标签设置的提示文字。其语法格式如下：

```
<img src="图像的地址" title="图像的提示文字">
```

（2）如果图像没有成功下载，在图像的位置上会显示 alt 标签设置的替换文字。其语法格式如下：

```
<img src="图像的地址" alt="图像的替换文字">
```

实例 4：设置商品图片的替换文字和提示文字

```
<!DOCTYPE html>
<html >
<head>
<title>替换文字和提示文字</title>
</head>
<body>
<h2 align="center">象棋的来源</h2>
<p>    中国象棋是起源于中国的一种棋戏,象棋的"象"是一个人,相传象是舜的弟弟,他
喜欢打打杀杀,他发明了一种用来模拟战争的游戏,因为是他发明的,很自然也把这种游戏叫做"象棋"。到了秦
朝末年西汉开国,韩信把象棋进行一番大改,有了楚河汉界,有了王不见王,名字还叫作"象棋",然后经过后世的
不断修正,一直到宋朝,把红棋的"卒"改为"兵": 黑棋的"仕"改为"士
","相"改为"象",象棋的样子基本完善。棋盘里的河界,又名"楚河汉
界"。</p>
<!--插入象棋的游戏图片,并且设置替换文字和提示文字-->
<img src="pic/xiangqis.gif" alt="象棋游戏" title="象棋
游戏是中华民族的文化瑰宝">
<img src="pic/xiangqi.gif" alt="象棋游戏" title="象棋
游戏是中华民族的文化瑰宝">
</body>
</html>
```

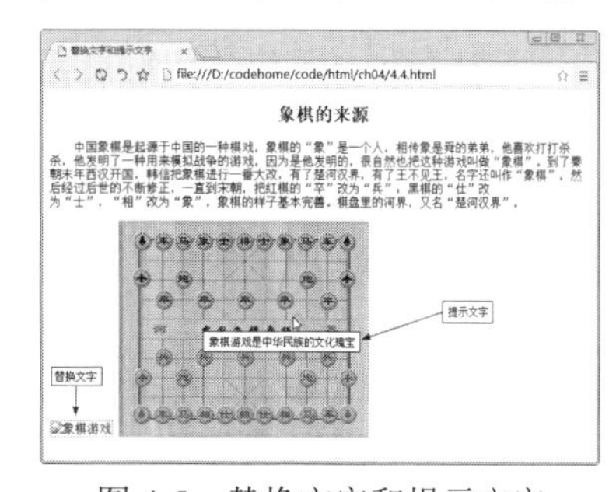

图 4-5　替换文字和提示文字

运行效果如图 4-5 所示。用户将鼠标放在图片上，即

可看到提示文字。

> **注意：**随着互联网技术的发展，网速已经不是制约因素，因此一般都能成功下载图像。但在百度、Google 等大的搜索引擎中，搜索图片没有文字方便，如果用 alt 给图片添加适当文字，可以方便搜索引擎的检索。

4.4 认识网页超链接

所谓超链接，是指从一个网页指向一个目标的链接关系，这个目标可以是另一个网页，也可以是相同网页上的不同位置，还可以是一个图片、一个电子邮件地址、一个文件，甚至是一个应用程序。

4.4.1 什么是网页超链接

网页中的链接按照链接路径的不同，可以分为 3 种类型，分别是内部链接、锚点链接和外部链接。按照使用对象的不同，网页中的链接又可以分为文本超链接、图像超链接、E-mail 链接、锚点链接、多媒体文件链接、空链接等。

在网页中，一般文字上的超链接都是蓝色，文字下面有一条下划线。当移动鼠标指针到该超链接上时，鼠标指针就会变成一只手的形状，这时候用鼠标左键单击，就可以直接跳到与这个超链接相连接的网页或 WWW 网站。如果用户已经浏览过某个超链接，这个超链接的文本颜色就会发生改变（默认为紫色）。只有图像的超链接访问后颜色不会发生变化。

4.4.2 超链接中的 URL

URL 为 Uniform Resource Locator 的缩写，通常翻译为“统一资源定位器”，也就是人们通常说的“网址”，它用于指定 Internet 上的资源位置。

网络中的计算机之间是通过 IP 地址区分的，如果希望访问网络中某台计算机中的资源，首先要定位到这台计算机。IP 地址是由 32 位二进制数（即 32 个 0/1 代码）组成的，数字之间没有意义，不容易记忆。为了方便记忆，现在计算机一般采用域名的方式来寻址，即在网络上使用一组有意义字符组成的地址代替 IP 地址来访问网络资源。

URL 由 4 个部分组成，即“协议”“主机名”“文件夹名”“文件名”，如图 4-6 所示。

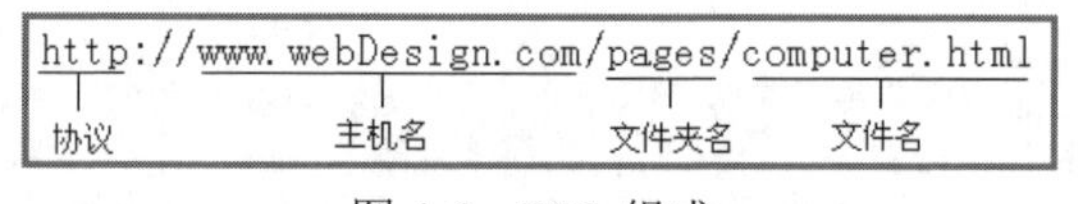

图 4-6 URL 组成

互联网中有各种各样的应用，如 Web 服务、FTP 服务等。每种服务应用都有对应的协议，通常通过浏览器浏览网页的协议都是 HTTP 协议，即“超文本传输协议”，因此网页的地址都以 http:// 开头。

www.baidu.com 为主机名，表示文件存在于哪台服务器，主机名可以通过 IP 地址或者域名来表示。

确定主机后，还需要说明文件存在于这台服务器的哪个文件夹中，文件夹可以分为多个层级。

确定文件夹后，就要定位到文件，即要显示哪个文件，网页文件通常以 .html 或 .htm 为扩展名。

4.4.3 超链接的 URL 类型

网页上的超链接一般分为三种，分别如下。

（1）绝对 URL 超链接：URL 就是统一资源定位符，简单地讲就是网络上的一个站点、网页的完整路径。

（2）相对 URL 超链接：如将某个网页上的某一段文字或某个标题链接到同一网站的其他网页上。

（3）书签超链接：同一网页的超链接，这种超链接又叫作书签。

4.5 建立网页超级链接

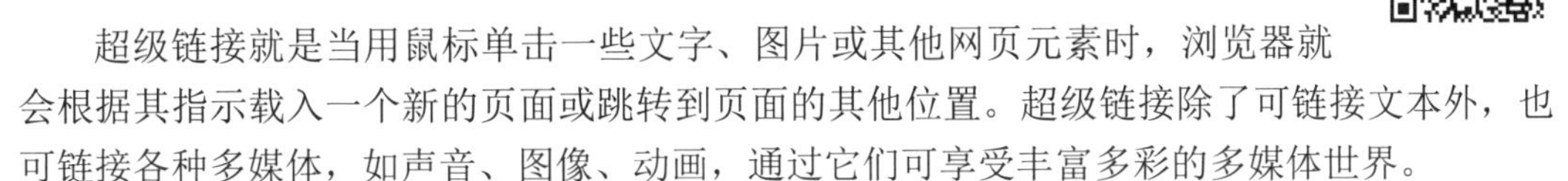

超级链接就是当用鼠标单击一些文字、图片或其他网页元素时，浏览器就会根据其指示载入一个新的页面或跳转到页面的其他位置。超级链接除了可链接文本外，也可链接各种多媒体，如声音、图像、动画，通过它们可享受丰富多彩的多媒体世界。

建立超级链接所使用的 HTML 标签为 <a></a>。超级链接有两个重要的要素，即设置为超级链接的网页元素和超级链接指向的目标地址。基本的超级链接的结构如下。

```
<a href=URL>网页元素</a>
```

4.5.1 创建超文本链接

文本是网页制作中使用最频繁也是最主要的元素。为了实现跳转到与文本相关内容的页面，往往需要为文本添加链接。

1. 什么是文本链接

浏览网页时，会看到一些带下划线的文字，将鼠标移到文字上时，鼠标指针将变成手形，单击会打开一个网页，这样的链接就是文本链接。

2. 创建链接的方法

使用 <a> 标签可以实现网页超链接，在 <a> 标签处需要定义锚来指定链接目标。锚（anchor）有两种用法，介绍如下。

（1）通过使用 href 属性，创建指向另外一个文档的链接（或超链接）。使用 href 属性的代码格式如下。

```
<a href="链接地址">创建链接的文本</a>
```

（2）通过使用 name 或 id 属性，创建一个文档内部的书签（也就是说，可以创建指向文档片段的链接）。使用 name 属性的代码格式如下。

```
<a name="value">创建链接的文本</a>
```

name 属性用于指定锚的名称。name 属性可以创建（大型）文档内的书签。

使用 id 属性的代码格式如下。

```
<a id="value">创建链接的文本</a>
```

3. 创建网站内的文本链接

创建网页内的文本链接主要使用 href 属性来实现。比如，在网页中做一些知名网站的友情链接。

实例 5：通过链接实现商城导航

```
<!DOCTYPE html>
<html>
<head>
<title>超链接</title>
</head>
<body>
<a href="#">首页</a>   
<a href="links.html"target="_blank">手机数码</a>   
<a href="links.html"target="_blank">家用电器</a>   
<a href="links.html"target="_blank">母婴玩具</a>
<a href="http://www.baidu.com"target="_blank">百度搜索</a><br/>
<img src="pic/shop.jpg" alt="广告图">
</body>
</html>
```

运行效果如图 4-7 所示。

图 4-7　添加超链接

> **注意：** 如果为外部链接，则链接地址前的 http:// 不可省略，否则链接会出现错误提示。

4.5.2　创建图片链接

在网页中浏览内容时，若将鼠标指针移到图像上，鼠标指针将变成手形，单击会打开一个网页，这样的链接就是图片链接。

使用 <a> 标签为图片添加链接的代码格式如下。

```
<a href="链接目标"><img src="图片地址"/></a>
```

实例 6：创建图片链接

```
<!DOCTYPE html>
<html>
<head>
<title>图片链接</title>
</head>
<body>
音乐无限
<a href="mp3.html"><img src="pic/m1.jpg"/></a>
<br>
<br>
<br>
运动健身
<a href="tiyu.html"><img src="pic/m2.jpg"/></a>
</body>
</html
```

图 4-8　图片链接网页效果

运行效果如图 4-8 所示。鼠标放在图片上呈现手指状，单击后可跳转到指定网页。

> **提示：** 文件中的图片要和当前网页文件在同一目录下，链接的网页没有加 http://，默认为当前网页所在目录。

4.5.3　创建下载链接

超链接 <a> 标签的 href 属性指向链接的目标，目标可以是各种类型的文件，如图片文件、声音文件、视频文件、Word 文件等。如果是浏览器能够识别的类型，会直接在浏览器中显示；如果是浏览器不能识别的类型，在浏览器中会弹出文件下载对话框。

实例 7：创建音频文件和 Word 文档文件的下载链接

```
<!DOCTYPE html>
<html>
<head>
<title>链接各种类型文件</title>
</head>
<body>
<p><a href="1.mp3">链接音频文件</a></p>
<p><a href="2.doc">链接Word文档</a></p>
</body>
</html>
```

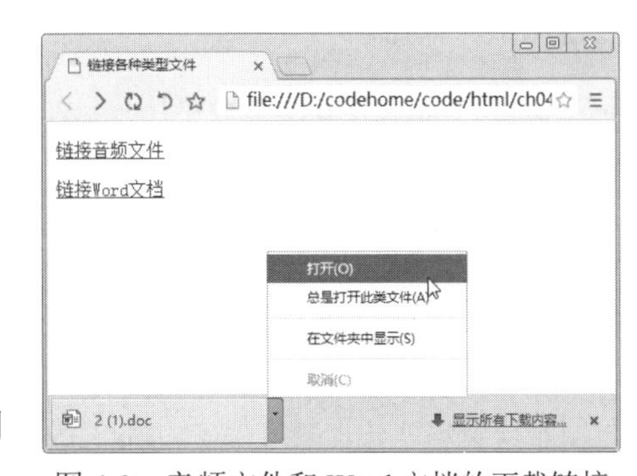

图 4-9　音频文件和 Word 文档的下载链接

运行效果如图 4-9 所示。单击不同的链接，浏览器将直接显示文件的内容。

4.5.4　使用相对路径和绝对路径

使用绝对 URL 一般是访问非同一台服务器上的资源，使用相对 URL 是指访问同一台服务器上相同文件夹或不同文件夹中的资源。如果访问相同文件夹中的文件，只需要写文件名；

如果访问不同文件夹中的资源，则以服务器的根目录为起点，指明文档的相对关系，由文件夹名和文件名两个部分构成。

实例 8：使用绝对 URL 和相对 URL 实现超链接

```
<!DOCTYPE html>
<html>
<head>
<title>绝对URL和相对URL</title>
</head>
<body>
  单击<a href="http://www.webDesign.com/index.html">绝对URL</a>链接到webDesign网站首页
<br />
  单击<a href="02.html">相同文件夹的URL</a>链接到相同文件夹中的第2个页面<br />
  单击<a href="../pages/03.html">不同文件夹的URL</a>链接到不同文件夹中的第3个页面
</body>
</html>
```

在上述代码中，第 1 个链接使用的是绝对 URL；第 2 个链接使用的是服务器相对 URL，也就是链接到文档所在服务器的根目录下的 02.html；第 3 个链接使用的是文档相对 URL，即原文档所在文件夹的父文件夹下面的 pages 文件夹中的 03.html 文件。

运行效果如图 4-10 所示。

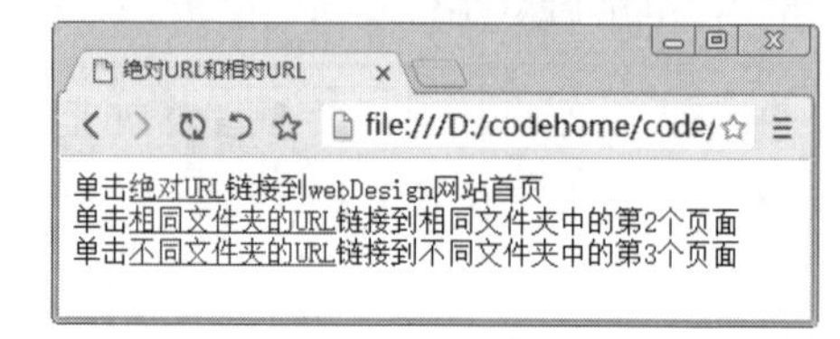

图 4-10　绝对 URL 和相对 URL

4.5.5　设置以新窗口显示超链接页面

在默认情况下，当单击超链接时，目标页面会在当前窗口中显示，替换当前页面的内容。如果要在单击某个链接以后，打开一个新的浏览器窗口显示目标页面，就需要使用 <a> 标签的 target 属性。

target 属性的代码格式如下。

```
<a target="value">
```

其中，value 有 4 个参数可用，这 4 个保留的目标名称用作特殊的文档重定向操作。

（1）_blank：浏览器总在一个新打开、未命名的窗口中载入目标文档。

（2）_self：这个目标的值对所有没有指定目标的 <a> 标签是默认目标，它将目标文档载入并显示在相同的框架或者窗口中作为源文档。这个目标是多余且不必要的，除非和文档标题 <base> 标签中的 target 属性一起使用。

（3）_parent：使得文档载入父窗口或者包含在超链接引用的框架的框架集。如果这个引用是在窗口或者顶级框架中，那么它与目标 _self 等效。

（4）_top：这个目标使得文档载入包含这个超链接的窗口，使用 _top 目标将会清除所有被包含的框架并将文档载入整个浏览器窗口。

实例 9：设置以新窗口显示超链接页面

```
<!DOCTYPE html>
```

```
<html>
<head>
<title>设置以新窗口显示超链接</title>
</head>
<body>
<a href="http://www.baidu.com" target="_blank">百度</a>
</body>
</html>
```

运行效果如图4-11所示。单击网页中的超链接，在新窗口中打开链接页面，如图4-12所示。

图 4-11　制作网页超链接

图 4-12　在新窗口中打开链接网页

如果将 _blank 换成 _self，即代码修改为“<a href="http://www.baidu.com" target="_self">百度 </a>”，单击链接后，则直接在当前窗口中打开链接页面。

提示： target 的 4 个值都以下划线开始。其他任何用下划线作为开头的窗口或者目标都会被浏览器忽略。因此，不要将下划线作为文档中定义的任何框架的 name 或 id 属性的第一个字符。

4.5.6　设置电子邮件链接

在某些网页中，当访问者单击某个链接以后，会自动打开电子邮件客户端软件，如 Outlook 或 Foxmail 等，向某个特定的 E-mail 地址发送邮件，这个链接就是电子邮件链接。电子邮件链接的格式如下。

```
<a href="mailto:电子邮件地址">网页元素</a>
```

实例 10：设置电子邮件链接

```
<!DOCTYPE html>
<html>
<head>
<title>电子邮件链接</title>
</head>
<body>
<img src="pic/logo.gif" width="119" height="49">    [免费注册][登录]
<a href="mailto:bczj123@foxmail.com">站长信箱</a>
</body>
</html>
```

运行效果如图 4-13 所示，实现了电子邮件链接。

当读者单击“站长信箱”链接时，会自动弹出 Outlook 窗口，要求编写电子邮件，如图 4-14 所示。

图 4-13　链接到电子邮件

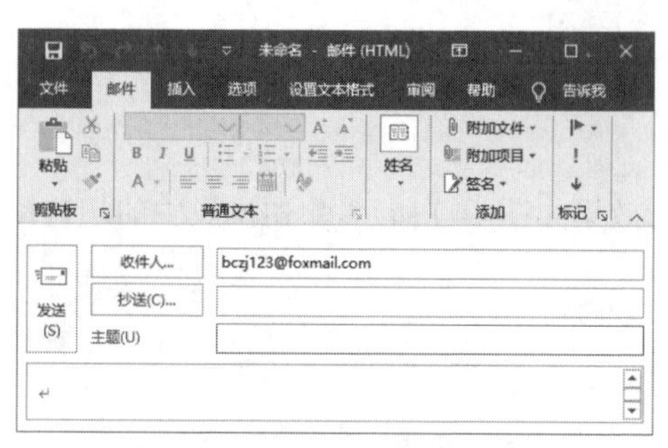

图 4-14　Outlook 新邮件窗口

4.6　使用浮动框架

HTML5 已经不支持 frameset 框架，但仍然支持 iframe 浮动框架。浮动框架可以自由控制窗口大小，还可以配合表格在网页中的任何位置插入窗口。实际上就是在窗口中再创建一个窗口。

使用 iframe 创建浮动框架的格式如下。

```
<iframe src="链接对象" >
```

其中，src 表示浮动框架中显示对象的路径，可以是绝对路径，也可以是相对路径。例如，下面的代码是在浮动框架中显示百度网站。

实例 11：创建一个浮动框架

```
<!DOCTYPE html>
<html>
<head>
<title>浮动框架中显示百度网站</title>
</head>
<body>
<iframe src="http://www.baidu.com"></iframe>
</body>
</html>
```

图 4-15　浮动框架效果

运行效果如图 4-15 所示。浮动框架在页面中又创建了一个窗口，在默认情况下，浮动框架的尺寸为 220 像素 ×120 像素。

如果需要调整浮动框架的尺寸，请使用 CSS 样式。修改上述浮动框架尺寸，可以在 head 标签部分增加如下 CSS 代码。

```
<style>
iframe{
    width:600px;    //框架的宽度
    height:800px;   //框架的高度
}
</style>
```

> **注意**：在 HTML5 中，iframe 仅支持 src 属性，再无其他属性。

4.7 使用书签链接制作电子书阅读网页

超链接除了可以链接特定的文件和网站之外，还可以链接网页内的特定内容。可以使用 <a> 标签的 name 或 id 属性，创建一个文档内部的书签，也就是说，可以创建指向文档片段的链接。

例如，使用以下命令可以将网页中的文本“你好”定义为一个内部书签，书签名称为 name1。

```
<a name="name1" >你好</a>
```

在网页中的其他位置可以插入超链接引用该书签，引用命令如下。

```
<a href="#name1" >引用内部书签</a>
```

通常网页内容比较多的网站会采用这种方法，比如一个电子书网页。

实例 12：为文学作品添加书签

下面使用书签链接制作一个电子书网页。为每个文学作品添加书签。

```
<!DOCTYPE html>
<html>
<head>
<title>电子书</title>
</head>
<body >
<h1>文学鉴赏</h1>
<ul>
   <li><a href="#第一篇" >再别康桥</a>
   <li><a href="#第二篇" >雨　 巷</a>
   <li><a href="#第三篇" >荷塘月色</a>
</ul>
<h3><a name="第一篇" >再别康桥</a></h3>
——徐志摩
<ul>
   <li>轻轻地我走了,正如我轻轻地来;
   <li>我轻轻地招手,作别西天的云彩。
     <br>
   <li>那河畔的金柳,是夕阳中的新娘;
   <li>波光里的艳影,在我的心头荡漾。
     <br>
   <li>软泥上的青荇,油油地在水底招摇;
   <li>在康河的柔波里,我甘心做一条水草!
     <br>
   <li>那榆荫下的一潭,不是清泉,是天上虹;
   <li>揉碎在浮藻间,沉淀着彩虹似的梦。
    <br>
   <li>寻梦? 撑一支长篙,向青草更青处漫溯;
   <li>满载一船星辉,在星辉斑斓里放歌。
    <br>
   <li>但我不能放歌,悄悄是别离的笙箫;
   <li>夏虫也为我沉默,沉默是今晚的康桥!
```

```
        <br>
        <li>悄悄地我走了,正如我悄悄地来;
        <li>我挥一挥衣袖,不带走一片云彩。
</ul>
<h3><a name="第二篇" >雨　巷</a></h3>
——戴望舒<br>
撑着油纸伞,独自彷徨在悠长、悠长又寂寥的雨巷,我希望逢着一个丁香一样的结着愁怨的姑娘。<br>
她是有丁香一样的颜色,丁香一样的芬芳,丁香一样的忧愁,在雨中哀怨,哀怨又彷徨;她彷徨在这寂寥的雨巷,撑着油纸伞像我一样,像我一样地默默行着,冷漠,凄清,又惆怅。<br>
她静默地走近,走近,又投出太息一般的眼光,她飘过像梦一般地凄婉迷茫。像梦中飘过一枝丁香的,我身旁飘过这女郎;她静默地远了,远了,到了颓圮的篱墙,走尽这雨巷。在雨的哀曲里,消了她的颜色,散了她的芬芳,消散了,甚至她的太息般的眼光丁香般的惆怅。撑着油纸伞,独自彷徨在悠长,悠长又寂寥的雨巷,我希望飘过一个丁香一样的结着愁怨的姑娘。
<h3><a name="第三篇" >荷塘月色</a></h3>
曲曲折折的荷塘上面,弥望的是田田的叶子。叶子出水很高,像亭亭的舞女的裙。层层的叶子中间,零星地点缀着些白花,有袅娜地开着的,有羞涩地打着朵儿的;正如一粒粒的明珠,又如碧天里的星星,又如刚出浴的美人。微风过处,送来缕缕清香,仿佛远处高楼上渺茫的歌声似的。这时候叶子与花也有一丝的颤动,像闪电般,霎时传过荷塘的那边去了。叶子本是肩并肩密密地挨着,这便宛然有了一道凝碧的波痕。叶子底下是脉脉的流水,遮住了,不能见一些颜色;而叶子却更见风致了。<br>
月光如流水一般,静静地泻在这一片叶子和花上。薄薄的青雾浮起在荷塘里。叶子和花仿佛在牛乳中洗过一样;又像笼着轻纱的梦。虽然是满月,天上却有一层淡淡的云,所以不能朗照;但我以为这恰是到了好处——酣眠固不可少,小睡也别有风味的。月光是隔了树照过来的,高处丛生的灌木,落下参差的斑驳的黑影,峭楞楞如鬼一般;弯弯的杨柳的稀疏的倩影,却又像是画在荷叶上。塘中的月色并不均匀;但光与影有着和谐的旋律,如梵婀玲上奏着的名曲。
</body>
</html>
```

运行效果如图 4-16 所示。

单击“雨巷”超链接，页面会自动跳转到“雨巷”对应的内容，如图 4-17 所示。

图 4-16　电子书网页

图 4-17　书签跳转效果

4.8　图像热点链接

在浏览网页时，读者会发现，单击一张图片的不同部位，会显示不同的链接内容，这就是图片的热点区域。

在 HTML5 中，可以为图片创建 3 种类型的热点区域：矩形、圆形和多边形。创建热点区域使用标签 <map> 和 <area>。

设置图像热点链接大致可以分为两个步骤。

1. 设置映射图像

要想建立图片热点区域，必须先插入图片。注意，图片必须增加 usemap 属性，说明该图像是热区映射图像，属性值必须以“#”开头，加上名字，如 #pic。具体语法格式如下：

```
<img src="图片地址" usemap="#热点图像名称">
```

2. 定义热点区域图像和热点区域链接

定义热点区域图像和热点区域链接的语法格式如下：

```
<map id="#热点图像名称">
   <area shape="热点形状1" coords="热点坐标1" href="链接地址1">
   <area shape="热点形状2" coords="热点坐标2" href="链接地址2">
</map>
```

<map>标签只有一个属性id，其作用是为区域命名，其设置值必须与<img>标签的usemap属性值相同。

<area>标签主要是定义热点区域的形状及超链接，它有3个必须的属性。

（1）shape属性：控件划分区域的形状。其取值有3个，分别是rect（矩形）、circle（圆形）和poly（多边形）。

（2）coords属性：控制区域的划分坐标。如果shape属性取值为rect，那么coords的设置值分别为矩形左上角x、y坐标点和右下角x、y坐标点，单位为像素。如果shape属性取值为cirle，那么coords的设置值分别为圆形圆心x、y坐标点和半径值，单位为像素。如果shape属性取值为poly，那么coords的设置值分别为矩形的在各个点x、y坐标，单位为像素。

（3）href属性：为区域设置超链接的目标。设置值为“#”时，表示为空链接。

实例13：添加图像热点链接

```
<!DOCTYPE html>
<html>
<head>
<title>创建热点区域</title>
</head>
<body>
<img src="pic/daohang.jpg" usemap="#Map">
<map name="Map">
    <area shape="rect" coords="30,106,220,363" href="pic/r1.jpg"/>
    <area shape="rect" coords="234,106,416,359" href="pic/r2.jpg"/>
    <area shape="rect" coords="439,103,618,365" href="pic/r3.jpg"/>
    <area shape="rect" coords="643,107,817,366" href="pic/r4.jpg"/>
    <area shape="rect" coords="837,105,1018,363" href="pic/r5.jpg"/>
</map>
</body>
</html>
```

运行效果如图4-18所示。

图4-18　创建热点区域

单击不同的热点区域，将跳转到不同的页面。例如这里单击“超美女装”区域，跳转页面效果如图 4-19 所示。

图 4-19　热点区域的链接页面

在创建图像热点区域时，比较复杂的操作是定义坐标，初学者往往难以控制。目前比较好的解决方法是使用可视化软件手动绘制热点区域，例如这里使用 Dreamweaver 软件绘制需要的区域即可，如图 4-20 所示。

图 4-20　使用 Dreamweaver 软件绘制热点区域

4.9　新手常见疑难问题

疑问 1：在浏览器中图片无法正常显示，为什么？

图片在网页中属于嵌入对象，并不是图片保存在网页中，网页只是保存了指向图片的路径。浏览器在解释 HTML 文件时，会按指定的路径去寻找图片，如果在指定的位置不存在图片，就无法正常显示。为了保证图片的正常显示，制作网页时需要注意以下几点。

（1）图片格式一定是网页支持的。

（2）图片的路径一定要正常，并且图片文件的扩展名不能省略。

（3）HTML 文件位置发生改变时，图片一定要跟随着改变，即图片位置和 HTML 文件位置始终保持相对一致。

疑问 2：在网页中，有时使用图像的绝对路径，有时使用相对路径，为什么？

如果在同一个文件中需要反复使用一个相同的图像文件，最好在 <img> 标签中使用相对路径名，不要使用绝对路径名或 URL。因为，使用相对路径名，浏览器只需将图像文件下载一次，再次使用这个图像时，只要重新显示一遍即可。如果使用绝对路径名，每次显示图像时，都要下载一次图像，这将大大降低图像的显示速度。

疑问 3：在网页中，如何将图片设置为网页背景？

在插入图片时，用户可以根据需要将某些图片设置为网页的背景。gif 和 jpg 文件均可用作 HTML 背景。如果图像小于页面，图像会重复显示。

例如，下面的代码设置图片为整个网页的背景：

```
<body background="background.jpg">
```

疑问 4：链接增多后的网站，如何设置目录结构以方便维护？

当一个网站的网页数量增加到一定程度以后，网站的管理与维护将变得非常烦琐。因此，掌握一些网站管理与维护的技术是非常实用的，可以节省很多时间。建立适合的网站文件存储结构，可以方便网站的管理与维护。通常使用的 3 种网站文件的组织结构方案及文件管理遵循以下原则。

（1）按照文件的类型进行分类管理。将不同类型的文件放在不同的文件夹中，这种存储方法适合于中小型网站，这种方法是通过文件的类型对文件进行管理。

（2）按照主题对文件进行分类。网站的页面按照不同的主题进行分类储存。同一主题的所有文件存放在一个文件夹中，然后再进一步细分文件的类型。这种方案适用于页面和文件数量众多、信息量大的静态网站。

（3）对文件类型进一步细分存储管理。这种方案是第一种存储方案的深化，将页面进一步细分后进行分类存储管理。这种方案适用于文件类型复杂、包含各种文件的多媒体动态网站。

4.10 实战技能训练营

实战 1：编写一个包含各种图文混排效果的页面

在网页的文字当中，如果插入图片，这时可以对图像进行排列。常用的排列方式有居中、底部对齐、顶部对齐三种。这里制作一个包含这三种对齐方式的图文效果。运行结果如图 4-21 所示。

图 4-21　图片的各种对齐方式

实战 2：编写一个图文并茂的房屋装饰装修网页

本实例将创建一个由文本和图片构成的房屋装饰效果网页，运行结果如图 4-22 所示。

图 4-22　图文并茂的房屋装饰装修网页

第5章　表格与<div>标签

本章导读

HTML 中的表格不但可以清晰地显示数据，而且可以用于页面布局。HTML 中的表格类似于 Word 软件中的表格，操作很相似。在 HTML 中制作表格要使用相关标签（如表格对象 table、行对象 tr、单元格对象 td）。<div> 标签可以统一管理其他标签，常常用于内容的分组显示。本章将详细讲述表格和 <div> 标签的使用方法和技巧。

知识导图

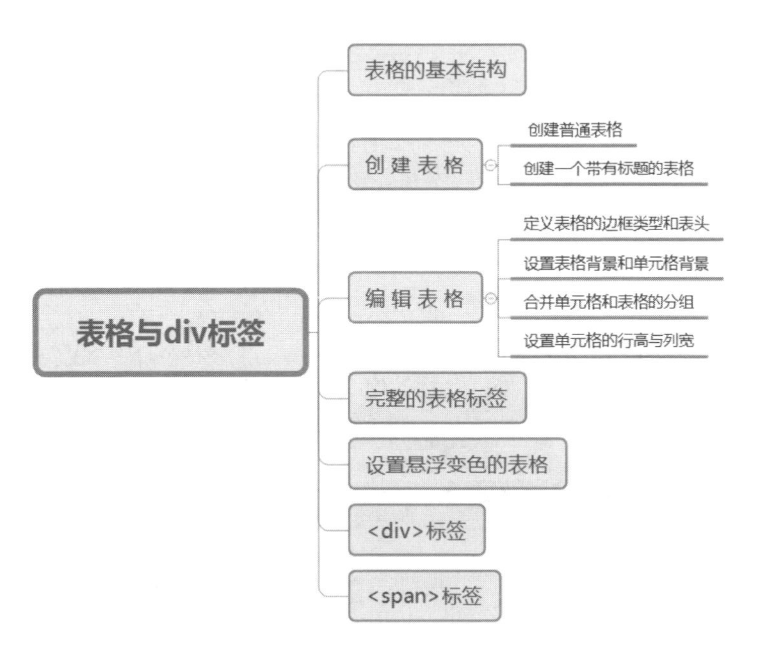

5.1 表格的基本结构

使用表格显示数据，可以更直观和清晰。在 HTML 文档中，表格主要用于显示数据，虽然可以使用表格布局，但是不建议使用，因为有很多弊端。表格一般由行、列和单元格组成，如图 5-1 所示。

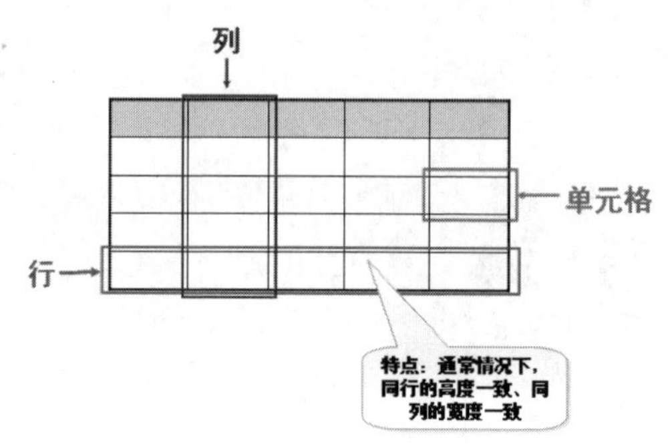

图 5-1　表格的组成

在 HTML 5 中，用于创建表格的标签如下。

（1）<table>：用于标识一个表格对象的开始，</table> 标签标识一个表格对象的结束。一个表格中，只允许出现一对 <table> 标签。HTML 5 中不再支持它的任何属性。

（1）<tr>：用于标识表格一行的开始，</tr> 标签用于标识表格一行的结束。表格内有多少对 <tr></tr> 标签，就表示表格中有多少行。HTML 5 中不再支持它的任何属性。

（2）<td>：用于标识表格某行中的一个单元格的开始，</td> 标签用于标识表格某行中一个单元格的结束。<td></td> 标签应书写在 <tr></tr> 标签内，一对 <tr></tr> 标签内有多少对 <td></td> 标签，就表示该行有多少个单元格。HTML 5 中，<td> 仅有 colspan 和 rowspan 两个属性。

最基本的表格，必须包含一对 <table></table> 标签、一对或几对 <tr></tr> 标签以及一对或几对 <td></td> 标签。一对 <table></table> 标签定义一个表格，一对 <tr></tr> 标签定义一行，一对 <td></td> 标签定义一个单元格。

实例 1：通过表格标签，编写公司销售表

```
<!DOCTYPE html>
<html>
<head>
<title>公司销售表</title>
</head>
<body>
<h1 align="center">公司销售表</h1>
<!--<table>为表格标签-->
<table align="center">
    <!--<tr>为行标签-->
    <tr>
        <!--<td>为表头标签-->
        <th>姓名</th>
        <th>月份</th>
        <th>销售额</th>
    </tr>
    <tr>
        <!--<td>为单元格-->
        <td>刘玉</td>
        <td>1月份</td>
        <td>32万</td>
    </tr>
    <tr>
        <!--<td>为单元格-->
        <td>张平</td>
        <td>1月份</td>
```

```
        <td>36万</td>
    </tr>
    <tr>
        <!--<td>为单元格-->
        <td>胡明</td>
        <td>1月份</td>
        <td>18万</td>
    </tr>
</table>
</body>
</html>
```

运行效果如图 5-2 所示。

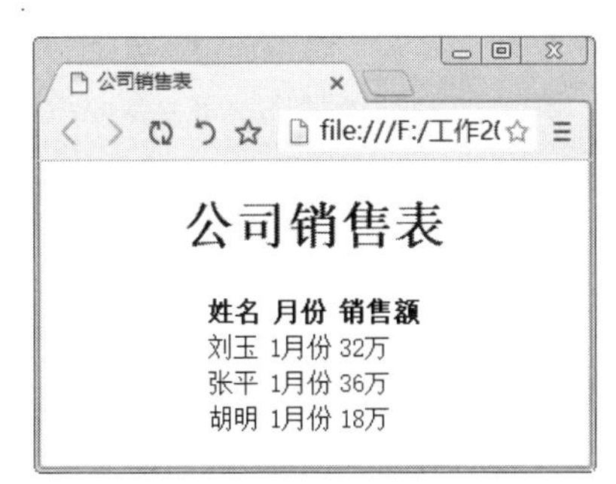

图 5-2　公司销售表

5.2　创建表格

表格可以分为普通表格以及带有标题的表格，在 HTML5 中，可以创建这两种表格。

5.2.1　创建普通表格

例如创建 1 列、1 行 3 列和 2 行 3 列三个表格。

实例 2：创建产品价格表

```
<!DOCTYPE html>
<html>
<head>
<title>创建普通表格</title>
</head>
<body>
<h4>一列：</h4>
<table border=" 1" >
<tr>
  <td>100</td>
</tr>
</table>
<h4>一行三列：</h4>
<table border="1">
<tr>
  <td>100</td>
  <td>200</td>
  <td>300</td>
</tr>
</table>
<h4>两行三列：</h4>
<table border="1">
<tr>
  <td>100</td>
  <td>200</td>
  <td>300</td>
</tr>
<tr>
  <td>400</td>
  <td>500</td>
  <td>600</td>
</tr>
</table>
</body>
</html>
```

运行效果如图 5-3 所示。

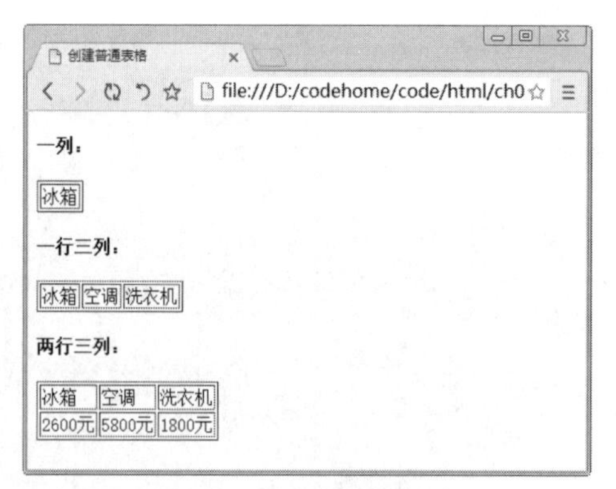

图 5-3　创建产品价格表

5.2.2　创建一个带有标题的表格

有时为了方便表述表格，还需要在表格的上面加上标题。

实例 3：创建一个产品销售统计表

```
<!DOCTYPE html>
<html>
<head>
<title>创建带有标题的表格</title>
</head>
<body>
<table border="2">
<caption>产品销售统计表</caption>
<tr>
  <td>1月份</td>
  <td>2月份</td>
  <td>3月份</td>
</tr>
<tr>
  <td>100万</td>
  <td>120万</td>
  <td>160万</td>
</tr>
</table>
</body>
</html>
```

运行效果如图 5-4 所示。

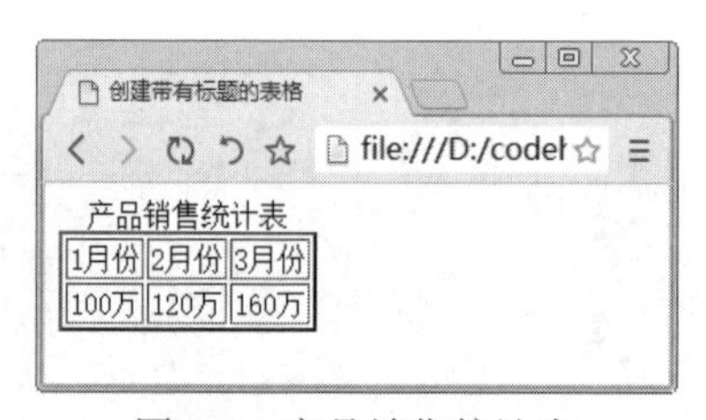

图 5-4　产品销售统计表

5.3　编辑表格

创建好表格之后，还可以编辑表格，包括设置表格的边框类型、设置表格的表头、合并单元格等。

5.3.1　定义表格的边框类型

使用表格的 border 属性可以定义表格的边框类型，如常见的加粗边框的表格。

▍实例 4：创建不同边框类型的表格

```
<!DOCTYPE html>
<html>
<body>
<h4>普通边框</h4>
<table border="1">
<tr>
  <td>商品名称</td>
  <td>商品产地</td>
  <td>商品价格</td>
</tr>
<tr>
  <td>冰箱</td>
  <td>天津</td>
  <td>4600元</td>
</tr>
</table>
<h4>加粗边框</h4>
<table border=" 8" >
<tr>
  <td>商品名称</td>
  <td>商品产地</td>
  <td>商品价格</td>
</tr>
<tr>
  <td>冰箱</td>
  <td>天津</td>
  <td>4600元</td>
</tr>
</table>
</body>
</html>
```

运行效果如图 5-5 所示。

图 5-5 创建不同边框类型的表格

5.3.2 定义表格的表头

表格中也会有表头，常见的表头分为垂直的和水平的两种。

▍实例 5：定义表格的表头

```
<!DOCTYPE html>
<html>
<body>
<h4>水平的表头</h4>
<table border=" 1" >
<tr>
  <th>姓名</th>
  <th>性别</th>
  <th>班级</th>
</tr>
<tr>
  <td>张三</td>
  <td>男</td>
  <td>一年级</td>
</tr>
</table>
<h4>垂直的表头</h4>
<table border=" 1" >
<tr>
  <th>姓名</th>
  <td>小丽</td>
</tr>
<tr>
  <th>性别</th>
```

```
  <td>女</td>
</tr>
<tr>
  <th>年级</th>
  <td>二年级</td>
</tr>
</table>
</body>
</html>
```

运行效果如图 5-6 所示。

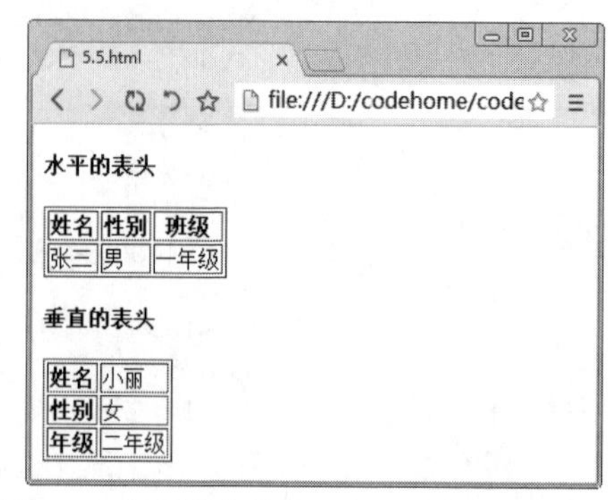

图 5-6　分别创建带有垂直和水平表头的表格

5.3.3　设置表格背景

创建好表格后，为了美观，还可以设置表格的背景。如为表格定义背景颜色、为表格定义背景图片等。

1. 定义表格背景颜色

为表格添加背景颜色是美化表格的一种方式。

实例 6：为表格添加背景颜色

```
<!DOCTYPE html>
<html>
<body>
<h4 align=" center" >商品信息表</h4>
<table border=" 1"
bgcolor=" #CCFF99" >
<tr>
  <td>商品名称</td>
  <td>商品产地</td>
  <td>商品价格</td>
  <td>商品库存</td>
</tr>
<tr>
  <td>洗衣机</td>
  <td>北京</td>
  <td>2600元</td>
  <td>4860</td>
</tr>
</table>
</body>
</html>
```

运行效果如图 5-7 所示。

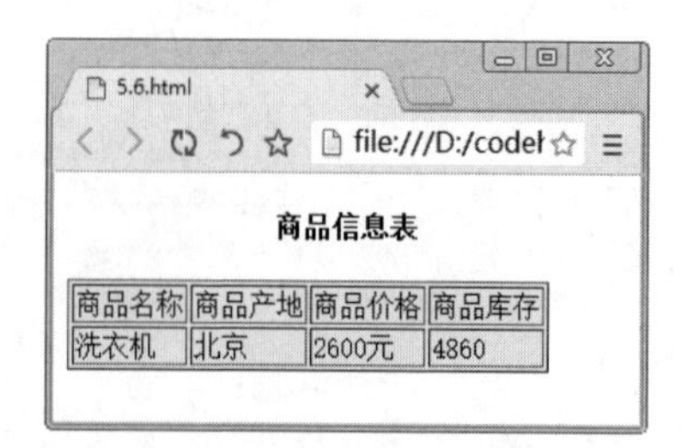

图 5-7　为表格添加背景颜色

2. 定义表格背景图片

除了可以为表格添加背景颜色外，还可以将图片设置为表格的背景。

实例 7：定义表格背景图片

```
<!DOCTYPE html>
<html>
<body>
<h4 align=" center" >为表格添加背景图片</
h4>
<table border=" 1" background=" pic/
m1.jpg" >
<tr>
  <td>商品名称</td>
  <td>商品产地</td>
  <td>商品等级</td>
  <td>商品价格</td>
  <td>商品库存</td>
</tr>
<tr>
  <td>电视机</td>
  <td>北京</td>
  <td>一等品</td>
  <td>6800元</td>
  <td>9980</td>
</tr>
</table>
</body>
</html>
```

运行效果如图5-8所示。

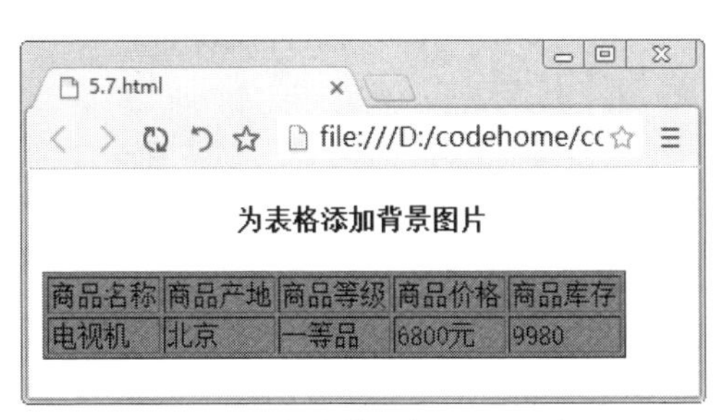

图 5-8 为表格添加背景图片

5.3.4 设置单元格的背景

除了可以为表格设置背景外，还可以为单元格设置背景，包括添加背景颜色和背景图片两种。

实例 8：为单元格添加背景颜色和图片

```
<!DOCTYPE html>
<html>
<body>
<h4 align="center">为单元格添加背景颜色和
图片</h4>
<table border="1">
<tr>
  <td bgcolor="red">商品名称</td>
  <td bgcolor="red">商品产地</td>
  <td bgcolor="red">商品等级</td>
  <td bgcolor="red">商品价格</td>
  <td bgcolor="red">商品库存</td>
</tr>
<tr>
   <td background="pic/m1.jpg">电视机</
td>
  <td background="pic/m1.jpg">北京</td>
   <td background="pic/m1.jpg">一等品</
td>
   <td background="pic/m1.jpg">6800元</
td>
  <td background="pic/m1.jpg">9980</td>
</tr>
</table>
</body>
</html>
```

运行效果如图 5-9 所示。

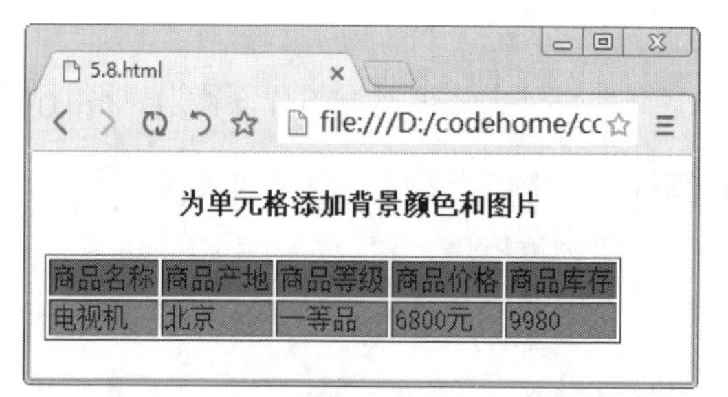

图 5-9　为单元格添加背景颜色和图片

5.3.5　合并单元格

在实际应用中，有时需要将某些单元格进行合并，以合理安排内容。在 HTML 中，合并的方向有两种，一种是上下合并，一种是左右合并，这两种合并方式只需要使用 <td> 标签的两个属性即可。

1. 用 colspan 属性合并左右单元格

左右单元格的合并需要使用 <td> 标签的 colspan 属性来完成，格式如下：

```
<td colspan="数值">单元格内容</td>
```

其中，colspan 属性的取值为数值型整数，表示几个单元格进行左右合并。

2. 用 rowspan 属性合并上下单元格

上下单元格的合并需要为 <td> 标签的 rowspan 属性，格式如下：

```
<td rowspan="数值">单元格内容</td>
```

其中，rowspan 属性的取值为数值型整数，表示几个单元格进行上下合并。

实例 9：设计婚礼流程安排表

```
<!DOCTYPE html>
<html>
<head>
<title>婚礼流程安排表</title>
</head>
<body>
<h1 align="center">婚礼流程安排表</h1>
<!--<table>为表格标签-->
<table align="center" border="1px" cellpadding="12%" >
    <!--婚礼流程安排表日期-->
    <tr bgcolor="#A5AFEDD">
        <th></th>
        <th>时间</th>
        <th>日程</th>
        <th>地点</th>
    </tr>
    <!--婚礼流程安排表内容-->
    <tr align="center">
        <!--使用rowspan属性进行列合并-->
        <td bgcolor="#FCD1CC" rowspan="2">上午</td>
```

```
            <td bgcolor="#FCD1CC">7:00--8:30</td>
            <td>新郎新娘化妆定妆</td>
            <td>婚纱影楼</td>
        </tr>
        <!--婚礼流程安排表内容-->
        <tr align="center">
            <td bgcolor="#FCD1CC">8:30--10:30</td>
            <td>新郎根据指导接亲</td>
            <td>酒店1楼</td>
        </tr>
        <!--婚礼流程安排表内容-->
        <tr align="center">
            <!--使用rowspan属性进行列合并-->
            <td bgcolor="#FCD1CC" rowspan="2">下午</td>
            <td bgcolor="#FCD1CC">12:30--14:00</td>
            <td>婚礼和就餐</td>
            <td>酒店2楼</td>
        </tr>
        <!--婚礼流程安排表内容-->
        <tr align="center">
            <td bgcolor="#FCD1CC">14:00--16:00</td>
            <td>清点物品后离开酒店</td>
            <td>酒店2楼</td>
        </tr>
</table>
</body>
</html>
```

运行效果如图 5-10 所示。

图 5-10　婚礼流程安排表

> **注意：** 合并单元格以后，相应的单元格标签就应该减少，否则单元格就会多出一个，并且后面的单元格会依次发生位移现象。

通过对单元格合并的操作，读者会发现，合并单元格就是“丢掉”某些单元格。对于左右合并，就是以左侧为准，将右侧要合并的单元格“丢掉”；对于上下合并，就是以上方为准，将下方要合并的单元格“丢掉”。如果一个单元格既要向右合并，又要向下合并，该如实现呢？

实例 10：单元格向右和向下合并

```
<!DOCTYPE html>
<html>
<head>
<title>单元格上下左右合并</title>
</head>
<body>
<table border=" 1" >
  <tr>
 <td colspan=" 2" rowspan=" 2" >A1B1<br/
>A2B2</td>
    <td>C1</td>
  </tr>
  <tr>
    <td>C2</td>
  </tr>
  <tr>
    <td>A3</td>
    <td>B3</td>
    <td>C3</td>
  </tr>
  <tr>
    <td>A4</td>
    <td>B4</td>
    <td>C4</td>
  </tr>
</table>
</body>
</html>
```

运行效果如图 5-11 所示。

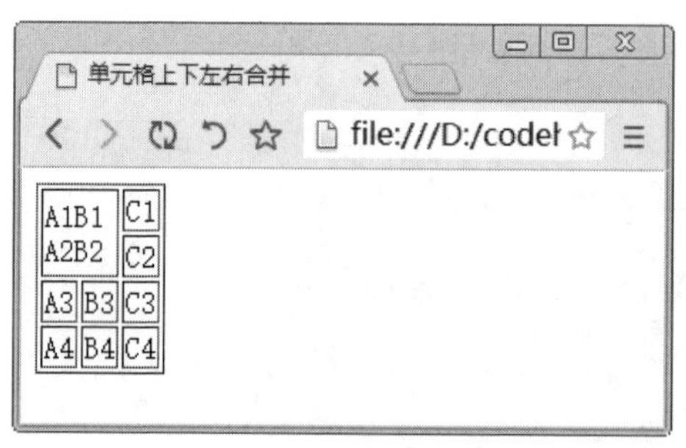

图 5-11　两个方向合并单元格

从上面的结果可以看到，A1 单元格向右合并 B1 单元格，向下合并 A2 单元格，并且 A2 单元格向右合并 B2 单元格。

5.3.6　表格的分组

如果需要分组控制表格列的样式，可以通过 <colgroup> 标签来完成。该标签的语法格式如下：

```
<colgroup>
     <col style="background-color: 颜色值">
     <col style="background-color: 颜色值">
     <col style="background-color: 颜色值">
</colgroup>
```

<colgroup> 标签可以分组控制表格列的样式，其中的 <col> 标签控制具体列的样式。

实例 11：设计企业客户联系表

```
<!DOCTYPE html>
<html>
<head>
<title>企业客户联系表</title>
</head>
<body>
<h1 align="center">企业客户联系表</h1>
<!--<table>为表格标签-->
<table align="center" border="1px"
cellpadding="12%" >
<!--<table>为表格标签-->
<table align="center" border="1px"
cellpadding="12%" >
     <!--使用<colgroup>标签进行表格分组控制
-->
    <colgroup>
          <col style="background-color:
#FFD9EC">
          <col style="background-color:
#B8B8DC">
          <col style="background-color:
#BBFFBB">
          <col style="background-color:
#B9B9FF">
    </colgroup>
<tr>
    <th>区域</th>
    <th>加盟商</th>
    <th>加盟时间</th>
    <th>联系电话</th>
</tr>

<tr align="center">
    <td>华北区域</td>
    <td>王蒙</td>
    <td>2019年9月</td>
    <td>123XXXXXXXX</td>
</tr>

<tr align="center">
    <td>华中区域</td>
    <td>王小名</td>
    <td>2019年1月</td>
    <td>100XXXXXXXX</td>
</tr>

<tr align="center">
    <td>西北区域</td>
    <td>张小明</td>
    <td>2012年9月</td>
```

```
    <td>111XXXXXXXX</td>
  </tr>
</table>
</body>
</html>
```

运行效果如图 5-12 所示。

图 5-12　婚礼流程安排表

5.3.7　设置单元格的行高与列宽

使用 cellpadding 创建单元格的内容与其边框之间的空距，从而调整表格的行高与列宽。

实例 12：设置单元格的行高与列宽

```
<!DOCTYPE html>
<html>
<body>
<h2>单元格调整前的效果</h2>
<table border=" 1" >
<tr>
  <td>1000</td>
  <td>2000</td>
</tr>
<tr>
  <td>2000</td>
  <td>3000</td>
</tr>
</table>
<h2>单元格调整后的效果</h2>
<tableborder=" 1" cellpaddi ng=" 10" >
<tr>
  <td>1000</td>
  <td>2000</td>
</tr>
<tr>
  <td>2000</td>
  <td>3000</td>
</tr>
</table>
</body>
</html>
```

运行效果如图 5-13 所示。

图 5-13　使用 cellpadding 调整表格的行高与列宽

5.4 完整的表格标签

上面讲述了表格中最常用也是最基本的三个标签 <table>、<tr> 和 <td>，使用它们可以构建出最简单的表格。为了让表格结构更清楚，以及配合使用后面学习的 CSS 样式，更方便地制作各种样式的表格，表格中还会出现表头、主体、脚注等。

按照表格的结构，可以把表格的行分组，称为“行组”。不同的行组具有不同的意义。行组分为 3 类——“表头”“主体”和“脚注”。三者相应的 HTML 标签依次为 <thead>、<tbody> 和 <tfoot>。

此外，在表格中还有两个标签：标签 <caption> 表示表格的标题；在一行中，除了可以使用 <td> 标签表示一个单元格以外，还可以使用 <th> 表示该单元格是这一行的“行头”。

实例 13：使用完整的表格标签设计学生成绩单

```
<!DOCTYPE html>
<html>
<head>
<title>完整表格标签</title>
<style>
tfoot{
background-color:#FF3;
}
</style>
</head>
<body>
<table border="1">
  <caption>学生成绩单</caption>
  <thead>
    <tr>
        <th>姓名</th><th>性别</th><th>成绩
</th>
    </tr>
  </thead>
    <tfoot>
     <tr>
          <td>平均分</td><td  colspan="2">
540</td>
     </tr>
   </tfoot>
   <tbody>
     <tr>
        <td>张三</td><td>男</td><td>560</
td>
     </tr>
     <tr>
        <td>李四</td><td>男</td><td>520</
td>
     </tr>
   </tbody>
</table>
</body>
</html>
```

从上面的代码可以发现，使用 <caption> 标签定义了表格标题，使用 <thead>、<tbody> 和 <tfoot> 标签对表格进行分组。在 <thead> 部分使用 <th> 标签代替 <td> 标签定义单元格，<th> 标签定义的单元格内容默认加粗显示。网页的预览效果如图 5-14 所示。

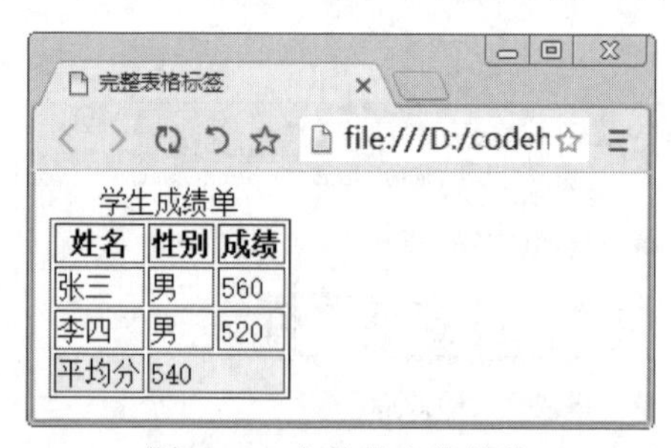

图 5-14　完整的表格结构

> **注意：**<caption> 标签必须紧随 <table> 标签之后。

5.5 设置悬浮变色的表格

本练习将结合前面学习的知识，创建一个悬浮变色的销售统计表。这里会用到 CSS 样式表来修饰表格的外观效果。

实例 14：设置悬浮变色的表格

下面分步骤来学习悬浮变色的表格效果是如何一步步实现的。

01 创建网页文件，实现基本的表格内容，代码如下：

```
<!DOCTYPE html>
<html>
<head>
<title>销售统计表</title>
</head>
<body>
<table border="0" cellpadding="1"
cellspacing="1">
<caption>销售统计表</caption>
    <tr>
      <th>产品名称</th>
      <th>产品产地</th>
      <th>销售金额</th>
    </tr>
    <tr class="hui">
      <td>洗衣机</td>
      <td>北京</td>
      <td>456万</td>
    </tr>
    <tr>
      <td>电视机</td>
      <td>上海</td>
      <td>306万</td>
    </tr>
    <tr class="hui">
      <td>空调</td>
      <td>北京</td>
      <td>688万</td>
    </tr>
    <tr>
      <td>热水器</td>
      <td>大连</td>
      <td>108万</td>
    </tr>
    <tr class="hui">
      <td>冰箱</td>
      <td>北京</td>
      <td>206万</td>
    </tr>
    <tr>
      <td>扫地机器人</td>
      <td>广州</td>
      <td>68万</td>
    </tr>
    <tr class="hui">
      <td>电磁炉</td>
      <td>北京</td>
      <td>109万</td>
    </tr>
    <tr>
      <td>吸尘器</td>
      <td>天津</td>
      <td>48万</td>
    </tr>
</table>
</body>
</html>
```

运行效果如图5-15所示。可以看到显示了一个表格，表格不带边框，字体等都是默认显示。

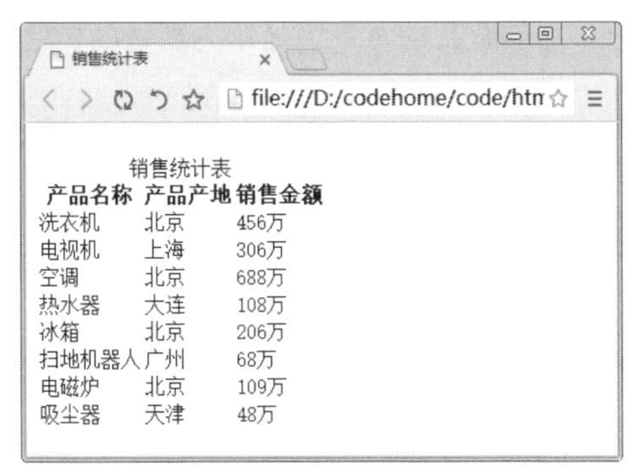

图 5-15　创建基本表格

02 在 <head>…</head> 中添加 CSS 代码，修饰表格和单元格：

```
<style type="text/css">
<!--
table {
width: 600px;
margin-top: 0px;
margin-right: auto;
margin-bottom: 0px;
margin-left: auto;
text-align: center;
background-color: #000000;
font-size: 9pt;
}
td {
padding: 5px;
background-color: #FFFFFF;
}
-->
</style>
```

运行效果如图 5-16 所示。可以看到显示了一个表格，表格带有边框，行内字体居中显示，但列标题背景色为黑色，其中的文字看不清楚。

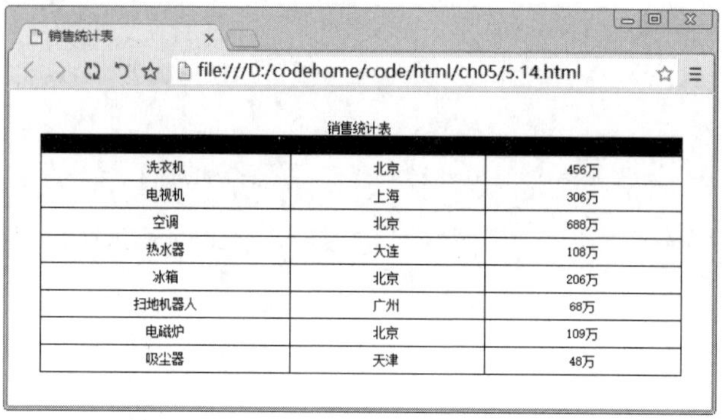

图 5-16　设置表格样式

03 添加 CSS 代码，修饰标题：

```
caption{
font-size: 36px;
font-family: “黑体",  “宋体";
padding-bottom: 15px;
}
tr{
font-size: 13px;
background-color: #cad9ea;
color: #000000;
}
th{
padding: 5px;
}
.hui td {
background-color: #f5fafe;
}
```

上面的代码中，使用类选择器 hui 来定义每个 td 行所显示的背景色，此时需要在表格中的每个奇数行引入该类选择器。例如 <tr class="hui">，从而设置奇数行的背景色。

运行效果如图 5-17 所示。可以看到，表格中列标题的背景色显示为浅蓝色，并且表格中奇数行的背景色为浅灰色，而偶数行的背景色显示为默认的白色。

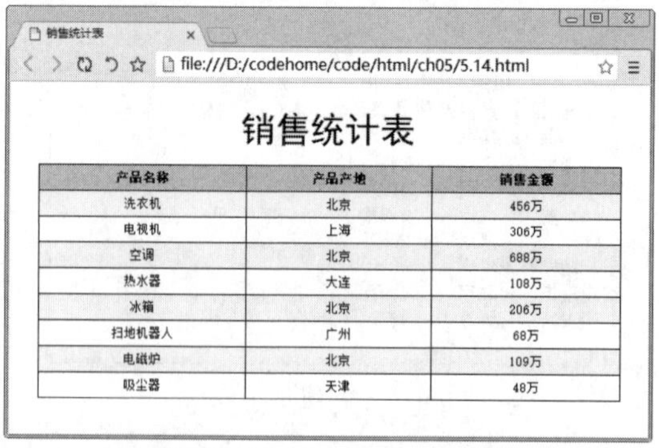

图 5-17　设置奇数行背景色

04 添加 CSS 代码，实现鼠标悬浮变色：

```
tr:hover td {
background-color: #FF9900;
}
```

运行效果如图 5-18 所示。可以看到，当鼠标放在某行上时，其背景会显示不同的颜色。

销售统计表

产品名称	产品产地	销售金额
洗衣机	北京	456万
电视机	上海	306万
空调	北京	688万
热水器	大连	108万
冰箱	北京	206万
扫地机器人	广州	68万
电磁炉	北京	109万
吸尘器	天津	48万

图 5-18　鼠标悬浮改变颜色

5.6　<div> 标签

<div> 标签是一个区块容器标签，在 <div></div> 标签中可以放置其他的一些 HTML 元素，例如段落 <p>、标题 <h1>、表格 <table>、图片 <img> 和表单等。然后使用 CSS3 相关属性将 div 容器标签中的元素作为一个独立对象进行修饰。这样就不会影响其他 HTML 元素。

在使用 <div> 标签之前，需要了解 <div> 标签的属性。语法格式如下：

```
<div id="value" align="value" class="value" style="value">
  这是div标签包含的内容。
</div>
```

其中 id 为 <div> 标签的名称，常与 CSS 样式相结合，实现对网页中元素样式的控制；align 用于控制 <div> 标签中元素的对齐方式，主要包括 left（左对齐）、right（右对齐）和 center（居中对齐）；class 用于控制 <div> 标签中元素的样式，其值为 CSS 样式中的 class 选择符；style 用于控制 <div> 标签中元素的样式，其值为 CSS 属性值，各个属性之间用分号分隔。

实例 15：使用 <div> 标签发布高科技产品

```
<!DOCTYPE html>
<html>
<head>
<title>发布高科技产品</title>
</head>
<!--插入背景图片-->
<body style="background-image:url(pic/chanpin.jpg) “>
<br/><br/><br/><br/>
<!--使用div标签进行分组-->
<div>
<h1>   产品发布</h1>
```

```
<hr/>
    <h5>产品名称：安科丽智能化扫地机器人</h5>
    <h5>发布日期：2020年12月12日</h5>
</div>
<br/>
<!--使用div标签进行分组-->
<div>
    <h1>产品介绍</h1>
    <hr/>
     <h5>  安科丽智能化扫地机器人的机身为自动化技术的可移动装置，与有集尘盒的真空吸尘装置，配合机身设定控制路径，在室内反复行走，如：沿边清扫、集中清扫、随机清扫、直线清扫等路径打扫，并辅以边刷、中央主刷旋转、抹布等方式，加强打扫效果，以完成拟人化居家清洁效果。</h5>
 </div>
</body>
</html>
```

运行效果如图 5-19 所示。

图 5-19　产品发布页面

5.7　<span> 标签

对于初学者而言，对 <div> 和 <span> 两个标签常常混淆，因为大部分 <div> 标签都可以使用 <span> 标签代替，并且其运行效果完全一样。

<span> 标签是行内标签，<span> 标签的前后内容不会换行。而 <span> 标签包含的元素会自动换行。<div> 标签可以包含 <span> 标签，但 <span> 标签一般不包含 <div> 标签。

实例 16：分析 <div> 标签和 <span> 标签的区别

```
<!DOCTYPE html>
<html>
<head>
<title>div与span的区别</title>
</head>
<body>
  <p>使用div标签会自动换行：</p>
  <div><b>金谷年年，乱生春色谁为主。</b></div>
  <div><b>馀花落处。满地和烟雨。</b></div>
  <div><b>又是离歌，一阕长亭暮。</b></div>
  <p>使用span标签不会自动换行：</p>
  <span style="color:red"><b>怀君属秋夜，</b></span>
```

```
  <span style="color:blue"><b>散步咏凉天。</b></span>
  <span style="color:red"><b>空山松子落,幽人应未眠。</b></span>
</body>
</html>
```

运行效果如图 5-20 所示。可以看到 <div> 所包含的元素会自动换行，而对于 <span> 标签，3 个 HTML 元素在同一行显示。

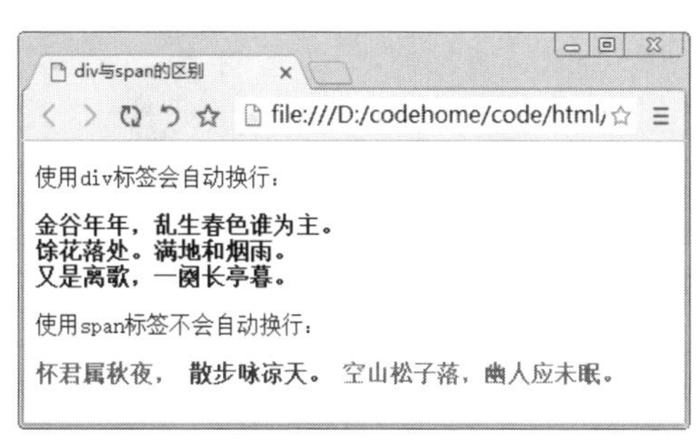

图 5-20　<div> 标签和 <span> 标签的区别

在网页设计中，对于较大的块可以使用 <div> 完成，而对于具有独特样式的单独 HTML 元素，可以使用 <span> 标签完成。

5.8　新手常见疑难问题

疑问 1：如何选择 <div> 标签和 <span> 标签?

<div> 标签是块级标签，所以 <div> 标签的前后会添加换行。<span> 标签是行内标签，所以 <span> 标签的前后不会添加换行。如果需要多个标签，一般使用 <div> 标签进行分类分组；如果是单一标签的场合，则使用 <span> 标签进行标签内分类分组。

疑问 2：表格除了可以显示数据，还可以进行布局，为何不使用表格进行布局？

在互联网刚刚开始普及时，网页非常简单，形式也非常单调，当时美国的 David Siegel 发明了使用表格布局，风靡全球。在表格布局的页面中，表格不但需要显示内容，还要控制页面的外观及显示位置，导致页面代码过多，结构与内容无法分离，这样就给网站的后期维护和很多其他方面带来了麻烦。

疑问 2：使用 <thead>、<tbody> 和 <tfoot> 标签对行进行分组的意义何在?

在 HTML 文档中增加 <thead>、<tbody> 和 <tfoot> 标签虽然从外观上不能看出任何变化，但是它们却可以使文档的结构更加清晰。使用 <thead>、<tbody> 和 <tfoot> 标签除了可以使文档更加清晰外，还有一个更重要的意义，就是方便使用 CSS 样式对表格的各个部分进行修饰，从而制作出更炫的表格。

5.9　实战技能训练营

实战 1：编写一个计算机报价表的页面

利用所学的表格知识，来制作如图 5-21 所示的计算机报价表。这里利用 <caption> 标签制作表格的标题，用 <th> 代替 <td> 作为标题行单元格。可以将图片放在单元格内，即在 <td> 标签内使用 <img> 标签。在 HTML 文档的 head 部分增加 CSS 样式，为表格添加边框及相应的修饰效果。

图 5-21　计算机报价表的页面

实战 2：分组显示古诗的标题和内容

利用所学的 <div> 标签，来制作如图 5-22 所示的分组显示古诗标题和内容的效果。首先通过 <h1> 标签完成古诗的标题，然后通过 <div> 标签将古诗的标题和内容分成两组。这里将古诗的内容放到 <div> 标签中。

图 5-22　分组显示古诗的标题和内容

第6章　网页中的表单

本章导读

在网页中，表单的作用比较重要，主要负责采集浏览者的相关数据，如常见的登录表、调查表和留言表等。在HTML5中，拥有多个新的表单输入类型，这些新特性提供了更好的输入控制和验证。本章节将重点学习表单的使用方法和技巧。

知识导图

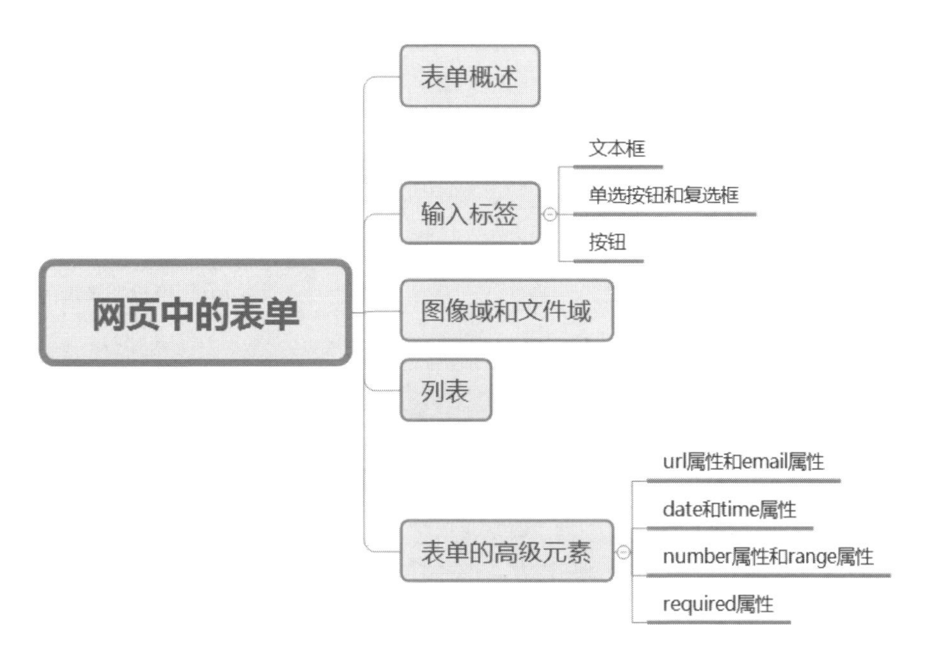

6.1 表单概述

表单主要用于收集网页上浏览者的相关信息。其标签为 <form></form>。表单的基本语法格式如下：

```
<form action="url" method="get|post" enctype="mime"></form>
```

其中，action="url" 指定处理提交表单的格式，它可以是一个 URL 地址或一个电子邮件地址。method="get | post" 指明提交表单的 HTTP 方法。enctype="mime" 指明将表单提交给服务器时的互联网媒体形式。

表单是一个能够包含表单元素的区域。通过添加不同的表单元素，将显示不同的效果。表单元素是能够让用户在表单中输入信息的元素，常见的有文本框、密码框、下拉列表框、单选按钮、复选框等。

实例 1：创建网站会员登录页面

```
<!DOCTYPE html>
<html>
<head>
</head>
<body>
<form>
网站会员登录
<br/>
用户名称
<input type="text" name="user">
<br/>
用户密码
<input type="password" name="password"><br/>
<input type="submit" value="登录">
</form>
</body>
</html>
```

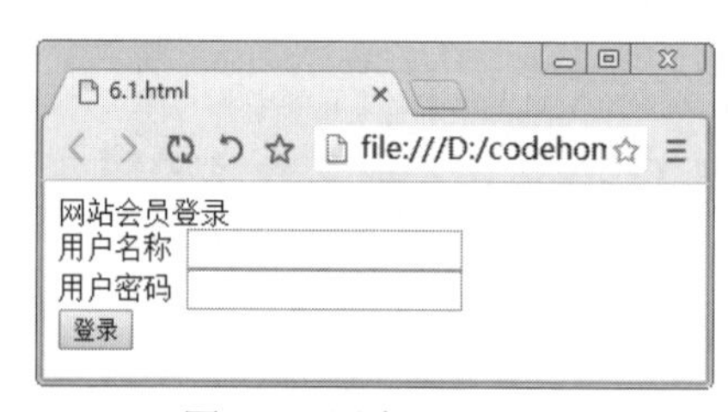

图 6-1　用户登录页面

运行效果如图 6-1 所示。可以看到用户登录信息页面。

6.2 输入标签

在网页设计中，最常用的输入标签是 <input>。通过设置该标签的属性，可以实现不同的输入效果。

6.2.1 文本框

表单中的文本框有 3 种，分别是单行文本框、多行文本框和密码输入框。不同的文本框对应的属性值也不同。下面分别介绍这 3 种文本框的使用方法和技巧。

1. 单行文本框 text

文本框是一种让访问者自己输入内容的表单对象，通常用来填写单个字或者简短的内容，例如用户姓名和地址等。

代码格式如下：

```
<input type="text" name="..." size="..." maxlength="..." value="...">
```

其中，type="text" 定义单行文本输入框，name 属性定义文本框的名称，要保证数据的准确采集，必须定义一个独一无二的名称；size 属性定义文本框的宽度，单位是单个字符宽度；maxlength 属性定义最多输入的字符数；value 属性定义文本框的初始值。

实例 2：创建单行文本框

```
<!DOCTYPE html>
<html>
<head><title>输入用户的姓名</title></head>
<body>
<form>
请输入您的姓名:
<input type="text" name="yourname" size="20" maxlength="15">
<br/>
请输入您的地址:
<input type="text" name="youradr" size="20" maxlength="15">
</form>
</body>
</html>
```

运行效果如图 6-2 所示。可以看到两个单行文本输入框。

图 6-2　单行文本输入框

2. 多行文本框 textarea

多行文本输入框（textarea）主要用于输入较长的文本信息。代码格式如下：

```
<textarea name="..." cols="..." rows="..." wrap="..."></textarea>
```

其中，name 属性定义多行文本框的名称，要保证数据的准确采集，必须定义一个独一无二的名称；cols 属性定义多行文本框的宽度，单位是单个字符宽度；rows 属性定义多行文本框的高度，单位是单个字符宽度；wrap 属性定义输入内容大于文本域时显示的方式。

实例 3：创建多行文本框

```
<!DOCTYPE html>
<html>
```

```
<head><title>多行文本输入</title></head>
<body>
<form>
请输入您学习HTML5网页设计时最大的困难是什么？<br/>
<textarea name="yourworks" cols ="50" rows = “5"></textarea>
<br/>
<input type="submit" value="提交">
</form>
</body>
</html>
```

运行效果如图 6-3 所示。可以看到多行文本输入框。

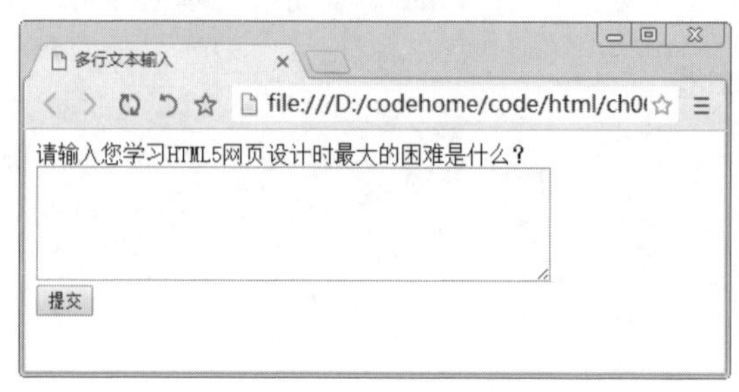

图 6-3　多行文本输入框

3. 密码输入框 password

密码输入框是一种特殊的文本域，主要用于输入一些保密信息。当网页浏览者输入文本时，显示的是黑点或者其他符号，这样就增加了输入文本的安全性。代码格式如下：

```
<input type="password" name="..." size="..." maxlength="...">
```

其中，type="password" 定义密码框；name 属性定义密码框的名称，要保证唯一性；size 属性定义密码框的宽度，单位是单个字符宽度；maxlength 属性定义最多输入的字符数。

实例 4：创建包含密码域的账号登录页面

```
<!DOCTYPE html>
<html>
<head><title>输入用户姓名和密码</title></head>
<body>
<form>
<h3>网站会员登录<h3>
账号:
<input type="text" name="yourname">
<br/>
密码:
<input type="password" name="yourpw"><br/>
</form>
</body>
</html>
```

运行效果如图 6-4 所示。输入用户名和密码时，可以看到密码以黑点的形式显示。

图 6-4　登录页面

6.2.2　单选按钮和复选框

在设计调查问卷或商城购物页面时，经常会用到单选按钮和复选框。本节将学习单选按钮和复选框的使用方法和技巧。

1. **单选按钮** radio

单选按钮主要是让网页浏览者在一组选项里选择一个选项。代码格式如下：

```
<input type="radio" name="" value="">
```

其中，type="radio" 定义单选按钮，name 属性定义单选按钮的名称，单选按钮都是以组为单位使用的，同一组中的单选项必须用同一个名称；value 属性定义单选按钮的值，在同一组中，它们的域值不能相同。

▍实例 5：创建大学生技能需求问卷调查页面

```
<!DOCTYPE html>
<html>
<head>
<title>单选按钮</title>
</head>
<body>
<form>
<h1>大学生技能需求问卷调查</h1>
请选择您感兴趣的技能：
<br/>
<input type="radio" name="book" value="Book1">网站开发技能<br/>
<input type="radio" name="book" value="Book2">美工设计技能<br/>
<input type="radio" name="book" value="Book3">网络安全技能<br/>
<input type="radio" name="book" value="Book4">人工智能技能<br/>
<input type="radio" name="book" value="Book5">编程开发技能<br/>
</form>
</body>
</html>
```

运行效果如图 6-5 所示，可以看到 5 个单选按钮，而用户只能选择其中一个单选按钮。

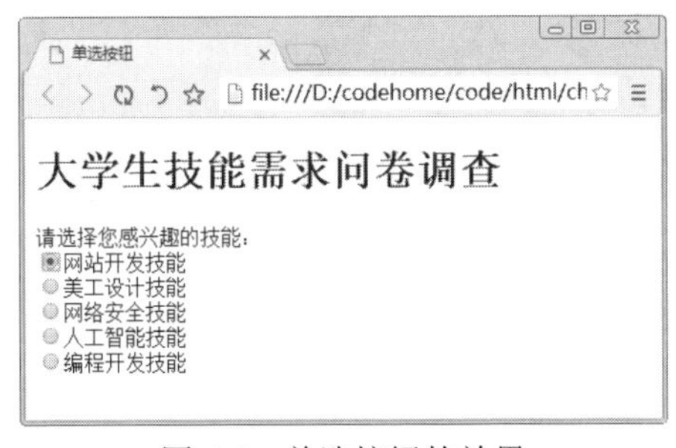

图 6-5　单选按钮的效果

2. **复选框** checkbox

在一组复选框中可以同时选择多个选项。每个复选框都是一个独立的元素，都必须有一个唯一的名称。代码格式如下：

```
<input type="checkbox" name="" value="">
```

其中，type="checkbox" 定义复选框；name 属性定义复选框的名称，同一组中的复选框必须用同一个名称；value 属性定义复选框的值。

实例 6：创建网站商城购物车页面

```
<!DOCTYPE html>
<html>
<head><title>选择感兴趣的图书</title></head>
<body>
<form>
<h1 align="center">商城购物车</h1>
请选择您需要购买的图书：<br/>
<input type="checkbox" name="book" value="Book1"> HTML5 Web开发（全案例微课版）<br/>
<input type="checkbox" name="book" value="Book2"> HTML5+CSS3+JavaScript网站开发（全案例微课版）<br/>
<input type="checkbox" name="book" value="Book3"> SQL Server数据库应用（全案例微课版）<br/>
<input type="checkbox" name="book" value="Book4"> PHP动态网站开发（全案例微课版）<br/>
<input type="checkbox" name="book" value="Book5" checked> MySQL数据库应用（全案例微课版）<br/><br/>
<input type="submit" value="添加到购物车">
</form>
</body>
</html>
```

提示：checked 属性主要用来设置默认选中项。

运行效果如图 6-6 所示，可以看到 5 个复选框，其中"MySQL 数据库应用（全案例微课版）"复选框被默认选中。同时，浏览者还可以选中其他复选框，效果如图 6-6 所示。

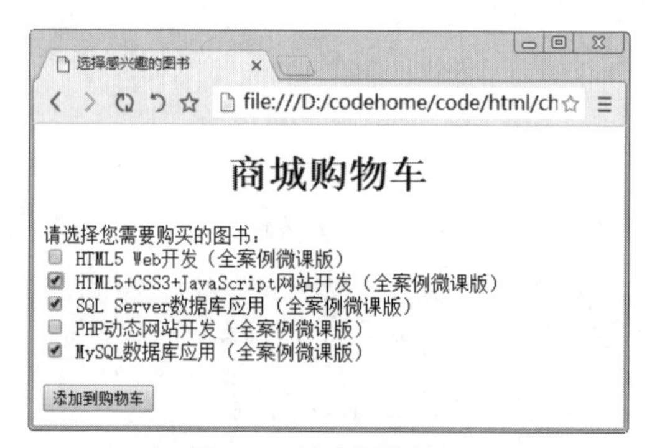

图 6-6　复选框的效果

6.2.3　按钮

网页中的按钮按功能通常可以分为普通按钮、提交按钮和重置按钮。

1. 普通按钮 button

普通按钮用来处理某些预定义脚本的工作。代码格式如下：

```
<input type="button" name="..." value="..." onClick="...">
```

其中，type="button" 定义为普通按钮；name 属性定义普通按钮的名称；value 属性定义按钮的显示文字；onClick 属性表示单击行为，也可以是其他事件，通过指定脚本函数来定义按钮的行为。

实例 7：通过普通按钮实现文本的复制和粘贴功能

```
<!DOCTYPE html>
<html/>
<body/>
<form/>
单击下面的按钮,实现文本的复制和粘贴功能:
<br/>
我喜欢的图书: <input type="text" id="field1" value="HTML5 Web开发">
<br/>
我购买的图书: <input type="text" id="field2">
<br/>
<input type="button" name="..." value="复制后粘贴" onClick="document
.getElementById ( 'field2' ) .value=document
.getElementById ( 'field1' ) .value">
</form>
</body>
</html>
```

运行效果如图6-7所示。单击“复制后粘贴”按钮，即可实现将第一个文本框中的内容复制，然后粘贴到第二个文本框中。

图 6-7　单击按钮后的粘贴效果

2. 提交按钮 submit

提交按钮用来将输入的信息提交到服务器。代码格式如下：

```
<input type="submit" name="..." value="...">
```

其中，type="submit" 定义为提交按钮；name 属性定义提交按钮的名称；value 属性定义按钮的显示文字。通过提交按钮，可以将表单里的信息提交给表单中 action 所指向的文件。

实例 8：创建供应商联系信息表

```
<!DOCTYPE html>
<html>
<head><title>输入用户名信息</title></head>
<body>

<form  action="  " method=" get" >
请输入你的姓名:
<inputtype=" text" name=" yourname" >
<br/>
请输入你的住址:
<inputtype=" text" name=" youradr" >
<br/>
请输入你的单位:
```

```
<inputtype=" text" name=" yourcom" >
<br/>
请输入你的联系方式:
<inputtype=" text" name=" yourcom" >
<br/>
<input type=" submit"  value=" 提交" >
</form>
</body>
</html>
```

运行效果如图 6-8 所示。输入内容后单击“提交”按钮，即可实现将表单中的数据发送到指定的文件。

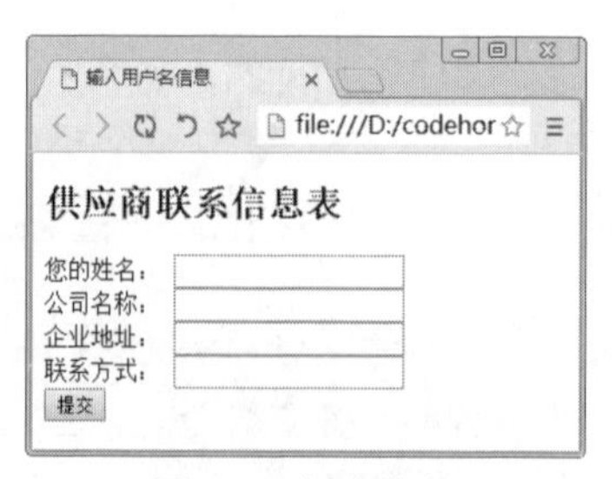

图 6-8　提交按钮

3. 重置按钮 reset

重置按钮又称为复位按钮，用来重置表单中输入的信息。代码格式如下：

```
<input type="reset" name="..." value="...">
```

其中，type="reset" 定义复位按钮；name 属性定义复位按钮的名称；value 属性定义按钮的显示文字。

实例 9：创建会员登录页面

```
<!DOCTYPE html>
<html>
<body>
<form>
请输入用户名称:
<input type=' text' >
<br/>
请输入用户密码:
<input type=' password' >
<br/>
<input type=" submit"  value=" 登录" >
<input type=" reset"  value=" 重置" >
</form>
</body>
</html>
```

运行效果如图 6-9 所示。输入内容后单击“重置”按钮，即可清空表单中的数据。

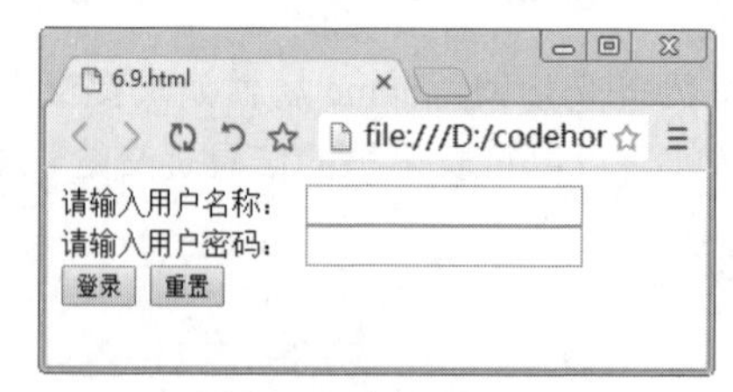

图 6-9　重置按钮

6.3　图像域和文件域

为了丰富表单中的元素，可以使用图像域，从而解决表单中按钮比较单调、与页面内容不协调的问题。如果需要上传文件，往往需要通过文件域来完成。

1. 图像域 image

在设计网页表单时，为了让按钮和表单的整体效果比较一致，有时候需要在“提交”按钮上添加图片，使该图片具有按钮的功能，这可以通过图像域来完成。语法格式如下：

```
<input type="image" src="图片的地址" name="代表的按键" >
```

其中，src 用于设置图片的地址；name 用于设置代表的按键，比如 submit 或 button 等，默认值为 button。

2. 文件域 file

使用 file 属性实现文件上传框。语法格式如下：

```
<input type="image" accept= “ “ name=" “ size=" “ maxlength=" “>。
```

其中，type="file" 定义为文件上传框；accept 用于设置文件的类别，可以省略；name 属性定义文件上传框的名称；size 属性定义文件上传框的宽度，单位是单个字符宽度；maxlength 属性定义最多输入的字符数。

实例 10：创建银行系统实名认证页面

```
<!doctype html>
<html>
<head>
<title>文件和图像域</title>
</head>
<body>
<div>
<h2 align="center">银行系统实名认证</h2>
<form>
        <h3>请上传您的身份证正面图片：</h3>
         <!--两个文件域-->
        <input type="file">
        <h3>请上传您的身份证背面图片：</h3>
        <input type="file"><br/><br/>
        <!--图像域-->
        <input type="image" src="pic/anniu.jpg" >
</form>
</div>
</body>
</html>
```

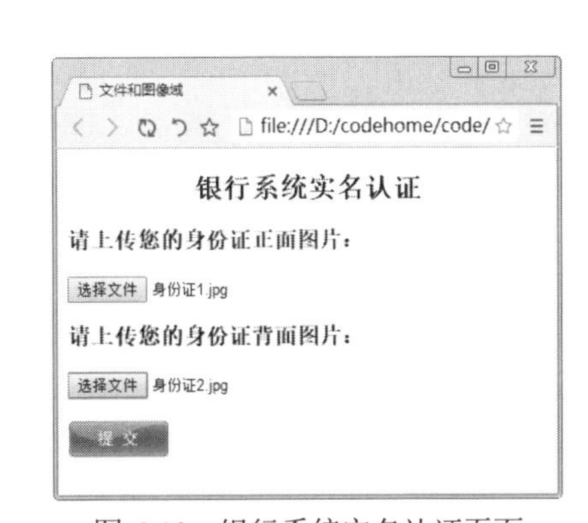

图 6-10 银行系统实名认证页面

运行效果如图 6-10 所示。单击“选择文件”按钮，即可选择需要上传的图片文件。

6.4 列表

列表框主要用于在有限的空间里设置多个选项。列表框既可以用作单选，也可以用作复选。代码格式如下：

```
<select name="..." size="..." multiple>
<option value="..." selected>
...
</option>
...
</select>
```

其中，size 属性定义列表框的行数；name 属性定义列表框的名称；multiple 属性表示可以多选，如果不设置本属性，则只能单选；value 属性定义列表项的值；selected 属性表示默认已经选中本选项。

实例 11：创建报名学生信息调查表页面

```
<!DOCTYPE html>
<html>
<head><title>报名学生信息调查表</title></head>
<body>
<form>
<h2 align=" center">报名学生信息调查表</h2>
        <p>1. 请选择您目前的学历：</p><br/>
         <!--下拉菜单实现学历选择-->
        <select>
         <option>初中</option>
         <option>高中</option>
         <option>大专</option>
         <option>本科</option>
         <option>研究生</option>
       </select><br/>
        <div align=" right">
        <p>2. 请选择您感兴趣的技术方向：</p><br/>
         <!--下拉菜单中显示3个选项-->
         <select name="book" size = “3" multiple>
         <option value="Book1">网站编程
         <option value="Book2">办公软件
         <option value="Book3">设计软件
         <option value="Book4">网络管理
         <option value="Book5">网络安全</select>
        </div>
</form>
</body>
</html>
```

图 6-11　列表框的效果

运行效果如图 6-11 所示。可以看到列表框中显示的选项，用户可以按住 Ctrl 键，选择多个选项。

6.5　表单的高级元素

除了上述基本表单元素外，HTML5 中还有一些高级元素，包括 url、email、time、range 和 search。下面将学习这些高级元素的使用方法。

6.5.1　url 属性

url 属性用于说明网站网址，显示为一个文本字段。在提交表单时，会自动验证 url 的值。代码格式如下：

```
<input type="url" name="userurl"/>
```

另外，用户可以使用普通属性设置 url 输入框，例如可以使用 max 属性设置其最大值、min 属性设置其最小值，使用 step 属性设置合法的数字间隔，利用 value 属性规定其默认值。

对于另外的高级属性中同样的设置不再重复讲述。

实例12：使用url属性

```
<!DOCTYPE html>
<html>
<head><title> 使用url属性</title></head>
<body>
<form>
<br/>
请输入网址:
<input type="url" name="userurl"/>
</form>
</body>
</html>
```

运行效果如图6-12所示，用户即可输入相应的网址。

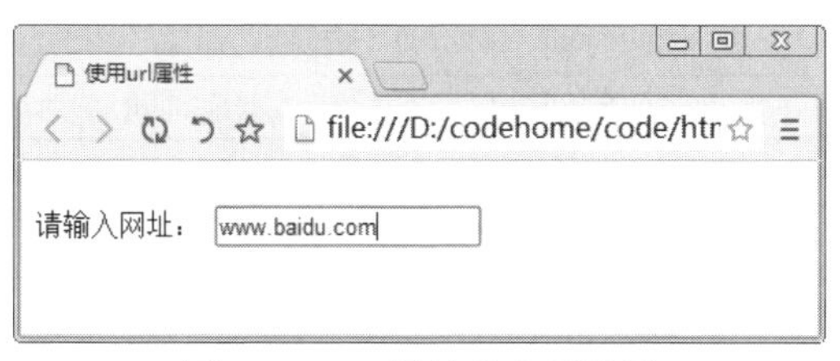

图6-12 url属性的应用效果

6.5.2 email属性

与url属性类似，email属性用于让浏览者输入E-mail地址。在提交表单时，会自动验证email域的值。代码格式如下：

```
<input type="email" name="user_email"/>
```

实例13：使用email属性

```
<!DOCTYPE html>
<html>
<body>
<form>
<br/>
请输入您的邮箱地址:
<input type="email" name="user_email"/>
<br/>
<input type="submit" value="提交">
</form>
</body>
</html>
```

运行效果如图6-13所示。如果用户输入的邮箱地址不合法，单击“提交”按钮后，会弹出提示信息。

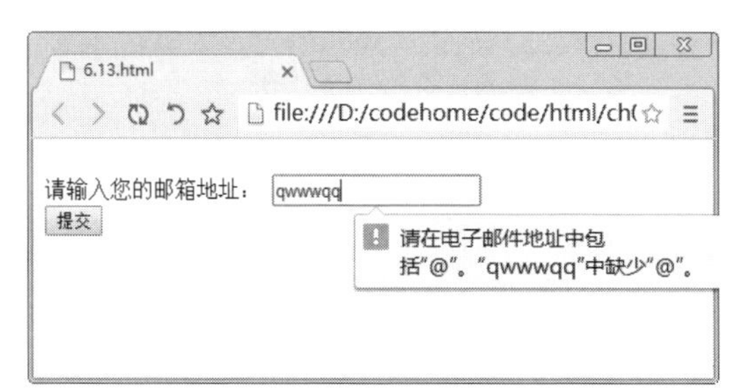

图6-13 email属性的应用效果

6.5.3　date 和 time 属性

在 HTML5 中，新增了一些日期和时间输入类型，包括 date、datetime、datetime-local、month、week 和 time。它们的具体含义如表 6-1 所示。

表 6-1　HTML5 中新增的一些日期和时间属性

属　性	含　义
date	选取日、月、年
month	选取月、年
week	选取周和年
time	选取时间
datetime	选取时间、日、月、年
datetime-local	选取时间、日、月、年（本地时间）

上述属性的代码格式彼此类似，例如以 date 属性为例，代码格式如下：

```
<input type="date" name="user_date" />
```

实例 14：使用 date 和 time 属性

```
<!DOCTYPE html>
<html>
<body>
<form>
<br/>
请选择购买商品的日期：
<br/>
<input type="date" name="user_date" />
</form>
</body>
</html>
```

运行效果如图 6-14 所示。用户单击输入框中的向下按钮，即可在弹出的窗口中选择需要的日期。

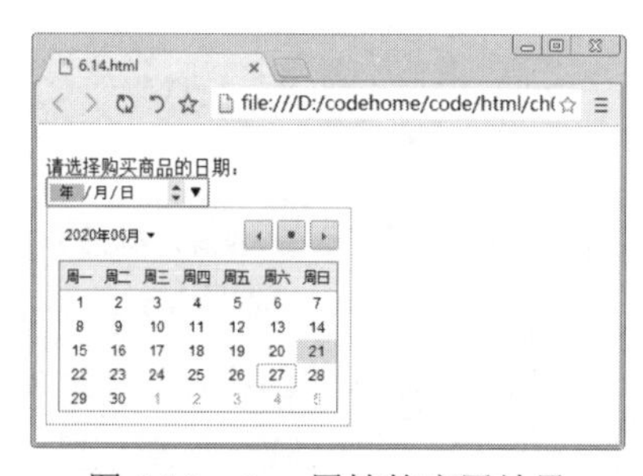

图 6-14　date 属性的应用效果

6.5.4　number 属性

number 属性提供了一个输入数字的输入类型。用户可以直接输入数值，或者通过单击微调框中的向上或者向下按钮来选择数值。代码格式如下：

```
<input type="number" name="shuzi" />
```

实例 15：使用 number 属性

```
<!DOCTYPE html>
<html>
<body>
<form>
<br/>
此网站我曾经来
<input type=" number"  name=" shuzi" />次了
哦!
</form>
</body>
</html>
```

运行效果如图 6-15 所示。用户可以直接输入数值，也可以单击微调按钮选择合适的数值。

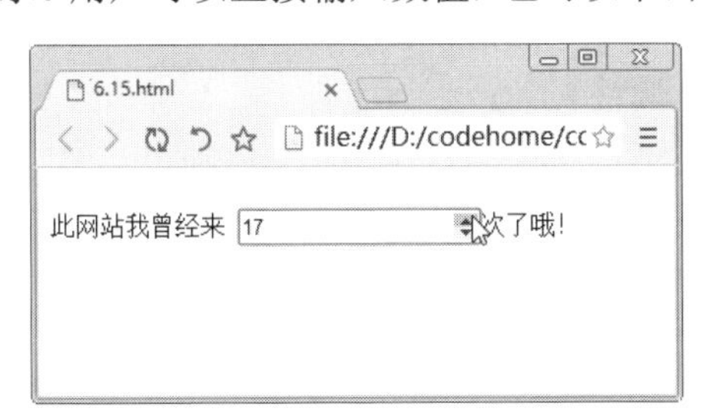

图 6-15 number 属性的应用效果

> **提示**：强烈建议用户使用 min 和 max 属性规定输入的最小值和最大值。

6.5.5 range 属性

range 属性显示为一个滑块控件。与 number 属性一样，用户可以使用 max、min 和 step 属性来控制控件的范围。代码格式如下：

```
<input type="range" name="" min="" max="" />
```

其中，min 和 max 分别控制滑条控件的最小值和最大值。

实例 16：使用 range 属性

```
<!DOCTYPE html>
<html>
<body>
<form>
<br/>
跑步成绩公布了! 我的成绩名次为:
<input type="range" name="ran" min="1"
max="16"/>
</form>
</body>
</html>
```

运行效果如图 6-16 所示。用户可以拖曳滑块，从而选择合适的数值。

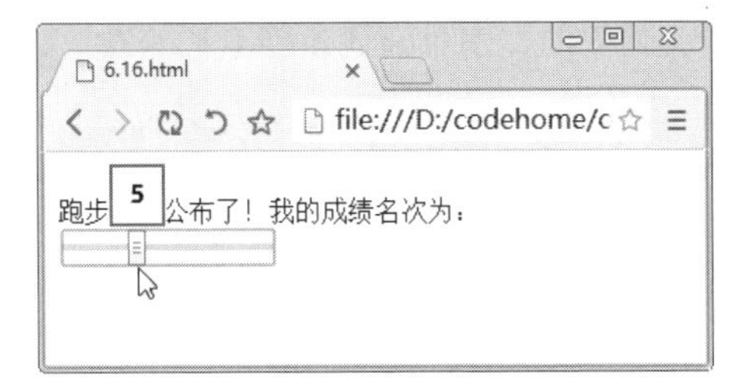

图 6-16 range 属性的应用效果

> **技巧**：默认情况下，滑块位于中间位置。如果用户指定的最大值小于最小值，则允许使用反向滑条，目前浏览器对这一属性还不能很好地支持。

6.5.6 required 属性

required 属性规定必须在提交之前填写输入域（不能为空）。

required 属性适用于以下类型的输入：text、search、url、email、password、date、pickers、number、checkbox 和 radio 等。

实例 17：使用 required 属性

```
<!DOCTYPE html>
<html>
<body>
<form>
下面是输入用户登录信息
<br/>
用户名称
<input type="text" name="user"
required="required">
<br/>
用户密码
<input type="password" name="password"
required="required">
<br/>
<input type="submit" value="登录">
</form>
</body>
</html>
```

运行效果如图 6-17 所示。用户如果只输入密码，然后单击“登录”按钮，将弹出提示信息。

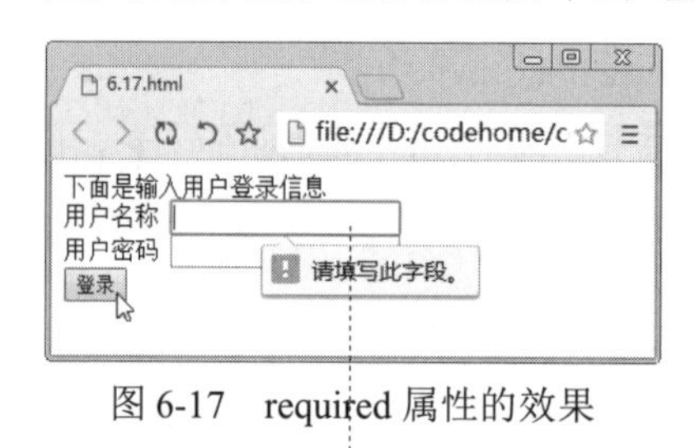

图 6-17　required 属性的效果

6.6　新手常见疑难问题

疑问 1：制作的单选按钮为什么可以同时选中多个？

此时用户需要检查单选按钮的名称，同一组中的单选按钮名称必须相同，才能保证只能选中其中一个单选按钮。

疑问 2：文件域上显示的“选择文件”的文字可以更改吗？

文件域上显示的“选择文件”的文字目前还不能直接修改。如果想显示自定义的文字，可以通过 CSS 来间接修改显示效果。基本思路如下：

首先添加一个普通按钮，然后设置此按钮上显示的文字为自定义的文字，最后通过定位设置文件域与普通按钮的位置重合，并且设置文件域的不透明度为 0，可以间接自定义文件域上显示的文字。

6.7 实战技能训练营

实战 1：编写一个用户反馈表单的页面

创建一个用户反馈表单，包含标题以及“姓名”“性别”“年龄”“联系电话”“电子邮件”“联系地址”“请输入您对网站的建议”等输入框和“提交”按钮等。反馈表单非常简单，通常包含三个部分，需要在页面上方给出标题，标题下方是正文部分，即表单元素，最下方是表单元素提交按钮。在设计这个页面时，需要把“用户反馈表单”标题设置成 h1 大小，正文使用 p 标签来限制表单元素。最终效果如图 6-18 所示。

图 6-18　用户反馈表单的效果

实战 2：编写一个微信中上传身份证验证图片的页面

本实例通过文件域实现图片上传，通过 CSS 修改图片域上显示的文字。最终结果如图 6-19 所示。

图 6-19　微信中上传身份证验证图片的页面

第7章　网页中的多媒体

本章导读

在HTML 5版本出现之前，要想在网页中展示多媒体，大多数情况下需要用到Flash。这就需要浏览器安装相应的插件，而且加载多媒体的速度也不快。HTML 5新增了音频和视频的标签，从而解决了上述问题。本章将讲述音频和视频的基本概念、常用属性和浏览器的支持情况。

知识导图

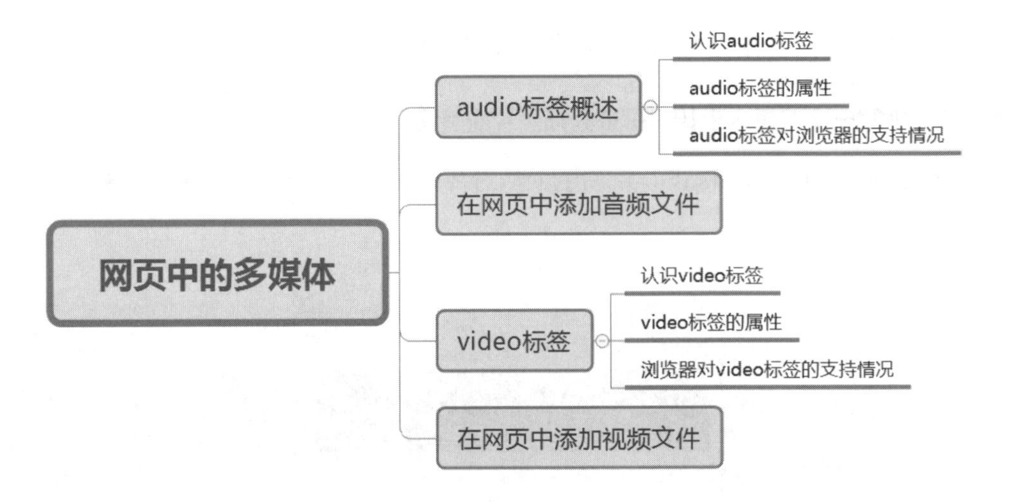

7.1 audio 标签概述

目前，大多数音频是通过插件来播放的，例如常见的播放插件为 Flash，这就是为什么用户在用浏览器播放音乐时，常常需要安装 Flash 插件的原因。但是，并不是所有的浏览器都拥有同样的插件。为此，与 HTML 4 相比，HTML 5 新增了 audio 标签，规定了一种包含音频的标准方法。

7.1.1 认识 audio 标签

audio 标签主要用于定义播放声音文件或者音频流的标准。它支持 3 种音频格式，分别为 Ogg、MP3 和 WAV。

如果需要在 HTML 5 网页中播放音频，输入的基本格式如下：

```
<audio src="song.mp3" controls="controls"></audio>
```

提示： src 属性规定要播放的音频的地址，controls 是添加播放、暂停和音量控制的属性。

另外，在 <audio> 和 </audio> 之间插入的内容是供不支持 audio 标签的浏览器显示的。

实例 1：认识 audio 标签

```
<!DOCTYPE html>
<html>
<head>
<title>audio</title>
<head>
<body>
<audio src="song.mp3" controls=
"controls">
        您的浏览器不支持audio标签!
</audio>
</body>
</html>
```

如果用户的浏览器版本不支持 audio 标签，浏览效果如图 7-1 所示。IE 11.0 以前的浏览器版本不支持 audio 标签。

对于支持 audio 标签的浏览器，运行效果如图 7-2 所示，可以看到加载的音频控制条并听到声音，此时用户还可以控制音量的大小。

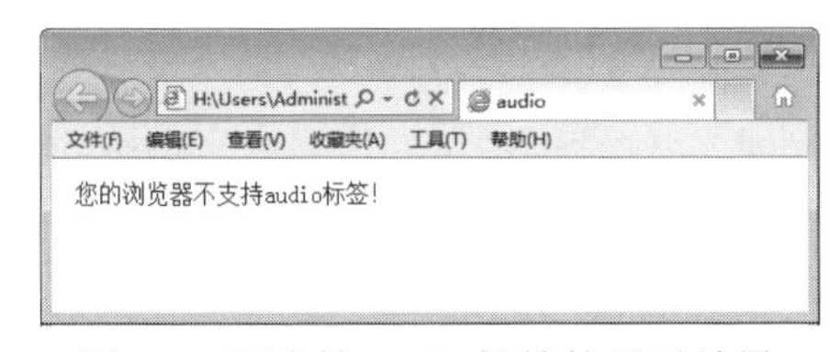

图 7-1　不支持 audio 标签的显示效果

图 7-2　支持 audio 标签的效果

7.1.2 audio 标签的属性

audio 标签的常见属性及其含义如表 7-1 所示。

表 7-1　audio 标签的常见属性及其含义

属　性	值	描　述
autoplay	autoplay（自动播放）	如果出现该属性，则音频在就绪后马上播放
controls	controls（控制）	如果出现该属性，则向用户显示控件，比如播放按钮
loop	loop（循环）	如果出现该属性，则每当音频结束时重新开始播放
preload	preload（加载）	如果出现该属性，则音频在页面加载时进行加载，并预备播放。如果使用 autoplay，则忽略该属性
src	url（地址）	要播放的音频的 URL 地址

另外，audio 标签可以通过 source 属性添加多个音频文件，具体格式如下：

```
<audio controls="controls">
     <source src="123.ogg" type="audio/ogg">
     <source src="123.mp3" type="audio/mpeg">
</audio>
```

7.1.3　audio 标签对浏览器的支持情况

目前，不同的浏览器对 audio 标签的支持情况也不同。表 7-2 中列出了应用最为广泛的浏览器对 audio 标签的支持情况。

表 7-2　浏览器对 audio 标签的支持情况

浏览器 音频格式	Firefox 3.5 及更高版本	IE 11.0 及更高版本	Opera 10.5 及更高版本	Chrome 3.0 及更高版本	Safari 3.0 及更高版本
Ogg Vorbis	支持		支持	支持	
MP3		支持		支持	支持
WAV	支持		支持		支持

7.2　在网页中添加音频文件

用户可以根据自己的需要，在网页中添加不同类型的音频文件，如添加自动播放的音频文件、添加带有控件的音频文件、添加循环播放的音频文件等。

1. 添加自动播放的音频文件

autoplay 属性规定一旦音频就绪，马上开始播放。如果设置了该属性，音频将自动播放。下面就是在网页中添加自动播放音频文件功能的相关代码。

```
<audio controls="controls" autoplay="autoplay">
<source src="song.mp3">
```

2. 添加带有控件的音频文件

controls 属性规定浏览器应该为音频提供播放控件。其中浏览器控件应该包括播放、暂停、定位、音量、全屏切换等。

添加带有控件的音频文件的代码如下：

```
<audio controls="controls">
<source src="song.mp3">
```

3. 添加循环播放的音频文件

loop 属性规定当音频结束后将重新开始播放。如果设置该属性，则音频将循环播放。添加循环播放的音频文件的代码如下：

```
<audio controls="controls" loop="loop">
<source src="song.mp3">
```

4. 添加预播放的音频文件

preload 属性规定是否在页面加载后载入音频。如果设置了 autoplay 属性，则忽略该属性。preload 属性的值可能有三种，分别如下。

auto：当页面加载后载入整个音频。

meta：当页面加载后只载入元数据。

none：当页面加载后不载入音频。

添加预播放的音频文件的代码如下：

```
<audio controls="controls" preload="auto">
<source src="song.mp3">
```

实例 2：创建一个带有控件、自动播放并循环播放音频的文件

```
<!DOCTYPE html>
<html>
<head>
<title>audio</title>
<head>
<body>
   <audio src="song.mp3" controls="controls"
autoplay="autoplay" loop="loop">
    您的浏览器不支持audio标签!
</audio>
</body>
</html>
```

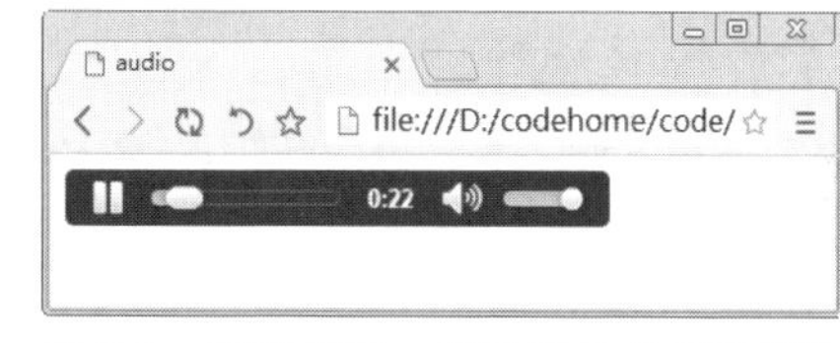

图 7-3 带有控件、自动播放并循环播放的效果

运行效果如图 7-3 所示。音频文件会自动播放，播放完成后会自动循环播放。

7.3 video 标签

与音频文件的播放方式一样，大多数视频文件在网页上也是通过插件来播放的，例如常见的播放插件为 Flash。由于不是所有的浏览器都拥有同样的插件，所以就需要一种统一的包含视频的标准方法。为此，与 HTML 4 相比，HTML 5 新增了 video 标签。

7.3.1 认识 video 标签

video 标签主要用于定义播放视频文件或者视频流的标准。它支持 3 种视频格式，分别为 Ogg、WebM 和 MPEG 4。

如果需要在 HTML 5 网页中播放视频，输入的基本格式如下：

```
<video src="123.mp4" controls="controls">...</video>
```

其中，在 <video> 与 </video> 之间插入的内容是供不支持 video 元素的浏览器显示的。

▍实例 3：认识 video 标签

```
<!DOCTYPE html>
<html>
<head>
<title>video</title>
<head>
<body>
    <video src="fengjing.mp4" controls=
"controls">
     您的浏览器不支持video标签!
</video>
</body>
</html>
```

如果用户的浏览器是 IE 11.0 以前的版本，运行效果如图 7-4 所示，可见 IE 11.0 以前版本的浏览器不支持 video 标签。

如果浏览器支持 video 标签，运行效果如图 7-5 所示，可以看到加载的视频控制条界面。单击“播放”按钮，即可查看视频的内容，同时用户还可以调整音量的大小。

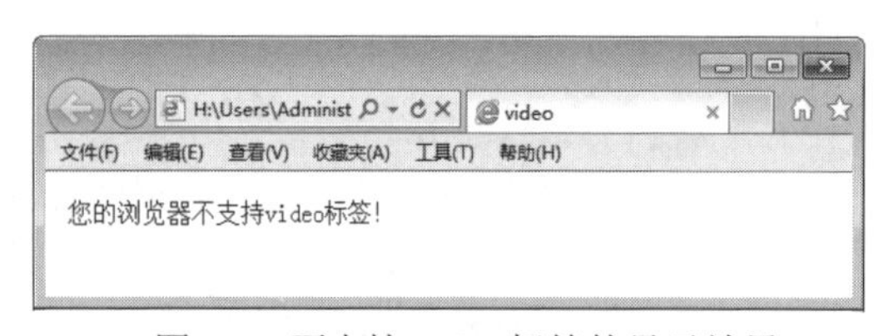

图 7-4　不支持 video 标签的显示效果

图 7-5　支持 video 标签的显示效果

7.3.2　video 标签的属性

video 标签的常见属性及其含义如表 7-3 所示。

表 7-3　video 标签的常见属性及其含义

属　性	值	描　述
autoplay	autoplay	视频就绪后马上播放
controls	controls	向用户显示控件，比如播放按钮
loop	loop	每当视频结束时重新开始播放
preload	preload	视频在页面加载时进行加载，并预备播放。如果使用 autoplay，则忽略该属性
src	url	要播放的视频的 URL
width	宽度值	设置视频播放器的宽度
height	高度值	设置视频播放器的高度
poster	url	当视频未响应或缓冲不足时，该属性值链接到一个图像。该图像将以一定比例被显示出来

由表 7-3 可知，用户可以自定义视频文件显示的大小。例如，如果想让视频以 320 像素 ×240 像素大小显示，可以加入 width 和 height 属性。具体格式如下：

```
<video width="320" height="240" controls src="movie.mp4"></video>
```

另外，video 标签可以通过 source 属性添加多个视频文件，具体格式如下：

```
<video controls="controls">
<source src="123.ogg" type="video/ogg">
<source src="123.mp4" type="video/mp4">
</video>
```

7.3.3 浏览器对 video 标签的支持情况

目前，不同的浏览器对 video 标签的支持情况也不同。表 7-4 中列出了应用最为广泛的浏览器对 video 标签的支持情况。

表 7-4 浏览器对 video 标签的支持情况

浏览器 视频格式	Firefox 4.0 及更高版本	IE 11.0 及更高版本	Opera 10.6 及更高版本	Chrome 10.0 及更高版本	Safari 3.0 及更高版本
Ogg	支持		支持	支持	
MPEG 4		支持		支持	支持
WebM	支持		支持	支持	

7.4 在网页中添加视频文件

当在网页中添加视频文件时，用户可以根据自己的需要添加不同类型的视频文件，如添加自动播放的视频文件、添加带有控件的视频文件、添加循环播放的视频文件等。另外，还可以设置视频文件的高度和宽度。

1. 添加自动播放的视频文件

autoplay 属性规定一旦视频就绪马上开始播放。如果设置了该属性，视频将自动播放。添加自动播放的视频文件的代码如下：

```
<video controls="controls" autoplay="autoplay">
    <source src="movie.mp4">
</video>
```

2. 添加带有控件的视频文件

controls 属性规定浏览器应该为视频提供播放控件。其中浏览器控件应该包括播放、暂停、定位、音量控制、全屏切换等。

添加带有控件的视频文件的代码如下：

```
<video controls="controls" controls="controls">
    <source src="movie.mp4">
</video>
```

3. 添加循环播放的视频文件

loop 属性规定当视频播放结束后将重新开始播放。如果设置该属性，则视频将循环播放。

添加循环播放的视频文件的代码如下：

```
<video controls="controls" loop="loop">
    <source src="movie.mp4">
</video>
```

4. 添加预播放的视频文件

preload 属性规定是否在页面加载后载入视频。如果设置了 autoplay 属性，则忽略该属性。preload 属性的值可能有三个，分别说明如下。

auto：当页面加载后载入整个视频。

meta：当页面加载后只载入元数据。

none：当页面加载后不载入视频。

添加预播放的视频文件的代码如下：

```
<video controls="controls" preload="auto">
<source src="movie.mp4">
```

5. 设置视频文件的高度与宽度

使用 width 和 height 属性可以设置视频文件的显示宽度与高度，单位是像素。

> **提示：**规定视频的高度和宽度是一个好习惯。如果设置这些属性，在页面加载时会为视频预留出空间。如果没有设置这些属性，那么浏览器就无法预先确定视频的尺寸，这样就无法为视频保留合适的空间，从而导致布局发生变化。

实例 4：创建一个宽度为 430 像素、高度为 260 像素并自动播放和循环播放视频的文件

```
<!DOCTYPE html>
<html>
<head>
<title>video</title>
<head>
<body>
  <video width="430" height="260" src="fengjing.
mp4" controls="controls" autoplay="autoplay"
loop="loop">
    您的浏览器不支持video标签！
</video>
</body>
</html>
```

图 7-6 指定宽度和高度并自动播放和循环播放视频的效果

运行效果如图 7-6 所示。网页中加载了视频播放控件，视频的显示大小为 430 像素 ×260 像素。视频文件会自动播放，播放完成后会自动循环播放。

> **注意：**切勿通过 height 和 width 属性来缩放视频。通过 height 和 width 属性来缩小视频，用户仍会下载原始的视频文件（即使在页面上它看起来较小）。正确的方法是在网页上引用该视频前，用软件对视频进行压缩。

7.5 新手常见疑难问题

疑问 1：多媒体元素有哪些常用的方法？

多媒体元素常用方法如下。

（1）play()：播放视频。

（2）pause()：暂停视频。

（3）load()：载入视频。

疑问 2：在 HTML 5 网页中添加所支持格式的视频，不能在浏览器中正常播放，为什么？

目前，HTML 5 的 video 标签对视频的支持，不仅有视频格式的限制，还有对解码器的限制。规定如下：

Ogg 格式的文件需要 Thedora 视频编码和 Vorbis 音频编码。

MPEG 4 格式的文件需要 H.264 视频编码和 AAC 音频编码。

WebM 格式的文件需要 VP8 视频编码和 Vorbis 音频编码。

疑问 3：在 HTML5 网页中添加 MP4 格式的视频文件，为什么在不同的浏览器中视频控件显示的外观不同？

在 HTML5 中规定用 controls 属性来控制视频文件的播放、暂停、停止和调节音量的操作。controls 是一个布尔属性，一旦添加此属性，等于告诉浏览器需要显示播放控件并允许用户进行操作。

因为浏览器负责解释内置视频控件的外观，所以在不同的浏览器中，将会显示不同的视频控件外观。

7.6 实战技能训练营

实战 1：创建一个带有控件、加载网页时自动播放并循环播放音频的页面

综合使用播放音频时所用的属性，在加载网页时自动播放音频文件，并循环播放。

实战 2：编写一个多功能的视频播放页面

综合使用播放视频时所用的方法和多媒体的属性，在播放视频文件时，能够单击播放、暂停、停止、加速播放、减速播放和正常速度等按钮，并显示播放的时间。运行结果如图 7-7 所示。

图 7-7 多功能的视频播放效果

第8章　HTML 5的新特征

本章导读

HTML 5 中新增了大量元素与属性，这些新增的元素和属性使 HTML 5 的功能变得更加强大，使网页设计效果有了更多的实现可能。本章将详细介绍 HTML 5 的新特征和 HTML 5 废除的属性。

知识导图

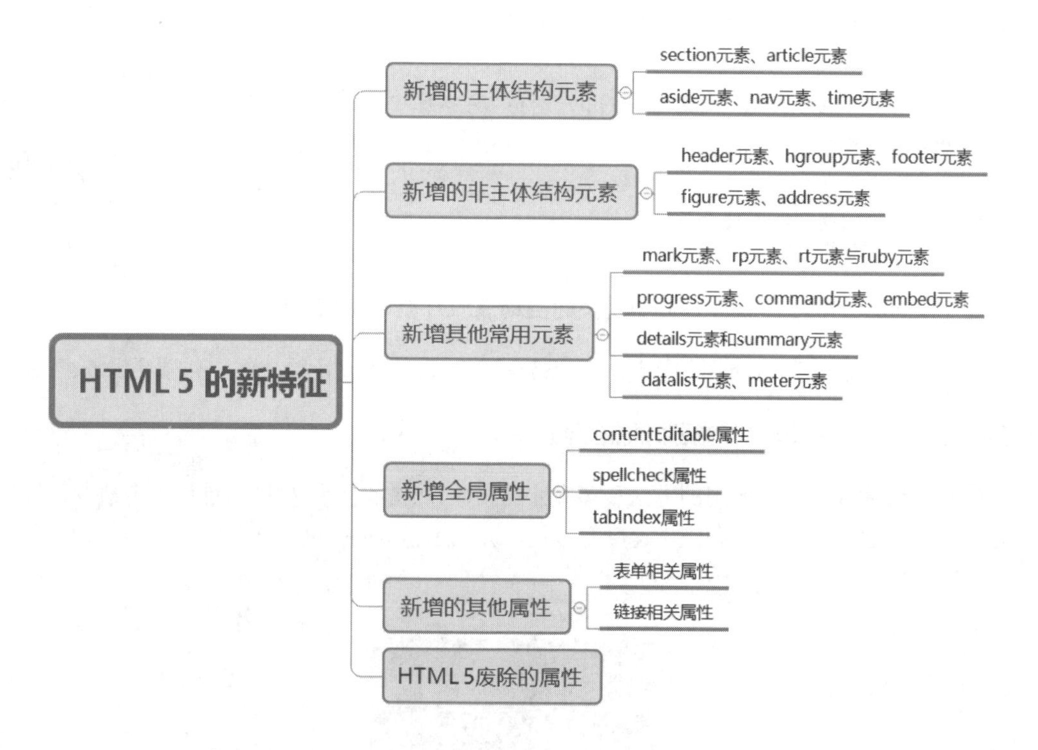

8.1 新增的主体结构元素

在 HTML5 中，新增了几种新的与结构相关的元素，分别是 section 元素、article 元素、aside 元素、nav 元素和 time 元素。

8.1.1 section 元素

<section> 元素定义文档中的节，比如章节、页眉、页脚或文档中的其他部分。它可以与 h1、h2、h3、h4、h5、h6 等元素结合起来使用，标示文档结构。

section 元素的代码结构如下。

```
<section>
    <h1>…</h1>
    <p>…</p>
</section>
```

实例 1：使用 section 元素

```
<!DOCTYPE html>
<html>
<head>
<title>使用section元素</title>
</head>
<body>
<section>
    <h2>夏日绝句·生当作人杰</h2>
    <p>生当作人杰,死亦为鬼雄。</p>
    <p>至今思项羽,不肯过江东。</p>
</section>
</body>
</html>
```

运行效果如图 8-1 所示，实现了内容的分块显示。

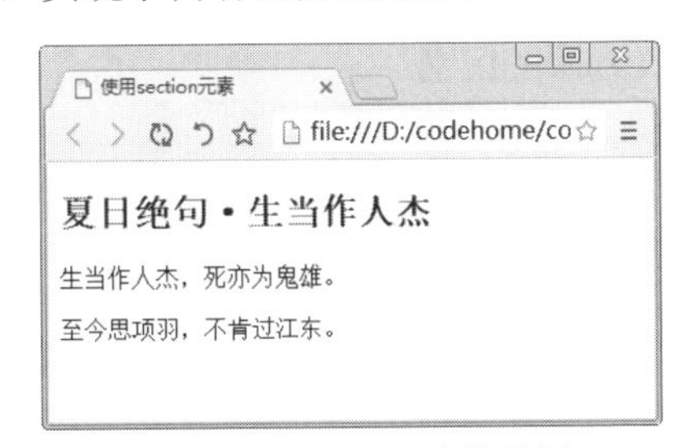

图 8-1　section 元素的使用

8.1.2 article 元素

<article> 元素定义外部的内容。外部内容可以是来自一个外部新闻提供者的一篇文章，或者来自博客的文本，或者来自论坛的文本。

article 元素的代码结构如下。

```
<article>
...
</article>
```

实例 2：使用 article 元素

```
<!DOCTYPE html>
<html>
<head>
<title>使用article元素</title>
</head>
<body>
<article>
   <header>
    <h1> 网站前端开发课程</h1>
       <p>时间：<time pubdate="pubdate"
>2020-12-12</time></p>
   </header>
      <p>本课程主要讲述网站开发的前端技术,包括
HTML5、CSS3和JavaScript。</p>
<a href="#">老码识途课堂,打造经典课程</
a><br />
   <footer>
      <p><small>底部版权信息：老码识途课堂所
有</small></p>
   </footer>
  </article>
</body>
</html>
```

运行效果如图 8-2 所示，实现了外部内容的定义。

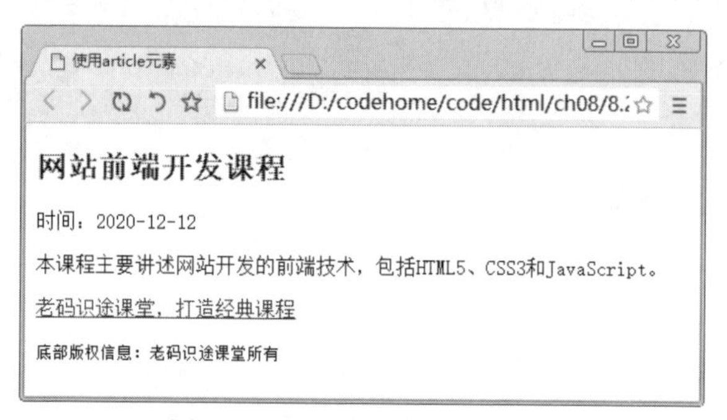

图 8-2　article 元素的应用效果

该实例讲述了 article 元素的使用方法，在 header 元素中嵌入文章的标题部分；在标题下面的 p 元素中，嵌入一大段正文内容；在结尾处的 footer 元素中，嵌入文章的著作权，作为脚注。整个示例的内容相对比较独立、完整。

1. article 元素与 section 元素的区别

下面我们来介绍 article 元素与 section 元素的区别。

实例 3：article 元素与 section 元素的区别

```
<!DOCTYPE html>
<html>
<head>
<title>article元素与section元素的区别</title>
</head>
<body>
<article>
      <h1>article元素与section元素的使用方法</h1>
      <p>何时使用article元素？何时使用section元素…..</p>
      <section>
            <h2>article元素的使用方法</h2>
               <p>article元素代表文档、页面或应用程序中独立的、完整的、可以独自被外部引用的内
容。</p>
      </section>
      <section>
            <h2>section元素的使用方法</h2>
            <p> section元素用于对网站或应用程序中页面上的内容进行分块。</p>
```

```
        </section>
</article>
</body>
</html>
```

运行效果如图8-3所示，可以清楚地看到这两个元素的使用区别。

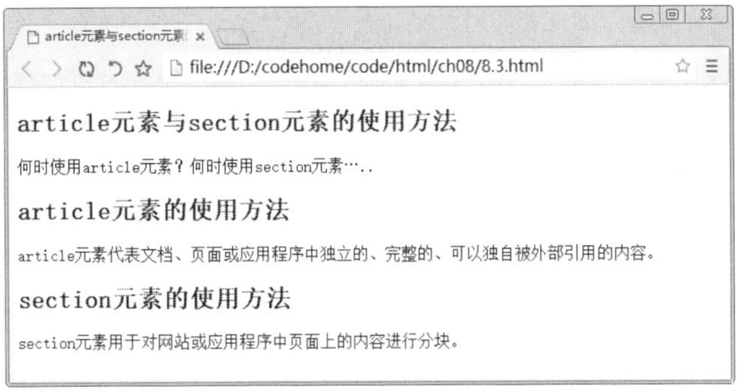

图8-3　article元素与section元素的区别

2. article元素的嵌套

article元素是可以嵌套使用的，内层的内容在原则上需要与外层的内容相关联。例如，一篇博客文章中，针对该文章的评论就可以使用嵌套article元素的方式，用来呈现评论的article元素被包含在表示整体内容的article元素中。

实例4：article元素的嵌套

```
<!DOCTYPE html>
<html>
<head>
<title>article元素的嵌套</title>
</head>
<body>
<article>
      <header>
            <h1>article元素的嵌套</h1>
            <p>发表日期：<time pubdate="pubdate">2020/10/10</time></p>
      </header>
      <p>article元素是什么？怎样使用article元素？……</p>
      <section>
            <h2>评论</h2>
            <article>
                  <header>
                        <h3>发表者：唯一 </h3>
                          <p><time pubdate datetime="2020-12-23T:21-26:00">1小时前</
time></p>
                  </header>
                  <p>这篇文章很不错啊,顶一下！ </p>
            </article>
            <article>
                  <header>
                        <h3>发表者：唯一</h3>
                          <p><time pubdate datetime="2020-2-20 T:21-26:00">1小时前</
time></p>
                  </header>
```

```
                <p>这篇文章很不错啊</p>
            </article>
        </section>
</article>
</body>
</html>
```

运行效果如图 8-4 所示。

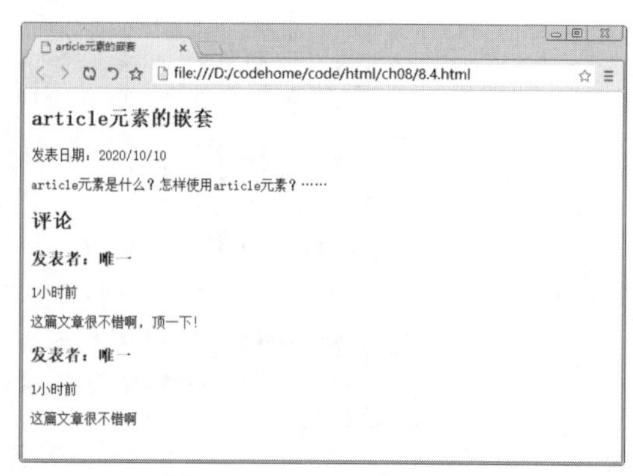

图 8-4　article 元素的嵌套

这个实例中的代码比较完整，它添加了读者的评论内容，实例内容分为几个部分。文章标题放在 header 元素中，文章正文放在 header 元素后面的 p 元素中，然后 section 元素把正文与评论进行了区分（section 是一个分块元素，用来区分页面中的内容），在 section 元素中嵌入评论的内容。每一个人的评论相对来说又是比较独立的、完整的，因此它们都使用一个 article 元素。在评论的 article 元素中，又可以区分标题与评论内容，分别放在 header 元素与 p 元素中。

8.1.3　aside 元素

aside 元素一般用来表示网站当前页面或文章的附属信息部分，可以包含与当前页面或主要内容相关的广告、导航条、引用、侧边栏评论部分，以及其他区别于主要内容的部分。

aside 元素主要有以下两种使用方法。

第 1 种：包含在 article 元素中作为主要内容的附属信息部分，其中的内容可以是与当前文章有关的相关资料、名称解释等。

aside 元素的代码结构如下。

```
<article>
  <h1>…</h1>
  <p>…</p>
  <aside>…</aside>
</article>
```

第 2 种：在 article 元素之外使用作为页面或站点全局的附属信息部分。最典型的是侧边栏，其中的内容可以是友情链接，博客中的其他文章列表、广告单元等。

aside 元素的代码结构如下。

```
<aside>
  <h2>…</h2>
  <ul>
    <li>…</li>
    <li>…</li>
  </ul>
  <h2>…</h2>
  <ul>
    <li>…</li>
    <li>…</li>
  </ul>
</aside>
```

实例 5：使用 aside 元素

```
<!DOCTYPE html>
<html>
<head>
<title>使用aside元素</title>
```

```
</head>
<body>
   <header>
     <h1>站点主标题</h1>
   </header>
   <nav>
     <ul>
       <li>主页</li>
       <li>图片</li>
       <li>音频</li>
     </ul>
   </nav>
   <section>
  </section>
   <aside>
     <blockquote>文章1</blockquote>
     <blockquote>文章2</blockquote>
   </aside>
</body>
 </html>
```

运行效果如图 8-5 所示。

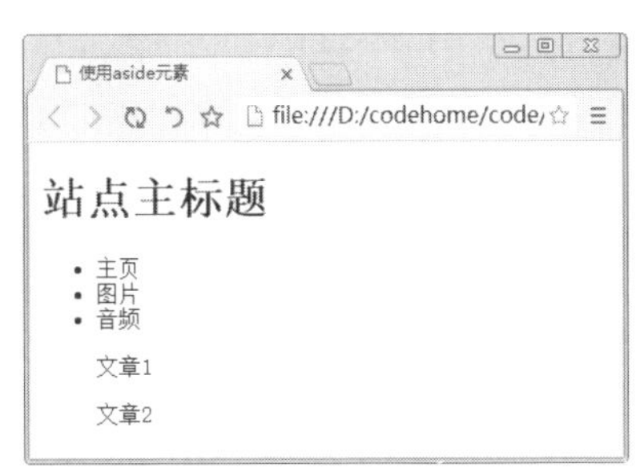

图 8-5　aside 元素的应用效果

> **提示**：<aside> 元素可以位于示例页面的左边或右边，这个元素并没有预定义的位置。<aside> 元素仅仅描述所包含的信息，而不反映结构。<aside> 元素可位于布局的任意部分，用于表示任何非文档主要内容。例如，可以在 <section> 元素中加入一个 <aside> 元素，甚至可以把该元素加入一些重要信息中，如文字引用。

8.1.4　nav 元素

<nav> 用于将具有导航性质的链接划分在一起，使代码结构在语义化方面更加准确，同时对于屏幕阅读器等设备的支持也更好。

具体来说，nav 元素可用于以下这些场合。

- 传统导航条：现在主流网站上都有不同层级的导航条，其作用是将当前页面跳转到网站的其他主要页面。
- 侧边栏导航：现在主流博客网站及购物网站上都有侧边栏导航，其作用是将页面从当前文章或当前商品跳转到其他文章或其他商品页面。
- 页内导航：页内导航的作用是在同一页面的几个主要组成部分之间进行跳转。
- 翻页操作：翻页操作是指在多个相邻页面或博客网站的前后篇文章之间滚动。
- 其他：除此之外，nav 元素也可用于其他所有用户觉得重要的、基本的导航链接组中。

具体实现代码如下。

```
<nav>
<a href="……">Home</a>
<a href="……">Previous</a>
<a href="……">Next</a>
</nav>
```

> **提示**：如果文档中有“前后”按钮，则应该把它放到 <nav> 元素中。

一个页面中可以拥有多个 <nav> 元素，作为页面整体或不同部分的导航；下面给出一个代码实例。

实例 6：使用 nav 元素

```
<!DOCTYPE html>
<html>
<head>
<title>使用nav元素</title>
</head>
<body>
<h1>前端开发技术资料</h1>
<nav>
    <ul>
       <li><a href="/">主页</a></li>
        <li><a href="/events">开发文档</
a></li>
    </ul>
</nav>
<article>
   <header>
       <h1>HTML5与CSS3的历史</h1>
       <nav>
           <ul>
             <li><a href="#HTML5">HTML5
的历史</a></li>
             <li><a href="#CSS3">CSS3的
历史</a></li>
           </ul>
       </nav>
   </header>
   <section id="HTML5">
       <h1>HTML5的历史</h1>
       <p>讲述HTML5的历史的正文</p>
       <footer>
       <p>
        <a href="?edit">以往版本</a> |
        <a href="?delete">当前现状</a> |
          <a href="?rename">未来前景</a>
       </p>
   </footer>
   </section>
   <section id="CSS3">
       <h1>CSS3的历史</h1>
       <p>讲述CSS3的历史的正文</p>
   </section>
   <footer>
       <p>
          <a href="?edit">以往版本</a> |
        <a href="?delete">当前现状</a> |
          <a href="?rename">未来前景</a>
       </p>
   </footer>
</article>
<footer>
      <p><small>版权所有：老码识途课堂</
small></p>
</footer>
</body>
</html>
```

运行效果如图 8-6 所示。

图 8-6　nav 元素的使用

提示： 在这个实例中，可以看到 <nav> 不仅可以作为页面全局导航，也可以放在 <article> 元素内，作为单篇文章内容的相关导航链接到当前页面的其他位置。

> **注意**：在 HTML 5 中不要用 menu 元素代替 nav 元素，menu 元素是用在一系列发出命令的菜单上的，是一种交互性元素，或者更确切地说是使用在 Web 应用程序中的。

8.1.5 time 元素

<time> 是 HTML 5 新增加的一个元素，用于定义时间或日期。该元素可以代表 24 小时中的某一时刻，在表示时刻时，允许有时间差。在设置时间或日期时，只需将该元素的属性 datetime 设置为相应的时间或日期即可。

具体实现代码如下。

```
<p>
    <time>
    …
    </time>
</p>
```

```
<p>
    <time datetime=
    …
    </time>
</p>
```

实例 7：使用 time 元素

```
<!DOCTYPE html>
<html>
<head>
<title>使用time元素</title>
</head>
<body>
<h1>Time元素</h1>
<p id="p1">
  <time datetime="2020-11-17">
今天是2020年11月17日
  </time>
 <p>
 <p id="p2">
  <time datetime="2020-11-17T17:00">
现在时间是2020年11月17日晚上5点
  </time>
 <p>
<p id="p3">
   <time datetime="2020-11-31">
    新款冬装将于今年年底上市
   </time>
 </p>
  <p id="p4">
      <time  datetime="2020-11-15"
pubdate="true">
    本消息发布于2020年11月15日
    </time>
 </p>
</body>
</html>
```

运行效果如图 8-7 所示。

图 8-7　time 元素的应用效果

说明：

<p> 元素 id 号为 p1 中的 <time> 元素表示的是日期。页面在解析时，获取的是属性 datetime 中的值，而元素之间的内容只是显示在页面中。

<p>元素id号为p2中的<time>元素表示的是日期和时间，它们之间使用字母T进行分隔。如果在整个日期与时间的后面加上一个字母Z，则表示获取的是UTC（世界统一时间）格式。

<p> 元素 id 号为 p3 中的 <time> 元素表示的是将来时间。

<p> 元素 id 号为 p4 中的 <time> 元素表示的是发布日期。

> **提示：**<time> 元素中的可选属性 pubdate 表示时间是否为发布日期，它是一个布尔值，该属性不仅可以用于 <time> 元素，还可用于 <article> 元素。

8.2 新增的非主体结构元素

在 HTML5 中还新增了一些非主体的结构元素，如 header、hgroup、footer 等。

8.2.1 header 元素

header 元素是一种具有引导和导航作用的结构元素，通常用来放置整个页面或页面内的一个内容区块的标题，但也可以包含其他内容，例如数据表格、搜索表单或相关的 logo 图片。

header 元素的代码结构如下。

```
<header>
<h1>…</h1>
<p>…</p>
</header>
```

整个页面的标题一般放在页面的开头，网页中没有限制 header 元素的个数，可以拥有多个，可以为每个内容区块加一个 header 元素。

实例 8：使用 header 元素

```
<!DOCTYPE html>
<html>
<head>
<title>使用header元素</title>
</head>
<body>
<header>
  <h1>网页标题</h1>
</header>
<article>
  <header>
    <h1>文章标题</h1>
  </header>
  <p>文章正文</p>
</article>
</body>
</html>
```

运行效果如图 8-8 所示。

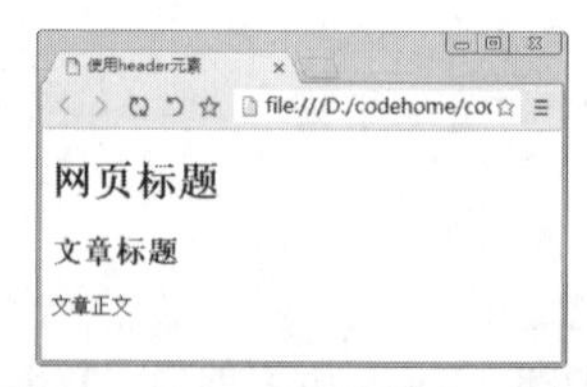

图 8-8　header 元素的应用效果

> **提示：**在 HTML5 中，一个 header 元素通常至少包括一个 headering 元素（h1 ~ h6），也可以包括 hgroup 元素、nav 元素和其他元素。

8.2.2 hgroup 元素

<hgroup> 元素用于对网页或区段（section）的标题进行组合。hgroup 元素通常会将 h1 ～ h6 元素进行分组，譬如一个内容区块的标题及其子标题算一组。

hgroup 元素的使用代码如下。

```
<hgroup>
  <h1>…</h1>
  <h2>…t</h2>
</hgroup>
```

通常，如果文章只有一个主标题，是不需要 hgroup 元素的。如下这个实例就不需要 hgroup 元素。

实例 9：不使用 hgroup 元素

```
<!DOCTYPE html>
<html>
<head>
<title>不使用hgroup元素</title>
</head>
<body>
<article>
     <header>
          <h1>文章标题</h1>
          <p><time datetime="2020-12-20"
>2020年12月20日</time></p>
     </header>
     <p>文章正文</p>
</article>
</body>
</html>
```

运行效果如图 8-9 所示。

但是，如果文章有主标题，主标题下又有子标题，就需要使用 hgroup 元素。

实例 10：使用 hgroup 元素

```
<!DOCTYPE html>
<html>
<head>
<title>使用hgroup元素</title>
</head>
<body>
<article>
     <header>
          <hgroup>
               <h1>文章主标题</h1>
               <h2>文章子标题</h2>
          </hgroup>
          <p><time datetime="2020-12-20"
>2020年12月20日</time></p>
     </header>
     <p>文章正文</p>
</article>
</body>
</html>
```

运行效果如图 8-10 所示。

图 8-9　只有一个主标题

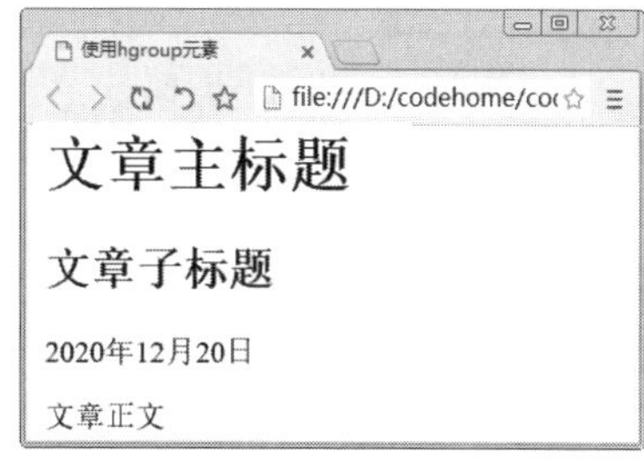

图 8-10　主标题下有子标题

8.2.3 footer 元素

footer 元素可以作为其上层父级内容区块或者一个根区块的脚注。footer 通常包括其相关区块的脚注信息，如作者、相关阅读链接及版权信息等。

使用 footer 元素设置文档页脚的代码如下。

```
<footer>…</footer>
```

在 HTML5 出现之前，网页设计人员使用下面的方式编写页脚。

实例 11：使用 ul 元素

```
<html>
<head>
<title>使用ul元素</title>
</head>
<body>
<div>
    <ul>
        <li>版权信息</li>
        <li>站点地图</li>
        <li>联系方式</li>
    </ul>
<div>
</body>
</html>
```

运行效果如图 8-11 所示。

但是到了 HTML 5 之后，这种方式不再使用，而是使用更加语义化的 footer 元素来替代。

实例 12：使用 footer 元素

```
<!DOCTYPE html>
<html>
<head>
<title>使用footer元素</title>
</head>
<body>
<footer>
    <p>团队介绍</p>
    <p>联系我们</p>
    <p>版权所有</p>
</footer>
</body>
</html>
```

运行效果如图 8-12 所示。

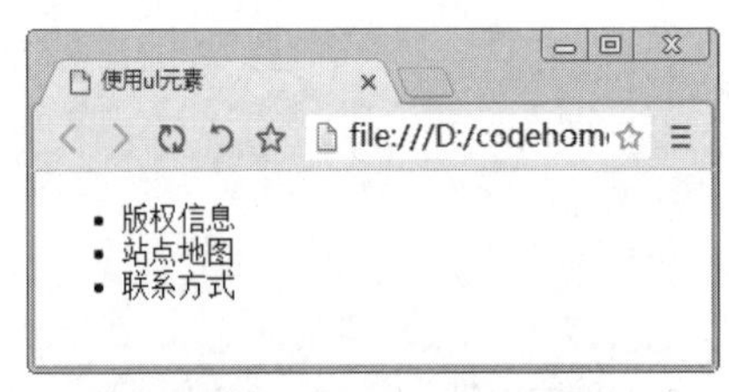

图 8-11 ul 元素的使用

图 8-12 footer 元素的使用

> **提示：**与 header 元素一样，一个页面中并不限制 footer 元素的个数。同时，可以为 article 元素或 section 元素添加 footer 元素。

实例 13：添加多个 footer 元素

```
<!DOCTYPE html>
<html>
<head>
<title>添加多个footer元素</title>
```

```
</head>
<body>
<article>
      文章内容
      <footer>
          文章的脚注
      </footer>
</article>
<section>
      分段内容
      <footer>
          分段内容的脚注
      </footer>
 </section>
</body>
</html>
```

运行效果如图 8-13 所示。

图 8-13　添加多个 footer 元素

8.2.4　figure 元素

figure 元素是一种元素的组合，可带有标题（可选）。figure 元素用来表示网页上一块独立的内容，将其从网页上移除后不会对网页上的其他内容产生影响。figure 所表示的内容可以是图片、统计图或代码示例。

figure 元素的实现代码如下。

```
<figure>
   <h1>…</h1>
   <p>…</p>
</figure>
```

> **注意：**使用 figure 元素时，需要用 figcaption 元素为 figure 元素组添加标题。不过，一个 figure 元素内最多只允许放置一个 figcaption 元素，其他元素可无限放置。

1. 使用不带有标题的 figure 元素

实例 14：使用不带有标题的 figure 元素

```
<!DOCTYPE html>
<html>
<head>
<title>不带有标题的figure元素</title>
</head>
<body>
      <figure>
         <img alt=" images/logo.jpg" />
      </figure>
</body>
</html>
```

运行效果如图 8-14 所示。

2. 使用带有标题的 figure 元素

实例 15：使用带有标题的 figure 元素

```
<!DOCTYPE html>
<html>
<head>
<title>带有标题的figure元素</title>
```

```
</head>
<body>
    <figure>
        <img alt=" images/logo.jpg" />
    </figure>
    <figcaption>标题提示信息</figcaption>
</body>
</html>
```

运行效果如图 8-15 所示。

图 8-14　不带有标题的 figure 元素的使用

图 8-15　带有标题的 figure 元素的使用

3. 多张图片，同一标题的 figure 元素的使用

实例 16：多张图片，同一标题的 figure 元素的使用

```
<!DOCTYPE html>
<html>
<head>
<title>多张图片，同一标题的figure元素</
title>
</head>
<body>
    <figure>
        <img alt=" images/logo.jpg" />
        <img alt=" images/logo1.jpg" />
        <img alt=" images/logo2.jpg" />
    </figure>
    <figcaption>标题提示信息</figcaption>
</body>
</html>
```

运行效果如图 8-16 所示。

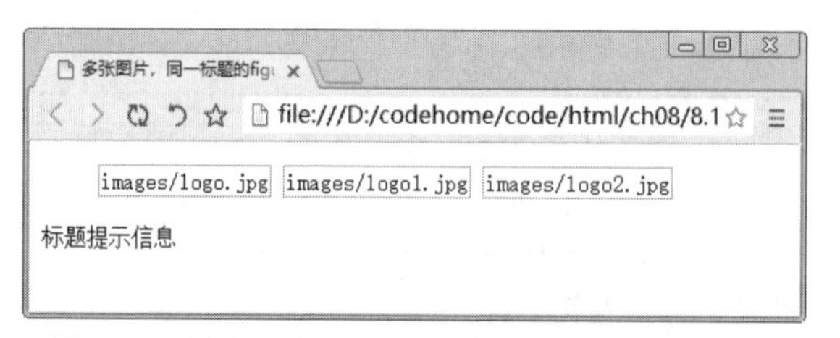

图 8-16　多张图片，同一标题的 figure 元素的使用

8.2.5　address 元素

address 元素用来在文档中呈现联系信息，包括文档作者或文档维护者的名字，以及他们的网站链接、电子邮箱、真实地址、电话号码等。

address 元素的实现代码如下。

```
<address>
    <a href=…>…</a>
    …
</address>
```

实例 17：使用 address 元素

```
<!DOCTYPE html>
```

```
<html>
<head>
<title>使用address元素</title>
</head>
<body>
<address>
       <a href=http://blog.sina.com.cn/zhangsan>张三</a>
       <a href=http://blog.sina.com.cn/lisi>李四</a>
       <a href=http://blog.sina.com.cn/wanger>王二</a>
</address>
</body>
</html>
```

运行效果如图 8-17 所示。

另外，address 元素不仅可以单独使用，还可以与 footer 元素、time 元素结合起来使用。

实例 18：address 元素与其他元素结合使用

```
<!DOCTYPE html>
<html>
<head>
<title>使用address元素</title>
</head>
<body>
<footer>
     <div>
         <address>
            <a title="文章作者：张三" href="http://blog.sina.com.cn/zhangsan">
            张三</a>
         </address>
           发表于<time datetime="2020-12-17">2020年12月17日</time>
     </div>
</footer>
</body>
</html>
```

运行效果如图 8-18 所示。

图 8-17　address 元素的应用效果

图 8-18　address 元素与其他元素结合使用

8.3　新增其他常用元素

除了结构元素外，在 HTML 5 中，还新增了其他元素，如 mark 元素、rp 元素、rt 元素、ruby 元素、progress 元素、command 元素、embed 元素、details 元素、summary 元素、datalist 元素等。

8.3.1 mark 元素

mark 元素主要用来在视觉上向用户呈现那些需要突出显示或高亮显示的文字。mark 元素的一个比较典型的应用就是在搜索结果中向用户高亮显示搜索关键词。其使用方法与 <em> 和 <strong> 有相似之处，但相比而言，HTML5 中新增的 mark 元素在突出显示时更加随意与灵活。

HTML 5 中的代码示例如下。

```
<p>… <mark>…</mark> …</p>
```

实例 19：使用 mark 元素

在页面中，首先使用 <h5> 元素创建一个标题“优秀开发人员的素质”，然后通过 <p> 元素对标题进行阐述。在阐述的文字中，为了引起用户的注意，使用 <mark> 元素高亮处理字符“过硬”和“务实”。

具体的代码如下。

```
<!DOCTYPE html>
<html>
<head>
<title>使用mark元素</title>
</head>
 <body>
  <h2>优秀开发人员的<mark>素质</mark></h2>
  <p>一个优秀的Web页面开发人员,必须具有<mark>过硬</
mark>的技术与<mark>务实</mark>的专业精神。</p>
 </body>
 </html>
```

运行效果如图 8-19 所示。

图 8-19　mark 元素的应用效果

> **提示：** mark 元素的这种高亮显示的特征，除用于文档中突出显示部分内容外，还常用于查看搜索结果页面中关键字的高亮显示，其目的主要是引起用户的注意。

> **注意：** 虽然 mark 元素在使用效果上与 em 或 strong 元素有相似之处，但三者的出发点是不一样的。strong 元素是作者对文档中某段文字的重要性进行的强调；em 元素是作者为了突出文章的重点而进行的设置；mark 元素是展示数据时，以高亮形式显示某些字符，与原作者的本意无关。

8.3.2 rp 元素、rt 元素与 ruby 元素

ruby 元素由一个或多个字符（需要一个解释 / 发音）和一个提供该信息的 rt 元素组成，还包括可选的 rp 元素，定义当浏览器不支持 ruby 元素时显示的内容。

rp 元素、rt 元素与 ruby 元素结合使用的代码如下。

```
<ruby>
   <rt><rp>(</rp>  <rp>)</rp></rt>
</ruby>
```

实例 20：使用 ruby 注释繁体字“漢”

```
<!DOCTYPE html>
<html>
<head>
<title>使用ruby注释繁体字 “漢” </title>
</head>
<body>
 <ruby>
漢<rp>（</rp><rt>han</rt><rp>）</rp>
字<rp>（</rp><rt>zi</rt><rp>）</rp>
</ruby>
</body>
</html>
```

运行效果如图 8-20 所示。

图 8-20　使用 ruby 注释繁体字“漢”

提示： 支持 ruby 元素的浏览器不会显示 rp 元素的内容。

8.3.3　progress 元素

progress 元素表示运行中的进程。可以使用 progress 元素来显示 JavaScript 中耗费时间的函数进程。例如下载文件时，文件下载到本地的进度值可以通过该元素动态地展示在页面中，展示的方式既可以使用整数（如 1 ～ 100），也可以使用百分比（如 10% ～ 100%）。

<progress> 元素的属性及描述如表 8-1 所示。

表 8-1　<progress> 元素的属性及描述

属　性	值	描　述
max	整数或浮点数	设置完成时的值，表示总体工作量
value	整数或浮点数	设置正在进行时的值，表示已完成的工作量

注意： <progress> 元素中设置的 value 值必须小于或等于 max 属性值，且两者都必须大于 0。

实例 21：使用 progress 元素显示下载进度

```
<!DOCTYPE html>
<html>
<head>
<title>使用progress元素显示下载进度</
title>
</head>
<body>
    文件的下载进度:
    <progress  value=" 40"
max=" 100" >>
    </progress>
</body>
</html>
```

运行效果如图 8-21 所示。

图 8-21　使用 progress 元素表示下载进度

8.3.4　command 元素

command 元素表示用户能够调用的命令，可以定义命令按钮，如单选按钮、复选框或按钮。HTML5 中使用 command 元素的代码如下。

```
<command type="command">…</command>
```

实例 22：使用 command 元素

```
<!DOCTYPE html>
<html>
<head>
<title>使用command元素</title>
</head>
<body>
   <menu>
        <command  onclick="alert('Hello World')">Click Me!</command>
   </menu>
</body>
</html>
```

注意：目前，主流浏览器都不支持 command 元素。只有 IE 9.0 支持 <command> 元素，其他之前版本或者之后版本的 IE 浏览器都不支持 <command> 元素。

在 IE 9.0 中预览，效果如图 8-22 所示。单击网页中的 Click Me 区域，将弹出提示信息框。

图 8-22　使用 command 元素的按钮

提示：只有当 command 元素位于 menu 元素内时，该元素才是可见的；否则，不会显示这个元素，但是可以用它规定键盘快捷键。

8.3.5　embed 元素

embed 元素用来插入各种多媒体，格式可以是 MIDI、WAV、AIFF、AU、MP3 等。

HTML5 中的代码示例如下。

```
<embed src="…"/>
```

实例 23：使用 embed 元素插入动画

```
<!DOCTYPE html>
<html>
<head>
<title>使用embed元素</title>
</head>
<body>
<embed src="images/飞翔的海鸟.swf"/>
</body>
</html>
```

运行效果如图 8-23 所示。

图 8-23　使用 embed 元素插入动画

8.3.6　details 元素和 summary 元素

details 元素表示用户要求得到并且可以得到的细节信息，与 summary 元素配合使用。summary 元素提供标题或图例。标题是可见的，用户单击标题时会显示细节信息。summary 元素应该是 details 元素的第一个子元素。

HTML 5 中的代码示例如下。

```
<details>
    <summary>…</summary>
        …
</details>
```

实例 24：使用 details 元素制作简单页面

```
<!DOCTYPE html>
<html>
<head>
<title>使用details元素</title>
</head>
<body>
<details>
   <summary>苹果冰激凌</summary>
   <img src="images/冰激凌.jpg" alt="苹果冰激凌"/>
   <div>
      <h3> 材料：苹果500g,白糖150g,新鲜牛奶两瓶。</h3>
      <p>制作方法：将苹果洗净,去皮挖核,切成薄片,搅成浆状,放入白糖及1000克开水,加入煮沸的牛奶,
搅拌均匀,倒入盛器内冷却后置于冰箱冻结即成。
```

```
      </p>
    </div>
</details>
</body>
</html>
```

运行效果如图 8-24 所示。

图 8-24　使用 details 元素制作简单页面

> **提示**：默认情况下，浏览器支持 details 元素，除了 summary 元素外的内容将会被隐藏。

8.3.7　datalist 元素

datalist 用来辅助文本框的输入功能，它本身是隐藏的，与表单文本框中的 list 属性绑定，即将 list 属性值设置为 datalist 的 ID 号。它类似于 suggest 组件。目前只支持 Opera 浏览器。

HTML5 中的代码示例如下。

```
<datalist></datalist>
```

实例 25：使用 datalist 元素制作下拉列表框

```
<!DOCTYPE html>
<html>
<head>
<title>使用datalist元素制作下拉列表框</title>
</head>
<body>
<form action="#">
     <fieldset>
          <legend>请输入职业</legend>
                 <input type="text" list="worklist">
          <datalist id="worklist">
                 <option value="程序开发员"></option>
                 <option value="系统架构师"></option>
                 <option value="数据维护员"></option>
          </datalist>
     </fieldset>
</form>
</body>
</html>
```

运行效果如图 8-25 所示。

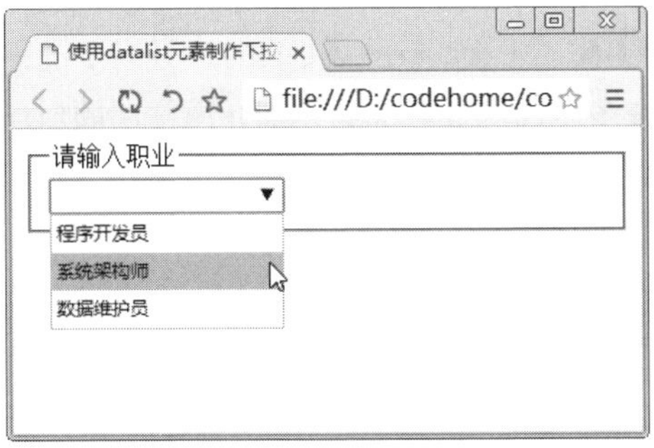

图 8-25 使用 datalist 元素制作下拉列表

8.3.8 meter 元素

使用 meter 元素度量给定范围内的数据，仅用于已知最大值和最小值的度量。这里必须定义度量的范围，既可以在元素文本中定义，也可以在 min/max 属性中定义。语法格式如下：

```
<meter>...</meter>
```

实例 26：使用 meter 元素

```
<!doctype html>
<html>
<head>
<title>使用meter元素</title>
</head>
<body>
<p>2020年期末考试成绩统计</p>
<p>语文<meter low="50" height="80" min="0" max="150" value="125"></meter></p>
<p>数学<meter low="50" height="80" min="0" max="150" value="135"></meter></p>
<p>英语<meter low="50" height="80" min="0" max="150" value="90"></meter></p>
<p>体育<meter low="50" height="80" min="0" max="100" value="90"></meter></p>
</body>
</html>
```

运行效果如图 8-26 所示。

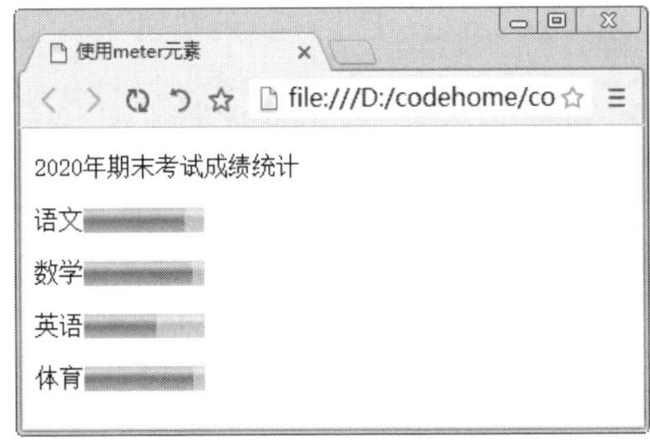

图 8-26 使用 meter 元素

8.4 新增全局属性

在 HTML 5 中新增了许多全局属性，下面详细介绍常用的新增属性。

8.4.1 contentEditable 属性

contentEditable 属性是 HTML 5 中新增的标准属性，其主要功能是指定是否允许用户编辑内容。该属性有两个值：true 和 false。

contentEditable 属性为 true 表示可以编辑，false 表示不可编辑。如果没有指定值则会采用隐藏的 inherit（继承）状态，即如果元素的父元素是可编辑的，则该元素就是可编辑的。

实例 27：使用 contentEditable 属性

```
<!DOCTYPE html>
<html>
<head>
<title>使用contentEditable属性</title>
</head>
<body>
<h3>对以下内容进行编辑</h3>
<ol contentEditable=" true" >
<li>列表一</li>
<li>列表二</li>
<li>列表三</li>
</ol>
</body>
</html>
```

运行效果如图 8-27 所示，在网页中可以输入新的内容。

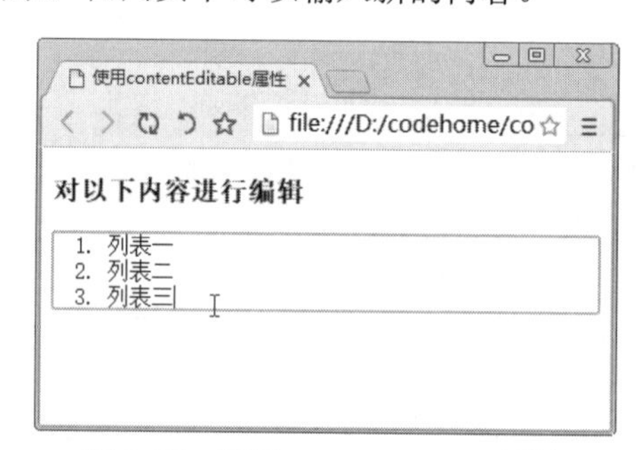

图 8-27　使用 contentEditable 属性

> **注意**：对内容进行编辑后，如果关闭网页，编辑的内容将不会被保存。如果想要保存其中的内容，只能把该元素的 innerHTML 发送到服务器端进行保存。

8.4.2 spellcheck 属性

spellcheck 属性是 HTML 5 中的新属性，规定是否对元素内容进行拼写检查。可对以下文本进行拼写检查：类型为 text 的 input 元素中的值（非密码）、textarea 元素中的值、可编辑元素中的值。

实例 28：使用 spellcheck 属性

```
<!DOCTYPE html>
<html>
<head>
```

```
<title>使用spellcheck属性</title>
</head>
<body>
<p contenteditable="true" spellcheck="true">使用
spellcheck属性,使段落内容可被编辑。</p>
</body>
</html>
```

图 8-28 使用 spellcheck 属性

运行效果如图 8-28 所示。在网页中可以输入新的内容。

8.4.3 tabIndex 属性

tabIndex 属性可设置或返回按钮的控制次序。打开页面，连续按 Tab 键，会在按钮之间进行切换，tabIndex 属性可以记录显示切换的顺序。

实例 29：使用 tabIndex 属性

```
<!DOCTYPE html>
<html>
<head>
<script type="text/javascript">
function showTabIndex ( ) {
var bt1=document.getElementById ( 'bt1' ) .tabIndex;
var bt2=document.getElementById ( ' bt2' ) .tabIndex;
var bt3=document.getElementById ( 'bt3' ) .tabIndex;
document.write ( “Tab切换按钮1的顺序： “ + bt1 ) ;
document.write ( “<br />" ) ;
document.write ( “Tab切换按钮2的顺序： “ + bt2 ) ;
document.write ( “<br />" ) ;
document.write ( “Tab切换按钮3的顺序： “ + bt3 ) ;
}</script>
</head>
<body>
<button id="bt1" tabIndex="1">按钮1</button><br />
<button id="bt2" tabIndex="2">按钮2</button><br />
<button id="bt3" tabIndex="3">按钮3</button><br />
<br />
<input type="button" onclick="showTabIndex ( ) " value="显示切换顺序" />
</body>
</html>
```

运行效果如图 8-29 所示。重复按 Tab 键，使控制中心在几个按钮对象间切换，如图 8-29 所示。

单击“显示切换顺序”按钮，显示出依次切换的顺序，如图 8-30 所示。

图 8-29 使用 tabIndex 属性

图 8-30 显示切换顺序

8.5 新增的其他属性

新增属性主要分为三大类：表单相关属性、链接相关属性和其他新增属性，具体内容介绍如下。

8.5.1 表单相关属性

新增的表单属性有很多，下面分别进行介绍。

1. autocomplete

autocomplete 属性规定 form 或 input 域应该拥有自动完成功能。autocomplete 适用于 <form> 元素，以及以下类型的 <input> 元素：text、search、url、telephone、email、password、datepickers、range、color。

实例 30：使用 autocomplete 属性

```
<!DOCTYPE html>
<html>
<body>
<form action="form.asp" method="get" autocomplete="on">
    姓名:<input type="text" name="姓名" /><br />
    性别: <input type="text" sex="性别" /><br />
    邮箱: <input type="email" name="email" autocomplete="off" /><br />
    <input type="submit" />
</form>
</body>
</html>
```

运行效果如图 8-31 所示。

2. autofocus

autofocus 属性规定在页面加载时，域自动获得焦点。autofocus 属性适用于所有 <input> 元素的类型。

实例 31：使用 autofocus 属性

```
<!DOCTYPE html>
<html>
<body>
<form action="form.asp" method="get">
        用户名: <input type="text"
name="user_name" autofocus="autofocus"
/>
    <input type="submit" />
</form>
</body>
</html>
```

运行效果如图 8-32 所示。

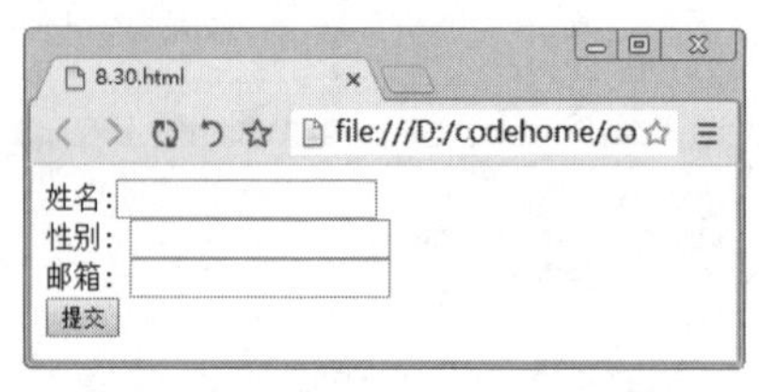

图 8-31 使用 autocomplete 属性

图 8-32 使用 autofocus 属性

3. form

form 属性规定输入域所属的一个或多个表单。form 属性适用于所有 <input> 元素的类型，必须引用所属表单的 id。

实例 32：使用 form 属性

```
<!DOCTYPE html>
<html>
<body>
<form action="form.asp" method="get" id="user_form">
     姓名:<input type="text" name="姓名" />
     <input type="submit" />
</form>
    性别: <input type="text" sex="性别" form="user_form" />
</body>
</html>
```

运行效果如图 8-33 所示。

图 8-33　使用 form 属性

4. form overrides

表单重写属性（form overrides attributes）允许重新设定 form 元素的某些属性。

表单重写属性如下。

（1）formaction：重写表单的 action 属性。

（2）formenctype：重写表单的 enctype 属性。

（3）formmethod：重写表单的 method 属性。

（4）formnovalidate：重写表单的 novalidate 属性。

（5）formtarget：重写表单的 target 属性。

表单重写属性适用于以下类型的 <input> 元素：submit 和 image。

实例 33：使用 form overrides 属性

```
<!DOCTYPE html>
<html>
<body>
<form action="form.asp" method="get" id="user_form">
    邮箱: <input type="email" name="userid" /><br />
    <input type="submit" value="提交" /><br />
    <input type="submit" formaction="demo_admin.asp" value="以管理员身份提交" /><br
/>
    <input type="submit" formnovalidate="true" value="提交未经验证" /><br />
</form>
</body>
</html>
```

运行效果如图 8-34 所示。

图 8-34　使用 form overrides 属性

5. height 和 width

height 和 width 属性规定用于 image 类型的 input 元素的图像高度和宽度。height 和 width 属性只适用于 image 类型的 <input> 元素。

实例 34：使用 height 和 width 属性

```
<!DOCTYPE html>
<html>
<body>
<form action="form.asp" method="get">
	用户名: <input type="text" name="user_name" /><br />
	<input type="image" src="images/按钮.jpg" width="99" height="99" />
</form>
</body>
</html>
```

运行效果如图 8-35 所示。

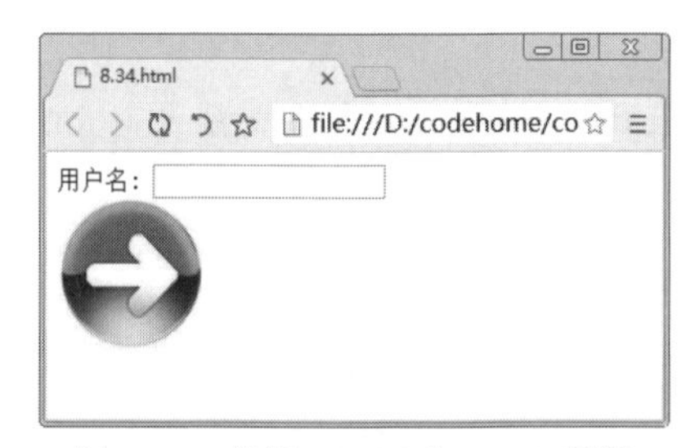

图 8-35　使用 height 和 width 属性

6. list

list 属性规定输入域的 datalist。datalist 是输入域的选项列表。list 属性适用于以下类型的 <input> 元素：text、search、url、telephone、email、date pickers、number、range 及 color。

实例 35：使用 list 属性

```
<!DOCTYPE html>
<html>
<body>
<form action="form.asp" method="get">
   主页: <input type="url" list="url_list" name="link" />
   <datalist id="url_list">
     <option label="baidu" value="http://www.baidu.com" />
     <option label="qq" value="http://www.qq.com" />
     <option label="Microsoft" value="http://www.microsoft.com" />
```

```
   </datalist>
<input type="submit" />
</form>
</body>
</html>
```

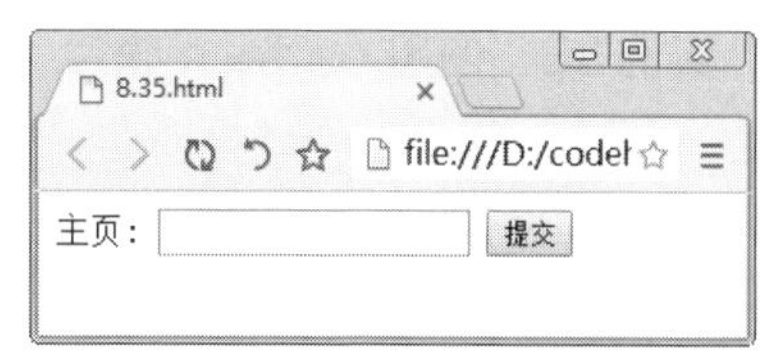

图 8-36　使用 list 属性

运行效果如图 8-36 所示。

7. min、max 和 step

min、max 和 step 属性用于为包含数字或日期的 input 类型规定限定（约束）。max 属性规定输入域所允许的最大值；min 属性规定输入域所允许的最小值；step 属性为输入域规定合法的数字间隔（如果 step="3"，则合法的数是 -3、0、3、6 等）。

min、max 和 step 属性适用于以下类型的 <input> 元素：date pickers、number 及 range。

实例 36：使用 min、max 和 step 属性

```
<!DOCTYPE html>
<html>
<body>
<form action="form.asp" method="get">
    成绩：<input type="number" name="points" min="0" max="10" step="3"/>
<input type="submit" />
</form>
</body>
</html>
```

运行效果如图 8-37 所示。

图 8-37　使用 min、max 和 step 属性

8. multiple

multiple 属性规定输入域中可选择多个值。multiple 属性适用于以下类型的 <input> 元素：email 和 file。

实例 37：使用 multiple 属性

```
<!DOCTYPE html>
<html>
<body>
<form action="form.asp" method="get">
    选择图片：<input type="file" name="选择文件"
multiple="multiple" />
<input type="submit" />
</form>
</body>
</html>
```

图 8-38　使用 multiple 属性

运行效果如图 8-38 所示。

> **提示：**单击“选择文件”按钮，可以打开“选择要加载的文件”对话框，在其中选择要添加的图片信息。

9. pattern（regexp）

pattern 属性规定用于验证 input 域的模式（pattern），适用于以下类型的 <input> 元素：text、search、url、telephone、email 及 password。

实例 38：使用 pattern 属性

```
<!DOCTYPE html>
<html>
<body>
<form action="form.asp" method="get">
    电话区号：<input type="text" name="country_code" pattern="[A-z]{3}"
    title="Three letter country code" />
    <input type="submit" />
</form>
</body>
</html>
```

运行效果如图 8-39 所示。

图 8-39　使用 pattern 属性

10. placeholder

placeholder 属性提供一种提示（hint），描述输入域所期待的值。placeholder 属性适用于以下类型的 <input> 元素：text、search、url、telephone、email 及 password。

实例 39：使用 placeholder 属性

```
<!DOCTYPE html>
<html>
<body>
<form action="form.asp" method="get">
    <input type="search" name="user_search" placeholder="baidu" />
    <input type="submit" />
</form>
</body>
</html>
```

运行效果如图 8-40 所示。

图 8-40　使用 placeholder 属性

11. required

required 属性规定必须在提交之前填写输入域（不能为空）。required 属性适用于以下类型的 <input> 元素：text、search、url、telephone、email、password、date pickers、number、checkbox、radio 及 file。

实例 40：使用 required 属性

```
<!DOCTYPE html>
<html>
<body>
<form action="form.asp" method="get">
    姓名：<input type="text" name="usr_name" required="required" />
    <input type="submit" />
</form>
</body>
</html>
```

运行效果如图 8-41 所示。

图 8-41　使用 required 属性

8.5.2 链接相关属性

新增的与链接相关的属性如下。

1. media

media 属性用于目标 URL 是特殊设备（比如 iPhone）、语音或打印媒介设计，只能在 href 属性存在时使用。

实例 41：使用 media 属性

```
<!DOCTYPE html>
<html>
<body>
   <a href="www.baidu.com" media="print and （resolution:300dpi）">
     链接查询.
   </a>
</body>
</html>
```

运行效果如图 8-42 所示。

图 8-42 使用 media 属性

2. type

在 HTML5 中，为 area 元素增加了 type 属性，规定目标 URL 的 MIME 类型。仅在 href 属性存在时使用。

语法结构如下。

```
<input type="value">
```

3. sizes

为 link 元素增加了新属性 sizes。该属性可以与 icon 元素结合使用（通过 rel 属性），用于指定关联图标（icon 元素）的大小。

4. target

为 base 元素增加了 target 属性，主要目的是保持与 a 元素的一致性。

实例 42：使用 sizes 与 target 属性

```
<!DOCTYPE html>
<html>
<head>
    <link rel="icon" href="demo_icon.ico" type="image/gif" sizes="16x16" />
</head>
<body>
    <h2>Hello world!</h2>
    <p>打开<a href="2.40.html" target="_blank">新链接</
a>窗口。</p>
</body>
</html>
```

运行效果如图 8-43 所示。

图 8-43 使用 sizes 与 target 属性

8.5.3 其他新增属性

除了以上介绍的与表单和链接相关的属性外，HTML 5 还增加了其他属性，如表 8-2 所示。

表 8-2　HTML 5 增加的其他属性

属性	隶属于	意义
reversed	ol 元素	指定列表倒序显示
charset	meta 元素	为文档字符编码的指定提供了一种良好的方式
type	menu 元素	让菜单可以以上下文菜单、工具条和列表菜单三种形式出现
label	menu 元素	为菜单定义一个可见的标注
scoped	style 元素	用来规定样式的作用范围，譬如只对页面上的某个数起作用
async	script 元素	定义脚本是否异步执行
manifest	html 元素	开发离线 Web 应用程序时与 API 结合使用，定义一个 URL，在这个 URL 上描述文档的缓存信息
sandbox、srcdoc 与 seamless	iframe 元素	用来提高页面安全性，防止不信任的 Web 页面执行某些操作

8.6　HTML 5 废除的属性

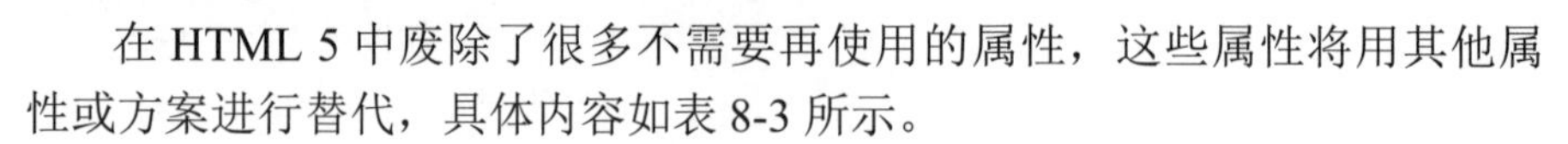

在 HTML 5 中废除了很多不需要再使用的属性，这些属性将用其他属性或方案进行替代，具体内容如表 8-3 所示。

表 8-3　HTML 5 中废除的属性

废除的属性	使用该属性的元素	在 HTML 5 中替代的方案
rev	Link，a	rel
charset	Link，a	在被链接的资源中使用 HTTP content-type 头元素
shape，coords	a	使用 area 元素代替 a 元素
longdesc	img，iframe	使用 a 元素链接到较长描述
target	link	多余属性，被省略
nohref	area	多余属性，被省略
profile	head	多余属性，被省略
version	html	多余属性，被省略
name	img	id
scheme	meta	只为某个表单域使用 scheme
Archive，classid，codebase，codetype，declare，standby	object	使用 data 与 type 属性类调用插件。需要使用这些属性来设置参数时，使用 param 属性
valuetype，type	param	使用 name 与 value 属性，不声明值的 MIME 类型
axis，abbr	td，th	使用以明确简洁的文字开头，后跟详述文字的形式。 可以对更详细的内容使用 title 属性，以使单元格的内容变得简短
scope	td	在被链接的资源中使用 HTTP Content-type 头元素
align	caption，input，legend，div，h1，h2，h3，h4，h5，h6，p	使用 CSS 样式表进行替代
Alink，link，text，vlink，background，bgcolor	body	使用 CSS 样式表进行替代
Align，bgcolor，border，cellpadding，cellspacing，Frame，rules，width	table	使用 CSS 样式表进行替代
Align，char，charoff，height，nowrap，valign	tbody,thead,tfoot	使用 CSS 样式表进行替代
align,bgcolor,char,charoff,height,nowrap,valign,width	td,th	使用 CSS 样式表进行替代

续表

废除的属性	使用该属性的元素	在 HTML 5 中替代的方案
Align，bgcolor，char，charoff，valign	tr	使用 CSS 样式表进行替代
Align，char，charoff，valign，width	Col，colgroup	使用 CSS 样式表进行替代
Align，border，hspace，vspace	object	使用 CSS 样式表进行替代
clear	br	使用 CSS 样式表进行替代
Compact，type	ol，ul，li	使用 CSS 样式表进行替代
compact	dl	使用 CSS 样式表进行替代
compact	menu	使用 CSS 样式表进行替代
width	pre	使用 CSS 样式表进行替代
Align，hspace，vspace	img	使用 CSS 样式表进行替代
Align，noshade，size，width	hr	使用 CSS 样式表进行替代
Align，frameborder，scrollingmarginheight，marginwidth	iframe	使用 CSS 样式表进行替代
autosubmit	menu	使用 CSS 样式表进行替代

8.7 新手常见疑难问题

疑问 1：HTML5 中的单元素和双元素书写方法有哪些？

HTML5 中的元素分为单元素和双元素。单元素是指没有结束元素的元素；双元素是指既有开始元素又有结束元素的元素。

单元素是不允许写结束元素的，只允许使用“< 元素 />”的形式进行书写。例如“
…</br>”的书写方式是错误的，正确的书写方式为
。当然，在 HTML5 之前版本中，
 这种书写方法可以被沿用。HTML5 中不允许写结束元素的元素有 area、base、br、col、command、embed、hr、img、input、keygen、link、meta、param、source、track、wbr。

对于部分双元素可以省略结束元素。HTML5 中允许省略结束元素的元素有 li、dt、dd、p、rt、rp、optgroup、option、colgroup、thead、tbody、tfoot、tr、td、th。

HTML5 中的一些元素还可以完全被省略。即使这些元素被省略了，该元素还是以隐式的方式存在。HTML5 中允许省略全部元素的元素有 html、head、body、colgroup、tbody。

疑问 2：新增属性 Target 在 HTML 4.01 与 HTML 5 之间的差异有哪些？

在 HTML 5 中，不再允许把框架名称设定为目标，因为不再支持 frame 和 frameset。self、parent 及 top 这三个值大多数时候与 iframe 一起使用。

8.8 实战技能训练营

实战 1：制作一个公司产品销售统计的柱状图

使用 <meter> 元素，制作一个公司产品销售统计的柱状图，运行结果如图 8-44 所示。

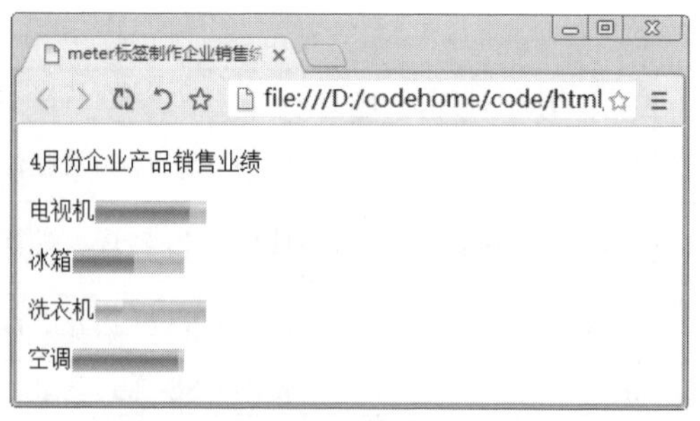

图 8-44　公司产品销售统计的柱状图

实战 2：使用结构元素设计导航链接

使用 nav 元素和 article 元素设计导航链接，运行结果如图 8-45 所示。其中，nav 元素用于设计页面外的导航，例如这里的“主页”“注册”和“登录”。article 元素用于设计页内链接，例如这里的“人工智能课程”和“网络安全课程”。当单击“人工智能课程”链接时，将跳转到页内文章对应的内容，结果如图 8-46 所示。

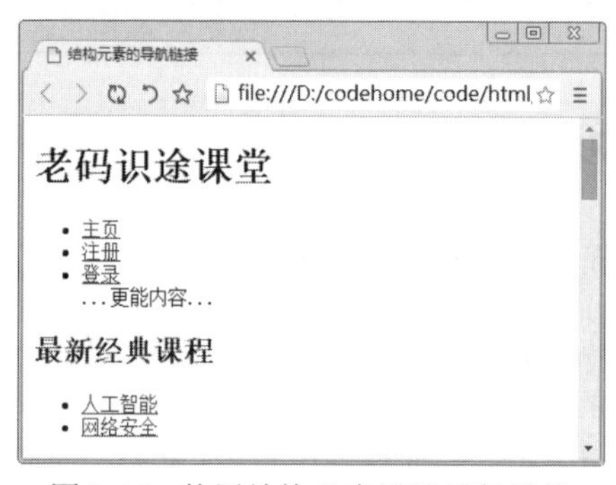

图 8-45　使用结构元素设计导航链接

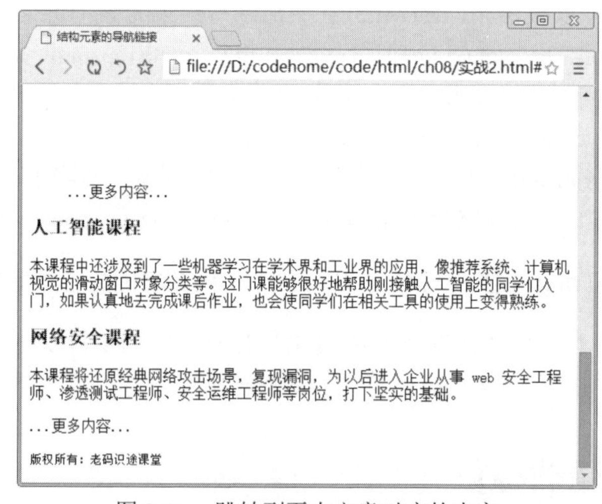

图 8-46　跳转到页内文章对应的内容

第9章　使用CSS层叠样式表

本章导读

使用CSS技术可以精细地美化页面。使用CSS样式不仅可以对单个页面进行格式化，还可以对多个页面使用相同的样式进行修饰，以达到统一的效果。本章介绍如何使用CSS层叠样式表美化网页。

知识导图

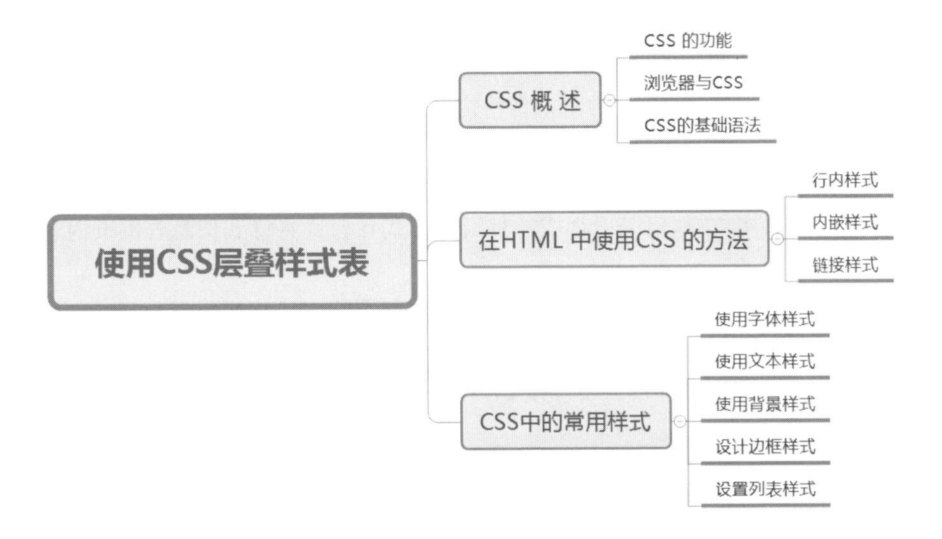

9.1 CSS 概述

使用 CSS 最大的优势在于，如果在后期维护中需要修改一些外观样式，则只需要修改相应的代码即可。

9.1.1 CSS 的功能

随着 Internet 的不断发展，对页面效果的诉求越来越强烈，只依赖 HTML 这种结构化标签来实现样式，已经不能满足网页设计者的需要。其表现有如下几个方面。

（1）维护困难。为了修改某个特殊的标签格式，需要花费很多时间，尤其对整个网站而言，后期修改和维护成本较高。

（2）标签不足。HTML 本身的标签很少，很多标签都是为网页内容服务的，而关于内容样式的标签，例如文字间距、段落缩进等，很难在 HTML 中找到。

（3）网页过于臃肿。由于不能统一对各种风格样式进行控制，所以 HTML 页面往往体积过大。

（4）定位困难。在整体布局页面时，HTML 对于各个模块的位置调整显得捉襟见肘，过多的 <table> 标签将会导致页面过于复杂和后期维护困难。

在这种情况下，就需要寻找一种可以将结构化标签与丰富的页面表现相结合的技术，因此 CSS 样式技术就产生了。

CSS（Cascading Style Sheet）称为层叠样式表，也可以称为 CSS 样式表（或样式表），其文件扩展名为 .css。CSS 是用于增强或控制网页样式并允许将样式信息与网页内容分离的一种标签性语言。

引用样式表的目的，是将“网页结构代码”和“网页样式风格代码”分离开，从而使网页设计者可以对网页布局进行更多的控制。利用样式表，可以将整个站点上的所有网页都指向某个 CSS 文件，然后设计者只需要修改 CSS 文件中的某一行，整个网站上对应的样式就会随之发生改变。

9.1.2 浏览器与 CSS

CSS 制定完成之后，具有了很多新的功能，即新样式，但这些新样式在浏览器中不能获得完全支持，主要在于各个浏览器对 CSS 的很多细节处理上存在差异。例如，一种标签的某个属性可能一种浏览器支持，而另外一种浏览器不支持，或者两种浏览器都支持，但其显示效果却不一样。

各主流浏览器为了自己产品的利益和推广，定义了很多私有属性，以便加强页面显示样式和效果，导致现在每个浏览器都存在大量的私有属性。虽然使用私有属性可以快速构建效果，但是对网页设计者来说是一个很大的麻烦，因为设计一个页面时，就需要考虑在不同浏览器上显示的效果，一不注意，就会导致同一个页面在不同浏览器上的显示效果不一致。甚至有的浏览器不同版本之间也具有不同的属性。

如果所有浏览器都支持 CSS 样式，那么网页设计者只需要使用一种统一标签，就会在不同的浏览器上显示统一的样式效果。

当 CSS 被所有浏览器接受和支持的时候，整个网页设计将会变得非常容易，其布局更加合理，样式更加美观，到那个时候，整个 Web 页面显示会焕然一新。虽然现在 CSS 还没有完全普及，各个浏览器对 CSS 的支持还处于发展阶段，但 CSS 是一个新的、发展潜力很高的技术，在样式修饰方面，是其他技术无可替代的。此时学习 CSS 技术，就能够保证技术的先进性。

9.1.3 CSS 的基础语法

CSS 样式表是由若干条样式规则组成的，这些规则可以应用到不同的元素或文档，来定义它们显示的外观。

每一条样式规则由三部分构成：选择符（selector）、属性（properties）和属性值（value），基本格式如下：

```
selector{property: value}
```

（1）selector：选择符可以采用多种形式，可以为文档中的 HTML 标签，如 <body>、<table>、<p> 等，也可以是 XML 文档中的标签。

（2）property：选择符指定的标签所包含的属性。

（3）value：属性的值。如果定义选择符的多个属性，则属性和属性值为一组，组与组之间用分号（;）隔开。基本格式如下：

```
selector{property1: value1; property2: value2; ...}
```

例如，下面就给出一条样式规则：

```
p{color: red}
```

该样式规则的选择符是 p，即为段落标签 <p> 提供样式，color 为指定文字颜色属性，red 为属性值。此样式表示标签 <p> 指定的段落文字为红色。

如果要为段落设置多种样式，可以使用如下语句：

```
p{font-family:"隶书"; color:red; font-size:40px; font-weight:bold}
```

9.2 在 HTML 中使用 CSS 的方法

CSS 样式表能很好地控制页面显示，以达到分离网页内容和样式代码的目的。CSS 样式表控制 HTML 页面可以达到良好的样式效果，其方式通常包括行内样式、内嵌样式和链接样式。

9.2.1 行内样式

行内样式是所有样式中比较简单、直观的方法，就是直接把 CSS 代码添加到 HTML 的标签中，即作为 HTML 标签的属性存在。通过这种方法，可以很简单地对某个元素单独定义样式。

使用行内样式的具体方法是直接在 HTML 标签中使用 style 属性，该属性的内容就是 CSS 的属性和值，例如：

```
<p style="color:red">段落样式</p>
```

实例 1：使用行内样式

```
<!DOCTYPE html>
<html>
<head>
<title>行内样式</title>
</head>
<body>
<p style="color:red;font-size:20px;text-decoration:underline;
text-align:center">这里使用行内样式</p>
<p style="color:blue;font-style:italic">正文内容群山万壑赴荆门,生长明妃尚有村。一去紫台连朔漠,独留青冢向黄昏。画图省识春风面,环佩空归夜月魂。千载琵琶作胡语,分明怨恨曲中论。</p>
</body>
</html>
```

运行效果如图 9-1 所示，可以看到两个 <p> 标签中都使用了 style 属性，并且设置了 CSS 样式，各个样式之间互不影响，分别显示自己的样式效果。第 1 个段落设置为红色字体，居中显示，带有下划线。第二个段落设置为蓝色字体，以斜体显示。

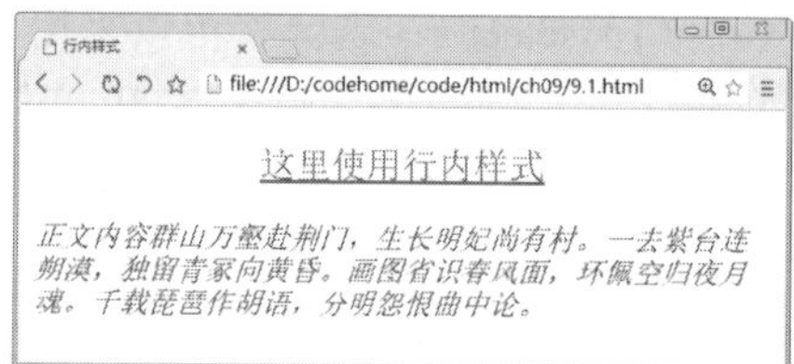

图 9-1　行内样式的显示

9.2.2　内嵌样式

内嵌样式就是将 CSS 样式代码添加到 <head> 与 </head> 之间，并且用 <style> 和 </style> 标签进行声明。这种写法虽然没有完全实现页面内容和样式控制代码完全分离，但可以设置一些比较简单的样式，并统一页面样式。其格式如下所示：

```
<head>
<style type="text/css">
  p{
    color:red;
    font-size:12px;
  }
</style>
</head>
```

有些较低版本的浏览器不能识别 <style> 标签，因而不能正确地将样式应用到页面显示上，而是直接将标签中的内容以文本的形式显示。为了解决此类问题，可以使用 HMTL 注释将标签中的内容隐藏。如果浏览器能够识别 <style> 标签，则标签内被注释的 CSS 样式定义代码依旧能够发挥作用。

例如：

```
<head>
<style type=" text/css" >
<!--
  p{
    color:red;
    font-size:12px;
  }
-->
</style>
</head>
```

实例 2：使用内嵌样式

```
<!DOCTYPE html>
<html>
<head>
<title>内嵌样式</title>
<style type="text/css">
p{
  color:orange;
  text-align:center;
  font-weight:bolder;
  font-size:25px;
}
</style>
</head>
<body>
<p>故人具鸡黍,邀我至田家。绿树村边合,青山郭外斜。开轩面场圃,把酒话桑麻。待到重阳日,还来就菊花。</p>
</body>
</html>
```

运行效果如图 9-2 所示，可以看到，<p> 标签中的内容都被 CSS 样式修饰了，段落居中、加粗并以橙色字体显示。

图 9-2　内嵌样式的显示

> **注意：**上面例子中的所有 CSS 编码都在 <style> 标签中，方便了后期维护，页面与使用行内样式相比大大瘦身了。但如果一个网站拥有很多页面，对于不同页面 <p> 标签都希望采用同样风格时，内嵌方式就比较麻烦。这种方法只适用于为特殊页面设置单独的样式风格。

9.2.3　链接样式

链接样式是 CSS 中使用频率最高，也是最实用的方法。它很好地将“页面内容”和“样式风格代码”分离成两个文件或多个文件，实现了页面框架 HTML 代码和 CSS 代码的完全分离，使前期制作和后期维护都十分方便。

链接样式是指在外部定义 CSS 样式表并形成以 .css 为扩展名的文件，然后在页面中通过 <link> 链接标签链接到页面中，而且该链接语句必须放在页面的 <head> 标签区，如下所示：

```
<link rel="stylesheet" type="text/css" href="1.css" />
```

（1）rel：指定链接到样式表，其值为 stylesheet。

（2）type：表示样式表类型为 CSS 样式表。

（3）href：指定了 CSS 样式表所在的位置，此处表示当前路径下名称为 1.css 的文件。

这里使用的是相对路径。如果 HTML 文档与 CSS 样式表没有在同一路径下，则需要指定样式表的绝对路径或引用位置。

实例 3：使用内嵌样式

```
<!DOCTYPE html>
<html>
<head>
<title>链接样式</title>
<link rel="stylesheet" type="text/css" href="9.3.css" />
```

```
</head>
<body>
<h1>链接样式</h1>
<p>荆溪白石出,天寒红叶稀。山路元无雨,空翠湿人衣。</p>
</body>
</html>
css文件的代码如下:
h1{text-align:center;}
p{font-weight:29px;text-align:center;
font-style:italic;}
```

运行效果如图 9-3 所示，可见，标题和段落以不同的样式显示，标题居中显示，段落以斜体居中显示。

图 9-3　链接样式的显示

链接样式最大的优势就是将 CSS 代码和 HTML 代码完全分离，并且同一个 CSS 文件能被不同的 HTML 所链接使用。

提示： 在设计整个网站时，可以将所有页面链接到同一个 CSS 文件，使用相同的样式风格。这样，如果整个网站需要修改样式，则只需修改 CSS 文件。

9.3　CSS 中的常用样式

了解了 CSS 的使用方式与编写 CSS 样式规则的方法后，下面介绍如何定义 CSS 样式中常用的样式属性，包括字体、文本、背景、边框、列表等。

9.3.1　使用字体样式

在 HTML 中，CSS 字体属性用于定义文字的字体、大小、粗细等。常用的字体属性包括字体类型、字号大小、字体风格、字体颜色等。

1. 控制字体类型

font-family 属性用于指定文字字体类型，如宋体、黑体、隶书、Times New Roman 等，即在网页中，展示字体不同的形状。具体的语法格式如下。

```
{font-family : name}
```

其中，name 是字体名称，按优先顺序排列，以逗号隔开，如果字体名称包含空格，则应使用引号括起。

实例 4：控制字体类型

```
<!DOCTYPE html>
<html>
<style type=text/css>
p{font-family:黑体}
</style>
<body>
<p align=center>天行健，君子应自强不息。</
p>
</body>
</html>
```

运行效果如图 9-4 所示，可以看到文字居中并以黑体显示。

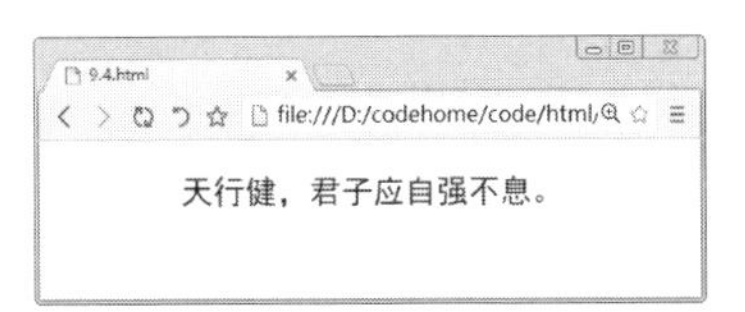

图 9-4 字型显示

2. 定义字体大小

在 CSS 中，通常使用 font-size 设置文字大小。其语法格式如下。

```
{font-size : 数值| inherit | xx-small | x-small | small | medium | large | x-large
| xx-large | larger | smaller | length}
```

可以通过数值来定义字体大小，例如用 font-size:10px 的方式定义字体大小为 12 个像素。此为，还可以通过 medium 之类的参数定义字体的大小，其参数含义如表 9-1 所示。

表 9-1 font-size 参数列表

参 数	说 明
xx-small	绝对字体尺寸。根据对象字体进行调整。最小
x-small	绝对字体尺寸。根据对象字体进行调整。较小
small	绝对字体尺寸。根据对象字体进行调整。小
medium	默认值。绝对字体尺寸。根据对象字体进行调整。正常
large	绝对字体尺寸。根据对象字体进行调整。大
x-large	绝对字体尺寸。根据对象字体进行调整。较大
xx-large	绝对字体尺寸。根据对象字体进行调整。最大
larger	相对字体尺寸。相对于父对象字体尺寸进行增大。使用成比例的 em 单位计算
smaller	相对字体尺寸。相对于父对象字体尺寸进行减小。使用成比例的 em 单位计算
length	百分数或由浮点数字和单位标识符组成的长度值，不可为负值。其百分比取值基于父对象中字体的尺寸

实例 5：定义字体大小

```
<!DOCTYPE html>
<html>
<body>
<div style="font-size:10pt">霜叶红于二月花
  <p style="font-size:small">霜叶红于二月花</p>
  <p style="font-size:larger">霜叶红于二月花</p>
    <p style="font-size:x-small">霜叶红于二月花</p>
  <p style="font-size:x-larger">霜叶红于二月花</p>
   <p style="font-size:50%">霜叶红于二月花</p>
    <p style="font-size:25pt">霜叶红于二月花</p>
</div>
</body>
</html>
```

运行效果如图 9-5 所示，可以看到网页中的文字被设置成不同的大小，设置方式采用了绝对数值、关键字和百分比等形式。

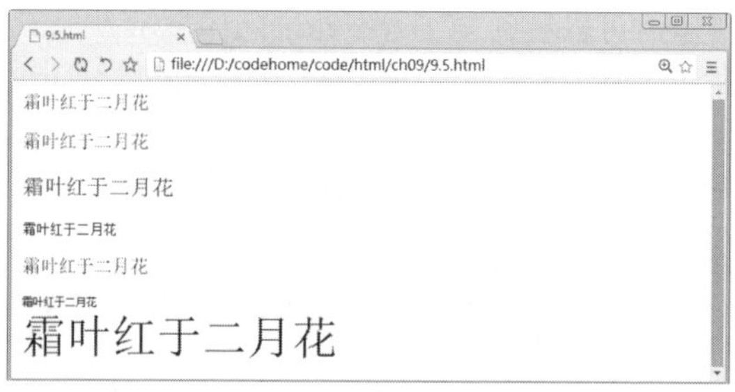

图 9-5　字体大小显示

3. 定义字体风格

font-style 通常用来定义字体风格，即字体的显示样式，语法格式如下。

```
font-style : normal | italic | oblique |inherit
```

其属性值有四个，具体含义如表 9-2 所示。

表 9-2　font-style 参数表

属性值	含　义
normal	默认值。浏览器显示一个标准的字体样式
italic	浏览器会显示一个斜体的字体样式
oblique	将没有斜体变量的特殊字体，浏览器会显示一个倾斜的字体样式
inherit	从父元素继承字体样式

实例 6：定义字体风格

```
<!DOCTYPE html>
<html>
<body>
  <p style="font-style:italic">梅花香自苦寒来</p>
  <p style="font-style:normal">梅花香自苦寒来</p>
  <p style="font-style:oblique">梅花香自苦寒来</p>
</body>
</html>
```

图 9-6　字体风格显示

运行效果如图 9-6 所示，可以看到文字分别显示不同的样式。

4. 定义文字的颜色

在 CSS 样式中，通常使用 color 属性来设置颜色，其属性值的说明如表 9-3 所示。

表 9-3　color 属性值

属性值	说　明
color_name	颜色值为颜色名称的颜色（例如 red）
hex_number	颜色值为十六进制值的颜色（例如 #ff0000）
rgb_number	颜色值为 rgb 代码的颜色（例如 rgb（255,0,0））
inherit	从父元素继承颜色
hsl_number	颜色值为 HSL 代码的颜色（例如 hsl（0,75%,50%）），此为 CSS3 新增加的颜色表现方式
hsla_number	颜色只为 HSLA 代码的颜色（例如 hsla（120,50%,50%,1）），此为 CSS3 新增加的颜色表现方式
rgba_number	颜色值为 RGBA 代码的颜色（例如 rgba（125,10,45,0.5）），此为 CSS3 新增加的颜色表现方式

实例7：定义文字的颜色

```
<!DOCTYPE html>
<html>
<head>
<style type="text/css">
body {color:red}
h1 {color:#00ff00}
p.ex {color:rgb（0,0,255）}
p.hs{color:hsl（0,75%,50%）}
p.ha{color:hsla（120,50%,50%,1）}
p.ra{color:rgba（125,10,45,0.5）}
</style>
</head>
<body>
<h1>《青玉案 元夕》</h1>
<p>众里寻他千百度,蓦然回首,那人却在灯火阑珊处。
</p>
<p class="ex">众里寻他千百度,蓦然回首,那人却在灯火阑珊处。（该段落定义了 class="ex"。该段落中的文本是蓝色的。）</p>
<p class="hs">众里寻他千百度,蓦然回首,那人却在灯火阑珊处。（此处使用了CSS3中新增加的HSL函数,构建颜色。）</p>
<p class="ha">众里寻他千百度,蓦然回首,那人却在灯火阑珊处。（此处使用了CSS3中新增加的HSLA函数,构建颜色。）</p>
<p class="ra">众里寻他千百度,蓦然回首,那人却在灯火阑珊处。（此处使用了CSS3中新增加的RGBA函数,构建颜色。）</p>
</body>
</html>
```

运行效果如图9-7所示，可以看到文字以不同颜色显示，并采用了不同的颜色取值方式。

图9-7 字体颜色属性显示

9.3.2 使用文本样式

在网页中，段落的放置与效果的显示会直接影响页面的布局及风格，CSS样式表提供了文本属性来实现对页面中段落文本的控制。

1. 设置文本的缩进效果

CSS中的text-indent属性用于设置文本的首行缩进，其默认值为0，当属性值为负值时，表示首行会被缩进到左边，其语法格式如下。

```
text-indent : length
```

其中，length 属性值表示百分比数字或由浮点数字和单位标识符组成的长度值，允许为负值。

实例 8：设置文本的缩进效果

```
<!DOCTYPE html>
<html>
<body>
<p style=" text-indent:10mm" >
    此处直接定义长度，直接缩进。
</p>
<p style=" text-indent:10%" >
  此处使用百分比，进行缩进。
</p>
</body>
</html>
```

运行效果如图 9-8 所示，可以看到文字以首行缩进方式显示。

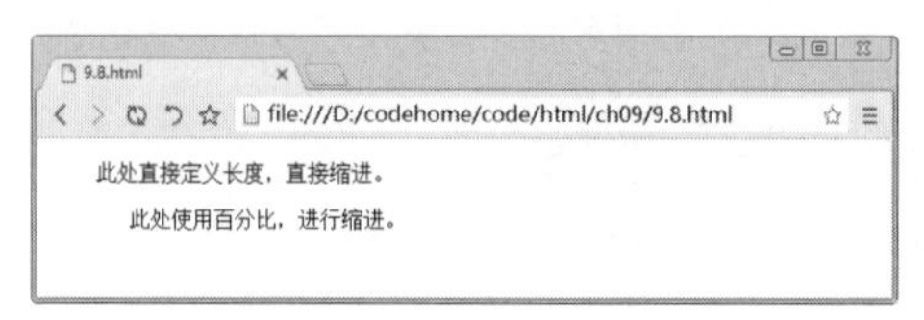

图 9-8　缩进显示窗口

2. 设置垂直对齐方式

vertical-align 属性用于设置内容的垂直对齐方式，默认值为 baseline，表示与基线对齐，其语法格式如下。

```
{vertical-align:属性值}
```

vertical-align 属性有 9 个预设值可以使用，也可以使用百分比。这 9 个预设值和百分比的含义如表 9-4 所示。

表 9-4　vertical-align 属性值

属性值	说　明
baseline	默认。元素放置在父元素的基线上
sub	垂直对齐文本的下标
super	垂直对齐文本的上标
top	把元素的顶端与行中最高元素的顶端对齐
text-top	把元素的顶端与父元素的顶端对齐
middle	把此元素放置在父元素的中部
bottom	把元素的顶端与行中最低元素的顶端对齐
text-bottom	把元素的底端与父元素的底端对齐
length	设置元素的堆叠顺序
%	使用 line-height 属性的百分比值来排列此元素。允许使用负值

实例 9：设置垂直对齐方式

```
<!DOCTYPE html>
<html>
<body>
<p>
    世界杯<b style=" font-size:8pt;vertical-align:super">2014</b>!
```

```
    中国队<b style="font-size: 8pt;vertical-align: sub">[注]</b>!
    加油! <img src="1.gif" style="vertical-align: baseline">
</p>
<p><img src="2.gif" style="vertical-align:middle"/>
    世界杯! 中国队! 加油! <img src="1.gif" style="vertical-align:top">
</p>
<hr/>
<p ><img src="2.gif" style="vertical-align:middle"/>
    世界杯! 中国队! 加油! <img src="1.gif" style="vertical-align:text-top">
</p>
<p><img src="2.gif" style="vertical-align:middle"/>
    世界杯! 中国队! 加油! <img src="1.gif" style="vertical-align:bottom">
</p>
<hr/>
<p ><img src="2.gif" style="vertical-align:middle"/>
    世界杯! 中国队! 加油! <img src="1.gif" style="vertical-align:text-bottom">
</p>
<p>
    世界杯<b style=" font-size:8pt;vertical-align:100%">2008</b>!
    中国队<b style="font-size: 8pt;vertical-align: -100%">[注]</b>!
    加油! <img src="1.gif" style="vertical-align: baseline">
</p>
</body>
</html>
```

运行效果如图 9-9 所示，可以看到文字在垂直方向以不同的对齐方式显示。

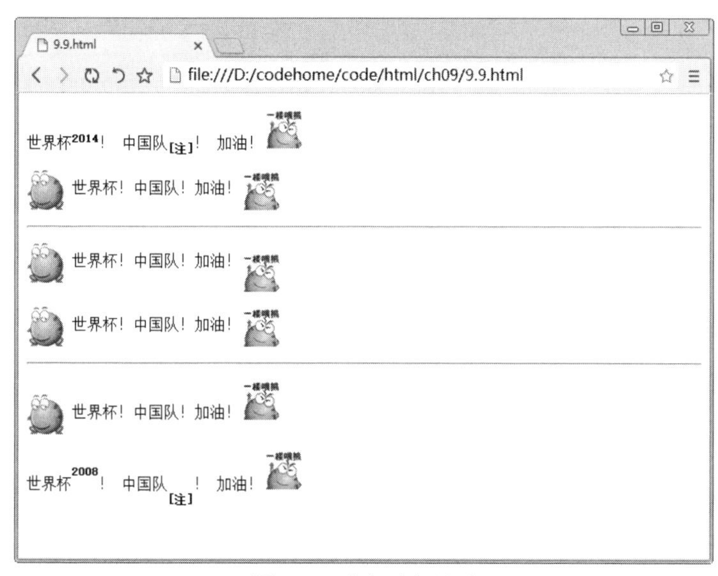

图 9-9 垂直对齐显示

3. 设置水平对齐方式

text-align 属性用于设置内容的水平对齐方式，其默认值为 left（左对齐），其语法格式如下所示。

```
{ text-align: sTextAlign }
```

其属性值含义，如表 9-5 所示：

表 9-5　text-align 属性表

属性值	说　明
left	文本向行的左边缘对齐。在垂直方向的文本中，文本在 left-to-right 模式下向开始边缘对齐
right	文本向行的右边缘对齐。在垂直方向的文本中，文本在 left-to-right 模式下向结束边缘对齐
center	文本在行内居中对齐
justify	文本根据 text-justify 的属性设置方法分散对齐。即两端对齐，均匀分布

实例 10：设置水平对齐方式

```
<!DOCTYPE html>
<html>
<body>
<h1  style="text-align:center">登幽州台歌
</h1>
<h3 style="text-align:left">选自：</h3>
<h3 style="text-align:right">
  <img src="1.gif" />
  唐诗三百首</h3>
<p style="text-align:justify">
  前不见古人
  后不见来者
    （这是一个测试，这是一个测试，这是一个测
试，）
</p>
</body>
</html>
```

运行效果如图 9-10 所示，可以看到文字在水平方向上以不同的对齐方式显示。

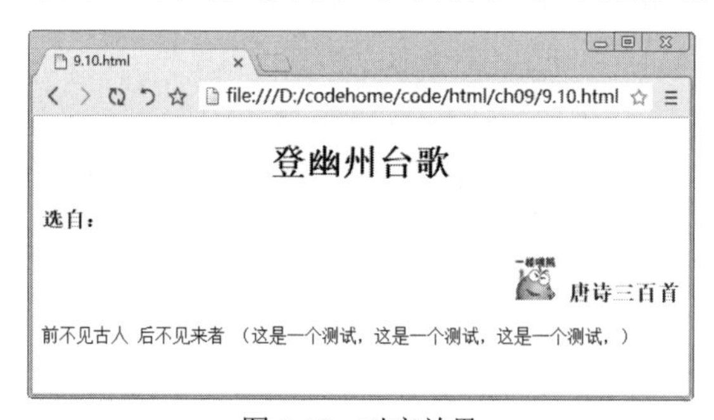

图 9-10　对齐效果

4. 设置文本的行高

在 CSS 中，line-height 属性用来设置行间距，即行高。其语法格式如下。

```
line-height : normal | length
```

各属性值的具体含义如表 9-6 所示。

表 9-6　行高属性值

属性值	说　明
normal	默认行高，即网页文本的标准行高
length	百分比数字或由浮点数字和单位标识符组成的长度值，允许为负值。其百分比取值是基于字体的高度尺寸

实例 11：设置文本的行高

```
<!DOCTYPE html>
<html>
<body>
```

```
  <div style="text-indent:10mm;">
    <p style="line-height:50px">
        世界杯（World Cup,FIFA World Cup），国际足联世界杯,世界足球锦标赛）是世界上最高水平
的足球比赛,与奥运会、F1并称为全球三大顶级赛事。
    </p>    <p style="line-height:50%">
      世界杯（World Cup,FIFA World Cup），国际足联世界杯,世界足球锦标赛）是世界上最高水平的
足球比赛,与奥运会、F1并称为全球三大顶级赛事。
    </p>
  </div>
</body>
</html>
```

运行效果如图 9-11 所示，可以看到有段文字重叠在一起，即行高设置较小。

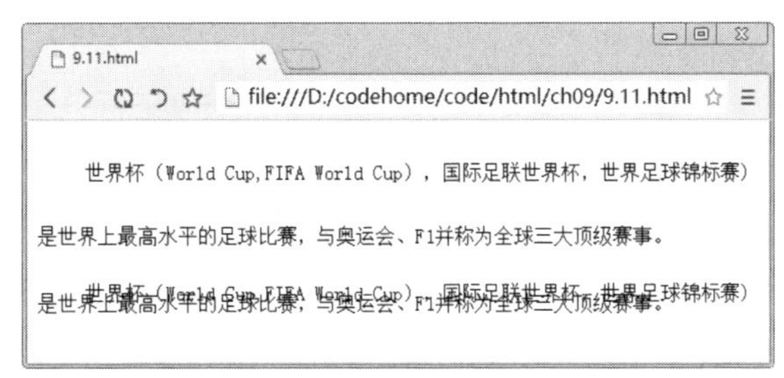

图 9-11　设定文本行高显示效果

9.3.3　使用背景样式

背景是网页设计时的重要因素之一，一个背景优美的网页，总能吸引不少访问者。使用 CSS 的背景样式可以设置网页背景。

1 设置背景颜色

background-color 属性用于设定网页背景色，其语法格式如下：

```
{background-color : transparent | color}
```

关键字 transparent 是个默认值，表示透明。背景颜色 color 的设定方法可以采用英文单词、十六进制、RGB、HSL、HSLA 和 GRBA。

实例 12：设置背景颜色

```
<!DOCTYPE html>
<html>
<head>
<title>背景色设置</title>
<head>
<body style="background-color:PaleGreen; color:Blue">
  <p>
    background-color属性设置背景色,color属性
设置字体颜色。
  </p>
</body>
</html>
```

图 9-12　设置背景色

运行效果如图 9-12 所示，可以看到网页

背景色为浅绿色，而字体颜色为蓝色。

background-color 除了可以设置整个网页的背景颜色外，还可以指定某个网页元素的背景色，例如设置 h1 标题的背景色，设置段落 p 的背景色。

实例 13：分别设置网页元素的背景色

```
<!DOCTYPE html>
<html>
<head>
<title>背景色设置</title>
<style>
h1 {
      background-color: red;
      color: black;
     text-align:center;
}
p{
       background-color:gray;
       color:blue;
       text-indent:2em;
}
</style>
<head>
<body >
   <h1>颜色设置</h1>
  <p>
    background-color属性设置背景色，color
属性设置字体颜色。
  </p>
</body>
</html>
```

运行效果如图 9-13 所示，可以看到网页中标题区域的背景色为红色，段落区域的背景色为灰色，并且分别为字体设置了不同的前景色。

图 9-13　设置网页元素的背景色

2. 设置背景图片

background-image 属性用于设定标签的背景图片，通常情况下，在标签 <body> 中应用，将图片用于整个主体中。background-image 的语法格式如下：

```
background-image : none | url (url)
```

其默认属性是无背景图，当需要使用背景图时可以用 url 进行导入，rul 可以使用绝对路径，也可以使用相对路径。

实例 14：设置背景图片

```
<!DOCTYPE html>
<html>
<head>
<title>背景色设置</title>
<style>
body{
      background-image:url(01.jpg)
    }
</style>
<head>
<body >
<h1>夕阳无限好，只是近黄昏！</h1>
</body>
</html>
```

运行效果如图 9-14 所示，可以看到网页中显示了背景图，但如果图片大小小于整个网页大小时，此时图片为了填充网页背景，会重复出现并铺满整个网页。

图 9-14　设置背景图片

提示：在设置背景图片时，最好同时也设置背景色，这样当背景图片因某种原因无法正常显示时，可以使用背景色来代替。当然，如果正常显示，背景图片会覆盖背景色。

在 CSS 中可以通过 background-repeat 属性设置图片的重复方式，包括水平重复、垂直重复和不重复等。各属性值的说明如表 9-7 所示。

表 9-7　background-repeat 的属性值

属性值	描　述
repeat	背景图片水平和垂直方向都重复平铺
repeat-x	背景图片水平方向重复平铺
repeat-y	背景图片垂直方向重复平铺
no-repeat	背景图片不重复平铺

background-repeat 属性重复背景图片是从元素的左上角开始平铺，直到水平、垂直或全部页面都被背景图片覆盖。

3. 背景图片位置

使用 background-position 属性可以指定背景图片在页面中的位置。background-position 的属性值如表 9-8 所示。

表 9-8　background-position 的属性值

属性值	描　述
length	设置图片与边距水平及垂直方向的距离长度，后跟长度单位（cm、mm、px 等）
percentage	按页面元素框的宽度或高度的百分比放置图片
top	背景图片顶部居中显示
center	背景图片居中显示
bottom	背景图片底部居中显示
left	背景图片左部居中显示
right	背景图片右部居中显示

提示：垂直对齐值还可以与水平对齐值一起使用，从而决定图片的垂直位置和水平位置。

实例 15：使用内嵌样式

```
<!DOCTYPE html>
<html>
<head>
<title>背景位置设定</title>
<style>
body{
    background-image:url(01.jpg);
    background-repeat:no-repeat;
    background-position:top right;
    }
</style>
<head>
<body  >
</body>
</html>
```

运行效果如图 9-15 所示，可以看到网页中显示的背景，其背景从顶部和右边开始出现。

图 9-15　设置背景位置

使用垂直对齐值和水平对齐值只能格式化地放置图片，如果要在页面中自由地定义图片的位置，则需要使用确定数值或百分比。此时将上面代码中的

```
background-position:top right;
```

语句修改为

```
background-position:20px 30px
```

其背景从左上角开始出现，但并不是从（0，0）坐标位置开始，而是从（20，30）坐标位置开始。

9.3.4　设计边框样式

使用 CSS 中的 border-style、border-width 和 border-color 属性可以设定边框的样式、宽度和颜色。

1. 设置边框样式

border-style 属性用于设定边框的样式，也就是风格，主要用于为页面元素添加边框。其语法格式如下：

```
border-style : none | hidden | dotted | dashed | solid | double | groove | ridge |
inset | outset
```

CSS 设定了 9 种边框样式，如表 9-9 所示。

表 9-9 边框样式

属性值	描 述
none	无边框，无论边框宽度设为多大
dotted	点线式边框
dashed	破折线式边框
solid	直线式边框
double	双线式边框
groove	槽线式边框
ridge	脊线式边框
inset	内嵌效果的边框
outset	突起效果的边框

实例 16：设置边框样式

```
<!DOCTYPE html>
<html>
<head>
<title>边框样式</title>
<style>
h1 {
      border-style:dotted;
      color: black;
     text-align:center;
}
p{
      border-style:double;
      text-indent:2em;
}
</style>
<head>
<body >
   <h1>带有边框的标题</h1>
   <p>带有边框的段落</p>
</body>
</html>
```

运行效果如图 9-16 所示，可以看到网页中，标题 H1 显示的时候，带有边框，其边框样式为点线式；段落也带有边框，其边框样式为双线式。

图 9-16 设置边框

2. 设置边框颜色

border-color 属性用于设定边框颜色，如果不想与页面元素的颜色相同，则可以使用该属性为边框定义其他颜色。border-color 属性的语法格式如下：

```
border-color : color
```

color 表示指定颜色，其颜色值通过设置十六进制数和 RGB 值等方式获取。

实例 17：使用内嵌样式

```
<!DOCTYPE html>
<html>
<head>
<title>设置边框颜色</title>
```

```
<style>
p{
     border-style:double;
     border-color:red;
     text-indent:2em;
}
</style>
<head>
<body >
     <p>边框颜色设置</p>
        <p style="border-style:solid;
border-color:red blue yellow green">
  分别定义边框颜色
 </p>
</body>
</html>
```

运行效果如图 9-17 所示，可以看到网页中，第一个段落边框颜色设置为红色，第二个段落边框颜色分别设置为红、蓝、黄和绿。

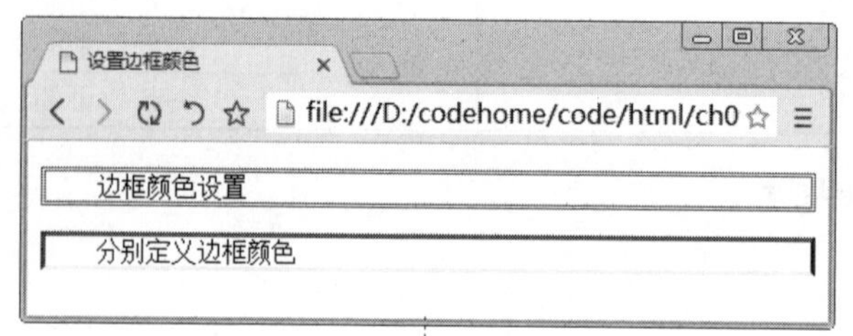

图 9-17　设置边框颜色

3. 设置边框线宽

在 CSS 中，可以通过设定边框线宽，来增强边框效果。border-width 属性可以用来设定边框宽度，其语法格式如下：

```
border-width : medium | thin | thick | length
```

其中预设有三种属性值：medium、thin 和 thick，另外还可以自行设置宽度（width），如表 9-10 所示。

表 9-10　border-width 的属性值

属性值	描　述
medium	缺省值，中等宽度
thin	比 medium 细
thick	比 medium 粗
length	自定义宽度

实例 18：设置边框线宽

```
<!DOCTYPE html>
<html>
<head>
<title>设置边框宽度</title>
<head>
<body >
    <p style="border-style:dotted; border-width:medium;">边框宽度设置</p>
    <p style="border-style:dashed;border-width:thin;">边框宽度设置</p>
    <p style="border-style:solid; border-width:12px;">
    分别定义边框宽度</p>
</body>
</html>
```

运行效果如图 9-18 所示，可以看到网页中，三个段落边框，以不同的粗细显示。

图 9-18　设置边框线宽

4. 设置边框复合属性

border属性集合了上面所介绍的三种属性，可以为页面元素设定边框的宽度、样式和颜色。语法格式如下：

```
border : border-width || border-style || border-color
```

实例 19：设置边框复合属性

```
<!DOCTYPE html>
<html>
<head>
<title>边框复合属性设置</title>
<head>
<body >
    <p style="border:dashed  red 12px">边框复合属性设置</p>
</body>
</html>
```

运行效果如图 9-19 所示，可以看到网页中，段落边框显为破折线、颜色为红色、线宽为 12 像素。

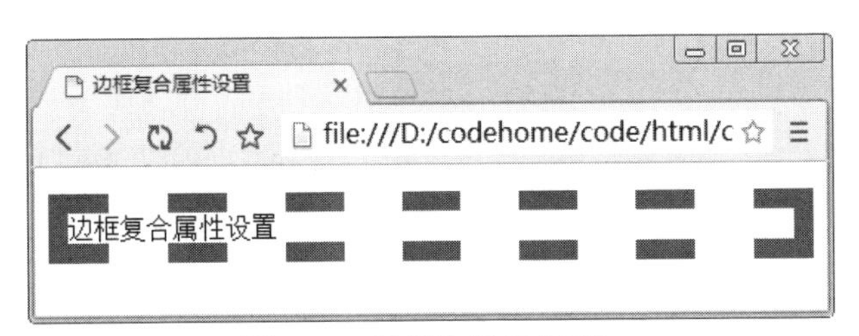

图 9-19　设置边框复合属性

9.3.5　设置列表样式

在网页设计中，项目列表用来罗列显示一系列相关的文本信息，包括有序、无序和自定义列表等。当引入 CSS 后，就可以使用 CSS 来设置项目列表的样式了。

1. 设置无序列表

无序列表 <ul> 是网页中常见的元素之一，使用 <li> 标签罗列各个项目，并且每个项目前面都带有特殊符号，例如黑色实心圆等。在 CSS 中，可以通过 list-style-type 属性来定义无序列表前面的项目符号。定义无序列表的语法格式如下：

```
list-style-type : disc | circle | square | none
```

list-style-type 参数值的含义如表 9-11 所示。

表 9-11　无序列表常用符号

参数值	说　明
disc	实心圆
circle	空心圆
square	实心方块
none	不使用任何标号

提示：可以通过设置不同的 list-style-type 参数值，来设置不同的特殊符号，从而改变无序列表的样式。

实例 20：设置无序列表样式

```
<!DOCTYPE html>
<html>
<head>
<title>设置无序列表</title>
<style>
* {
    margin:0px;
    padding:0px;
font-size:12px;
}
p {
    margin:5px 0 0 5px;
    color:#3333FF;
    font-size:14px;
    font-family:" 幼圆";
}
div{
    width:300px;
    margin:10px 0 0 10px;
    border:1px #FF0000 dashed;
}
div ul {
    margin-left:40px;
    list-style-type: disc;
}
div li {
    margin:5px 0 5px 0;
            color:blue;
            text-
decoration:underline;
}
</style>
</head>
<body>
<div class=" big01" >
  <p>热点课程</p>
  <ul>
    <li>网络安全攻防实训课程 </li>
    <li>网站前端开发实训课程</li>
    <li>人工智能开发实训课程</li>
    <li>大数据分析实训课程</li>
    <li>PHP网站开发实训课程</li>
  </ul>
</div>
</body>
</html>
```

运行效果如图 9-20 所示，可以看到显示了一个导航栏，每条导航信息前面都有一个实心圆。

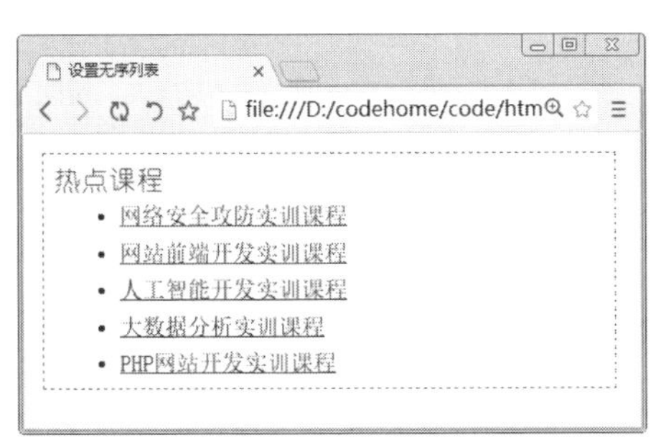

图 9-20　无序列表制作导航菜单

2. 设置有序列表

有序列表标签<ol>可以创建有顺序的列表，例如每条信息前面加上1、2、3、4等。如果要改变有序列表前面的符号，同样需要利用list-style-type属性，只不过属性值不同。

对于有序列表，list-style-type的语法格式如下：

```
list-style-type : decimal | lower-roman | upper-roman | lower-alpha | upper-alpha |
none
```

list-style-type参数值的含义如表9-12所示。

表 9-12　有序列表常用符号

参　数	说　明
decimal	阿拉伯数字圆
lower-roman	小写罗马数字
upper-roman	大写罗马数字
lower-alpha	小写英文字母
upper-alpha	大写英文字母
none	不使用项目符号

实例21：设置有序列表样式

```
<!DOCTYPE html>
<html>
<head>
<title>设置有序列表</title>
<style>
* {
    margin:0px;
    padding:0px;
                font-size:12px;
}
p {
    margin:5px 0 0 5px;
    color:#3333FF;
    font-size:14px;
                font-family:"幼圆";
                border-bottom-width:1px;
                border-bottom-
style:solid;

}
div{
    width:300px;
    margin:10px 0 0 10px;
    border:1px #F9B1C9 solid;
}
div ol {
    margin-left:40px;
    list-style-type: decimal;
}
div li {
    margin:5px 0 5px 0;
            color:blue;
```

```
}
</style>
</head>
<body>
<div class=" big" >
  <p>热点课程排行榜</p>
  <ol>
    <li>网络安全攻防实训课程 </li>
    <li>网站前端开发实训课程</li>
    <li>人工智能开发实训课程</li>
    <li>大数据分析实训课程</li>
    <li>PHP网站开发实训课程</li>
  </ol>
</div>
</body>
</html>
```

运行效果如图 9-21 所示，可以看到显示了一个导航栏，导航信息前面都带有相应的数字，表示其顺序。导航栏具有红色边框，并用一条蓝色直线将题目和内容分开。

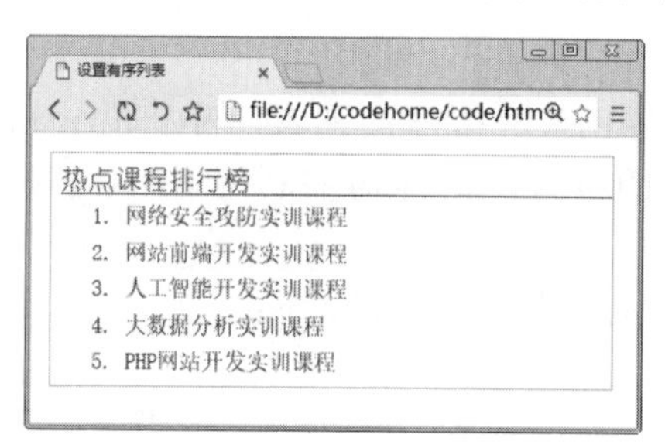

图 9-21　有序列表制作导航菜单

注意：实例 21 的代码中，使用 list-style-type: decimal 语句定义了有序列表前面的符号。严格来说，无论 <ul> 标签还是 <ol> 标签，都可以使用相同的属性值，而且效果完全相同，即二者通过 list-style-type 可以通用。

9.4　新手常见疑难问题

疑问 1：CSS 的行内样式、内嵌样式和链接样式可以在一个网页中混用吗？

三种用法可以混用，且不会造成混乱，这就是它为什么被称为“层叠样式表”的原因。浏览器在显示网页时是这样处理的：先检查有没有行内插入式 CSS，有就执行，而针对本句的其他 CSS 就不管了；其次检查内嵌方式的 CSS，有就执行；在前两者都没有的情况下再检查外链文件方式的 CSS。因此可看出，三种 CSS 的执行优先级是：行内样式、内嵌样式、链接样式。

疑问 2：文字和图片导航速度哪个快？

使用文字作导航栏速度最快。文字导航不仅速度快，而且更稳定。比如，有些用户上网时会关闭图片的显示。除非特别需要，否则不要为普通文字添加下划线或者颜色，不能让用户将本不能点击的文字误认为能够点击。

9.5　实战技能训练营

实战 1：设计一个公司的主页

结合前面学习的背景和边框知识，创建一个公司的主页，运行结果如图 9-22 所示。

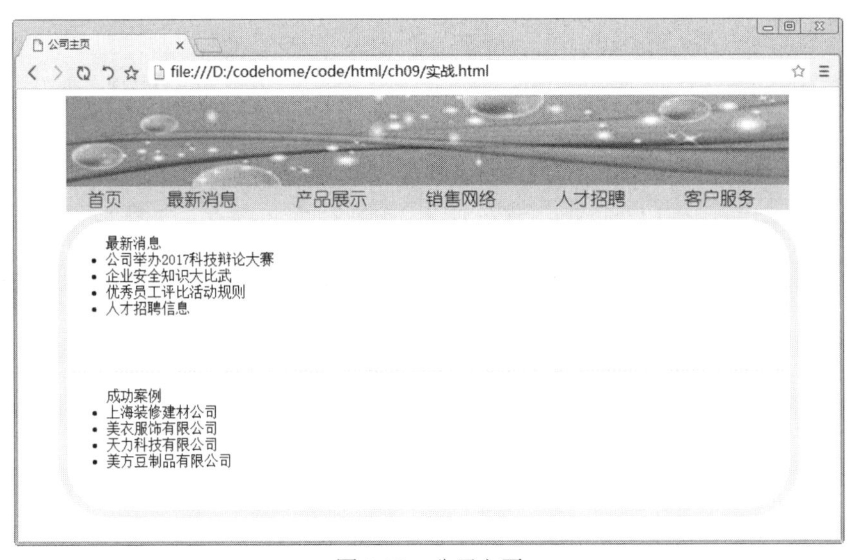

图 9-22　公司主页

实战 2：设计一个页面

结合所学知识，为在线商城设计酒类爆款推荐效果，运行结果如图 9-23 所示。

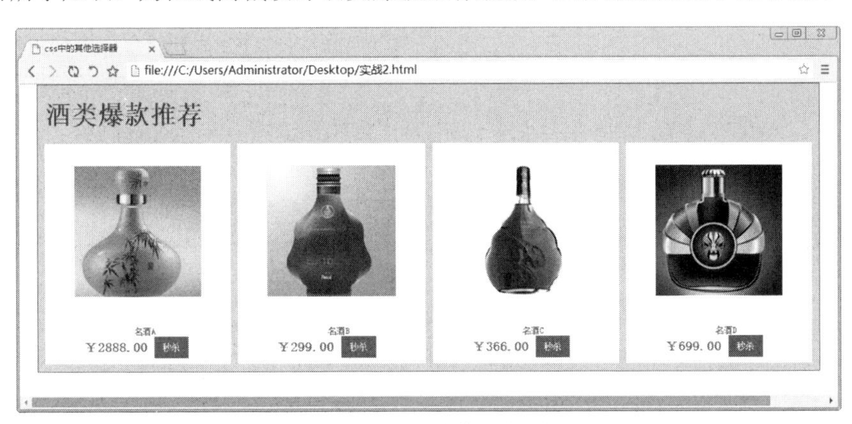

图 9-23　酒类爆款推荐页面

第10章 JavaScript和jQuery

本章导读

JavaScript 作为一种可以给网页增加交互性的脚本语言，拥有近二十年的发展历史。它的简单、易学易用特性，使其立于不败之地。jQuery 是 JavaScript 的函数库，简化了 HTML 与 JavaScript 之间复杂的处理程序，同时解决了跨浏览器的问题。

知识导图

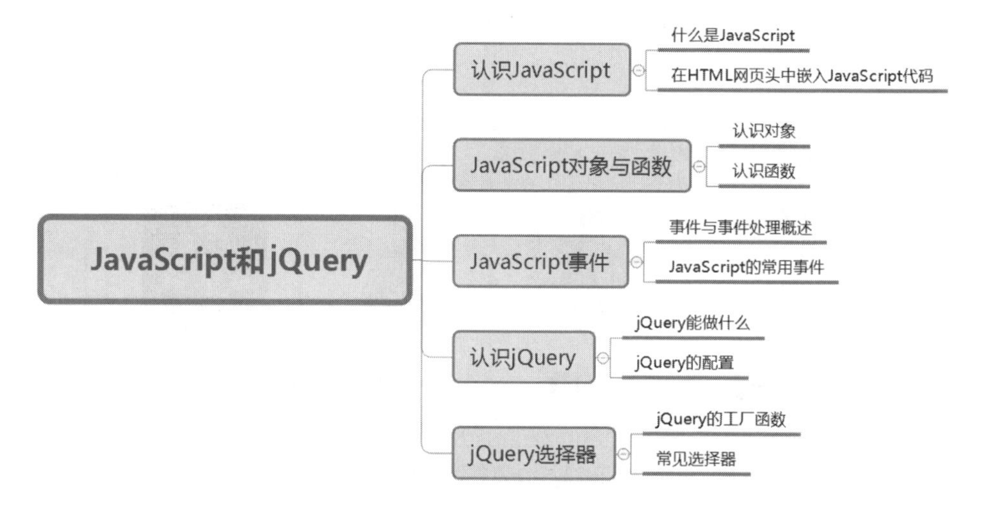

10.1 认识 JavaScript

JavaScript 是一种客户端的脚本程序语言，主要作用是为 HTML 网页增加动态效果。

10.1.1 什么是 JavaScript

JavaScript 最初由网景公司的 Brendan Eich 设计，是一种动态、弱类型、基于原型的语言，内置支持类。经过近二十年的发展，它已经成为健壮的基于对象和事件驱动并具有相对安全性的客户端脚本语言。同时也是一种广泛用于客户端 Web 开发的脚本语言，常用来为 HTML 网页添加动态功能，比如响应用户的各种操作。

JavaScript 可以弥补 HTML 语言的缺陷，实现 Web 页面客户端动态效果，其主要作用如下。

（1）动态改变网页内容。

HTML 语言是静态的，一旦编写，内容是无法改变的。JavaScript 可以弥补这种不足，可以将内容动态地显示在网页中。

（2）动态改变网页的外观

JavaScript 通过修改网页元素的 CSS 样式，可以动态地改变网页的外观。例如，修改文本的颜色、大小等属性，使图片的位置动态地改变等。

（3）验证表单数据

为了提高效率，用户在填写表单时，可以在客户端对数据进行合法性验证，验证成功之后才能提交到服务器，进而减少服务器的负担和网络带宽的压力。

（4）响应事件

JavaScript 是基于事件的语言，因此可以影响用户或浏览器产生的事件。只有事件产生时才会执行某段 JavaScript 代码，如用户单击计算按钮时，程序才显示运行结果。

10.1.2 在 HTML 网页头中嵌入 JavaScript 代码

JavaScript 脚本一般放在 HTML 网页头部的 <head> 与 </head> 标签之间。这样，不会因为 JavaScript 影响整个网页的显示结果。

在 HTML 网页头部的 <head> 与 </head> 标签之间嵌入 JavaScript 的格式如下：

```
<html>
<head>
<title>在HTML网页头中嵌入JavaScript代码
<title>
<script language="JavaScript “ >
<!—
…
JavaScript脚本内容
…
//-->
</script>
</head>
<body>
…
</body>
</html>
```

在 <script> 与 </script> 标签中添加 JavaScript 脚本，这样就可以直接在 HTML 文件中调用 JavaScript 代码，以实现相应的效果。

实例 1：在 HTML 网页头中嵌入 JavaScript 代码

```
<!DOCTYPE html>
<html>
<head>
<script language = "javascript">
    document.write( "欢迎来到javascript
动态世界" );
</script>
</head>
<body>
   <p>学习javascript！！！
</body>
</html>
```

该实例的功能是在 HTML 文档里输出一个字符串，即“欢迎来到 javascript 动态世界”，运行效果如图 10-1 所示。

图 10-1　嵌入 JavaScript 代码

> **注意：** 在 JavaScript 的语法中，分号“;”是一个语句结束的标识符。

10.2　JavaScript 对象与函数

下面介绍 JavaScript 对象与函数的使用方法。

10.2.1　认识对象

在 JavaScript 中，对象包括内置对象、自定义对象等多种类型，使用这些对象可以大大简化 JavaScript 程序的设计，并提供直观、模块化的方式进行脚本程序开发。

对象（object）可以是一件事、一个实体、一个名词，可以获得的东西，可以是有自己的标识的任何东西。

凡是能够提取一定度量数据、并能通过某种方式对度量数据实施操作的客观存在都可以构成一个对象。可以用属性来描述对象的状态，可使用方法和事件来处理对象的各种行为。

（1）属性：用来描述对象的状态，通过定义属性值来定义对象的状态。

（2）方法：对象的某些行为可以用通用的代码来处理，这些代码就是方法。

（3）事件：由于对象行为的复杂性，对象的某些行为不能使用通用的代码来处理，需要用户根据实际情况来编写处理行为的代码，该代码称为事件。JavaScript 中常见的内部对象如表 10-1 所示。

表 10-1　JavaScript 中常见的内部对象

对象名	功　能	静态动态性
Object 对象	使用该对象可以在程序运行时为 JavaScript 对象随意添加属性	动态对象
String 对象	用于处理或格式化文本字符串以及确定和定位字符串中的子字符串	动态对象

续表

对象名	功　能	静态动态性
Date 对象	使用 Date 对象执行各种有关日期和时间的操作	动态对象
Event 对象	用来表示 JavaScript 的事件	静态对象
FileSystemObject 对象	主要用于实现文件操作功能	动态对象
Drive 对象	主要用于收集系统中的物理或逻辑驱动器资源中的内容	动态对象
File 对象	用于获取服务器端指定文件的相关属性	静态对象
Folder 对象	用于获取服务器端指定文件的相关属性	静态对象

10.2.2 认识函数

在程序设计中，可以将一段经常使用的代码“封装”起来，在需要时直接调用，这种“封装”叫函数。在 JavaScript 中可以使用函数来响应网页中的事件。

使用函数前，必须先定义函数，定义函数使用关键字 function。定义函数的语法格式如下。

```
function 函数名([参数1,参数2…]){
  //函数体语句
[return 表达式]
}
```

上述代码的含义如下：

（1）function 为关键字，在此用来定义函数。

（2）函数名必须是唯一的，要通俗易懂，最好能看名知意。

（3）[ ] 括起来的是可选部分，可有可无。

（4）可以使用 return 将值返回。

（5）参数是可选的，可以没有参数，也可以有多个参数，多个参数之间用逗号隔开。即使不带参数也要在方法名后加一对圆括号。

下面编写函数 calcF，实现输入一个值，计算其一元二次方程式的结果。f（x）$=4x^2+3x+2$，单击计算按钮，然后用户通过提示对话框输入 x 的值，在对话框中显示相应的计算结果。

实例 2：计算一元二次方程式

01 创建 HTML 文档，结构如下。

```
<!DOCTYPE html>
<html>
<head>
<title>计算一元二次方程函数</title>
</head>
<body>
  <input type="button" value="计算">
</body>
</html>
```

02 在 HTML 文档的 head 部分，增加如下 JavaScript 代码。

```
<script type="text/javascript">
  function calcF(x){
  var result;  //声明变量,存储计算结果
   result=4*x*x+3*x+2;  //计算一元二次方程式
   alert("计算结果:"+result);    //输出运算结果
}
</script>
```

03 为“计算”按钮添加单击（onclick）事件，调用计算函数（calcF）。将 HTML 文件

中的 <input type="button" value=" 计算 "> 这一行代码修改成如下所示代码。

```
<input type="button" value="计算" onClick="calcF(prompt('请输入一个数值：'))">
```

本例主要用到了参数，增加参数之后，就可以计算任意数的一元二次方程式，如果没有该参数，函数的功能将会非常单一。prompt 方法是系统内置的一个调用输入对话框的方法，该方法可以带参数，也可以不带参数。

04 运行代码，页面效果如图 10-2 所示。

05 单击“计算”按钮，弹出一个信息提示框，在其中输入一个数值，如图 10-3 所示。

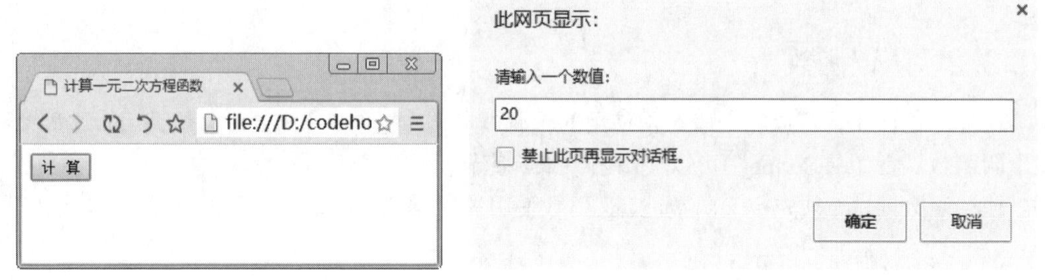

图 10-2　加载网页效果　　　　图 10-3　输入数值

06 单击“确定”按钮，即可得出计算结果，如图 10-4 所示。

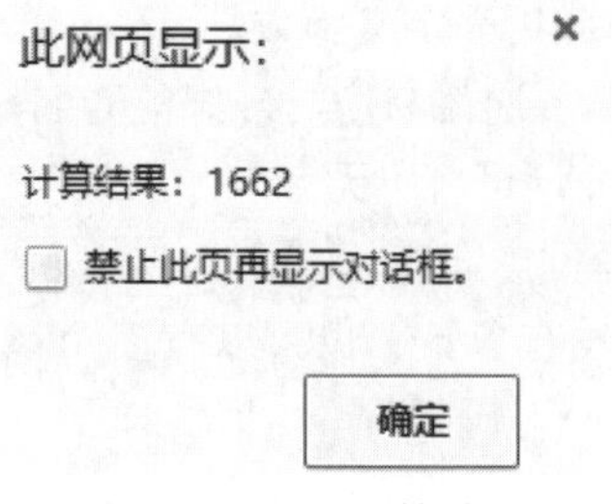

图 10-4　显示计算结果

10.3　JavaScript 事件

JavaScript 是基于对象（Object-based）的语言，它的一个最基本的特征就是采用事件驱动，它可以使在图形界面环境下的一切操作变得简单化。通常鼠标或热键的动作称为事件。由鼠标或热键引发的一连串程序动作，称为事件驱动，而对事件进行处理的程序或函数，称为事件处理程序。

10.3.1　事件与事件处理概述

事件由浏览器动作（如浏览器载入文档）或用户动作（诸如敲击键盘、滚动鼠标等）触发，而事件处理程序则说明一个对象如何响应事件。在早期支持 JavaScript 脚本的浏览器中，事件处理程序是作为 HTML 标记的附加属性加以定义的，其形式如下：

```
<input type="button" name="MyButton" value="Test Event" onclick="MyEvent()">
```

大部分事件的命名都是描述性的，如 click、submit、mouseover 等，通过名称就可以知道其含义。但是也有少数事件的名字不易理解，如 blur 在英文中的含义是模糊的，而在这里表示一个域或者一个表单失去焦点。一般情况下，在事件名称之间添加前缀，如对于click事件，其处理器名为 onclick。

事件不仅仅局限于鼠标和键盘操作，也包括浏览器状态的改变，如绝大部分浏览器支持类似 resize 和 load 这样的事件等。load 事件在浏览器载入文档时被触发，如果某个事件要在文档载入时被触发，一般应该在 <body> 标记中加入语句“onload="MyFunction（）"”；而 resize 事件在用户改变浏览器窗口的大小时触发，当用户改变窗口大小时，有时需要改变文档页面的内容布局，从而使其以恰当、友好的方式显示给用户。

现代事件模型中引入了 Event 对象，它包含其他对象使用的常量和方法的集合。当事件发生后，产生临时的 Event 对象实例，而且还附带当前事件的信息，如鼠标定位、事件类型等，然后将其传递给相关的事件处理器进行处理。待事件处理完毕后，该临时 Event 对象实例占据的内存空间被释放，浏览器等待其他事件的出现并进行处理。如果短时间内发生的事件较多，浏览器按事件发生的顺序将这些事件排序，然后按照排好的顺序依次执行这些事件。

事件可以发生在很多场合，包括浏览器本身的状态和页面中的按钮、链接、图片、层等。同时根据 DOM 模型，文本也可以作为对象，并响应相关的动作，如点击鼠标、文本被选择等。事件的处理方法甚至于结果与浏览器的环境都有很大的关系，浏览器的版本越新，所支持的事件处理器就越多，支持也就越完善。所以在编写 JavaScript 脚本时，要充分考虑浏览器的兼容性，才能编写出适合多数浏览器的安全脚本。

10.3.2 JavaScript 的常用事件

JavaScript 的常用事件如表 10-2 所示。

表 10-2 常用事件

事　件	说　明
onmousedown	按下鼠标时触发的事件
onclick	鼠标单击时触发的事件
onmouseover	鼠标移到目标的上方时触发的事件
onmouseout	鼠标移出目标的上方时触发的事件
onload	网页载入时触发的事件
onunload	离开网页时触发的事件
onfocus	网页上的元素获得焦点时产生的事件
onmove	浏览器的窗口被移动时触发的事件
onresize	当浏览器的窗口大小被改变时触发的事件
onScroll	浏览器的滚动条位置发生变化时触发的事件
onsubmit	提交表单时产生的事件

下面以鼠标的 onclick 事件为例进行讲解。

实例 3：通过按钮变换背景颜色

```
<!DOCTYPE html >
<html>
```

```
<head>
<title>通过按钮变换背景颜色</title>
</head>
<body>
<script language="javascript">
var Arraycolor=new Array ( "olive","teal","red","blue","maroon","navy","lime","fusc
hia","green","purple","gray","yellow","aqua","white","silver" ) ;
var n=0;
function turncolors ( ) {
    if  (n== (Arraycolor.length-1 ) )  n=0;
    n++;
    document.bgColor = Arraycolor[n];
}
</script>
<form name="form1" method="post" action="">
<p>
    <input type="button" name="Submit" value="变换背景" onclick="turncolors ( ) ">
</p>
  <p>用按钮随意变换背景颜色.</p>
</form>
</body>
</html>
```

运行上述代码，预览效果如图 10-5 所示。单击“变换背景”按钮，就可以动态地改变页面的背景颜色，当用户再次单击按钮时，页面背景将以不同的颜色进行显示，如图 10-6 所示。

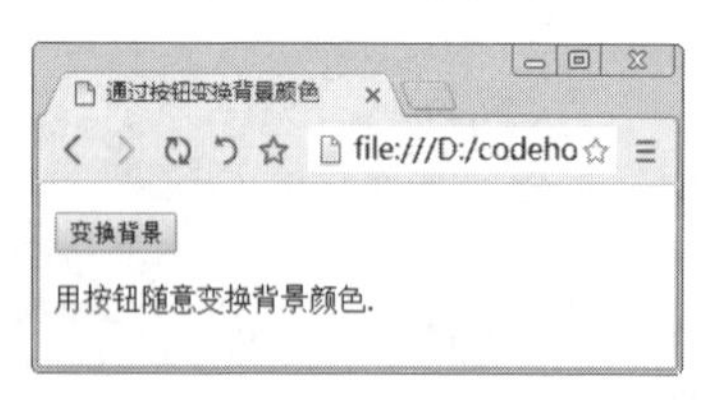

图 10-5　预览效果

图 10-6　改变背景颜色

10.4　认识 jQuery

jQuery 是一套开放原始代码的 JavaScript 函数库，它的核心理念是写得更少，做得更多。如今，jQuery 已经成为最流行的 JavaScript 函数库。

10.4.1　jQuery 能做什么

最开始时，jQuery 所提供的功能非常有限，仅仅能增强 CSS 的选择器功能，而如今 jQuery 已经发展到集 JavaScript、CSS、DOM 和 Ajax 于一体的优秀框架，其模块化的使用方式使开发者可以很轻松地开发出功能强大的静态或动态网页。目前，很多网站的动态效果就是利用 jQuery 脚本库制作出来的，如中国网络电视台、CCTV、京东商城等。

下面来介绍京东商城应用的 jQuery 效果，访问京东商城的首页时，在右侧有话费、旅行、彩票、游戏栏目，这里应用 jQuery 实现了标签页的效果。将鼠标移动到“话费”栏目上，标签页中将显示手机话费充值的相关内容，如图 10-7 所示；将鼠标移动到“游戏”栏目上，标签页中将显示游戏充值的相关内容，如图 10-8 所示。

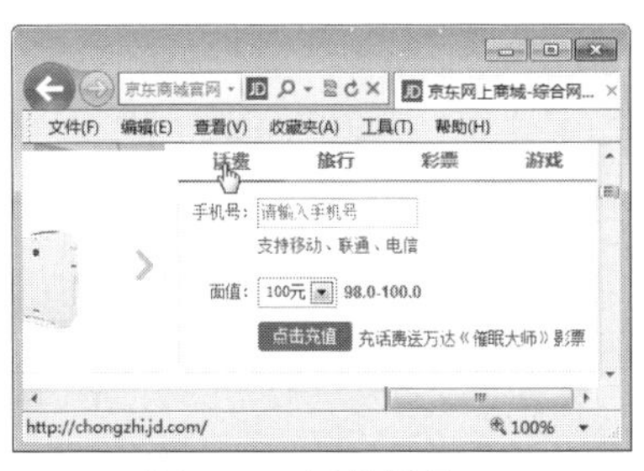
图 10-7　话费栏目

图 10-8　游戏栏目

10.4.2 jQuery 的配置

要想在开发网站的过程中应用 jQuery 库，需要配置它。jQuery 是一个开源的脚本库，可以从其官方网站（http://jquery.com）下载。将 jQuery 库下载到本地计算机后，还需要在项目中配置 jQuery 库，即将下载的后缀名为 .js 的文件放置到项目的指定文件夹中，通常放置在 JS 文件夹中，然后根据需要应用到 jQuery 的页面。使用下面的语句将其引用到文件中。

```
<script src="jquery.min.js"type="text/javascript" ></script>
```

或者

```
<script Language="javascript" src="jquery.min.js"></script>
```

注意：引用 jQuery 的 <script> 标签，必须放在所有自定义脚本的 <script> 之前，否则在自定义的脚本代码中无法应用 jQuery 脚本库。

10.5 jQuery 选择器

在 JavaScript 中，要想获取 DOM 元素，必须使用该元素的 ID 和 TagName，但是在 jQuery 库中却提供了许多功能强大的选择器帮助开发人员获取页面上的 DOM 元素，而且获取到的每个对象都以 jQuery 包装集的形式返回。

10.5.1 jQuery 的工厂函数

$ 是 jQuery 中最常用的一个符号，用于声明 jQuery 对象。可以说，在 jQuery 中，无论使用哪种类型的选择器都需要从一个“$”符号和一对“（）”开始。在“（）”中通常使用字符串参数，参数中可以包含任何 CSS 选择符表达式。其通用语法格式如下：

```
$(selector)
```

$ 常用的用法有以下几种：

（1）在参数中使用标记名，如 $（"div"），用于获取文档中全部的 <div>。

（2）在参数中使用 ID，如 $（"#usename"），用于获取文档中 ID 属性值为 usename 的一个元素。

（3）在参数中使用 CSS 类名，如 $（".btn_grey"），用于获取文档中使用 CSS 类名为

btn_grey 的所有元素。

实例 4：选择文本段落中的奇数行

```
<!DOCTYPE html >
<html>
<head>
<title>$符号的应用</title>
<script language="javascript" src="jquery-1.11.0.min.js"></script>
<script language="javascript">
window.onload = function(){
    var oElements = $( "p:odd");              //选择匹配元素
    for(var i=0;i<oElements.length;i++)
       oElements[i].innerHTML = i.toString();
}
</script>
</head>
<body>
<div id="body">
<p>第一行</p>
<p>第二行</p>
<p>第三行</p>
<p>第四行</p>
<p>第五行</p>
</div>
</body>
</html>
```

运行结果如图 10-9 所示。

图 10-9 “$” 符号的应用

10.5.2 常见选择器

在 jQuery 中，常见的选择器如下。

1. 基本选择器

jQuery 的基本选择器是应用最广泛的选择器，是其他类型选择器的基础，是 jQuery 选择器中最重要的部分。jQuery 的基本选择器包括 ID 选择器、元素选择器、类别选择器、复合选择器等。

2. 层级选择器

层级选择器根据 DOM 元素之间的层次关系来获取特定的元素，例如后代元素、子元素、相邻元素和兄弟元素等。

3. 过滤选择器

jQuery 过滤选择器主要包括简单过滤器、内容过滤器、可见性过滤器、表单对象的属性选择器和子元素选择器等。

4. 属性选择器

属性选择器是通过元素的属性作为过滤条件来筛选对象的选择器，常见的属性选择器主要有 [attribute]、[attribute=value]、[attribute!=value]、[attribute$=value] 等。

5. 表单选择器

表单选择器用于选取经常在表单内出现的元素，不过，选取的元素并不一定在表单之中，jQuery 提供的表单选择器主要包括 :input 选择器、:text 选择器、: password 选择

器、: password 选择器、:radio 选择器、: checkbox 选择器、:submit 选择器、:reset 选择器、:button 选择器、:image 选择器、:file 选择器。

下面以表单选择器为例讲解使用选择器的方法。

实例 5：为表单元素添加背景色

```
<!DOCTYPE html >
<html>
<head>
<script type="text/javascript" src="jquery-1.11.0.min.js"></script>
<script type="text/javascript">
$(document).ready(function(){
    $(“:file").css(“background-color","#B2E0FF");
});
</script>
</head>
<body>
<form action="">
姓名：<input type="text" name="姓名" />
<br />
密码：<input type="password" name="密码" />
<br />
<button type="button">按钮1</button>
<input type="button" value="按钮2" />
<br />
<input type="reset" value="重置" />
<input type="submit" value="提交" />
<br />
文件域：<input type="file">
</form>
</body>
</html>
```

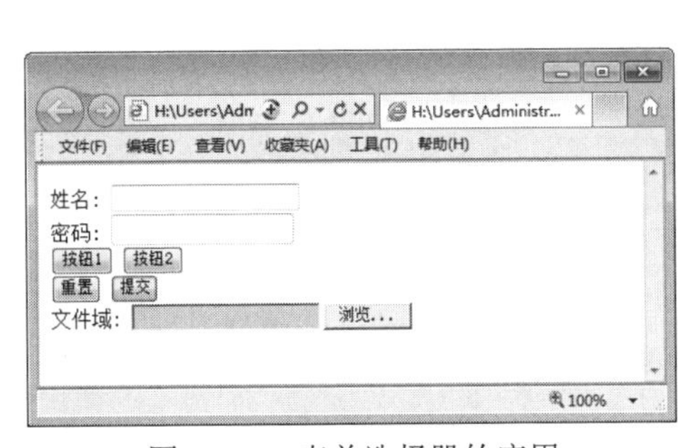

图 10-10　表单选择器的应用

运行结果如图 10-10 所示，可以看到网页中表单类型为 file 的元素被添加上背景色。

10.6　新手常见疑难问题

疑问 1：JavaScript 支持的对象主要包括哪些?

JavaScript 支持的对象主要如下：

（1）JavaScript 核心对象：包括同基本数据类型相关的对象（如 String、Boolean、Number）、允许创建用户自定义和组合类型的对象（如 Object、Array）和其他能简化 JavaScript 操作的对象（如 Math、Date、RegExp、Function）。

（2）浏览器对象：包括不属于 JavaScript 语言本身但被绝大多数浏览器所支持的对象，如控制浏览器窗口和用户交互界面的 Window 对象、提供客户端浏览器配置信息的 Navigator 对象。

（3）用户自定义对象：Web 应用程序开发者为完成特定任务而创建的自定义对象，可自由设计对象的属性、方法和事件处理程序，编程灵活性较大。

（4）文本对象：由文本域构成的对象，在 DOM 中定义，同时赋予很多特定的处理方法，如 insertData（）、appendData（）等。

疑问 2：如何检查浏览器的版本？

使用 JavaScript 代码可以轻松地实现检查浏览器版本的目的，具体代码如下：

```
<script type="text/javascript">
  var browser=navigator.appName
  var b_version=navigator.appVersion
  var version=parseFloat(b_version)
   document.write（“浏览器名称："+
browser)
  document.write（“<br />")
   document.write（“浏览器版本："+
version)
</script>
```

10.7 实战技能训练营

实战 1：设计一个商城计算器

编写能对两个操作数进行加、减、乘、除运算的简易计算器，效果如图 10-11 所示。加法运算效果如图 10-12 所示，减法运算效果如图 10-13 所示，乘法运算效果如图 10-14 所示，除法运算效果如图 10-15 所示。

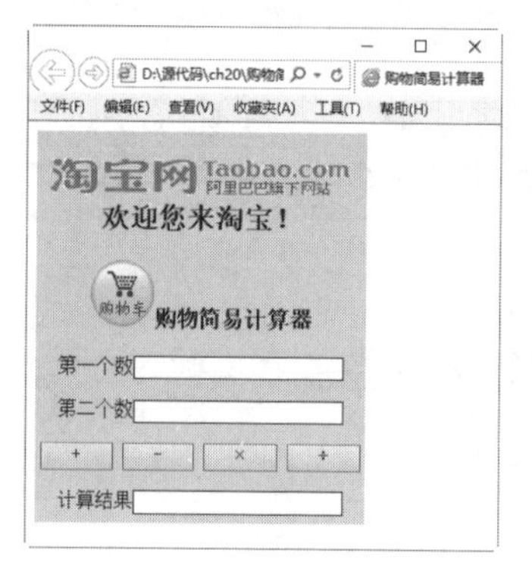

图 10-11　程序效果

图 10-12　加法运算

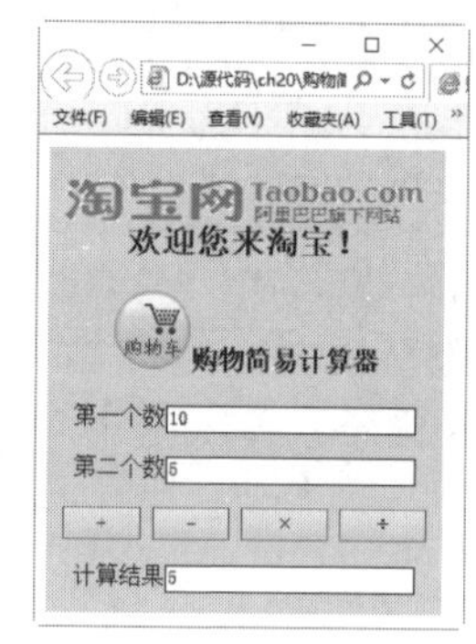

图 10-13　减法运算

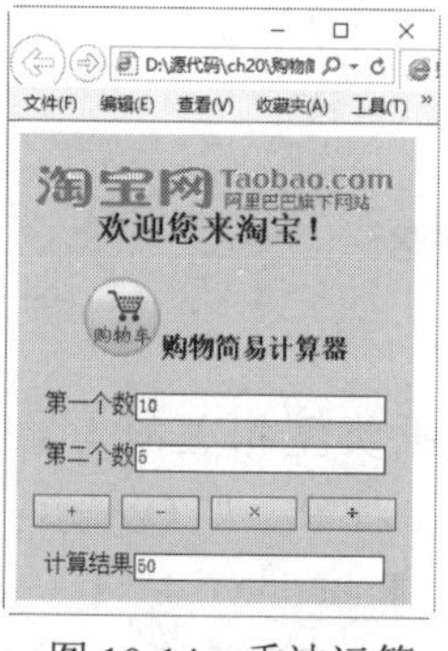

图 10-14　乘法运算

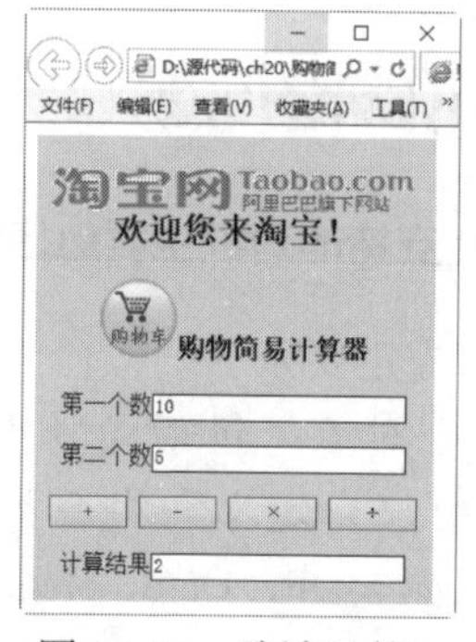

图 10-15　除法运算

实战 2：设计动态显示当前时间的页面

结合所学知识，制作一个动态时钟，实现动态显示当前时间。运行结果如图 10-16 所示。

图 10-16　动态时钟

第11章　绘制图形

本章导读

HTML 5 呈现出很多的新特性，其中一个最值得提及的特性就是 HTML canvas，可以对 2D 图形或位图进行动态、脚本的渲染。使用 canvas 可以绘制一个矩形区域，然后使用 JavaScript 可以控制其中每一个像素，例如可以用它来画图、合成图像，或做简单的动画。本章就来介绍如何使用 HTML 5 绘制图形。

知识导图

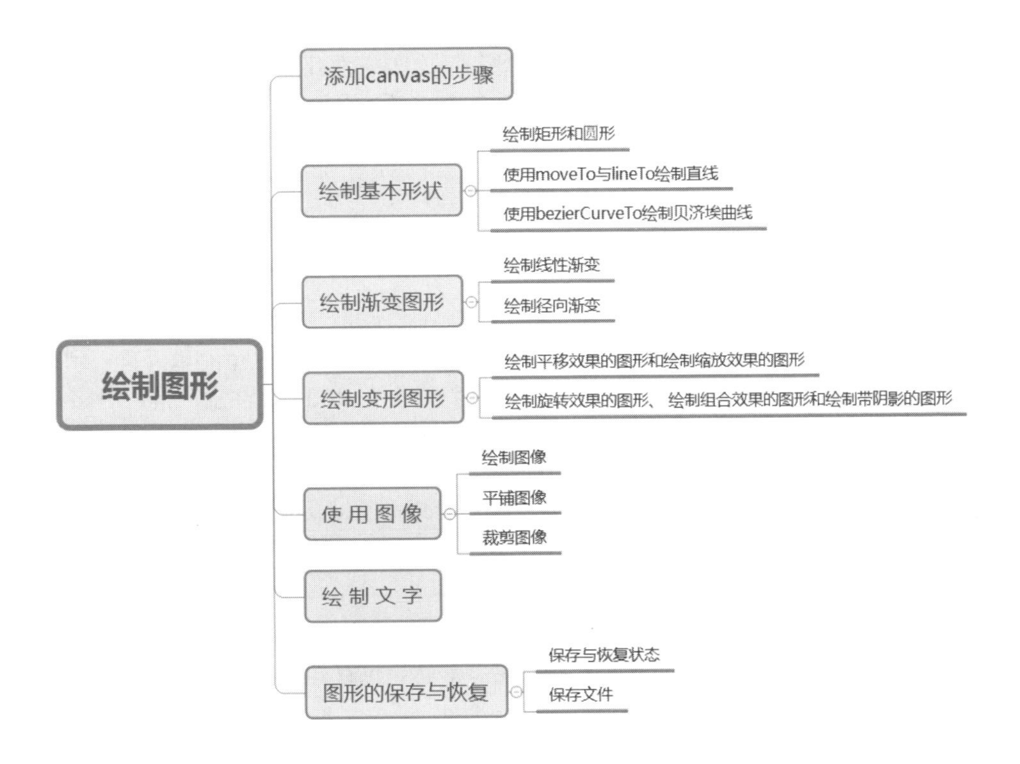

11.1 添加 canvas 的步骤

canvas 标签是一个矩形区域，它包含 width 和 height 两个属性，分别表示矩形区域的宽度和高度，这两个属性都是可选的，并且都可以通过 CSS 来定义，其默认值是 300px 和 150px。

canvas 在网页中的常用形式如下：

```
<canvas id="myCanvas" width="300" height="200"
    style="border:1px solid #c3c3c3;">
    您的浏览器不支持 canvas!
</canvas>
```

上面的示例代码中，id 表示画布对象名称，width 和 height 分别表示宽度和高度。最初的画布是不可见的，此处为了观察这个矩形区域，使用了 CSS 样式，即 style 标记。style 表示画布的样式。如果浏览器不支持画布标记，会显示画布中间的提示信息。

画布 canvas 本身不具有绘制图形的功能，它只是一个容器，如果读者对于 Java 语言非常了解，就会发现 HTML 5 的画布和 Java 中的 Panel 面板非常相似，都可以在容器中绘制图形。既然 canvas 画布元素放好了，就可以使用脚本语言 JavaScript 在网页上绘制图形了。

使用 canvas 结合 JavaScript 绘制图形，一般情况下需要下面几个步骤。

01 JavaScript 使用 id 来寻找 canvas 元素，即获取当前画布对象：

```
var c = document.getElementById( “myCanvas");
```

02 创建 context 对象：

```
var cxt = c.getContext( “2d");
```

getContext 方法返回一个指定 contextId 的上下文对象，如果指定的 id 不被支持，则返回 null，当前唯一被强制必须支持的是“2d”，也许在将来会有“3d”，注意，指定的 id 是大小写敏感的。对象 cxt 建立之后，就可以拥有多种绘制路径、矩形、圆形、字符以及添加图像的方法。

03 绘制图形：

```
cxt.fillStyle = “#FF0000";
cxt.fillRect(0,0,150,75);
```

fillStyle 方法将其染成红色，fillRect 方法规定了形状、位置和尺寸。这两行代码绘制一个红色的矩形。

11.2 绘制基本形状

画布 canvas 结合 JavaScript 可以绘制简单的矩形，还可以绘制一些其他的常见图形，如直线、圆等。

11.2.1 绘制矩形

用 canvas 和 JavaScript 绘制矩形时，涉及一个或多个方法，这些方法如表 11-1 所示。

表 11-1 绘制矩形的方法

方 法	功 能
fillRect	绘制一个矩形，这个矩形区域没有边框，只有填充色。这个方法有 4 个参数，前两个表示左上角的坐标位置，第 3 个参数为长度，第 4 个参数为高度
strokeRect	绘制一个带边框的矩形。该方法的 4 个参数的解释同上
clearRect	清除一个矩形区域，被清除的区域将没有任何线条。该方法的 4 个参数的解释同上

实例 1：绘制矩形

```
<!DOCTYPE html>
<html>
<title>绘制矩形</title>
<body>
<canvas id="myCanvas" width="300"
height="200"
    style="border:1px solid blue">
    您的浏览器不支持 canvas!
</canvas>
<script type="text/javascript">
      var c = document.getElementById
( "myCanvas" );
    var cxt = c.getContext( "2d" );
    cxt.fillStyle = "rgb(0,0,200)";
    cxt.fillRect(10,20,100,100);
</script>
</body>
</html>
```

上面的代码中，定义了一个画布对象，其 id 名称为 myCanvas，高度和宽度分别为 200 像素和 300 像素，并定义了画布边框的显示样式。代码中首先获取画布对象，然后使用 getContext 获取当前 2d 的上下文对象，并使用 fillRect 绘制一个矩形。其中涉及一个 fillStyle 属性，fillStyle 用于设定填充的颜色、透明度等。如果设置为“rgb（200,0,0）”，则表示一个不透明颜色；如果设置为“rgba（0,0,200,0.5）”，则表示为一个透明度为 50% 的颜色。

运行结果如图 11-1 所示，可以看到在网页中，一个蓝色边框内显示了一个蓝色矩形。

图 11-1 绘制矩形

11.2.2 绘制圆形

在画布中绘制圆形，可能要涉及下面几个方法，如表 11-2 所示。

表 11-2 绘制圆形的方法

方 法	功 能
beginPath（）	开始绘制路径
arc（x,y,radius,startAngle, endAngle,anticlockwise）	x 和 y 定义圆的原点；radius 是圆的半径；startAngle 和 endAngle 是弧度，不是度数；anticlockwise 定义画圆的方向，值是 true 或 false
closePath（）	结束路径的绘制
fill（）	进行填充
stroke（）	设置边框

路径是绘制自定义图形的好方法，在 canvas 中，通过 beginPath() 方法开始绘制路径，

这个时候，就可以绘制直线、曲线等，绘制完成后，调用 fill() 和 stroke() 完成填充和边框设置，通过 closePath() 方法结束路径的绘制。

实例 2：绘制圆形

```
<!DOCTYPE html>
<html>
<title>绘制圆形</title>
<body>
<canvas id="myCanvas" width="200"
height="200"
    style="border:1px solid blue">
    您的浏览器不支持 canvas!
</canvas>
<script type="text/javascript">
      var c = document.getElementById
( “myCanvas" ) ;
    var cxt = c.getContext ( “2d" ) ;
    cxt.fillStyle = “#FFaa00";
    cxt.beginPath ( ) ;
      cxt.arc ( 100,100,15,0,Math.
PI*2,true ) ;
    cxt.closePath ( ) ;
    cxt.fill ( ) ;
</script>
</body>
</html>
```

在上面的 JavaScript 代码中，使用 beginPath 方法开启一个路径，然后绘制一个圆形，最后关闭这个路径并填充。运行结果如图 11-2 所示。

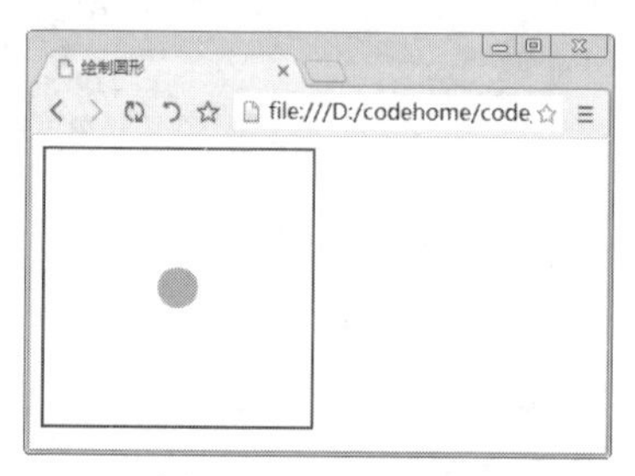

图 11-2　绘制圆形

11.2.3　使用 moveTo 与 lineTo 绘制直线

绘制直线常用的方法是 moveTo 和 lineTo，其含义如表 11-3 所示。

表 11-3　绘制直线的方法

方法或属性	功　能
moveTo(x,y)	不绘制，只是将当前位置移动到新的坐标位置（x,y），并作为线条的开始点
lineTo（x,y）	绘制线条到指定的目标坐标位置（x,y），并且在两个坐标之间画一条直线。不管调用哪一个，都不会真正画出图形，因为还没有调用 stroke 和 fill 函数。当前，只是在定义路径的位置，以便后面绘制时使用
strokeStyle	指定线条的颜色
lineWidth	设置线条的粗细

实例 3：使用 moveTo 与 lineTo 绘制直线

```
<!DOCTYPE html>
<html>
<title>绘制直线</title>
<body>
<canvas id="myCanvas" width="200"
height="200"
    style="border:1px solid blue">
    您的浏览器不支持 canvas!
</canvas>
<script type="text/javascript">
```

```
    var c = document.getElementById
( "myCanvas");
   var cxt = c.getContext( "2d");
   cxt.beginPath();
   cxt.strokeStyle = "rgb(0,182,0)";
   cxt.moveTo(10,10);
   cxt.lineTo(250,50);
   cxt.lineTo(10,100);
   cxt.lineWidth = 14;
   cxt.stroke();
   cxt.closePath();
</script>
</body>
</html>
```

上面的代码中，使用 moveTo 方法定义一个坐标位置为（10,10），然后以此坐标位置为起点，绘制了两个不同的直线，并用 lineWidth 设置了直线的宽度，用 strokeStyle 设置了直线的颜色，用 lineTo 设置了两条不同直线的结束位置。

运行结果如图 11-3 所示，可以看到，网页中绘制了两条直线，这两条直线在某一点交叉。

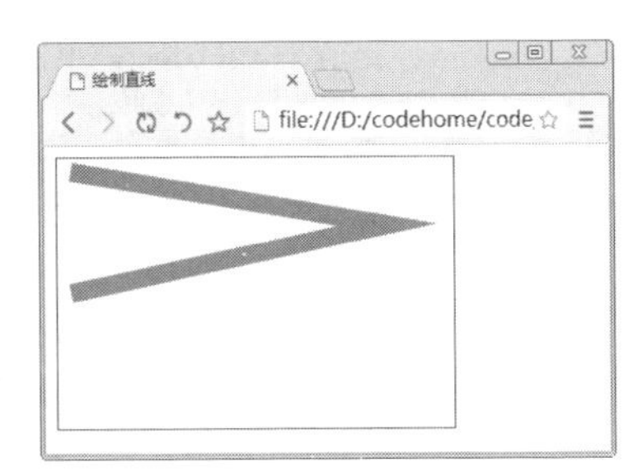

图 11-3　绘制直线

11.2.4　使用 bezierCurveTo 绘制贝济埃曲线

在数学的数值分析领域，贝济埃（Bézier）曲线是电脑图形学中相当重要的参数曲线。更高维度的广泛化贝济埃曲线就称作贝济埃曲面，其中贝济埃三角是一种特殊的实例。

bezierCurveTo（）表示为一个画布的当前子路径添加一条三次贝济埃曲线。这条曲线的开始点是画布的当前点，而结束点是（x, y）。两条贝济埃曲线的控制点（cpX1, cpY1）和（cpX2, cpY2）定义了曲线的形状。当这个方法返回的时候，当前的位置为（x, y）。

方法 bezierCurveTo 的具体格式如下：

```
bezierCurveTo(cpX1, cpY1, cpX2, cpY2, x, y)
```

其参数的含义如表 11-4 所示。

表 11-4　绘制贝济埃曲线的参数

参　数	描　述
cpX1, cpY1	与曲线的开始点（当前位置）相关联的控制点的坐标
cpX2, cpY2	与曲线的结束点相关联的控制点的坐标
x, y	曲线的结束点的坐标

实例 4：使用 bezierCurveTo 绘制贝济埃曲线

```
<!DOCTYPE html>
<html>
<head>
<title>贝济埃曲线</title>
<script>
function draw(id)
{
    var canvas = document.getElementById(id);
    if(canvas==null)
        return false;
    var context = canvas.getContext( '2d' );
    context.fillStyle = "#eeeeff";
```

```
        context.fillRect(0,0,400,300);
        var n = 0;
        var dx = 150;
        var dy = 150;
        var s = 100;
        context.beginPath();
        context.globalCompositeOperation = 'and';
        context.fillStyle =  'rgb(100,255,100)';
        context.strokeStyle =  'rgb(0,0,100)';
        var x = Math.sin(0);
        var y = Math.cos(0);
        var dig = Math.PI/15*11;
        for(var i=0; i<30; i++)
        {
            var x = Math.sin(i*dig);
            var y = Math.cos(i*dig);
            context.bezierCurveTo(
                dx+x*s,dy+y*s-100,dx+x*s+100,dy+y*s,dx+x*s,dy+y*s);
        }
        context.closePath();
        context.fill();
        context.stroke();
        }
</script>
</head>
<body onload="draw( 'canvas' );">
<h1>绘制贝济埃曲线</h1>
<canvas id="canvas" width="400" height="300" />
    您的浏览器不支持 canvas!
</canvas>
</body>
</html>
```

上面的 draw 函数代码中，首先使用 fillRect（0,0,400,300）语句绘制了一个矩形，其大小与画布相同，填充颜色为浅青色。然后定义了几个变量，用于设定曲线的坐标位置，在 for 循环中使用 bezierCurveTo 绘制贝济埃曲线。运行结果如图 11-4 所示，可以看到，网页中显示了一个贝济埃曲线。

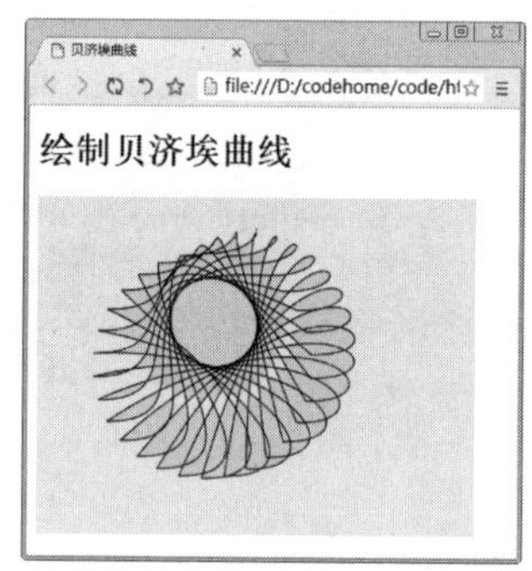

图 11-4　贝济埃曲线

11.3　绘制渐变图形

渐变是两种或更多颜色的平滑过渡，是指在颜色集上使用逐步抽样算法，并将结果应用于描边样式和填充样式中。canvas 的绘图上下文支持两种类型的渐变：线性渐变和放射性渐变，其中，放射性渐变也称为径向渐变。

11.3.1　绘制线性渐变

创建一个简单的渐变非常容易，需要以下三个步骤。

01 创建渐变对象。

```
var gradient = cxt.createLinearGradient(0,0,0,canvas.height);
```

02 为渐变对象设置颜色，指明过渡方式。

```
gradient.addColorStop(0,"#fff");
gradient.addColorStop(1,"#000");
```

03 在 context 上为填充样式或者描边样式设置渐变。

```
cxt.fillStyle = gradient;
```

要设置显示颜色，在渐变对象上使用 addColorStop 函数即可。除了可以变换成其他颜色外，还可以为颜色设置 alpha 值，并且 alpha 值也是可以变化的。为了达到这样的效果，需要使用颜色值的另一种表示方法，例如内置 alpha 组件的 CSSrgba 函数。绘制线性渐变时，会用到如表 11-5 所示的方法。

表 11-5　绘制线性渐变的方法

方　法	功　能
addColorStop	允许指定两个参数：颜色和偏移量。颜色参数是指开发人员希望在偏移位置描边或填充时所使用的颜色。偏移量是 0.0 ～ 1.0 之间的数值，代表沿着渐变线渐变的距离有多远
createLinearGradient(x0,y0,x1,y1)	沿着直线从（x0,y0）至（x1,y1）绘制渐变

实例 5：绘制线性渐变

```
<!DOCTYPE html>
<html>
<head>
<title>线性渐变</title>
</head>
<body>
<h1>绘制线性渐变</h1>
<canvas id="canvas" width="400" height="300"
    style="border:1px solid red"/>
    您的浏览器不支持 canvas!
</canvas>
<script type="text/javascript">
    var c = document.getElementById("canvas");
    var cxt = c.getContext("2d");
    var gradient = cxt.createLinearGradient(0,0,0,canvas.height);
    gradient.addColorStop(0,' #fff' );
    gradient.addColorStop(1,' #000' );
    cxt.fillStyle = gradient;
    cxt.fillRect(0,0,400,400);
</script>
</body>
</html>
```

上面的代码使用 2D 环境对象产生了一个线性渐变对象，渐变的起始点是（0,0），渐变的结束点是（0,canvas.height），然后使用 addColorStop 函数设置渐变颜色，最后将渐变填充到上下文环境的样式中。

运行结果如图 11-5 所示，可以看到，在网页中创建了一个垂直方向上的渐变，从上到下颜色逐渐加深。

图 11-5　线性渐变

11.3.2 绘制径向渐变

径向渐变即放射性渐变。所谓放射性渐变，就是颜色会在两个指定圆之间的锥形区域平滑变化。放射性渐变与线性渐变使用的颜色终止点是一样的。如果要实现放射线渐变，即径向渐变，需要使用 createRadialGradient 方法。

createRadialGradient（x0,y0,r0,x1,y1,r1）方法表示沿着两个圆之间的锥面绘制渐变。其中，前三个参数代表开始的圆，圆心为（x0,y0），半径为 r0；后三个参数代表结束的圆，圆心为（x1,y1），半径为 r1。

实例 6：绘制径向渐变

```
<!DOCTYPE html>
<html>
<head>
<title>径向渐变</title>
</head>
<body>
<h1>绘制径向渐变</h1>
<canvas id="canvas" width="400" height="300" style="border:1px solid red"/>
    您的浏览器不支持 canvas!
</canvas>
<script type="text/javascript">
    var c = document.getElementById( "canvas");
    var cxt = c.getContext( "2d");
    var gradient = cxt.createRadialGradient(
    canvas.width/2,canvas.height/2,0,canvas.width/2,canvas.height/2,150);
    gradient.addColorStop(0,' #fff' );
    gradient.addColorStop(1,' #000' );
    cxt.fillStyle = gradient;
    cxt.fillRect(0,0,400,400);
</script>
</body>
</html>
```

上面的代码中，首先创建渐变对象 gradient，使用 createRadialGradient 方法创建一个径向渐变，然后使用 addColorStop 添加颜色，最后将渐变填充到上下文环境中。

运行结果如图 11-6 所示，可以看到在网页中，从圆的中心亮点开始，向外逐步发散，形成了一个径向渐变。

图 11-6　径向渐变

11.4 绘制变形图形

不但可以使用 moveTo 这样的方法来移动画笔，绘制图形和线条，还可以使用变换来调整画笔下的画布，变换的方法包括：平移、缩放和旋转等。

11.4.1 绘制平移效果的图形

如果要对图形实现平移，需要使用 translate（x,y）方法，该方法表示在平面上平移，即以原来的原点为参考，然后以偏移后的位置作为坐标原点。也就是说，原来在（100,100），然后 translate（1,1），新的坐标原点为（101,101）而不是（1,1）。

实例 7：绘制平移效果的图形

```
<!DOCTYPE html>
<html>
<head>
<title>绘制坐标变换</title>
<script>
function draw(id)
{
    var canvas = document.getElementById(id);
    if(canvas==null)
        return false;
    var context = canvas.getContext('2d');
    context.fillStyle = "#eeeeff";
    context.fillRect(0,0,400,300);
    context.translate(200,50);
    context.fillStyle = 'rgba(255,0,0,0.25)';
    for(var i=0; i<50; i++){
        context.translate(25,25);
        context.fillRect(0,0,100,50);
    }
}
</script>
</head>
<body onload="draw('canvas');">
<h1>变换原点坐标</h1>
<canvas id="canvas" width="400" height="300" />
    您的浏览器不支持 canvas!
</canvas>
</body>
</html>
```

在 draw 函数中，使用 fillRect 方法绘制了一个矩形，然后使用 translate 方法平移到一个新位置，并从新位置开始，使用 for 循环，连续移动多次坐标原点，即多次绘制矩形。

运行结果如图 11-7 所示，可以看到，从坐标位置（200,50）开始绘制矩形，并每次以指定的平移距离绘制矩形。

图 11-7　变换原点坐标

11.4.2　绘制缩放效果的图形

对于变形图形来说，最常用的方式就是对图形进行缩放，即以原来的图形为参考，放大或者缩小图形，从而增加效果。

如果要实现图形缩放，需要使用 scale（x,y）函数，该函数带有两个参数，分别代表在 x,y 两个方向上的值。在 canvas 显示图像的时候，每个参数向其传递在本方向轴上图像要放大（或者缩小）的量。如果 x 值为 2，就代表所绘制的图像中全部元素都会变成两倍宽。如果 y 值为 0.5，绘制出来的图像全部元素都会变成先前的一半高。

实例 8：绘制缩放效果的图形

```
<!DOCTYPE html>
```

```
<html>
<head>
<title>绘制图形缩放</title>
<script>
function draw(id)
{
    var canvas = document.getElementById(id);
    if(canvas==null)
        return false;
    var context = canvas.getContext( '2d' );
    context.fillStyle =  "#eeeeff";
    context.fillRect(0,0,400,300);
    context.translate(200,50);
    context.fillStyle =  'rgba(255,0,0,0.25)' ;
    for(var i=0; i<50; i++){
        context.scale(3,0.5);
        context.fillRect(0,0,100,50);
    }
}
</script>
</head>
<body onload="draw( 'canvas' );">
<h1>图形缩放</h1>
<canvas id="canvas" width="400" height="300" />
    您的浏览器不支持 canvas!
</canvas>
</body>
</html>
```

图 11-8　图形缩放

上面的代码中，缩放操作是放在 for 循环中完成的，在此循环中，以原来的图形为参考物，使其在 x 轴方向增加为 3 倍宽，在 y 轴方向上变为原来的一半。

运行结果如图 11-8 所示，可以看到，在一个指定方向上绘制了多个矩形。

11.4.3　绘制旋转效果的图形

变换操作并不限于平移和缩放，还可以使用函数 context.rotate（angle）来旋转图像，甚至可以直接修改底层变换矩阵以完成一些高级操作，如剪裁图像的绘制路径。

例如，context.rotate（1.57）表示旋转角度参数以弧度为单位。rotate（）方法默认从左上端（0,0）处开始旋转，通过指定一个角度，改变画布坐标和 Web 浏览器中的 <canvas> 元素的像素之间的映射，使得任意后续绘图在画布中都显示为旋转的。

实例 9：绘制旋转效果的图形

```
<!DOCTYPE html>
<html>
<head>
<title>绘制旋转图像</title>
<script>
function draw(id)
{
    var canvas = document.getElementById(id);
```

```
    if(canvas==null)
        return false;
    var context = canvas.getContext('2d');
    context.fillStyle = "#eeeeff";
    context.fillRect(0,0,400,300);
    context.translate(200,50);
    context.fillStyle = 'rgba(255,0,0,0.25)';
    for(var i=0; i<50; i++){
    context.rotate(Math.PI/10);
    context.fillRect(0,0,100,50);
    }
}
</script>
</head>
<body onload="draw('canvas');">
<h1>旋转图形</h1>
<canvas id="canvas" width="400" height="300" />
    您的浏览器不支持 canvas!
</canvas>
</body>
</html>
```

图 11-9　旋转图形

上面的代码中，使用 rotate 方法在 for 循环中对多个图形进行了旋转，其旋转角度相同。运行结果如图 11-9 所示，在显示页面上，多个矩形以中心弧度为原点进行旋转。

注意： 这个操作并没有旋转 <canvas> 元素本身。而且，旋转的角度是用弧度指定的。

11.4.4　绘制组合效果的图形

在前面介绍的知识中，可以将一个图形画在另一个之上。大多数情况下，这样是不够的。例如，这样会受制于图形的绘制顺序。不过，我们可以利用 globalCompositeOperation 属性改变这些做法，不仅可以在已有图形的后面再画新图形，还可以用来遮盖、清除（比 clearRect 方法强劲得多）某些区域。

其语法格式如下：

```
globalCompositeOperation = type
```

这表示设置不同形状的组合类型，其中 type 表示方的图形是已经存在的 canvas 内容，圆的图形是新的形状，其默认值为 source-over，表示在 canvas 内容上面画新的形状。

type 有 12 个属性值，具体说明如表 11-6 所示。

表 11-6　type 的属性值

属性值	说　明
source-over（default）	这是默认设置，新图形会覆盖在原有内容之上
destination-over	在原有内容之下绘制新图形
source-in	新图形仅仅出现在与原有内容重叠的部分，其他区域都变成透明的
destination-in	原有内容中与新图形重叠的部分会被保留，其他区域都变成透明的
source-out	只有新图形中与原有内容不重叠的部分会被绘制出来
destination-out	原有内容中与新图形不重叠的部分会被保留
source-atop	新图形中与原有内容重叠的部分会被绘制，并覆盖于原有内容之上

续表

属性值	说　明
destination-atop	原有内容中与新内容重叠的部分会被保留，并在原有内容之下绘制新图形
lighter	两图形中重叠的部分做加色处理
darker	两图形中重叠的部分做减色处理
xor	重叠的部分会变成透明
copy	只有新图形会被保留，其他都被清除

实例 10：绘制组合效果的图形

```
<!DOCTYPE html>
<html>
<head>
<title>绘制图形组合</title>
<script>
function draw(id)
{
        var canvas = document.
getElementById(id);
    if(canvas==null)
        return false;
      var context = canvas.getContext
('2d');
    var oprtns = new Array(
        "source-atop",
        "source-in",
        "source-out",
        "source-over",
        "destination-atop",
        "destination-in",
        "destination-out",
        "destination-over",
        "lighter",
        "copy",
          "xor"
);
    var i = 10;
    context.fillStyle = "blue";
    context.fillRect(10,10,60,60);
     context.globalCompositeOperation =
oprtns[i];
    context.beginPath();
    context.fillStyle = "red";
      context.arc(60,60,30,0,Math.
PI*2,false);
    context.fill();
}
</script>
</head>
<body onload="draw('canvas');">
<h1>图形组合</h1>
<canvas id="canvas" width="400"
height="300" />
    您的浏览器不支持 canvas!
</canvas>
</body>
</html>
```

在上面的代码中，首先创建了一个 oprtns 数组，用于存储 type 的 12 个值，然后绘制了一个矩形，并使用 content 上下文对象设置了图形的组合方式，最后使用 arc 绘制了一个圆。

运行结果如图 11-10 所示，在显示页面上绘制了一个矩形和圆，但矩形和圆接触的地方显示为空白。

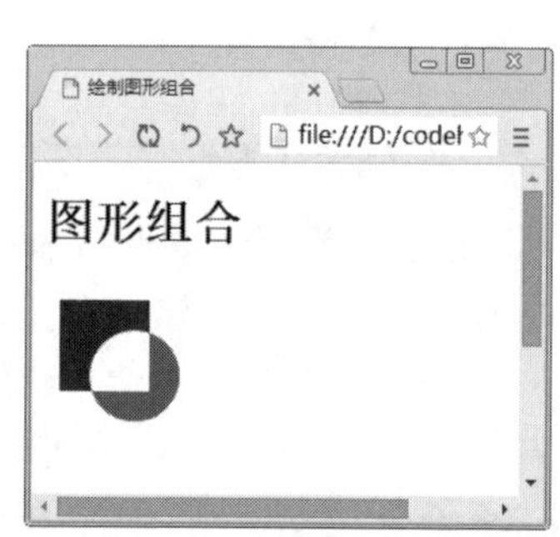

图 11-10　图形组合

11.4.5　绘制带阴影的图形

在画布 canvas 上绘制带有阴影效果的图形非常简单，只需要设置几个属性即可。这些属性分别为 shadowOffsetX、shadowOffsetY、shadowBlur 和 shadowColor。

属性 shadowColor 表示阴影的颜色，其值与 CSS 颜色值一致。shadowBlur 表示设置阴影的模糊程度，此值越大，阴影越模糊。shadowOffsetX 和 shadowOffsetY 属性表示阴影的 x 和 y 偏移量，单位是像素。

实例 11：绘制带阴影的图形

```
<!DOCTYPE html>
<html>
<head>
<title>绘制阴影效果图形</title>
</head>
<body>
<canvas id="my_canvas" width="200" height="200"
    style="border:1px solid #ff0000">
    您的浏览器不支持 canvas!
</canvas>
<script type="text/javascript">
    var elem = document.getElementById（“my_canvas"）;
    if （elem && elem.getContext） {
        var context = elem.getContext（“2d"）;
    //shadowOffsetX和shadowOffsetY：阴影的x和y偏移量,单位是像素
    context.shadowOffsetX = 15;
    context.shadowOffsetY = 15;
    //shadowBlur：设置阴影模糊程度。此值越大,阴影越模糊。
    //其效果与Photoshop的高斯模糊滤镜相同
    context.shadowBlur = 10;
    //shadowColor：阴影颜色。其值与CSS颜色值一致。
    //context.shadowColor = ‘rgba（255, 0, 0, 0.5）';
或下面的十六进制表示法
    context.shadowColor = ‘#f00’;
    context.fillStyle = ‘#00f’;
    context.fillRect（20, 20, 150, 100）;
}
</script>
</body>
</html>
```

图 11-11　带有阴影的图形

运行结果如图 11-11 所示，在显示页面上显示了一个蓝色矩形，其阴影为红色矩形。

11.5　使用图像

画布 canvas 有一项功能就是可以引入图像，可以用于图片合成或者制作背景等。而目前仅可以在图像中加入文字。只要是 Geck 支持的图像（如 PNG、GIF、JPEG 等）都可以引入 canvas 中，而且其他的 canvas 元素也可以作为图像的来源。

11.5.1　绘制图像

要在画布 canvas 上绘制图像，需要先有一个图片。这个图片可以是已经存在的 <img> 元素，或者通过 JS 创建。

无论采用哪种方式，都需要在绘制 canvas 之前完全加载这张图片。浏览器通常会在页面脚本执行的同时异步加载图片。如果试图在图片未完全加载之前就将其呈现到 canvas 上，那么 canvas 将不会显示任何图片。

捕获和绘制图像完全是通过 drawImage 方法完成的，它可以接受不同的 HTML 参数，

具体含义如表 11-7 所示。

表 11-7　绘制图像的方法

方　法	说　明
drawIamge（image,dx,dy）	接受一个图片，并将其加载到 canvas 中。给出的坐标（dx,dy）代表图片的左上角。例如，若坐标为（0,0），则将把图片画到 canvas 的左上角
drawIamge（image,dx,dy,dw,dh）	接受一个图片，将其缩放为宽度 dw 和高度 dh，然后把它加载到 canvas 上的（dx,dy）位置
drawIamge（image,sx,sy,sw,sh,dx,dy,dw,dh）	接受一个图片，通过参数（sx,sy,sw,sh）指定图片裁剪的范围，缩放到（dw,dh）的大小，最后把它加载到 canvas 上的（dx,dy）位置

实例 12：绘制图像

```
<!DOCTYPE html>
<html>
<head>
<title>绘制图像</title>
</head>
<body>
<canvas id="canvas" width="300" height="200" style="border:1px solid blue">
    您的浏览器不支持 canvas!
</canvas>
<script type="text/javascript">
    window.onload=function(){
        var ctx = document.getElementById("canvas").getContext("2d");
        var img = new Image();
        img.src = "01.jpg";
        img.onload=function(){
            ctx.drawImage(img,0,0);
    }
}
</script>
</body>
</html>
```

图 11-12　绘制图像

在上面的代码中，使用窗口的 onload 加载事件，即在页面被加载时执行函数。在函数中，创建上下文对象 ctx，并创建 Image 对象 img，然后使用 img 对象的 src 属性设置图片来源，最后使用 drawImage 画出当前的图像。

运行结果如图 11-12 所示，页面上绘制了一个图像，并且在画布中显示。

11.5.2　平铺图像

使用画布 canvas 绘制图像有很多用处，其中一个用处就是将绘制的图像作为背景图片使用。在做背景图片时，如果显示图片的区域大小不能直接设定，通常将图片以平铺的方式显示。

HTML5 Canvas API 支持图片平铺，此时需要调用 createPattern 函数，即调用 createPattern 函数来替代先前的 drawImage 函数。函数 createPattern 的语法格式如下：

```
createPattern(image,type)
```

其中，image 表示要绘制的图像，type 表示平铺的类型。type 的具体含义如表 11-8 所示。

表 11-8　type 的参数说明

参数值	说　明
no-repeat	不平铺
repeat-x	横方向平铺
repeat-y	纵方向平铺
repeat	全方向平铺

实例 13：平铺图像

```
<!DOCTYPE html>
<html>
<head>
<title>绘制图像平铺</title>
</head>
<body onload="draw('canvas');">
<h1>图形平铺</h1>
<canvas id="canvas" width="800"
height="600"></canvas>
    您的浏览器不支持 canvas!
</canvas>
<script type="text/javascript">
    function draw(id){
        var canvas = document.
getElementById(id);
    if(canvas==null){
        return false;
    }
        var context = canvas.getContext
('2d');
    context.fillStyle = "#eeeeff";
    context.fillRect(0,0,800,600);
    image = new Image();
    image.src = "02.jpg";
    image.onload = function(){
            var ptrn = context.
createPattern(image,'repeat');
        context.fillStyle = ptrn;
        context.fillRect(0,0,800,600);
    }
}
</script>
</body>
</html>
```

上面的代码中，用 fillRect 创建了一个宽度为 800、高度为 600，左上角坐标位置为（0,0）的矩形，然后创建了一个 Image 对象，src 表示链接一个图像源，然后使用 createPattern 绘制一个图像，其方式是完全平铺，并将这个图像作为一个模式填充到矩形中。最后绘制这个矩形，此矩形的大小完全覆盖原来的图形。

运行结果如图 11-13 所示，在显示页面上绘制了一个图像，图像以平铺的方式充满整个矩形。

图 11-13　图像平铺

11.5.3　裁剪图像

要完成对图像的裁剪，需要用到 clip 方法，clip 方法可以给 canvas 设置一个剪辑区域。调用 clip 方法之后，所有代码只对这个设定的剪辑区域有效，不会影响其他地方，这个方法在进行局部更新时很有用。默认情况下，剪辑区域是一个左上角坐标为（0,0），宽和高分别等于 canvas 元素的宽和高的矩形。

实例 14：裁剪图像

```
<!DOCTYPE html>
<html>
```

```
<head>
<title>绘制图像裁剪</title>
<script type="text/javascript" src="script.js"></script>
</head>
<body onload="draw ( ‘canvas’ ) ;">
<h1>图像裁剪实例</h1>
<canvas id="canvas" width="400" height="300"></canvas>
<script>
    function draw ( id ) {
       var canvas=document.getElementById ( id ) ;
       if ( canvas==null ) {
          return false;
       }
       var context=canvas.getContext ( '2d' ) ;
       var gr=context.createLinearGradient ( 0,400,300,0 ) ;
       gr.addColorStop ( 0,'rgb ( 255,255,0 ) ' ) ;
       gr.addColorStop ( 1,'rgb ( 0,255,255 ) ' ) ;
       context.fillStyle=gr;
       context.fillRect ( 0,0,400,300 ) ;
       image=new Image ( ) ;
       image.onload=function ( ) {
          drawImg ( context,image ) ;
       };
       image.src="02.jpg";
    }
    function drawImg ( context,image ) {
       create8StarClip ( context ) ;
       context.drawImage ( image,-50,-150,300,300 ) ;
    }
    function create8StarClip ( context ) {
       var n=0;
       var dx=100;
       var dy=0;
       var s=150;
       context.beginPath ( ) ;
       context.translate ( 100,150 ) ;
       var x=Math.sin ( 0 ) ;
       var y=Math.cos ( 0 ) ;
       var dig=Math.PI/5*4;
       for ( var i=0;i<8;i++ ) {
          var x=Math.sin ( i*dig ) ;
          var y=Math.cos ( i*dig ) ;
          context.lineTo ( dx+x*s,dy+y*s ) ;
       }
       context.clip ( ) ;
    }
</script>
</body>
</html>
```

上面的代码中，创建了三个 JavaScript 函数。其中，create8StarClip 函数完成了多边图形的创建，以此图形作为裁剪的依据。drawImg 函数表示绘制一个图形，其图形带有裁剪区域。draw 函数完成对画布对象的获取，并定义一个线性渐变，然后创建了一个 Image 对象。

运行结果如图 11-14 所示，在显示页面上绘制了一个五边形，图像作为五边形的背景显示，从而实现了对图像的裁剪。

图 11-14 图像裁剪

11.6 绘制文字

在画布中绘制字符串（文字）的方式，与操作其他路径对象的方式相同，可以描绘文本轮廓和填充文本内部，同时，所有能够应用于其他图形的变换和样式都能用于文本。

文本绘制功能的函数说明如表11-9所示。

表11-9 绘制文本的方法

方 法	说 明
fillText（text,x,y,maxwidth）	绘制带fillStyle填充的文字，拥有文本参数以及用于指定文本位置坐标的参数。maxwidth是可选参数，用于限制字体大小，它会将文本字体强制收缩到指定尺寸
strokeText（text,x,y,maxwidth）	绘制只有strokeStyle边框的文字，其参数含义与上一个方法相同
measureText	该函数会返回一个度量对象，包含在当前context环境下指定文本的实际显示宽度

为了保证文本在各浏览器中都能正常显示，在绘制上下文里有以下字体属性。

font：可以是CSS字体规则中的任何值，包括字体样式、字体变种、字体大小与粗细、行高和字体名称。

textAlign：控制文本的对齐方式，类似于（但不完全等同于）CSS中的text-align。可能的取值为start、end、left、right和center。

textBaseline：控制文本相对于起点的位置。可以取值为top、hanging、middle、alphabetic、ideographic和bottom。对于简单的英文字母，可以放心地使用top、middle或bottom作为文本基线。

实例15：绘制文字

```
<!DOCTYPE html>
<html>
<head>
<title>Canvas</title>
</head>
<body>
<canvas id="my_canvas" width="200" height="200"
    style="border:1px solid #ff0000">
    您的浏览器不支持 canvas!
</canvas>
<script type="text/javascript">
    var elem = document.getElementById( “my_canvas" );
    if (elem && elem.getContext) {
        var context = elem.getContext( “2d" );
        context.fillStyle = ‘#00f’;
        //font: 文字字体,同CSSfont-family属性
        context.font = ‘italic  30px 微软雅黑’;      //斜体 30像素 微软雅黑字体
        //textAlign: 文字水平对齐方式。
        //可取属性值: start, end, left,right, center。默认值:start
        context.textAlign = ‘left’;
        //文字竖直对齐方式。
        //可取属性值: top, hanging, middle,alphabetic,ideographic, bottom
        //默认值: alphabetic
```

```
        context.textBaseline = 'top';
        //要输出的文字内容,文字位置坐标,第4个参数为可选项——最大宽度
        //如果需要的话,浏览器会缩减文字,以让它适应指定宽度
        context.fillText('一往不复还', 0, 0,50);        //有填充
        context.font = 'bold 30px sans-serif';
        context.strokeText('一往不复还', 0, 50,100);
//只有文字边框
    }
</script>
</body>
</html>
```

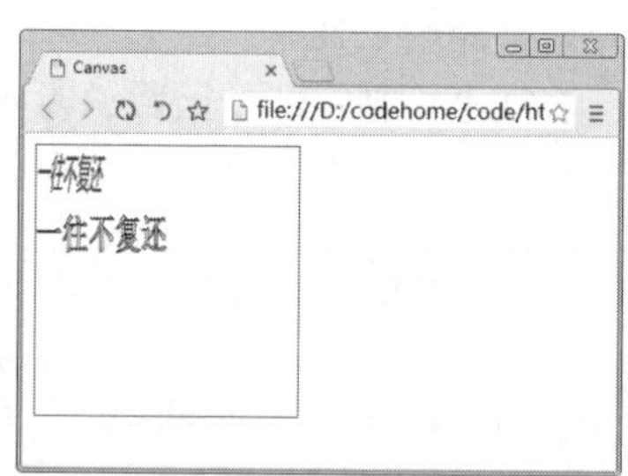

图 11-15　绘制文字

运行结果如图 11-15 所示，在页面上显示了一个画布边框，画布中显示了两个不同的字符串，第一个字符串以斜体显示，其颜色为蓝色。第二个字符串的字体颜色为浅黑色，加粗显示。

11.7　图形的保存与恢复

在画布对象中绘制图形或图像时，可以改变这些图形或者图像的状态，即永久保存图形或图像。

11.7.1　保存与恢复状态

在画布对象中，由两个方法管理绘制状态的当前栈，save 方法把当前状态压入栈中，而 restore 方法从栈顶弹出状态。绘制状态不会覆盖对画布所做的每件事情。save 方法用来保存 canvas 的状态。保存之后，可以调用 canvas 的平移、缩放、旋转、错切、裁剪等操作。restore 方法用来恢复 canvas 先前保存的状态，防止保存后对 canvas 执行的操作会对后续的绘制有影响。save 和 restore 要配对使用（restore 可以比 save 少，但不能多），如果 restore 调用次数比 save 多，会引发错误。

实例 16：保存与恢复状态

```
<!DOCTYPE html>
<html>
<head><title>保存与恢复</title></head>
<body>
<canvas id="myCanvas" width="500" height="400"
    style="border:1px solid blue">
    您的浏览器不支持 canvas!
</canvas>
<script type="text/javascript">
      var c = document.getElementById("myCanvas");
    var ctx = c.getContext("2d");
          ctx.fillStyle = "rgb(0,0,255)";
          ctx.save();
          ctx.fillRect(50,50,100,100);
          ctx.fillStyle = "rgb(255,0,0)";
          ctx.save();
          ctx.fillRect(200,50,100,100);
          ctx.restore();
          ctx.fillRect(350,50,100,100);
          ctx.restore();
          ctx.fillRect(50, 200, 100, 100);
</script>
</body>
</html>
```

在上面的代码中，绘制了 4 个矩形，在第 1 个矩形绘制之前，定义当前矩形的显示颜色，并将此样式加入栈中，然后创建一个矩形。在第 2 个矩形绘制之前，重新定义矩形的显示颜

色，并使用 save 将此样式压入栈中，然后创建一个矩形。在第 3 个矩形绘制之前，使用 restore 恢复当前显示颜色，即调用栈中最上层颜色，绘制矩形。在第 4 个矩形绘制之前，继续使用 restore 方法，调用栈中的最后一个元素来定义矩形的颜色。

运行结果如图 11-16 所示，在显示页面上绘制了 4 个矩形，第 1 个和第 4 个矩形显示为蓝色，第 2 个和第 3 个矩形显示为红色。

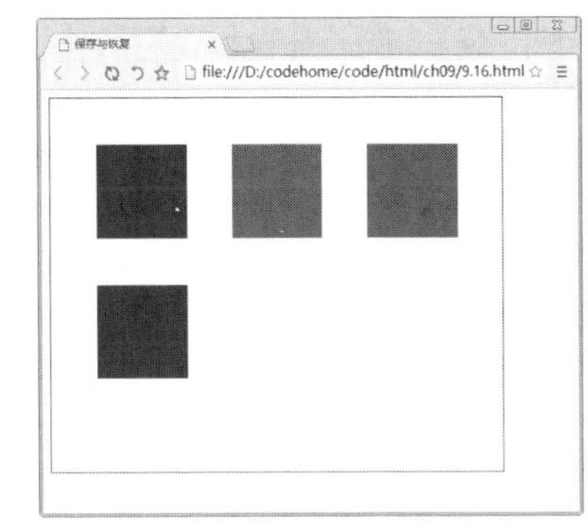

图 11-16　保存和恢复

11.7.2　保存文件

绘制出漂亮的图形后，有时需要保存这些劳动成果。这时可以将当前的画布元素（不是 2D 环境）的当前状态导出到数据 URL。导出很简单，可以利用 toDataURL 方法来完成，它可以调用不同的图片格式。目前 Firefox 和 Opera 浏览器只支持 PNG 格式，Safari 支持 GIF、PNG 和 JPG 格式。大多数浏览器支持读取 base64 编码内容，例如一幅图像。URL 的格式如下：

```
data:image/png;base64,iVBORw0KGgoAAAANSUhEUgAAAfQAAAH0CAYAAADL1t
```

URL 以一个 data 开始，然后是 mine 类型，之后是编码和 base64，最后是原始数据。这些原始数据就是画布元素所要导出的内容，并且浏览器能够将数据编码为真正的资源。

实例 17：保存文件

```
<!DOCTYPE html>
<html>
<body>
<canvas id="myCanvas" width="500" height="500"
    style="border:1px solid blue">
    您的浏览器不支持 canvas!
</canvas>
<script type="text/javascript">
    var c = document.getElementById( "myCanvas" );
    var cxt = c.getContext( "2d" );
    cxt.fillStyle =  'rgb(0,0,255)' ;
    cxt.fillRect(0,0,cxt.canvas.width,cxt.
canvas.height);
    cxt.fillStyle =  "rgb(0,255,0)";
    cxt.fillRect(10,20,50,50);
    window.location = cxt.canvas.toDataURL
( 'image/png' );
</script>
</body>
</html>
```

在上面的代码中，使用 canvas.toDataURL 语句将当前绘制的图像保存到 URL 数据中。运行效果如图 11-17 所示。在浏览器的地址栏中显示的是 URL 数据。

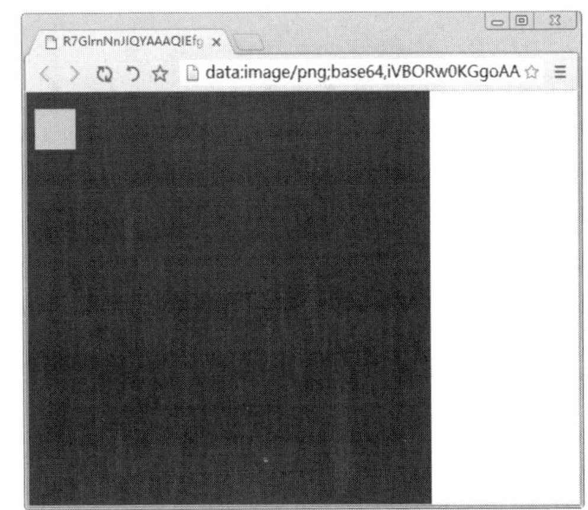

图 11-17　保存图形

11.8　新手常见疑难问题

疑问 1：canvas 的宽度和高度是否可以在 CSS 属性中定义呢？

添加 canvas 标签的时候，会在 canvas 的属性里填写要初始化的 canvas 的高度和宽度：

```
<canvas width="500" height="400">Not Supported!</canvas>
```

如果把高度和宽度写在 CSS 中，结果会发现，在绘图的时候坐标获取出现差异，canvas.width 和 canvas.height 分别是 300 和 150，与预期的不一样。这是因为 canvas 要求这两个属性必须与 canvas 标记一起出现。

疑问 2：画布中 Stroke 和 Fill 二者的区别是什么？

HTML5 将图形分为两大类：第一类称作 Stroke，就是轮廓、勾勒或者线条，总之，图形是由线条组成的；第二类称作 Fill，就是填充区域。上下文对象中有两个绘制矩形的方法，可以让我们很好地理解这两大类图形的区别：一个是 strokeRect，还有一个是 fillRect。

11.9　实战技能训练营

实战 1：绘制绿色的小房子

综合所学的绘制直线的知识，绘制一个绿色的小房子，效果如图 11-18 所示。

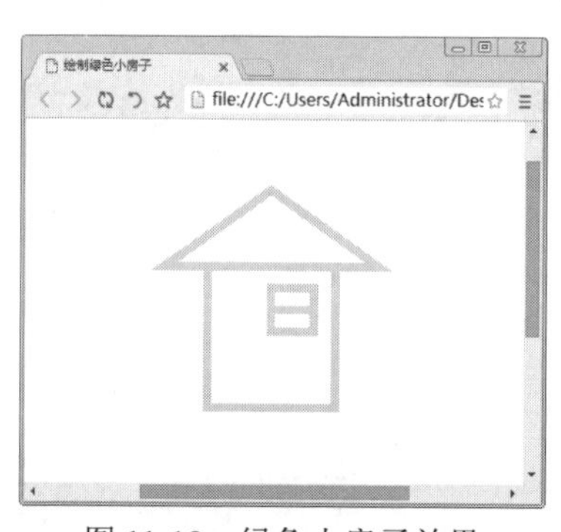

图 11-18　绿色小房子效果

实战 2：绘制企业商标

综合所学绘制曲线的知识，绘制一个企业商标，效果如图 11-19 所示。

图 11-19　企业商标效果

第12章 文件与拖放

本章导读

在 HTML 5 中，专门提供了一个页面层调用的 API 文件，通过调用这个 API 文件中的对象、方法和接口，可以很方便地访问文件的属性或读取文件内容。另外，在 HTML 5 中，还可以拖放文件，即抓取对象以后拖到另一个位置。任何元素都能够被拖放，常见的拖放元素为图片、文字等。

知识导图

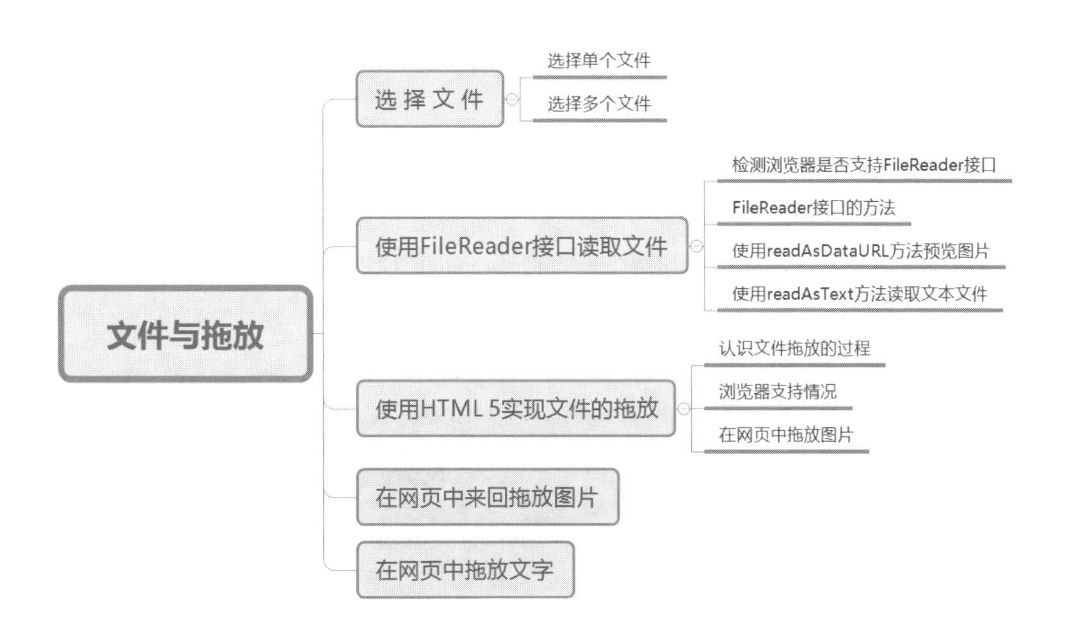

12.1 选择文件

在 HTML5 中，可以创建一个 file 类型的 <input> 元素实现文件的上传功能，只是在 HTML5 中，该类型的 <input> 元素新添加了一个 multiple 属性，如果将属性的值设置为 true，则可以在一个元素中实现上传多个文件。

12.1.1 选择单个文件

在 HTML5 中，当需要创建一个 file 类型的 <input> 元素上传文件时，可以定义只选择一个文件。

实例 1：通过 file 对象选择单个文件

```
<!DOCTYPE html>
<html>
<head>
<title>文件</title>
</head>
<body>
     <form>
     <h3>请选择文件：</h3>
     </p><input type="file" id="fileload" /></p><!-单个文件进行上传-->
     </form>
</body>
</html>
```

运行效果如图 12-1 所示，单击“浏览”按钮，打开“打开”对话框，在其中只能选择一个要加载的文件，如图 12-2 所示。

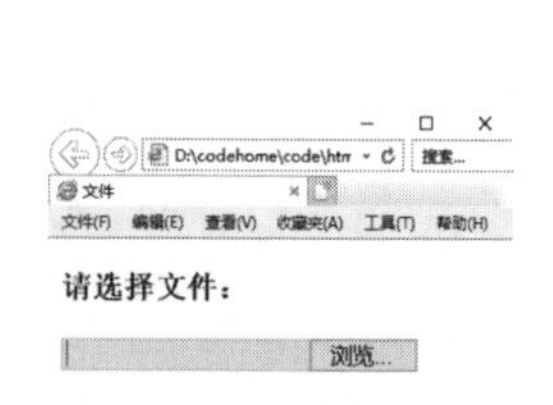

图 12-1　预览效果

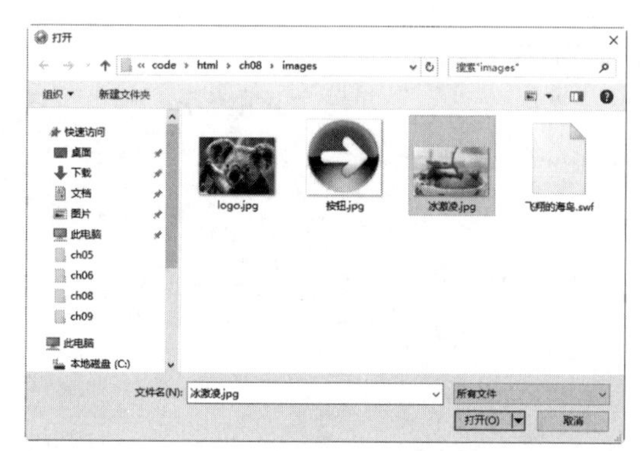

图 12-2　选择一个要加载的文件

12.1.2 选择多个文件

在 HTML 5 中，除了可以选择单个文件外，还可以通过添加元素的 multiple 属性，实现选择多个文件的功能。

实例 2：通过 file 对象选择多个文件

```
<!DOCTYPE HTML>
<html>
<body>
<form>
选择文件：<input type="file" multiple="multiple" />
</form>
<p>在浏览文件时可以选取多个文件。</p>
</body>
</html>
```

运行效果如图 12-3 所示，单击“浏览”按钮，打开“打开”对话框，在其中可以选择多个要加载的文件，如图 12-4 所示。

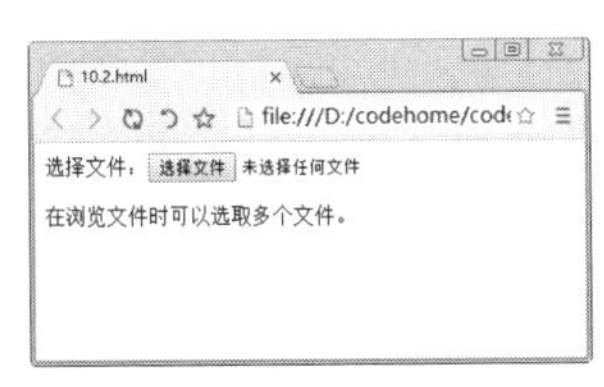

图 12-3　预览效果

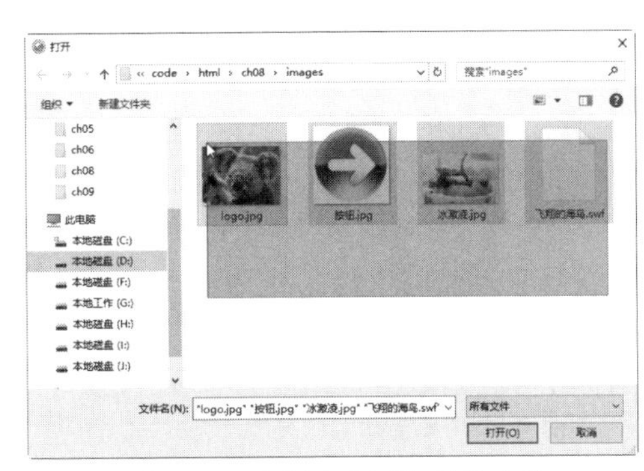

图 12-4　选择多个要加载的文件

12.2　使用 FileReader 接口读取文件

使用 Blob 接口可以获取文件的相关信息，如文件名称、大小、类型，但如果想要读取或浏览文件，则需要通过 FileReader 接口。该接口不仅可以读取图片文件，还可以读取文本或二进制文件；同时，根据该接口提供的事件与方法，可以动态侦察读取文件时的详细状态。

12.2.1　检测浏览器是否支持 FileReader 接口

FileReader 接口主要用来把文件读入内存，并且读取文件中的数据。FileReader 接口提供了一个异步 API，使用该 API 可以在浏览器主线程中异步访问文件系统，读取文件中的数据。到目前为止，并不是所有浏览器都实现了 FileReader 接口。这里提供一种方法可以检查浏览器是否对 FileReader 接口提供支持。具体的代码如下。

```
if（typeof FileReader == 'undefined'）{
    result.InnerHTML="<p>你的浏览器不支持FileReader接口！</p>";
    //使选择控件不可操作
    file.setAttribute（ "disabled","disabled"）;
}
```

12.2.2 FileReader 接口的方法

FileReader 接口有 4 个方法，其中 3 个用来读取文件，另一个用来中断读取。无论读取成功或失败，方法并不会返回读取结果，这一结果存储在 result 属性中。FileReader 接口的方法及描述如表 12-1 所示。

表 12-1 FileReader 接口的方法及描述

方法名	参 数	描 述
readAsText	File，[encoding]	以文本方式读取文件，读取的结果即是这个文本文件中的内容
readAsBinaryString	File	将文件读取为二进制字符串，通常我们将它送到后端，后端可以通过这段字符串存储文件
readAsDataUrl	File	将文件读取为一串 Data Url 字符串，该方法实际上是将文件以一种特殊格式的 URL 地址形式直接读入页面。这里的小文件通常是指图像与 html 等格式的文件
abort	（none）	终端读取操作

12.2.3 使用 readAsDataURL 方法预览图片

通过 fileReader 接口中的 readAsDataURL（）方法，可以获取 API 异步读取的文件数据，另存为数据 URL，将该 URL 绑定 <img> 元素的 src 属性值，就可以实现图片文件预览的效果。如果读取的不是图片文件，将给出相应的提示信息。

实例 3：使用 readAsDataURL 方法预览图片

```
<!DOCTYPE html>
<html>
<head>
<title>使用readAsDataURL方法预览图片</title>
</head>
<body>
<script type="text/javascript">
    var result=document.getElementById( "result");
    var file=document.getElementById( "file");

    //判断浏览器是否支持FileReader接口
    if(typeof FileReader == 'undefined'){
        result.InnerHTML="<p>你的浏览器不支持FileReader接口! </p>";
        //使选择控件不可操作
        file.setAttribute( "disabled","disabled");
    }

    function readAsDataURL(){
        //检验是否为图像文件
        var file = document.getElementById( "file").files[0];
        if(!/image\/\w+/.test(file.type)){
            alert( "这个不是图片文件,请重新选择! ");
            return false;
        }
        var reader = new FileReader();
        //将文件以Data URL形式读入页面
        reader.readAsDataURL(file);
```

```
        reader.onload=function(e){
            var result=document.getElementById("result");
        //显示文件
            result.innerHTML='<img src="' + this.result +'" alt="" />';
        }
    }
</script>
<p>
    <label>请选择一个文件：</label>
    <input type="file" id="file" />
    <input type="button" value="读取图像" onclick="readAsDataURL()" />
</p>
<div id="result" name="result"></div>
</body>
</html>
```

运行效果如图 12-5 所示，在其中单击“选择文件”按钮，打开“打开”对话框，在其中选择需要预览的图片文件，如图 12-6 所示。

图 12-5　预览效果图

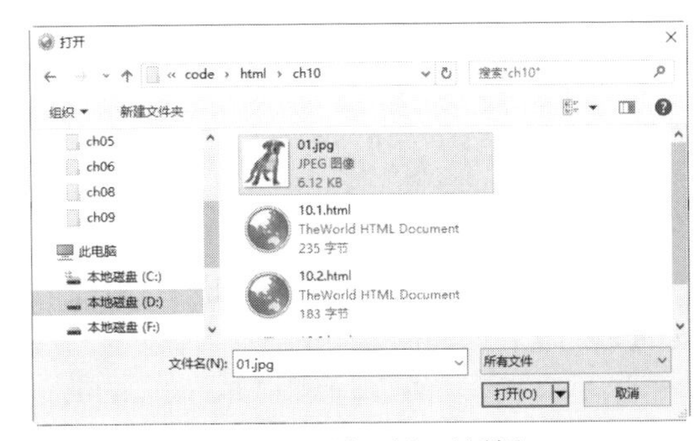

12-6　“打开”对话框

选择完毕后，在“打开”对话框中单击“打开”按钮，返回到浏览器窗口中，然后单击“读取图像”按钮，即可在页面的下方显示添加的图片，如图 12-7 所示。

如果在“打开”对话框中选择的不是图片文件，当在浏览器窗口中单击“读取图像”按钮时，就会给出相应的提示信息，如图 12-8 所示。

图 12-7　显示图片

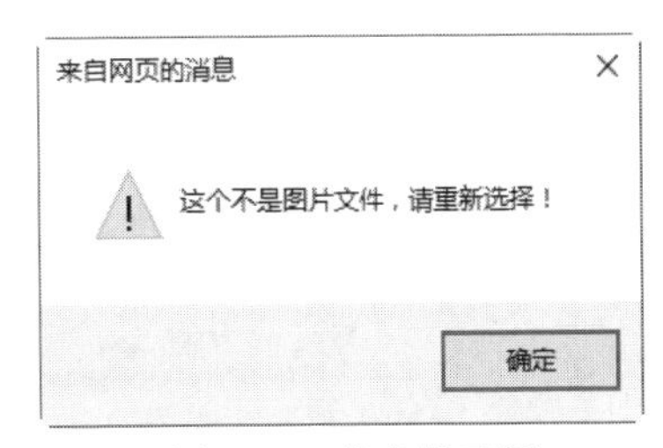

图 12-8　信息提示框

12.2.4　使用 readAsText 方法读取文本文件

使用 FileReader 接口中的 readAsText 方法，可以将文件以文本编码的方式进行读取，即可以读取上传文本文件的内容。其实现的方法与读取图片基本相似，只是读取文件的方式不一样。

▌实例 4：使用 readAsText 方法读取文本文件

```
<!DOCTYPE html>
<html>
<head>
<title>使用readAsText方法读取文本文件</title>
</head>
<body>
<script type="text/javascript">
var result=document.getElementById（"result"）;
var file=document.getElementById（"file"）;

//判断浏览器是否支持FileReader接口
if（typeof FileReader == 'undefined'）{
    result.InnerHTML="<p>你的浏览器不支持FileReader接口！</p>";
    //使选择控件不可操作
    file.setAttribute（"disabled","disabled"）;
}
function readAsText（）{
    var file = document.getElementById（"file"）.files[0];
    var reader = new FileReader（）;
    //将文件以文本形式读入页面
    reader.readAsText（file,"gb2312"）;
    reader.onload=function（f）{
        var result=document.getElementById（"result"）;
        //显示文件
        result.innerHTML=this.result;
    }
}
</script>
<p>
    <label>请选择一个文件：</label>
    <input type="file" id="file" />
    <input type="button" value="读取文本文件" onclick="readAsText（）" />
</p>
<div id="result" name="result"></div>
</body>
</html>
```

运行效果如图 12-9 所示，单击“选择文件”按钮，打开“打开”对话框，在其中选择需要读取的文件，如图 12-10 所示。

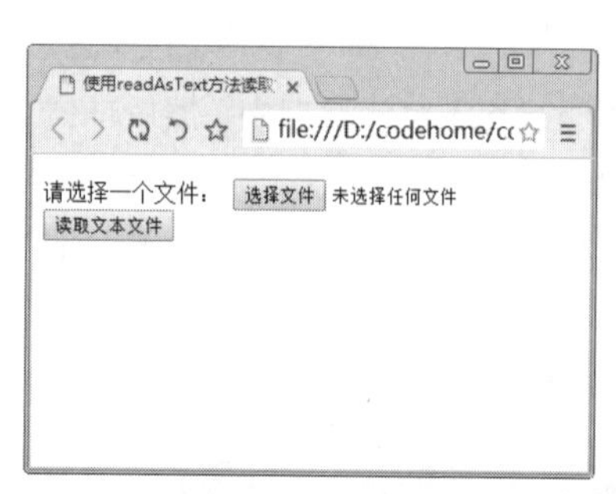

图 12-9　预览效果

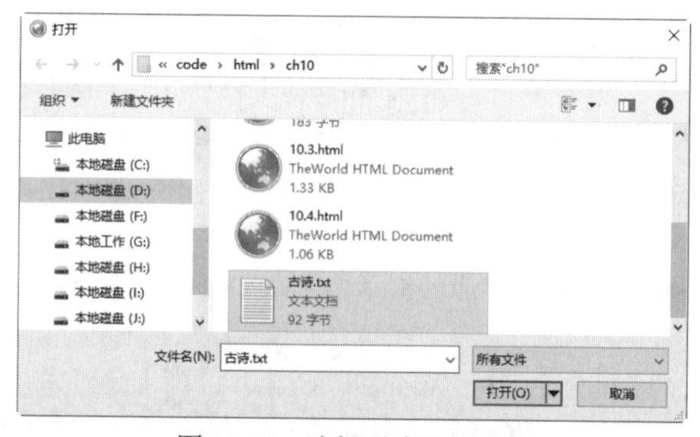

图 12-10　选择要读取的文件

选择完毕后，在“打开”对话框中单击“打开”按钮，返回到 IE 11.0 浏览器窗口中，然后单击“读取文本文件”按钮，即可在页面的下方读取文本文件中的信息，如图 12-11 所示。

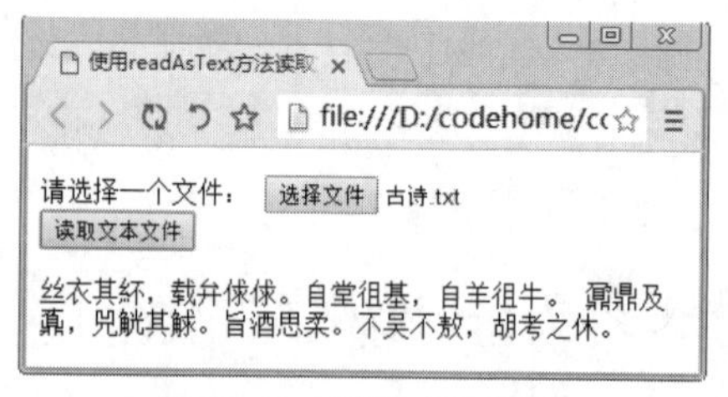

图 12-11　读取文本信息

12.3 使用 HTML5 实现文件的拖放

实现拖放效果常用的方法是利用 HTML5 新增加的事件 drag 和 drop。

12.3.1 认识文件拖放的过程

在 HTML5 中实现文件的拖放主要有以下 4 个步骤。

01 设置元素为可拖放。为了使元素可拖动，把 draggable 属性设置为 true，具体代码如下：

```
<img draggable="true" />
```

02 设置拖动的元素，常见的元素有图片、文字、动画等。实现拖放功能的是 ondragstart 和 setData（），即规定当元素被拖动时，会发生什么。

dataTransfer.setData（）方法设置被拖动数据的数据类型和值，具体代码如下。

```
function drag(ev)
{
ev.dataTransfer.setData( "Text",ev.target.id);
}
```

在这个例子中，数据类型是 Text，值是可拖动元素的 id （drag1）。

03 设置将可拖放元素放到何处，实现该功能的事件是 ondragover，在默认情况下，无法将数据 / 元素放置到其他元素中。如果需要设置允许放置，用户必须阻止对元素的默认处理方式。

这就需要调用 ondragover 事件的 event.preventDefault（） 方法，具体代码如下。

```
event.preventDefault()
```

04 当放置被拖动数据时，就会发生 drop 事件。ondrop 属性调用函数 drop（event），具体代码如下。

```
function drop(ev)
{
    ev.preventDefault();
      var  data=ev.dataTransfer.getData
( "Text");
        ev.target.appendChild(document.
getElementById(data));
}
```

12.3.2 浏览器支持情况

不同的浏览器版本对拖放技术的支持情况是不同的，如表 12-2 所示是常见浏览器对拖放技术的支持情况。

表 12-2　浏览器对拖放技术的支持情况

浏览器名称	支持 Web 存储技术的版本
Internet Explorer	Internet Explorer 9 及更高版本
Firefox	Firefox 3.6 及更高版本
Opera	Opera 12.0 及更高版本
Safari	Safari 5 及更高版本
Chrome	Chrome 5 及更高版本

12.3.3 在网页中拖放图片

下面给出一个简单的拖放实例，该实例主要实现的功能就是把一张图片拖放到一个矩形中。

实例 5：将图片拖放至矩形中

```
<!DOCTYPE HTML>
<html>
<head>
<style type="text/css">
#div1 {width:150px;height:150px;padding:10px;border:1px solid #aaaaaa;}
</style>
<script type="text/javascript">
    function allowDrop(ev)
    {
        ev.preventDefault();
    }
    function drag(ev)
    {
            ev.dataTransfer.setData("Text",ev.target.id);
    }
    function drop(ev)
    {
            ev.preventDefault();
                var data=ev.dataTransfer.getData("Text");
                ev.target.appendChild(document.getElementById(data));
    }
</script>
</head>
<body>
    <p>请把图片拖放到矩形中：</p>
    <div id="div1" ondrop="drop(event)" ondragover="allowDrop(event)"></div>
    <br />
      <img id="drag1" src="01.jpg" draggable="true" ondragstart="drag(event)" />
</body>
</html>
```

代码解释如下。

调用 preventDefault() 来避免浏览器对数据的默认处理（drop 事件的默认行为是以链接形式打开）。

通过 dataTransfer.getData("Text") 方法获得被拖动的数据。该方法将返回在 setData() 方法中设置为相同类型的任何数据。

被拖动数据是被拖动元素的 id ("drag1")。

把被拖动元素追加到放置元素（目标元素）中。

将上述代码保存为 .html 格式，运行效果如图 12-12 所示。

可以看到选中图片后，在不释放鼠标的情况下，可以将其拖放到矩形框中，如图 12-13 所示。

图 12-12 预览效果

图 12-13 拖放图片

12.4 在网页中来回拖放图片

下面再给出一个具体实例，该实例实现在网页中来回拖放图片的效果。

实例 6：在网页中来回拖放图片

```
<!DOCTYPE HTML>
<html>
<head>
<style type="text/css">
#div1, #div2
{float:left; width:100px; height:35px;
margin:10px;padding:10px;border:1px
solid #aaaaaa;}
</style>
<script type="text/javascript">
    function allowDrop(ev)
    {
        ev.preventDefault();
    }
    function drag(ev)
    {
            ev.dataTransfer.setData
( "Text",ev.target.id);
    }
    function drop(ev)
    {
        ev.preventDefault();
            var data=ev.dataTransfer.
getData( "Text");
            ev.target.appendChild
(document.getElementById(data));
    }
</script>
</head>
<body>
<div id="div1" ondrop="drop(event)"
ondragover="allowDrop(event)">
   <img src="02.jpg" draggable="true"
ondragstart="drag(event)" id="drag1"
/>
</div>
<div id="div2" ondrop="drop(event)"
ondragover="allowDrop(event)"></div>
</body>
</html>
```

在记事本中输入这些代码，然后将其保存为 .html 文件，运行网页文件查看效果，选中网页中的图片，即可在两个矩形中来回拖放，如图 12-14 所示。

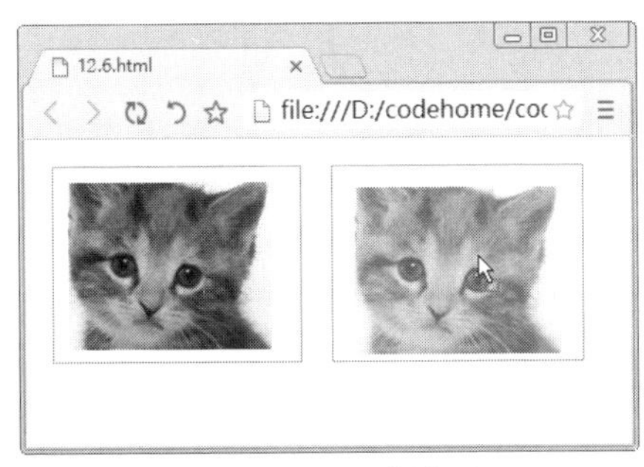

图 12-14　预览效果

12.5 在网页中拖放文字

了解了 HTML 5 的拖放技术后，下面给出一个具体实例，该实例所实现的效果就是在网页中拖放文字。

实例 7：在网页中拖放文字

```
<!DOCTYPE HTML>
<html>
<head>
<title>拖放文字</title>
<style>
body {
    font-family: 'Microsoft YaHei';
}
```

```
div.drag {
    background-color:#AACCFF;
    border:1px solid #666666;
    cursor:move;
    height:100px;
    width:100px;
    margin:10px;
    float:left;
}
div.drop {
    background-color:#EEEEEE;
    border:1px solid #666666;
    cursor: pointer;
    height:150px;
    width:150px;
    margin:10px;
    float:left;
}
</style>
</head>
<body>
<div draggable="true" class="drag"
        ondragstart="dragStartHandler(event)">物华天宝,人杰地灵！雄州雾列,俊采星驰。</div>
<div class="drop"
        ondragenter="dragEnterHandler(event)"
        ondragover="dragOverHandler(event)"
      ondrop="dropHandler(event)">放在这里!<ol /></div>
<script>
var internalDNDType = 'text';
function dragStartHandler(event) {
    event.dataTransfer.setData(internalDNDType,
                               event.target.textContent);
    event.effectAllowed = 'move';
}
// dragEnter事件
function dragEnterHandler(event) {
    if (event.dataTransfer.types.contains(internalDNDType))
     if (event.preventDefault) event.preventDefault();}
// dragOver事件
function dragOverHandler(event) {
     event.dataTransfer.dropEffect = 'copy';
    if (event.preventDefault) event.preventDefault();
}
function dropHandler(event) {
     var data = event.dataTransfer.getData(internalDNDType);
     var li = document.createElement('li');
   li.textContent = data;
    event.target.lastChild.appendChild(li);
}
</script>
</body>
</html>
```

下面介绍实现拖放的具体操作步骤。

01 将上述代码保存为 .html 格式的文件，运行效果如图 12-15 所示。

02 选中左边矩形中的元素，将其拖曳到右边的方框中，如图 12-16 所示。

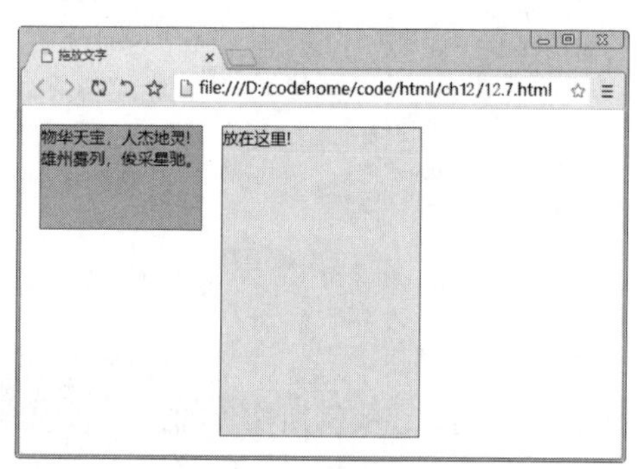

图 12-15　预览效果

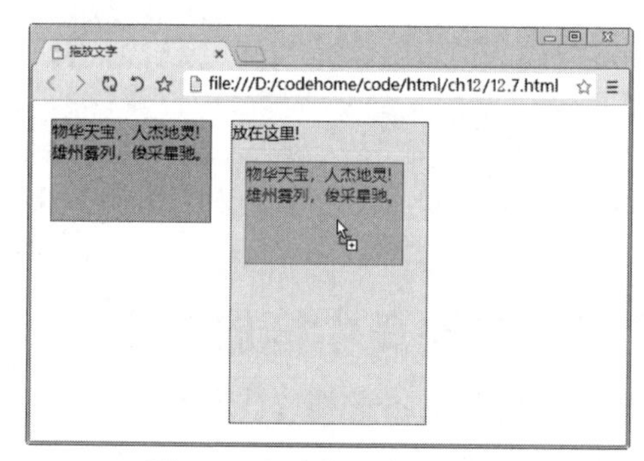

图 12-16　选中文字并拖动

03 释放鼠标，可以看到拖放之后的效果，如图 12-17 所示。

04 还可以多次拖放文字元素，效果如图 12-18 所示。

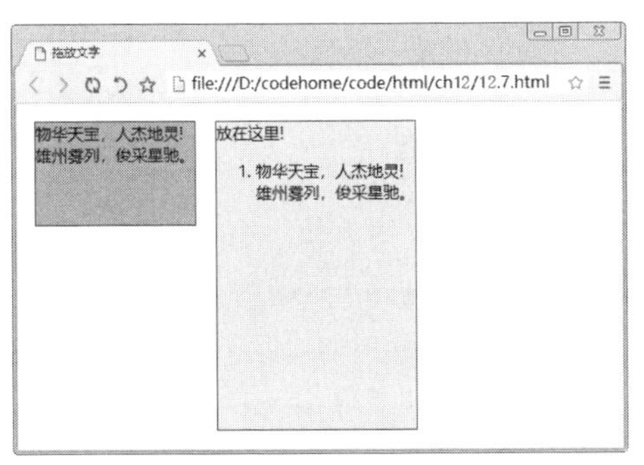

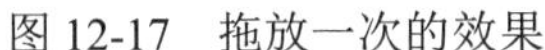
图 12-17　拖放一次的效果

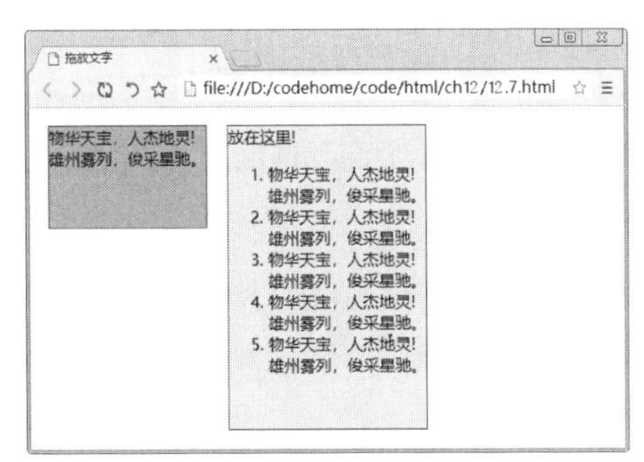

图 12-18　拖放多次的效果

12.6　新手常见疑难问题

疑问 1：在 HTML 5 中，实现拖放效果的方法是唯一的吗？

在 HTML 5 中，实现拖放效果的方法并不是唯一的。除了可以使用事件 drag 和 drop 外，还可以利用 canvas 标签来实现。

疑问 2：在 HTML 5 中，可拖放的对象只有文字和图像吗？

在默认情况下，图像、链接和文本都是可以拖动的，也就是说，不用额外编写代码，用户就可以拖动它们。文本只有在被选中的情况下才能拖动，而图像和链接在任何时候都可以拖动。

如果想让其他元素可以拖动也是可行的。HTML 5 为所有 HTML 元素规定了一个 draggable 属性，表示元素是否可以拖动。图像和链接的 draggable 属性自动被设置为 true，而其他元素这个属性的默认值都是 false。要想让其他元素可拖动，或者让图像或链接不能拖动，都可以通过设置这个属性来实现。

疑问 3：在 HTML5 中，读取记事本文件中的中文内容时显示乱码怎么办呢？

读者需要特别注意的是，如果读取文件内容显示乱码，如图 12-19 所示。

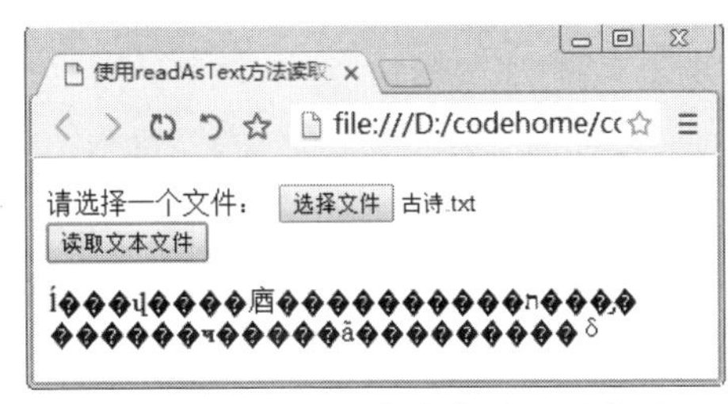

图 12-19　读取文件内容时显示乱码

这里的原因是在读取文件时，没有设置读取的编码方式。例如下面的代码：

```
reader.readAsText(file);
```

设置读取的格式，如果是中文内容，修改如下：

```
reader.readAsText(file,"gb2312");
```

12.7 实战技能训练营

实战 1：制作一个商品选择器

通过所学的知识，制作一个商品选择器，运行效果如图 12-20 所示。拖放商品的图片到右侧的框中，将提示信息“商品电冰箱已经被成功选取了！”如图 12-21 所示。

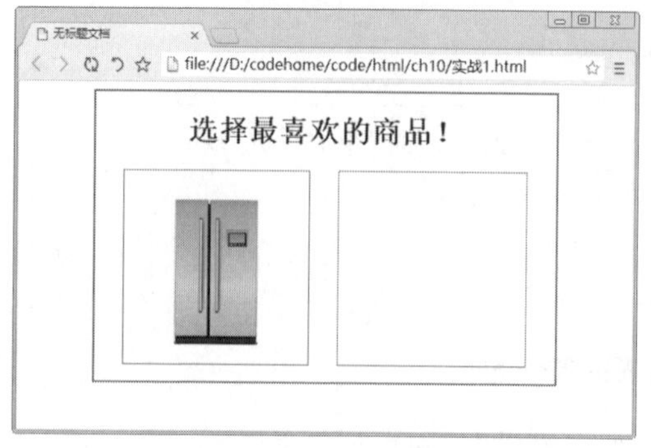

图 12-20　商品选择器预览效果

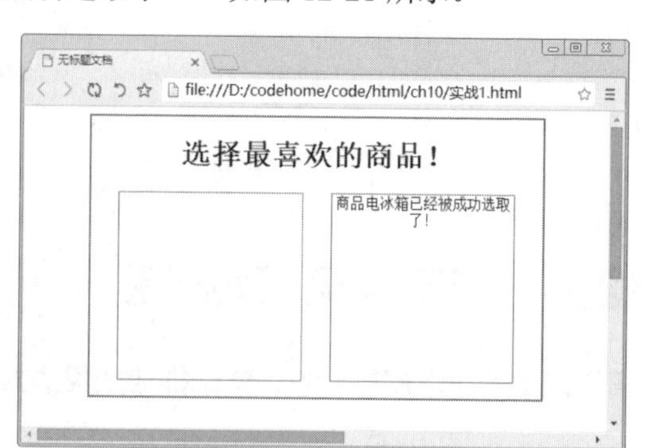

图 12-21　提示信息

实战 2：制作一个图片上传预览器

通过所学的知识，制作一个图片上传预览器，运行效果如图 12-22 所示。单击“选择文件”按钮，然后在打开的对话框中选择需要上传的图片，接着单击“上传文件”按钮和“显示图片”按钮，即可查看新上传的图片效果，重复操作，可以上传多个图片，如图 12-23 所示。

图 12-22　多图片上传预览器

图 12-23　多图片的显示效果

第13章　地理定位技术

本章导读

地理位置（Geolocation）是 HTML 5 的重要特性之一。它提供了确定用户位置的功能，借助这个特性能够开发基于位置信息的应用。本章将讲述 HTML 5 有关地理位置定位的基本原理和如何利用 Geolocation API 来获取地理位置。

知识导图

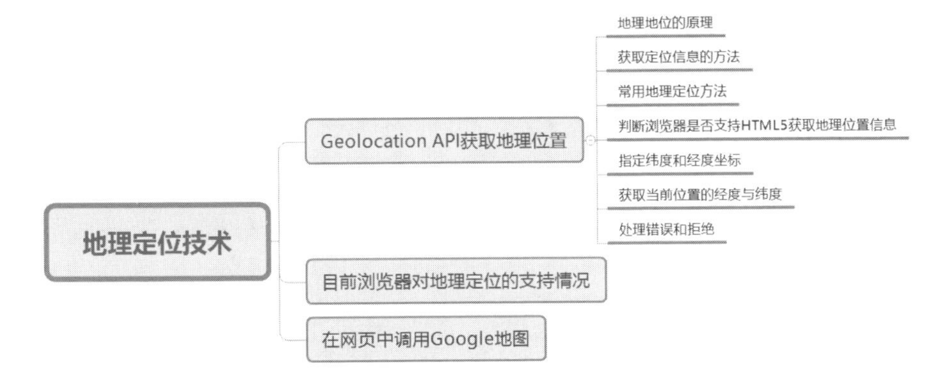

13.1 Geolocation API 获取地理位置

在 HTML5 网页代码中，通过一些有用的 API，可以查找访问者当前的位置。

13.1.1 地理地位的原理

由于访问者浏览网站的方式不同，可以通过下列方式确定其位置。

（1）如果网站浏览者用电脑上网，可以通过获取浏览者的 IP 地址，确定其具体位置。

（2）如果网站浏览者通过手机上网，可以通过获取浏览者的手机信号接收塔，确定其具体位置。

（3）如果网站浏览者的设备上具有 GPS 硬件，可以通过获取 GPS 发出的载波信号，获取其具体位置。

（4）如果网站浏览者通过无线上网，可以通过无线网络连接获取其具体位置。

> **提示：** API 是应用程序的编程接口，是一些预先定义的函数，目的是提供应用程序与开发人员基于某软件或硬件的以访问一组例程的功能，而又无须访问源码，或理解内部工作机制的细节。

13.1.2 获取定位信息的方法

了解了地理定位的原理后，下面介绍获取定位信息的方法。根据访问者访问网站的方式，可以通过下列方法之一确定地理位置。

- 利用 IP 地址定位。
- 利用 GPS 功能定位。
- 利用 Wi-Fi 定位。
- 利用 Wi-Fi 和 GPRS 联合定位。
- 利用用户自定义定位数据定位。

使用上述哪种方法将取决于浏览器和设备的功能，然后，浏览器确定地理位置并将其返回，但需要注意的是，无法保证返回的位置是设备的实际地理位置。因为这涉及一个隐私问题，并不是每个人都想与他人共享他的位置。

13.1.3 常用地理定位方法

通过地理定位，可以确定用户的当前位置，并能获取用户地理位置的变化情况。其中，最常用的就是 API 中的 getCurrentposition 方法。

getCurrentposition 方法的语法格式如下。

```
void getCurrentPosition(successCallback,errorCallback,options);
```

其中，successCallback 参数是指在位置成功获取时用户想要调用的函数名称；errorCallback 参数是指在位置获取失败时用户想要调用的函数名称；options 参数指出地理定位时的属性设置。

提示：访问用户位置是耗时的操作，同时属于隐私问题，要取得用户的同意。

如果地理定位成功，新的 Position 对象将调用 displayOnMap 函数，显示设备的当前位置。

那么 Positon 对象的含义是什么呢？作为地理定位的 API，Positon 对象包含位置确定时的时间戳（timestamp）和包含位置的坐标（coords），具体语法格式如下。

```
Interface position
{
    readonly attribute Coordinates cords;
    readonly attribute DOMTimeStamp timestamp;
};
```

13.1.4 判断浏览器是否支持 HTML 5 获取地理位置信息

在用户试图使用地理定位之前，应该先确保浏览器支持 HTML5 获取地理位置信息。下面介绍判断的方法。具体代码如下。

```
function init()
    if (navigator.geolocation) {
    //获取当前地理位置信息
    navigator.geolocation.getCurrentPosition(onSuccess, onError, options);
    } else {
        alert( "您的浏览器不支持HTML5来获取地理位置信息。");
    }
```

上述代码解释如下。

1. onSuccess

该函数是获取当前位置信息成功时执行的回调函数。

在 onSuccess 回调函数中，用到了参数 position，代表一个具体的 position 对象，表示当前位置。position 具有如下属性。

（1）latitude：当前地理位置的纬度。

（2）longitude：当前地理位置的经度。

（3）altitude：当前位置的海拔高度（不能获取时为 null）。

（4）accuracy：获取到的纬度和经度的精度（以米为单位）。

（5）altitudeAccurancy：获取到的海拔高度的经度（以米为单位）。

（6）heading：设备的前进方向。用面朝正北方向的顺时针旋转角度来表示（不能获取时为 null）。

（7）speed：设备的前进速度（以米 / 秒为单位，不能获取时为 null）。

（8）timestamp：获取地理位置信息时的时间。

2. onError

该函数是获取当前位置信息失败时所执行的回调函数。

在 onError 回调函数中，用到了 error 参数，其具有如下属性。

（1）code：错误代码，有如下值。

① 用户拒绝了位置服务（属性值为 1）。

② 获取不到位置信息（属性值为 2）。

③ 获取信息超时错误（属性值为 3）。

（2）message：字符串，包含具体的错误信息。

3. options

options 是一些可选属性列表。options 参数的可选属性如下。

（1）enableHighAccuracy：是否要求高精度的地理位置信息。

（2）timeout：设置超时时间（单位为毫秒）。

（3）maximumAge：对地理位置信息进行缓存的有效时间（单位为毫秒）。

13.1.5　指定纬度和经度坐标

地理定位成功后，将调用 displayOnMap 函数。此函数如下。

```
function displayOnMap(position)
{
    var latitude=positon.coords.latitude;
    var longitude=postion.coords.longitude;
}
```

其中，第一行函数从 position 对象获取 coordinates 对象，主要由 API 传递给程序调用。第三行和第四行定义了两个变量，latitude 和 longitude 属性存储在定义的两个变量中。

为了在地图上显示用户的具体位置，可以利用地图网站的 API。下面以使用百度地图为例进行讲解，需要使用 Baidu Maps JavaScript API。在使用此 API 前，需要在 HTML5 页面中添加一个引用，具体代码如下。

```
<--baidu maps API>
<script type= "text/javascript"scr= "http://api.map.baidu.com/api?key=*&v=
1.0&services=true">
</script>
```

其中“*”代码是注册到的 key。注册 key 的方法为：在“http: //openapi.baidu.com/map/index.html”网页中，注册百度地图 API，然后输入需要内置百度地图页面的 URL 地址，生成 API 密钥，然后将 key 文件复制保存。

虽然已经包含了 Baidu Maps JavaScript，但是页面中还不能显示内置的百度地图，还需要添加 html 语言，将地图从程序转化为对象。还需要加入以下源代码。

```
<script type= "text/javascript"scr= "http://api.map.baidu.com/
api?key=*&v=1.0&services=true">
</script>
<div style="width:600px;height:220px;border:1px solid gary;margin-top:15px;"
id="container">
</div>
<script type="text/javascript">
    var map = new BMap.Map( "container");
    map.centerAndZoom(new BMap.Point(***,***),17);
    map.addControl(new BMap.NavigationControl());
    map.addControl(new BMap.ScaleControl());
    map.addControl(new BMap.OverviewMapControl());
    var local = new BMap.LocalSearch(map,
    {
```

```
        enderOptions:{map: map}
    }
    );
    local.search( "输入搜索地址");
</script>
```

上述代码分析如下。

（1）前 2 行主要是把 baidu map API 程序植入源码中。

（2）第 3 行在页面中设置一个标签，包括宽度和长度，用户可以自己调整；border=1px 是定义外框的宽度为 1 个像素，solid 表示边框为实线，gray 为边框显示的颜色，margin-top 表示该标签与顶端的距离。

（3）第 7 行为地图中被搜索人位置的坐标。

（4）第 8 到 10 行为植入地图缩放控制工具。

（5）第 11 到 16 行为地图中被搜索人的位置，只需在 local search 后填入被搜索人的位置名称即可。

13.1.6 获取当前位置的纬度与经度

如下代码为使用纬度和经度定位坐标的案例。

01 打开记事本文件，输入如下代码。

```
<!DOCTYPE html>
<html>
<head>
<title>纬度和经度坐标</title>
<style>
body {background-color:#fff;}
</style>
</head>
<body>
<p id="geo_loc"><p>
<script>
function getElem(id) {
     return typeof id === 'string' ? document.getElementById(id) : id;
 }

 function show_it(lat, lon) {
     var str = '您当前的位置,纬度: ' + lat + ',经度: ' + lon;
     getElem('geo_loc').innerHTML = str;
 }
if (navigator.geolocation) {
     navigator.geolocation.getCurrentPosition(function(position) {
         show_it(position.coords.latitude, position.coords.longitude);
     },
     function(err) {
         getElem('geo_loc').innerHTML = err.code + "|" + err.message;
     });
 } else {
     getElem('geo_loc').innerHTML = "您当前使用的浏览器不支持Geolocation服务";
 }
</script>
</body>
</html>
```

02使用 IE 浏览器打开网页文件，由于使用 HTML 5 定位功能首先需要由用户允许网页运行脚本，所以弹出如图 13-1 所示的提示框，单击“允许阻止的内容”按钮。

图 13-1　允许网页运行脚本

03弹出想要跟踪实际位置的提示信息，单击“允许一次”按钮，如图 13-2 所示。

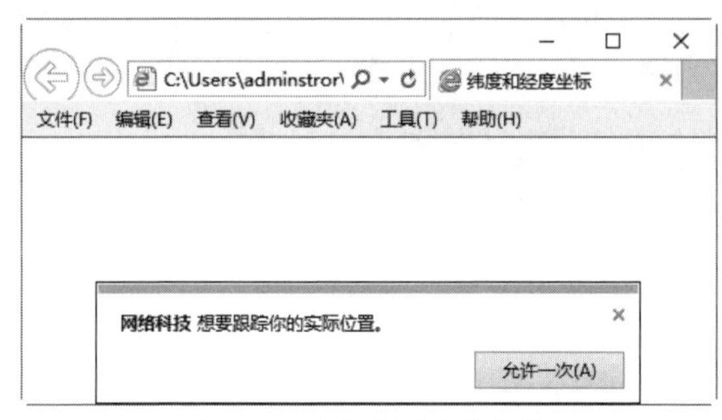

图 13-2　允许跟踪实际位置

04在页面中显示了当前页面打开时所处的地理位置，其位置为使用者的 IP 或 GPS 定位地址，如图 13-3 所示。

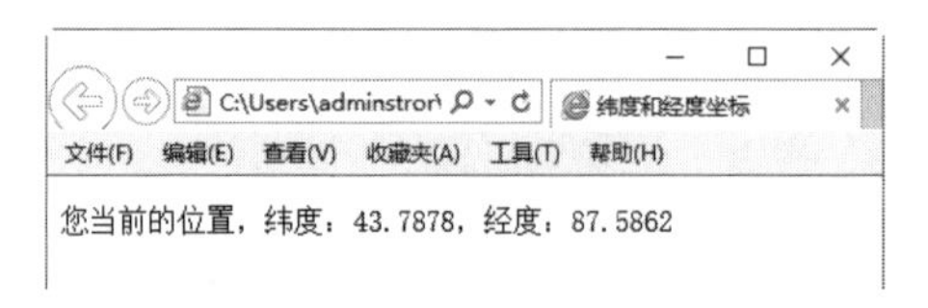

图 13-3　显示的地理位置

提示：每次使用浏览器打开网页时都会提醒是否允许跟踪实际位置，为了安全，用户应当妥善使用地址共享功能。

13.1.7　处理错误和拒绝

getCurrentPosition（）方法的第二个参数用于处理错误。它规定当获取用户位置失败时运行的函数。例如以下代码：

```
function showError(error)
{
    switch(error.code)
    {
        case error.PERMISSION_DENIED:
            x.innerHTML="用户拒绝对获取地理位置的请求。"
```

```
            break;
        case error.POSITION_UNAVAILABLE:
            x.innerHTML="位置信息是不可用的。"
            break;
        case error.TIMEOUT:
            x.innerHTML="请求用户地理位置超时。"
            break;
        case error.UNKNOWN_ERROR:
            x.innerHTML="未知错误。"
            break;
    }
}
```

其中，PERMISSION_DENIED 表示用户不允许地理定位；POSITION_UNAVAILABLE 表示无法获取当前位置；TIMEOUT 表示操作超时；UNKNOWN_ERROR 表示未知的错误。针对不同的错误类型，将弹出不同的错误信息。

13.2 目前浏览器对地理定位的支持情况

不同的浏览器版本对地理定位技术的支持情况是不同的。表 13-1 是常见浏览器对地理定位的支持情况。

表 13-1 常见浏览器对地理定位的支持情况

浏览器名称	支持地理定位技术的版本
Internet Explorer	Internet Explorer 9 及更高版本
Firefox	Firefox 3.5 及更高版本
Opera	Opera 10.6 及更高版本
Safari	Safari 5 及更高版本
Chrome	Chrome 5 及更高版本
Android	Android 2.1 及更高版本

13.3 在网页中调用 Google 地图

本实例介绍如何在网页中调用 Google 地图，以获取当前设备物理地址的经度与纬度。具体操作步骤如下。

01 调用 Google Map，代码如下。

```
<!DOCTYPE html>
<head>
<title>获取当前位置并显示在google地图上</title>
<script type="text/javascript" src="http://maps.google.com/maps/api/
js?sensor=false"></script>
<script type="text/javascript">
```

02 获取当前地理位置，代码如下。

```
navigator.geolocation.getCurrentPosition(function (position) {
var coords = position.coords;
console.log(position);
```

03 设定地图参数，代码如下。

```
var latlng = new google.maps.LatLng(coords.latitude, coords.longitude);
var myOptions = {
zoom: 14, //设定放大倍数
center: latlng, //将地图中心点设定为指定的坐标点
mapTypeId: google.maps.MapTypeId.ROADMAP //指定地图类型
};
```

04 创建地图，并在页面中显示，代码如下。

```
var map = new google.maps.Map(document.getElementById("map"), myOptions);
```

05 在地图上创建标记，代码如下。

```
var marker = new google.maps.Marker({
position: latlng, //将前面设定的坐标标注出来
map: map //将该标注设置在刚才创建的map中
});
```

06 创建窗体内的提示内容，代码如下。

```
var infoWindow = new google.maps.InfoWindow({
content: "当前位置：<br/>经度：" + latlng.lat() + "<br/>纬度：" + latlng.lng() //
提示窗体内的提示信息
});
```

07 打开提示窗口，代码如下。

```
infoWindow.open(map, marker);
},
```

08 根据需要再编写其他相关代码，如处理错误的方法和打开地图的大小等。查看此时页面相应的 HTML 源代码如下。

```
<!DOCTYPE html>
<head>
<title>获取当前位置并显示在google地图上</title>
<script type="text/javascript" src="http://maps.google.com/maps/api/
js?sensor=false"></script>
<script type="text/javascript">
function init() {
if (navigator.geolocation) {
//获取当前地理位置
navigator.geolocation.getCurrentPosition(function (position) {
var coords = position.coords;
//console.log(position);
//指定一个google地图上的坐标点,同时指定该坐标点的横坐标和纵坐标
var latlng = new google.maps.LatLng(coords.latitude, coords.longitude);
var myOptions = {
zoom: 14, //设定放大倍数
center: latlng, //将地图中心点设定为指定的坐标点
mapTypeId: google.maps.MapTypeId.ROADMAP //指定地图类型
};
//创建地图,并在页面map中显示
var map = new google.maps.Map(document.getElementById("map"), myOptions);
//在地图上创建标记
```

```
var marker = new google.maps.Marker({
position: latlng, //将前面设定的坐标标注出来
map: map //将该标注设置在刚才创建的map中
});
//标注提示窗口
var infoWindow = new google.maps.InfoWindow({
content: "当前位置：<br/>经度：" + latlng.lat() + "<br/>纬度：" + latlng.lng() //
提示窗体内的提示信息
});
//打开提示窗口
infoWindow.open(map, marker);
},
function (error) {
//处理错误
switch (error.code) {
case 1:
alert("位置服务被拒绝。");
break;
case 2:
alert("暂时获取不到位置信息。");
break;
case 3:
alert("获取信息超时。");
break;
default:
alert("未知错误。");
break;
}
});
} else {
alert("你的浏览器不支持HTML5来获取地理位置信息。");
}
}
</script>
</head>
<body onload="init()">
<div id="map" style="width: 800px; height: 600px"></div>
</body>
</html>
```

09 保存网页后，即可查看最终效果，如图 13-4 所示。

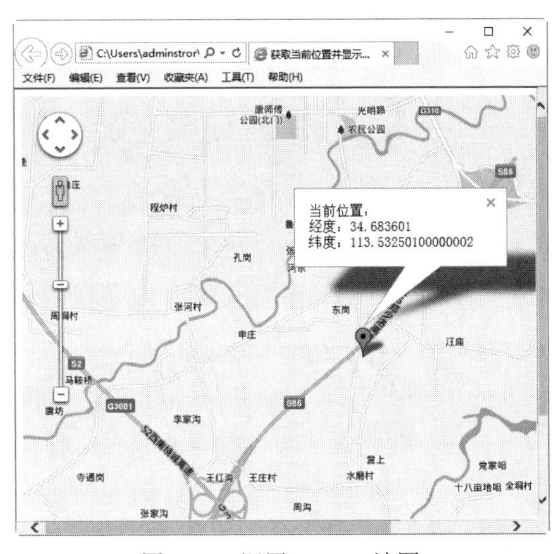

图 13-4 调用 Google 地图

13.4 新手常见疑难问题

疑问 1：使用 HTML5 Geolocation API 获得的用户地理位置一定精准无误吗？

不一定精准，因为该特性可能侵犯用户的隐私，除非用户同意，否则用户位置信息是不可用的。

疑问 2：地理位置 API 可以在国际空间站使用吗？可以在月球上或者其他星球上用吗？

地理位置标准是这样阐述的：“地理坐标参考系的属性值来自大地测量系统（World Geodetic System （2d） [WGS84]）。不支持其他参考系。”国际空间站位于地球轨道上，所以宇航员可以使用经纬度和海拔来描述其位置。但是，大地测量系统是以地球为中心的，因此不能使用这个系统来描述月球或者其他星球的位置。

13.5 实战技能训练营

实战：设计一个简单的移动定位器

类似汽车上的 GPS 定位系统一样，在 HTML5 网页中，用户也可以持续获取移动设备的位置。这里使用 watchPosition（）方法，不仅可以返回用户的当前位置，而且可以继续返回用户移动时的更新位置。从而实现类似 GPS 定位系统一样的功能。打开网页文件，如图 13-5 所示。单击“定位当前位置”按钮，即可获取目前的位置，如图 13-6 所示。用户移动位置后，再次单击“定位当前位置”按钮，即可重新获取用户移动后的位置信息。

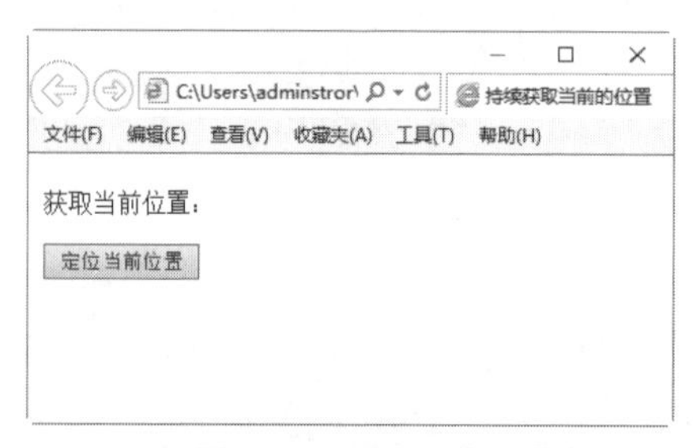

图 13-5 程序运行结果

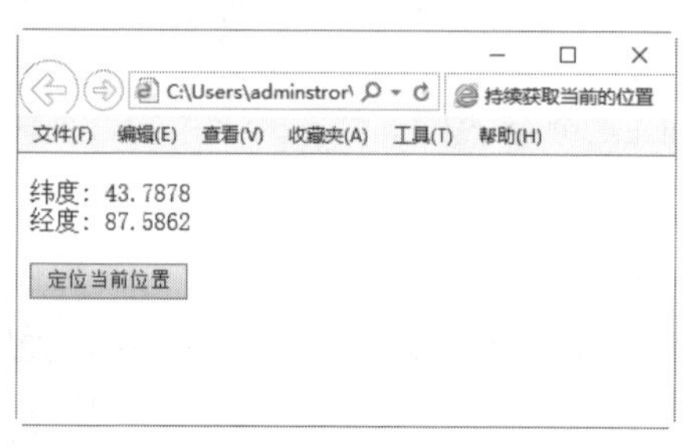

图 13-6 获取当前位置

第14章　离线Web应用程序

本章导读

离线 Web 应用程序是指当客户端与 Web 应用程序的服务器没有建立连接时，也可以在客户端使用该 Web 应用程序进行有关操作。网页离线应用程序是实现离线 Web 应用的重要技术，目前已有的离线 Web 应用程序很多。通过本章的学习，读者能够掌握 HTML 5 离线应用程序的基础知识，了解离线应用程序的实现方法。

知识导图

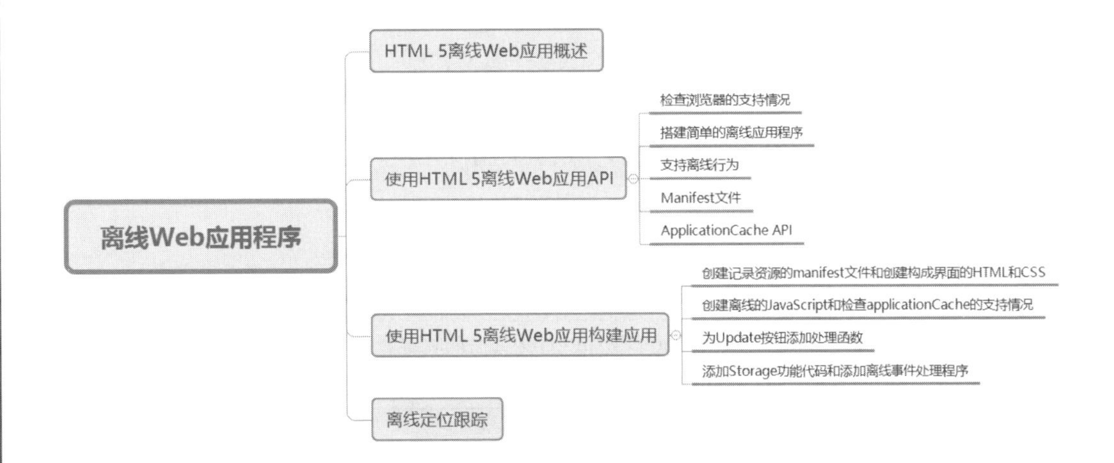

14.1 HTML 5 离线 Web 应用概述

在 HTML 5 中，新增了本地缓存，也就是 HTML 离线 Web 应用，主要是通过应用程序缓存整个离线网站的 HTML、CSS、JavaScript、网站图像和资源。当服务器没有和 Internet 建立连接时，也可以利用本地缓存中的资源文件正常运行 Web 应用程序。

如果网站发生了变化，应用程序缓存将重新加载变化的数据文件。

浏览器网页缓存与本地缓存的主要区别如下。

（1） 浏览器网页缓存主要是为了加快网页加载的速度，所以会对每一个打开的网页都进行缓存操作，而本地缓存是为整个 Web 应用程序服务的，只缓存那些指定缓存的网页。

（2） 在网络连接的情况下，浏览器网页缓存一个页面的所有文件，但是一旦离线，用户单击链接时，将会得到一个错误消息。而本地缓存在离线时，仍然可以正常访问。

（3） 对网页浏览者而言，浏览器网页缓存哪些内容和资源，这些内容是否安全可靠等等都不知道；而本地缓存的页面是编程人员指定的内容，所以在安全方面相对可靠很多。

14.2 使用 HTML5 离线 Web 应用 API

离线 Web 应用较为普遍，下面来详细介绍离线 Web 应用的构成与实现方法。

14.2.1 检查浏览器的支持情况

不同的浏览器版本对 Web 离线应用技术的支持情况是不同的，如表 14-1 所示是常见浏览器对 Web 离线应用的支持情况。

表 14-1 浏览器对 Web 离线应用的支持情况

浏览器名称	支持 Web 离线技术的版本情况
Internet Explorer	Internet Explorer 9 及更低版本目前尚不支持
Firefox	Firefox 3.5 及更高版本
Opera	Opera 10.6 及更高版本
Safari	Safari 4 及更高版本
Chrome	Chrome 5 及更高版本
Android	Android 2.0 及更高版本

使用离线 Web 应用 API 前最好先检查浏览器是否支持。检查浏览器是否支持的代码如下。

```
if(windows.applicationcache){
//浏览器支持离线应用}
```

14.2.2 搭建简单的离线应用程序

为了使一个包含 HTML 文档、CSS 样式表和 JavaScript 脚本文件的单页面应用程序支持离线应用，需要在 HTML 5 元素中加入 manifest 特性。具体实现代码如下。

```
<!doctype html>
<html manifest="123.manifest">
</html>
```

执行以上代码可以提供一个存储的缓存空间，但是还不能完成离线应用程序的使用，需要指明哪些资源可以享用这些缓存空间，即需要提供一个缓冲清单文件。具体实现代码如下。

```
CHCHE MANIFEST
index.html
123.js
123.css
123.gif
```

以上代码指明了四种类型的资源对象文件构成缓冲清单。

14.2.3 支持离线行为

要支持离线行为，首先要能够判断网络连接状态。在 HTML 5 中引入了一些判断应用程序网络连接是否正常的新的事件，对应应用程序的在线状态和离线状态会有不同的行为模式。

用于实现在线状态监测的是 window.navigator 对象的属性。其中的 navigator.online 属性是一个标明浏览器是否处于在线状态的布尔属性，当 online 值为 true 时并不能保证 Web 应用程序在用户的机器上一定能访问相应的服务器；而当其值为 false 时，不管浏览器是否真正联网，应用程序都不会尝试进行网络连接。

监测页面状态是在线还是离线的具体代码如下。

```
//页面加载的时候,设置状态为online或offline
Function loaddemo ( ) {
  If (navigator.online) {
    Log ( “online") ;
} else {
  Log ( “offline") ;
}
}
//添加事件监听器,在线状态发生变化时,触发相应
动作
Window.addeventlistener ( “online",function€{
},true) ;

Window.addeventlistener ( “offline",function
(e) {
  Log ( “offline") ;
},true) ;
```

> **提示：** 上述代码可以在 Internet Explorer 浏览器中使用。

14.2.4 Manifest 文件

客户端的浏览器如何知道应该缓存哪些文件呢？这就需要依靠 Manifest 文件来管理。Manifest 文件是一个简单文本文件，在该文件中以清单的形式列举了需要被缓存或不需要被缓存的资源文件的名称以及这些资源文件的访问路径。

Manifest 文件把指定的资源文件类型分为三类，即 CACHE、NETWORK 和 FALLBACK，含义分别如下。

（1）CACHE 类别。该类别指定需要被缓存在本地的资源文件。这里需要特别注意的是，如果为某个页面指定需要本地缓存的资源文件时，不需要把这个页面本身指定在 CACHE 类型中，因为如果一个页面具有 manifest 文件，浏览器会自动对这个页面进行本地缓存。

（2）NETWORK 类别。该类别为不进行本地缓存的资源文件，这些资源文件只有当客户端与服务器端建立连接的时候才能访问。

（3）FALLBACK 类别。该类别中指定两个资源文件，其中一个资源文件为能够在线访

问时使用的资源文件，另一个资源文件为不能在线访问时使用的备用资源文件。

以下是一个简单的 manifest 文件的内容。

```
CACHE MANIFEST
#文件的开头必须是CACHE MANIFEST
CACHE:
123.html
myphoto.jpg
16.php
NETWORK:
http://www.baidu.com/xxx
feifei.php
FALLBACK:
online.js locale.js
```

上述代码的含义分析如下。

（1）指定资源文件，文件路径可以是相对路径，也可以是绝对路径。指定时每个资源文件为独立的一行。

（2）第一行必须是 CACHE MANIFEST，此行的作用是告诉浏览器需要对本地缓存中的资源文件进行具体设置。

（3）每一个类型都必须出现，而且同一个类别可以重复出现。如果文件开头没有指定类别而直接书写资源文件，则浏览器把这些资源文件视为 CACHE 类别。

（4）在 manifest 文件中，注释行以“#”开始，主要用于进行一些必要的说明或解释。

为单个网页添加 manifest 文件时，需要在 Web 应用程序页面上的 html 元素的 manifest 属性中指定 manifest 文件的 URL 地址。具体的代码如下。

```
<html manifest="123.manifest">
</html>
```

添加上述代码后，浏览器就能正常地阅读该文本文件。

提示： 用户可以为每一个页面单独指定一个 mainifest 文件，也可以为整个 Web 应用程序指定一个总的 manifest 文件。

上述操作完成后，即可实现资源文件缓存到本地。当要对本地缓存区的内容进行修改时，只需要修改 manifest 文件。文件被修改后，浏览器可以自动检查 manifest 文件，并自动更新本地缓存区中的内容。

14.2.5 ApplicationCache API

传统的 Web 程序中浏览器也会对资源文件进行缓存，但是并不是很可靠，有时起不到预期的效果。而 HTML 5 中的 applicationcache 支持离线资源的访问，为离线 Web 应用的开发提供了可能。

使用 applicationcache API 的好处有以下几点。

（1）用户可以在离线时继续使用。

（2）缓存到本地，节省带宽，加速用户体验的反馈。

（3）减轻服务器的负载。

Applicationcache API 是一个操作应用缓存的接口，是 Windows 对象的直接子对象 window.applicationcache。window.applicationcache 对象可触发一系列与缓存状态相关的事件。具体事件如表 14-2 所示。

表 14-2 window.applicationcache 对象事件

事 件	接 口	触发条件	后续事件
checking	Event	用户代理检查更新或者在第一次尝试下载manifest文件的时候，本事件往往是事件队列中第一个被触发的	noupdate, downloading, obsolete, error
noupdate	Event	检测出manifest文件没有更新	无
downloading	Event	用户代理发现更新并且正在取资源，或者第一次下载manifest文件列表中列举的资源	progress, error, cached, updateready
progress	ProgressEvent	用户代理正在下载manifest文件中需要缓存的资源	progress, error, cached, updateready
cached	Event	manifest中列举的资源已经下载完成，并且已经缓存	无
updateready	Event	manifest中列举的文件已经重新下载并更新成功，接下来js可以使用swapCache（）方法更新到应用程序中	无
obsolete	Event	manifest的请求出现404或者410错误，应用程序缓存被取消	无

此外，没有可用更新或者发生错误时，还有一些表示更新状态的事件，具体如下。

```
Onerror
Onnoupdate
onprogress
```

window.applicationcache 对象有一个数值型属性 window.applicationcache.status，代表了缓存的状态。缓存的状态共有 6 种，如表 14-3 所示。

表 14-3 缓存的状态

数值型属性	缓存状态	含 义
0	UNCACHED	未缓存
1	IDLE	空闲
2	CHECKING	检查中
3	DOWNLOADING	下载中
4	UPDATEREADY	更新就绪
5	OBSOLETE	过期

window.applicationcache 有三个方法，如表 14-4 所示。

表 14-4 window.applicationcache 的方法

方法名	描 述
update()	发起应用程序缓存下载进程
abort()	取消正在进行的缓存下载
swapcache()	切换成本地最新的缓存环境

说明： 调用 update() 方法会请求浏览器更新缓存，包括检查新版本的 manifest 文件并下载必要的新资源。如果没有缓存或者缓存已过期，则会抛出错误。

14.3 使用 HTML 5 离线 Web 应用构建应用

下面结合上面学习的内容来构建一个离线 Web 应用程序，具体内容如下。

14.3.1 创建记录资源的 manifest 文件

首先要创建一个缓冲清单文件 123.manifest，文件中列出了应用程序需要缓存的资源。具体实现代码如下。

```
CACHE MANIFEST
# javascript
./offline.js
#./123.js
./log.js

#stylesheets
./CSS.css

#images
```

14.3.2 创建构成界面的 HTML 和 CSS

下面来实现网页结构，其中需要指明程序中用到的 JavaScript 文件和 CSS 文件，并且还要调用 manifest 文件。具体实现代码如下。

```
<!DOCTYPE html >
<html lang="en" manifest="123.
manifest">
<head>
<title>创建构成界面的HTML和CSS</title>
<script src="log.js"></script>
<script src="offline.js"></script>
<script src="123.js"></script>
<link rel="stylesheet" href="CSS.css"
/>
</head>

<body>
 <header>
   <h1>Web 离线应用</h1>
  </header>
  <section>
   <article>
     <button id="installbutton">check
for updates</button>
      <h3>log</h3>
      <div id="info">
      </div>
      </article>
    </section>
</body>
</html>
```

> **注意**：上述代码中有两点需要注意。其一，因为使用了 manifest 特性，所以 HTML 元素不能省略（为了使代码简洁，HTML5 中允许省略不必要的 HTML 元素）；其二，代码中引入了按钮，其功能是允许用户手动安装 Web 应用程序，以支持离线情况。

14.3.3 创建离线的 JavaScript

在网页设计中经常会用到 JavaScript 文件，该文件通过 <script> 标签引入网页。在执行离线 Web 应用时，这些 JavaScript 文件也会一并存储到缓存中。

```
<offline.js>
/*
 *记录window.applicationcache触发的每一个
事件
 */

window.applicationcache.onchecking =
function(e) {
 log( "checking for application
update");
   }
window.applicationcache.onupdateready =
function(e) {
 log( "application update ready");
```

```
    }
window.applicationcache.onobsolete =
function(e) {
 log( "application obsolete");
    }
window.applicationcache.onnoupdate =
function(e) {
 log( "no application update found");
    }
window.applicationcache.oncached =
function(e) {
 log( "application cached");
    }
window.applicationcache.ondownloading =
function(e) {
  log( "downloading application
update");
    }
window.applicationcache.onerror =
function(e) {
 log( "online");
    }, true);
/*
 *将applicationcache状态代码转换成消息
 */
 showcachestatus = function(n) {
      statusmessages = [ "uncached","id
le","checking","downloading","update
ready","obsolete"];
    return statusmessages[n];
}
install = function(){
 log( "checking for updates");
    try {
     window.applicationcache.update();
     } catch (e) {
      applicationcache.onerror();
    }
  }
onload = function(e) {
 //检测所需功能的浏览器支持情况
    if(!window.applicationcache) {
       log( "html5 offline applications
are not supported in your browser.");
        return;
     }
     if(!window.localstorage) {
        log( "html5 local storage not
supported in your browser.");
        return;
     }
     if(!navigator.geolocation) {
        log( "html5 geolocation is not
supported in your browser.");
        return;
     }
        log( "initial cache status: " +
showcachestatus(window.applicationcache.
status));
         document.getelementbyid
( "installbutton").onclick = checkfor;
}

<log.js>
log = function() {
 var p = document.createelement( "p");
  var message = array.prototype.join.
call(arguments," ");
    p.innerhtml = message
     document.getelementbyid( "info").
appendchild(p);
}
```

14.3.4 检查 applicationCache 的支持情况

applicationCache 对象并非所有浏览器都支持，所以在编辑时需要加入浏览器支持检测功能，并提醒浏览者页面无法访问是浏览器兼容性问题。具体实现代码如下。

```
onload = function(e) {
  // 检测所需功能的浏览器支持情况
  if (!window.applicationcache) {
     log( "您的浏览器不支持HTML 5 Offline Applications ");
    return;
  }
  if (!window.localStorage) {
     log( "您的浏览器不支持HTML5 Local Storage  ");
    return;
  }
  if (!window.WebSocket) {
     log( "您的浏览器不支持HTML5 WebSocket ");
    return;
  }
  if (!navigator.geolocation) {
```

```
      log ( "您的浏览器不支持HTML5 Geolocation  " ) ;
     return;
   }
     log ( "lnitial cache status:" + showCachestatus ( window.applicationcache.
status ) ) ;
   document.getelementbyld ( "installbutton" ) .onclick = install;
}
```

14.3.5 为 Update 按钮添加处理函数

下面来设置 Update 按钮的行为函数，该函数的功能为执行更新应用缓存，具体代码如下。

```
Install = function ( )  {
 Log ( "checking for updates" ) ;
 Try {
     Window.applicationcache.update ( ) ;
 } catch  (e)  {
     Applicationcache.onerror ( ) :
 }
}
```

说明：单击 Update 按钮后将检查缓存区，并更新需要更新的缓存资源。当所有可用更新都下载完毕后，将向用户界面返回一条应用程序安装成功的提示信息，接下来用户就可以在离线模式下运行了。

14.3.6 添加 Storage 功能代码

当应用程序处于离线状态时，需要将数据更新写入本地存储，本实例使用 Storage 实现该功能，因此当上传请求失败后可以通过 Storage 得到恢复。如果应用程序遇到某种原因导致的网络错误，或者应用程序被关闭，数据会被存储以便下次进行传输。

实现 Storage 功能的具体代码如下。

```
Var storelocation =function ( latitude, longitude ) {
//加载localstorage的位置列表
Var locations = json.pares ( localstorage.locations ||  "[]" ) ;
//添加地理位置数据
Locations.push ( { "latitude" : latitude,  "longitude" : longitude} ) ;
//保存新的位置列表
localstorage.Locations = json.stringify ( locations ) ;
```

由于 localstorage 可以将数据存储在本地浏览器中，特别适用于具有离线功能的应用程序，所以本实例用它来保存坐标。本地存储中的缓存数据在网络连接恢复正常后，应用程序会自动与远程服务器进行数据同步。

14.3.7 添加离线事件处理程序

对于离线 Web 应用程序，在使用时要结合当前状态执行特定的事件处理程序。本实例中的离线事件处理程序设计如下。

（1）如果应用程序在线，事件处理函数会存储并上传当前坐标。

（2）如果应用程序离线，事件处理函数只存储不上传。

（3）当应用程序重新连接到网络后，事件处理函数会在 UI 上显示在线状态，并在后台上传之前存储的所有数据。

具体实现代码如下。

```
Window.addeventlistener( "online",
function(e){
   Log( "online");
}, true);
```

```
Window.addeventlistener( "offline",
function(e) {
  Log( "offline");
}, true);
```

网络连接状态在应用程序没有真正运行的时候可能会发生改变。例如，用户关闭了浏览器，刷新页面或跳转到其他网站。为了应对这些情况，离线应用程序在每次页面加载时都会检查与服务器的连接状况。如果连接正常，会尝试与远程服务器同步数据。

```
If(navigator.online){
  Uploadlocations();
}
```

14.4 新手常见疑难问题

疑问 1：不同的浏览器可以读取同一个 Web 中存储的数据吗?

在 Web 存储时，不同的浏览器将存储在不同的 Web 存储库中。例如，如果用户使用 IE 浏览器，那么进行 Web 存储工作时，将所有数据存储在 IE 的 Web 存储库中，如果用户使用火狐浏览器访问该站点，将不能读取 IE 浏览器存储的数据，可见每个浏览器的存储是分开并独立工作的。

疑问 2：离线存储站点时是否需要浏览者同意?

和地理定位类似，在网站使用 manifest 文件时，浏览器会提供一个权限提示，提示用户是否将离线设为可用，但不是每个浏览器都支持这样的操作。

14.5 实战技能训练营

实战：设计一个简单的离线 Web 应用案例

设计一个离线 Web 应用程序，在离线时，浏览页面仍可显示图片。为了对比离线和不离线的区别，该 Web 应用将显示两个图片，一个图片需要缓存，一个图片不需要缓存。在线时页面效果如图 14-1 所示，离线时页面效果如图 14-2 所示。

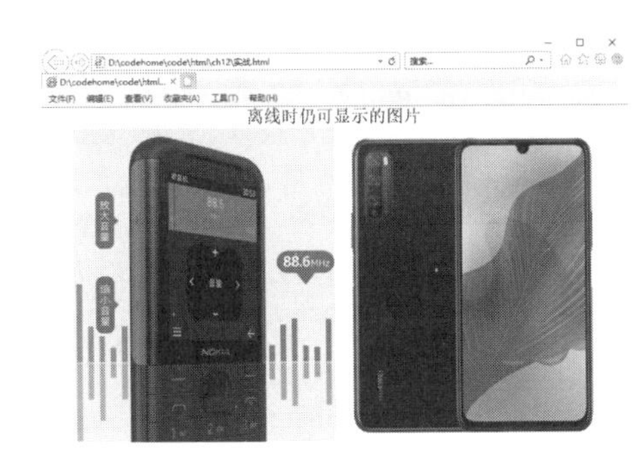

图 14-1 在线时的页面效果

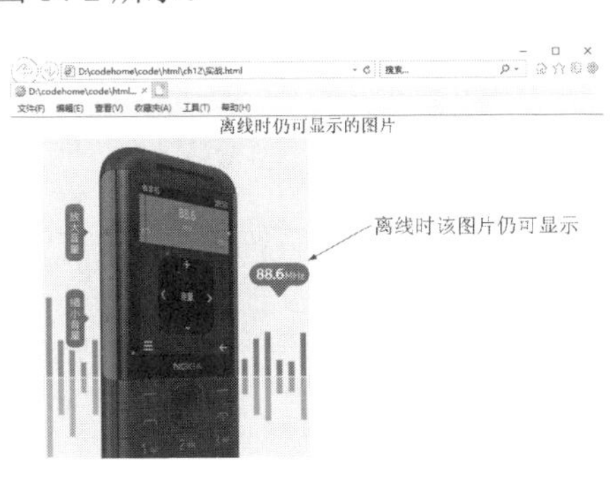

图 14-2 离线时的页面效果

第15章　处理线程和服务器发送事件

本章导读

利用 Web Worker 技术，可以实现网页脚本程序的多线程后台执行，并且不会影响其他脚本的执行。可以将一些计算量大的代码或者耗时较长的处理交给 Web Worker 运行而不会冻结用户界面，从而为大型网站的顺畅运行提供了更好的实现方法。

知识导图

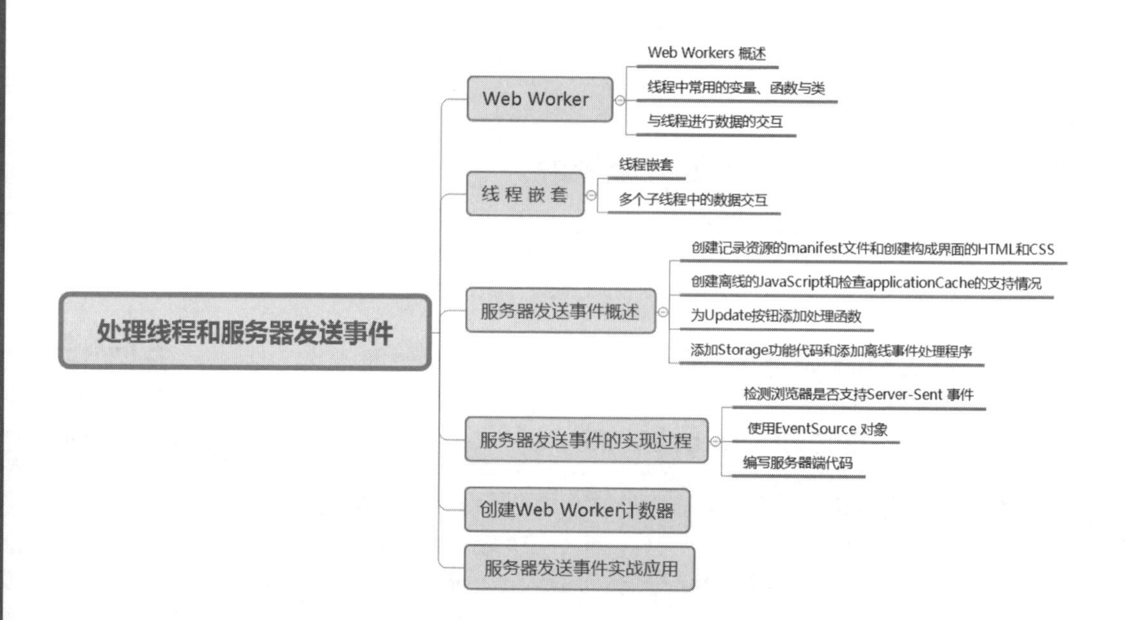

15.1 Web Worker

HTML5 为了提供更好的后台程序执行，设计了 Web Worker 技术。Web Worker 的产生主要是考虑到在 HTML4 中 JavaScript Web 程序都是以单线程的方式执行的，一旦前面的脚本花费时间过长，后面的程序就会因长期得不到响应而使用户页面操作出现异常。

15.1.1 Web Worker 概述

Web Worker 实现的是线程技术，可以使运行在后台的 JavaScript 独立于其他脚本，不会影响页面的性能。

Web Worker 创建后台线程的方法非常简单，只需要将在后台线程中执行的脚本文件，以 URL 地址的方式在 Worker 类的构造器中创建就可以了，其代码格式如下。

```
var worker=new worker( “worker.js") ;
```

目前大部分主流的浏览器都支持 Web Worker 技术。创建 Web Worker 之前，用户可以检测浏览器是否支持它，可以使用以下方法检测浏览器对 Web Worker 的支持情况。

```
if(typeof(Worker)!=="undefined")
  {
  // Yes! Web worker support!
  // Some code.....
  }
else
  {
  // Sorry! No Web Worker support..
  }
```

如果浏览器不支持该技术，将会出现如图 15-1 所示的提示信息。

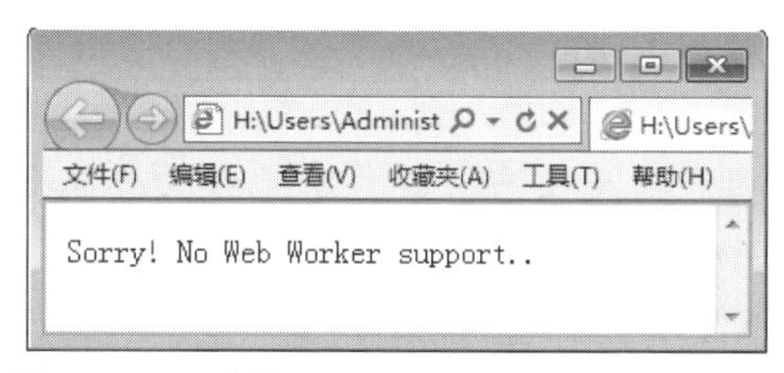

图 15-1 不支持 Web Worker 技术的提示信息

15.1.2 线程中常用的变量、函数与类

在创建 Web Worker 线程时会涉及一些变量、函数与类，其中在线程中执行 JavaScript 脚本文件时可以用到的变量、函数与类介绍如下。

- Self：Self 关键词用来表示本线程范围内的作用域。
- Imports：导入的脚本文件必须与使用该线程文件的页面在同一个域中，并在同一个端口中。
- ImportScripts（urls）：导入其他 JavaScript 脚本文件，参数为脚本文件的 URL 地址，可以导入多个脚本文件。
- Onmessage：获取接收消息的事件句柄。

- Navigator 对象：与 window.navigator 对象类似，具有 appName、platform、userAgent、appVersion 等属性。
- setTimeout()/setInterval()：可以在线程中实现定时处理。
- XMLHttpRequest：可以在线程中处理 Ajax 请求。
- Web Workers：可以在线程中嵌套线程。
- SessionStorage/localStorage：可以在线程中使用 Web Storage。
- Close：可以结束本线程。
- Eval()、isNaN()、escape() 等：可以使用所有 JavaScript 核心函数。
- Object：可以创建和使用本地对象。
- WebSockets：可以使用 WebSockets API 向服务器发送和接收信息。
- postMessage（message）：向创建线程的源窗口发送消息。

15.1.3 与线程进行数据的交互

在后台执行的线程是不可以访问页面和窗口对象的，但这并不妨碍前台和后台线程进行数据的交互。下面就来介绍一个前台和后台线程交互的案例。

在案例中，后台执行的 JavaScript 脚本线程是从 0 ～ 200 的整数中随机挑选一些整数，然后再在选出的这些整数中选择可以被 5 整除的整数，最后将这些选出的整数交给前台显示，以实现前台与后台线程的数据交互。

01 完成前台的网页 15.1.html，其代码内容如下。

```
<!DOCTYPE html>
<html>
<head>
<title>前台与后台线程的数据交互</title>
<script type="text/javascript">
var intArray=new Array（200）; //随机数组
var intStr="";          //将随机数组用字符串进行连接
//生成200个随机数
for（var i=0;i<200;i++）
{
    intArray[i]=parseInt（Math.random（）*200）;
    if（i!=0）
        intStr+=";";        //用分号作随机数组的分隔符
    intStr+=intArray[i];
}
//向后台线程提交随机数组
var worker = new Worker（"15.1.js"）;
worker.postMessage（intStr）;
// 从线程中取得计算结果
worker.onmessage = function（event） {
    if（event.data!=""）
    {
        var h;              //行号
        var l;              //列号
        var tr;
        var td;
        var intArray=event.data.split（";"）;
        var table=document.getElementById（"table"）;
        for（var i=0;i<intArray.length;i++）
        {
```

```
            h=parseInt(i/15,0);
            l=i%15;
            //该行不存在
            if(l==0)
            {
                //添加新行的判断
                tr=document.createElement( "tr");
                tr.id="tr"+h;
                table.appendChild(tr);
            }
            //该行已存在
            else
            {
                //获取该行
                tr=document.getElementById( "tr"+h);
            }
            //添加列
            td=document.createElement( "td");
            tr.appendChild(td);
            //设置该列数字内容
            td.innerHTML=intArray[h*15+l];
            //设置该列对象的背景色
            td.style.backgroundColor="#f56848";
            //设置该列对象数字的颜色
            td.style.color="#000000";
            //设置对象数字的宽度
            td.width="30";
        }
    }
};
</script>
</head>
<body>
<h2 style="text-shadow:0.1em 3px 6px blue">从随机生成的数字中抽取5的倍数并显示示例</h2>
<table id="table">
</table>
</body>
</html>
```

02 为了实现后台线程，需要编写后台执行的 JavaScript 脚本文件 15.1.js，其代码如下。

```
onmessage = function(event) {
    var data = event.data;
    var returnStr;              //将5的倍数组成字符串并返回
    var intArray=data.split( ";");    //设置返回字符串中的数字分隔符为 ";"号
    returnStr="";
    for(var i=0;i<intArray.length;i++)
    {
        if(parseInt(intArray[i])%5==0)       //判断能否被5整除
        {
            if(returnStr!="")
                returnStr+=";";
            returnStr+=intArray[i];
        }
    }
    postMessage(returnStr);                      //返回5的倍数组成的字符串
}
```

03 运行效果如图 15-2 所示。

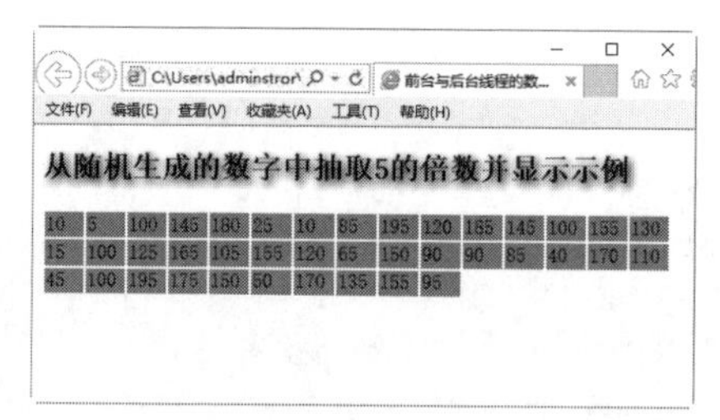

图 15-2　从随机生成的数字中抽取 5 的倍数并显示

> **提示：** 由于数字是随机产生的，所以每次生成的数据序列都是不同的。

15.2　线程嵌套

线程中可以嵌套子线程，这样就可以将后台中较大的线程切割成多个子线程，每个子线程独立完成一份工作，可以提高程序的效率。有关线程嵌套的内容介绍如下。

15.2.1　单线程嵌套

最简单的线程嵌套是单层的嵌套，下面来介绍一个单线程的嵌套案例，该案例所实现的效果和上节中的案例效果相似。其操作方法如下。

01 完成网页前台页面 15.2.html，具体代码如下。

```
<!DOCTYPE html>
<html>
<head>
<script type="text/javascript">
var worker = new Worker ( "15.2.js" ) ;
worker.postMessage ( "" ) ;
// 从线程中取得计算结果
worker.onmessage = function ( event )  {
    if ( event.data!="" )
    {
        var j; //行号
        var k; //列号
        var tr;
        var td;
        var intArray=event.data.split ( ";" ) ;
        var table=document.getElementById ( "table" ) ;
        for ( var i=0;i<intArray.length;i++ )
        {
            j=parseInt ( i/10,0 ) ;
            k=i%10;
            if ( k==0 )          //该行不存在
            {
                //添加行
                tr=document.createElement ( "tr" ) ;
                tr.id="tr"+j;
                table.appendChild ( tr ) ;
            }
```

```
            else  //该行已存在
            {
                //获取该行
                tr=document.getElementById( "tr"+j );
            }
            //添加列
            td=document.createElement( "td" );
            tr.appendChild(td);
            //设置该列内容
            td.innerHTML=intArray[j*10+k];
            //设置该列背景色
            td.style.backgroundColor="blue";
            //设置该列字体颜色
            td.style.color="white";
            //设置列宽
            td.width="30";
        }
    }
};
</script>
</head>
<body>
<h2 style="text-shadow:0.1em 3px 6px blue">从随机生成的数字中抽取5的倍数并显示示例</h2>
<table id="table">
</table>
</body>
</html>
```

02 下面需要编写程序 15.2.js，用作后台执行的主线程的代码内容，该线程用于执行数据挑选，会在 0 ～ 200 之间随机产生 200 个整数（数字可重复），并将其交与子线程，让子线程挑选可以被 5 整除的数字。

```
onmessage=function(event){
    var intArray=new Array(200);             //产生随机的数组
    //生成200个随机数
    for(var i=0;i<200;i++)                           //数字范围0-200
        intArray[i]=parseInt(Math.random()*200);
    var worker;
    //调用子线程
    worker=new Worker( "15.2-2.js");
    //将随机数组提交给子线程
    worker.postMessage(JSON.stringify(intArray));
    worker.onmessage = function(event) {
        //将挑选结果返回主页面
        postMessage(event.data);
    }
}
```

03 经过上一步主线程的数字挑选后，可以通过以下子线程将这些数字拼接成字符串，并返回主线程。下面需要编写程序 15.2-2.js，代码如下。

```
onmessage = function(event) {
      var  intArray= JSON.parse(event.
data);
    var returnStr;
    returnStr="";
    for(var i=0;i<intArray.length;i++)
        {
            //判断数字能否被5整除
                if(parseInt(intArray[i])
%5==0)
            {
                if(returnStr!="")
```

```
            returnStr+=";";
        //将所有可以被5整除的数字拼接成
字符串
        returnStr+=intArray[i];
      }
    }
    //返回拼接后的字符串至主线程
    postMessage ( returnStr ) ;
    //关闭子线程
    close ( ) ;
}
```

04 运行前台页面 15.2.html，随机产生一些可以被 5 整除的数字，如图 15-3 所示。

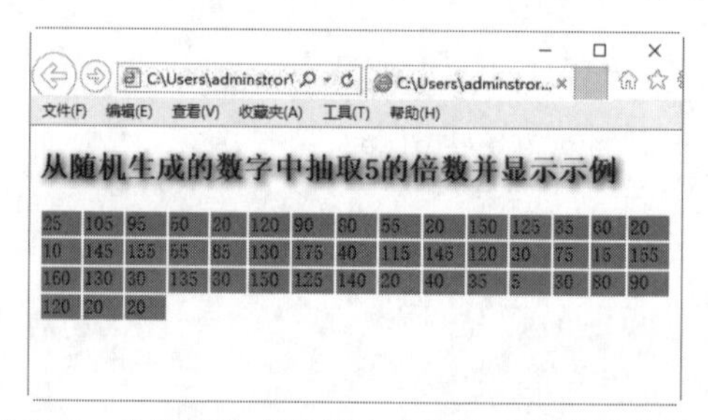

图 15-3　从随机生成的数字中抽取 5 的倍数并显示

15.2.2　多个子线程中的数据交互

在开发某些项目时，也可以将子线程再次拆分，生成多个子线程，由多个子线程同时完成工作，这样可以提高处理速度，对较大的 JavaScript 脚本程序来说很实用。

下面将上述案例的程序改为多个子线程嵌套的数据交互案例。

01 网页前台文件不需要修改，主线程的脚本文件 15.3.js 的内容如下：

```
onmessage=function ( event ) {
    var worker;
    //调用发送数据的子线程
    worker=new Worker ( "15.3-2.js" ) ;
    worker.postMessage ( "" ) ;
    worker.onmessage = function ( event )
{
        //接收子线程中的数据,本示例中为创建
好的随机数组
        var data=event.data;
        //创建接收数据的子线程
            worker=new Worker ( "15.2-2.
js" ) ;
            //把从发送数据的子线程中发回的消息传
递给接收数据的子线程
            worker.postMessage ( data ) ;
    worker.onmessage = function ( event ) {
                //获取接收数据子线程中传回的数
据,本示例中为挑选结果
        var data=event.data;
            //把挑选结果发送回主页面
            postMessage ( data ) ;
}
    }
}
```

上述代码的主线程脚本中提到了两个子线程脚本，其中一个 15.3-2.js 负责创建随机数组，并发送给主线程，另一个 15.2-2.js 负责从主线程接收选好的数组，并进行处理。15.2-2.js 脚本沿用上节脚本文件。

02 15.3-2.js 脚本文件的详细代码如下。

```
onmessage = function ( event ) {
    var intArray=new Array ( 200 ) ;
    for ( var i=0;i<200;i++ )
        intArray[i]=parseInt ( Math.random ( ) *200 ) ;
    postMessage ( JSON.stringify ( intArray ) ) ;
    close ( ) ;
}
```

03 执行后的效果如图 15-4 所示。

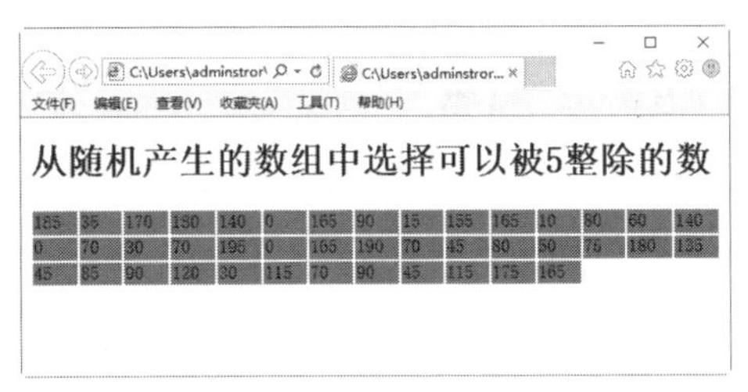

图 15-4 从随机产生的数组中选择可以被 5 整除的数

> **提示：** 以上几个案例的最终显示结构都是相同的，只是代码的编辑与线程的嵌套有所差异，在实际的应用中合理地嵌套子线程虽然会使代码的结构变得复杂，但是却能很大程度地提高程序的处理效率。

15.3 服务器发送事件概述

在网页客户端更新过程中，如果使用早期技术，网页会询问是否有可用的更新，这样将不能很好地实时获取服务器的信息，并且加大了资源的耗费。在 HTML 5 中，通过服务器发送事件，可以让网页客户端自动获取来自服务器的更新。

服务器发送事件（Server-Sent Event）允许网页获得来自服务器的更新，这种数据的传递和前面章节讲述的 Web Socket 不同。服务器发送事件是单向传递信息，服务器将更新的信息自动发送到客户端，而 Web Socket 是双向通信技术。

目前，常见浏览器对 Server-Sent Event 的支持情况如表 15-1 所示。

表 15-1 常见浏览器对 Server-Sent Event 的支持情况

浏览器名称	支持 Server-Sent Event 的版本
Internet Explorer	不支持
Firefox	Firefox 3.6 及更高版本
Opera	Opera 12.0 及更高版本
Safari	Safari 5 及更高版本
Chrome	Chrome 5 及更高版本

15.4 服务器发送事件的实现过程

了解了服务器发送事件的基本概念后，下面来学习其实现过程。

15.4.1 检测浏览器是否支持 Server-Sent 事件

首先可以检查客户端浏览器是否支持 Server-Sent 事件。其代码如下。

```
if(typeof(EventSource)!=="undefined")
  {
  // 浏览器支持的情况
  }
else
  {
  // 对不起,您的浏览器不支持……
  }
```

用户在代码中设置提示信息，这样如果浏览者的客户端不支持，将会显示提示信息。

15.4.2 使用 EventSource 对象

在 HTML 5 的服务器发送事件中，使用 EventSource 对象接收服务器发送事件的通知。该对象的事件含义如表 15-2 所示。

表 15-2 EventSource 对象的事件

事件名称	含 义
onopen	当连接打开时触发该事件
onmessage	当收到信息时触发该事件
onerror	当连接关闭时触发该事件

在事件处理函数中，可以通过使用 readyState 属性检测连接状态，主要有三种状态，如表 15-3 所示。

表 15-3 EventSource 对象的事件状态

状态名称	值	含 义
CONNECTING	0	正在建立连接
OPEN	1	连接已经建立，正在委派事件
CLOSED	2	连接已经关闭

例如，下面的代码就是使用了 onmessage 的实例。

```
var source=new EventSource ( “/123.php" ) ;
source.onmessage=function ( event )
  {
  document.getElementById ( “result" ) .innerHTML+=event.data + “<br />";
  };
```

上述代码创建了一个新的 EventSource 对象，然后规定发送更新页面的 URL（本例中是“/123.php”）。每接收到一次更新，就会发生 onmessage 事件。当 onmessage 事件发生时，把已接收的数据推入 id 为 result 的元素中。

15.4.3 编写服务器端代码

为了让上面的例子可以运行，还需要能够发送数据更新的服务器（比如 PHP 和 ASP）。服务器端事件流的语法非常简单，把 Content-Type 报头设置为 text/event-stream，然后就可以开始发送事件流了。

如果服务器是 PHP，则服务器的代码如下。

```
<?php
  header ( 'Content-Type: text/event-stream' ) ;
  header ( 'Cache-Control: no-cache' ) ;
  $time = date ( 'r' ) ;
  echo 'data: The server time is: {$time}\n\n';
  flush ( ) ;
```

```
?>
```

如果服务器是 ASP，则服务器的代码如下。

```
<%
  Response.ContentType="text/event-stream"
  Response.Expires=-1
  Response.Write ( "data: " & now ( ) )
  Response.Flush ( )
%>
```

上面的代码中，把报头 Content-Type 设置为 text/event-stream，规定不对页面进行缓存，输出发送日期（始终以“data:”开头），刷新网页输出数据。

15.5 创建 Web Worker 计数器

本节主要创建一个简单的 Web Worker，实现在后台计数的功能。具体操作步骤如下。

01 首先创建一个外部的 JavaScript 文件“workers01.js”，主要用于计数，代码如下。

```
var i=0;

function timedCount ( )
{
    i=i+1;
    postMessage ( i ) ;
    setTimeout ( "timedCount ( ) ",500 ) ;
}

timedCount ( ) ;
```

以上代码中重要的部分是 postMessage（）方法，主要用于向 HTML 页面传回一段消息。

02 创建 HTML 页面的代码如下。

```
<!DOCTYPE html>
<html>
<body>
<p>计数: <output id="result"></output></p>
<button onclick="startWorker ( ) ">开始 Worker</button>
<button onclick="stopWorker ( ) ">停止 Worker</button>
<br /><br />
<script>
    var w;
    function startWorker ( )
    {
    <!—首先判断浏览器是否支持web worker -->
        if ( typeof ( Worker ) !=="undefined" )
        {
        <!—检测是否存在worker,如果不存在,它会创建一个新的Web Worker 对象,然后运行
 " workers01.js" 中的代码-->
        if ( typeof ( w ) =="undefined" )
        {
            w=new Worker ( "workers01.js" ) ;
        }
<!—向web worker添加一个"onmessage"事件监听器-->
```

```
        w.onmessage = function (event) {
            document.getElementById( "result").innerHTML=event.data;
        };
        }
        else
       {
           document.getElementById( "result").innerHTML="对不起, 您的浏览器不支持Web
Workers...";
    }
}
    function stopWorker()
{
<!—终止web worker,并释放浏览器/计算机资源-->
    w.terminate();
}
</script>
</body>
</html>
```

03 运行结果如图 15-5 所示。

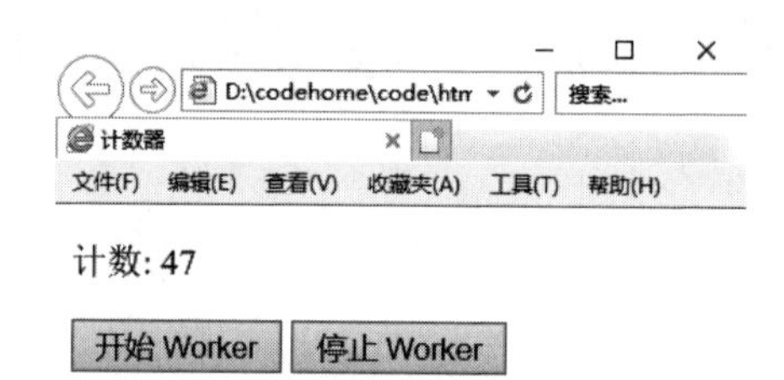

图 15-5　创建 Web Worker 计数器

15.6 服务器发送事件实战应用

下面通过一个综合的案例，详细介绍服务器发送事件的操作过程。

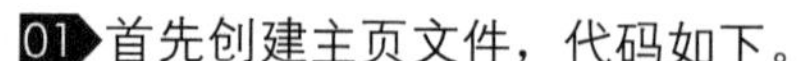
01 首先创建主页文件，代码如下。

```
<!DOCTYPE html>
<html>
<head>
<meta charset=\"UTF-8\">
</head>
<body>
<h1>获得服务器更新</h1>
<div id="result">
</div>
<script>
if(typeof(EventSource)!=="undefined")
  {
  var source=new EventSource( "/123.php");
  source.onmessage=function(event)
    {
    document.getElementById( "result").innerHTML+=event.data + "<br />";
    };
  }
else
  {
  document.getElementById( "result").innerHTML="对不起, 您的浏览器不支持服务器发送事
```

```
件...";
  }
</script>
</body>
</html>
```

> **提示：** 通信数据的编码这里规定为 UTF-8 格式，另外所有的页面编码要统一为 UTF-8，否则会乱码或无数据。

02 编写服务器端文件 123.php，代码如下。

```
<?php
error_reporting(E_ALL);
//注意：发送包头定义MIMIE类型（header部分），是实现服务器所必需的代码（MIMIE类型定义了事件框架格式）
header(\"Content-Type:text/event-stream\");
echo  'data:服务器第一次发送数据'.\"\n\";
echo  'data:服务器第二次发送数据'.\"\n\";
?>
```

> **提示：** 服务器输出的数据必须为 data:value 格式，这是 text/event-tream 格式规定的。

03 在 IE 浏览器中运行主页文件，效果如图 15-6 所示。

04 在 Firefox 浏览器中访问主页文件的效果如图 15-7 所示。服务器每隔一段时间推送一个数据。

图 15-6　在 IE 浏览器中访问主页文件的效果

图 15-7　在 Firefox 浏览器中访问主页文件的效果

15.7　新手常见疑难问题

疑问 1：工作线程（Web Worker）的主要应用场景有哪些？

工作线程的主要应用场景有 3 个，分别如下。

（1）使用工作线程做后台数值（算法）计算。

（2）使用工作线程处理多用户并发连接。

（3）HTML5 线程代理。

疑问 2：目前浏览器对 Web Worker 的支持情况如何？

目前大部分主流的浏览器都支持 Web Worker，但是 Internet Explorer 9 之前的版本并不支持。

疑问 3：如何编写 JSP 的服务器端代码？

如果服务器端是 JSP，服务器的代码段如下。

```
<%@ page contentType="text/event-stream; charset=UTF-8"%>
<%
    response.setHeader ( "Cache-Control",  "no-cache" ) ;
    out.print ( "data: >> server Time" + new java.util.Date ( )  ) ;
    out.flush ( ) ;
%>
```

其中，编码要采用统一的 UTF-8 格式。

疑问 4：如何优化服务器端代码？

EventSource 对象是一个不间歇运行的程序，时间一长会消耗大量的资源，甚至导致客户端浏览器崩溃，那么如何优化执行代码呢？

在 HTML5 中使用 Web Workers 优化 JavaScript 执行复杂运算、重复运算和多线程；对于执行时间长、消耗内存多的 JavaScript 程序代码最为有用。

15.8 实战技能训练营

实战 1：设计一个简易的计数器

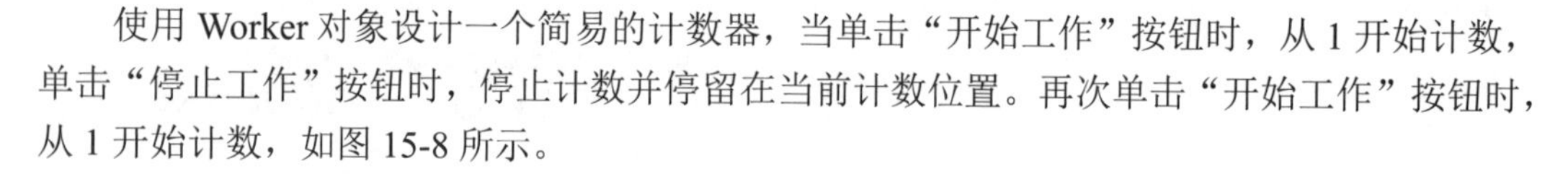

使用 Worker 对象设计一个简易的计数器，当单击“开始工作”按钮时，从 1 开始计数，单击“停止工作”按钮时，停止计数并停留在当前计数位置。再次单击“开始工作”按钮时，从 1 开始计数，如图 15-8 所示。

实战 2：动态显示指定区间的所有整数值

使用 Worker 对象处理线程的方法，动态显示指定区间的所有整数。例如指定区间为 1 ～ 10000，运行结果如图 15-9 所示。

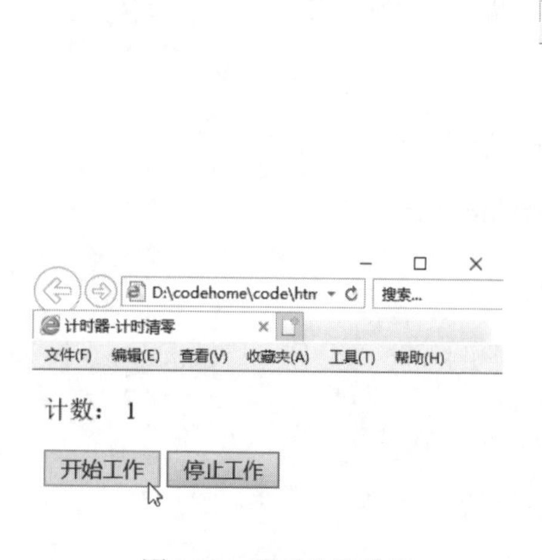

图 15-8　简易的计数器

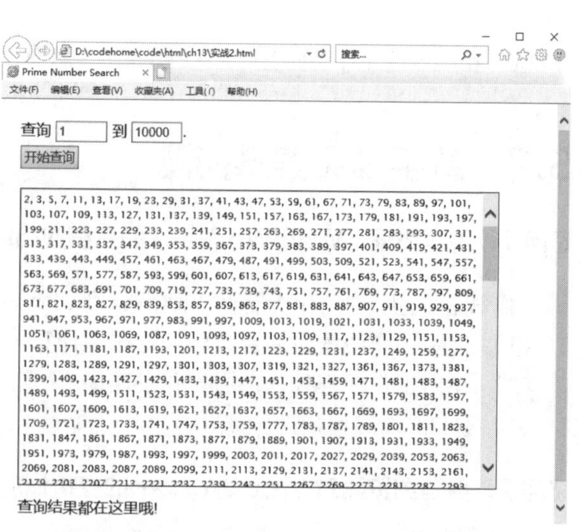

图 15-9　动态显示指定区间的所有整数值

第16章　数据存储和通信技术

本章导读

Web Storage 是 HTML 5 引入的一个非常重要的功能，可以在客户端本地存储数据，类似 HTML4 的 Cookie，但可以实现的功能比 Cookie 强大得多，Cookie 的大小被限制在 4KB，而 Web Storage 官方建议每个网站为 5MB。另外 Web 通信技术可以更好地完成跨域数据的通信，以及 Web 即时通信应用的实现，如 Web QQ 等。

知识导图

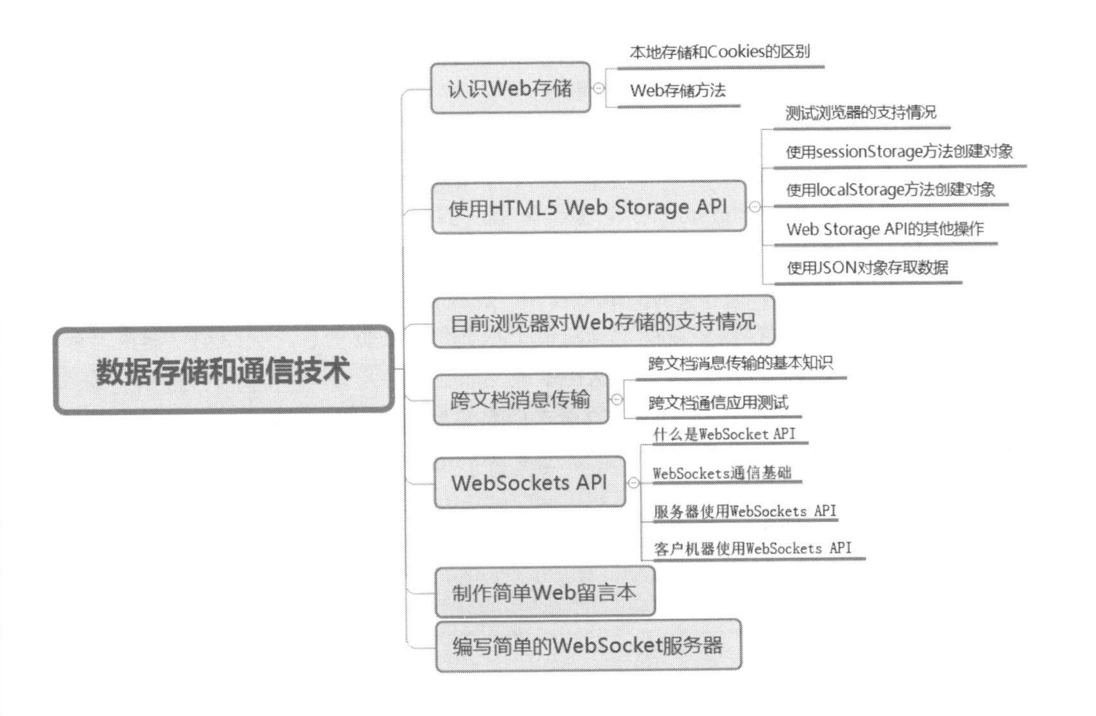

16.1 认识 Web 存储

在 HTML 5 标准之前，Web 存储信息需要用 Cookie 来完成，但是 Cookie 不适合大量数据的存储，因为它们由对服务器的请求来传递，这使得 Cookie 的速度很慢而且效率也不高。为此，在 HTML 5 中，Web 存储 API 为用户如何在计算机或设备上存储用户信息作了数据标准的定义。

16.1.1 本地存储和 Cookies 的区别

本地存储和 Cookies 扮演着类似的角色，但是它们有根本的区别。

（1）本地存储是仅存储在用户的硬盘上，并等待用户读取，而 Cookies 是在服务器上读取。

（2）本地存储仅供客户端使用，如果需要服务器端根据存储数据做出反应，就应该使用 Cookies。

（3）读取本地存储不会影响网络带宽，但是使用 Cookies 将会发送到服务器，这样会影响网络带宽，无形中增加了成本。

（4）从存储容量上看，本地存储可存储多达 5MB 的数据，而 Cookies 最多只能存储 4KB 的数据信息。

16.1.2 Web 存储方法

在 HTML 5 标准中，提供了以下两种在客户端存储数据的新方法。

（1）sessionStorage：sessionStorage 是基于 session 的数据存储，在关闭或者离开网站后，数据将会被删除，也被称为会话存储。

（2）localStorage：没有时间限制的数据存储，也被称为本地存储。

与会话存储不同，本地存储将在用户计算机上永久保持数据信息。关闭浏览器窗口后，如果再次打开该站点，将可以检索所有存储在本地上的数据。

在 HTML 5 中，数据不是由每个服务器请求传递的，而是只有在请求时才使用数据，这样的话，存储大量数据时不会影响网站性能。对于不同的网站，数据存储于不同的区域，并且每个网站只能访问其自身的数据。

> **提示**：HTML5 使用 JavaScript 来存储和访问数据，为此，建议用户可以多了解一下 JavaScript 的基本知识。

16.2 使用 HTML 5 Web Storage API

使用 HTML 5 Web Storage API 技术，可以很好地实现本地存储。

16.2.1 测试浏览器的支持情况

各大主流浏览器基本都支持 Web Storage，但是为了兼容老的浏览器，还是要检查一下是否可以使用这项技术，主要有两种方法。

1. 检查 Storage 对象是否存在

通过检查 Storage 对象是否存在，可以知道浏览器是否支持 Web Storage，代码如下：

```
if(typeof(Storage)!=="undefined"){
    //是的! 支持 localStorage  sessionStorage 对象!
    //一些代码.....
} else {
    //抱歉! 不支持 web 存储。
}
```

2. 分别检查各种对象

分别检查各种对象。例如，检查 localStorage 是否支持，代码如下：

```
if (typeof(localStorage) == 'undefined' ) {
alert('Your browser does not support HTML5 localStorage. Try upgrading.');
} else {
//是的! 支持 localStorage  sessionStorage 对象!
//一些代码.....
}
```

或者

```
 if('localStorage' in window && window['localStorage'] !== null){
//是的! 支持 localStorage  sessionStorage 对象!
//一些代码.....
} else {
alert('Your browser does not support HTML5 localStorage. Try upgrading.');
}
```

或者

```
if (!!localStorage) {
//是的! 支持 localStorage  sessionStorage 对象!
//一些代码....
} else {
alert('您的浏览器不支持localStorage  sessionStorage 对象!');
}
```

16.2.2 使用 sessionStorage 方法创建对象

sessionStorage 方法针对一个 session 进行数据存储。如果用户关闭浏览器窗口，数据会被自动删除。

使用 sessionStorage 方法的基本语法格式如下：

```
<script type="text/javascript">
sessionStorage.abc="  ";
</script>
```

1. 创建对象

实例 1：使用 sessionStorage 方法创建对象

```
<!DOCTYPE HTML>
<html>
<body>
<script type="text/javascript">
sessionStorage.name="努力过好每一天! ";
document.write(sessionStorage.name);
</script>
</body>
</html>
```

运行效果如图 16-1 所示，即可看到使用 sessionStorage 方法创建的对象内容显示在网页中。

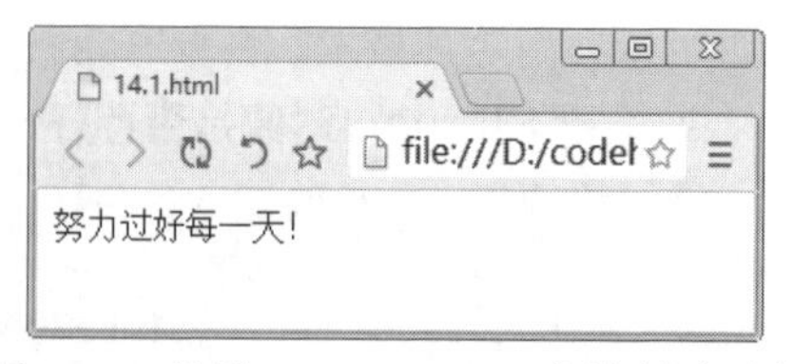

图 16-1　使用 sessionStorage 方法创建对象

2. 制作网站访问记录计数器

下面继续使用 sessionStorage 方法制作记录用户访问网站次数的计数器。

实例 2：制作网站访问记录计数器

```
<!DOCTYPE HTML>
<html>
<body>
<script type="text/javascript">
if (sessionStorage. count)
{
      sessionStorage.count=Number
(sessionStorage.count) +1;
}
else
{
    sessionStorage. count=1;
}
document.write("您访问该网站的次数为: " +
sessionStorage.count);
</script>
</body>
</html>
```

运行效果如图 16-2 所示。如果用户刷新一次页面，计数器的数值将加 1。

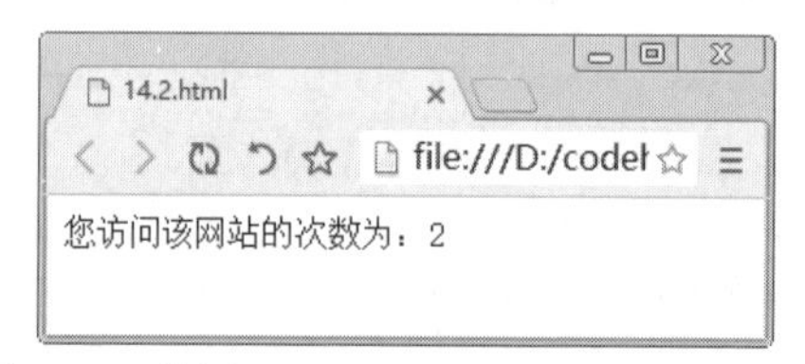

图 16-2　使用 sessionStorage 方法创建计数器

> **提示：** 如果用户关闭浏览器窗口，然后再次打开该网页，计数器数值将重置为 1。

16.2.3　使用 localStorage 方法创建对象

与 sessionStorage 方法不同，localStorage 方法存储的数据没有时间限制。也就是说，网页浏览者关闭网页很长一段时间后，再次打开此网页时，数据依然可用。

使用 localStorage 方法的基本语法格式如下：

```
<script type="text/javascript">
localStorage.abc="   ";
</script>
```

1. 创建对象

实例 3：使用 localStorage 方法创建对象

```
<!DOCTYPE HTML>
<html>
<body>
<script type="text/javascript">
localStorage.name="学习HTML5最新的技术:
Web存储";
document.write(localStorage.name);
</script>
</body>
</html>
```

运行效果如图16-3所示，即可看到使用localStorage方法创建的对象内容显示在网页中。

图16-3　使用localStorage方法创建对象

2. 制作网站访问记录计数器

下面使用localStorage方法来制作记录用户访问网站次数的计数器。用户可以清楚地看到localStorage方法和sessionStorage方法的区别。

实例4：制作网站访问记录计数器

```
<!DOCTYPE HTML>
<html>
<body>
<script type="text/javascript">
if （localStorage.count）
{
      localStorage.count=Number
（localStorage.count） +1;
}
else
{
    localStorage.count=1;
 }
document.write（ "您访问该网站的次数为：" +
localStorage.count"）;
</script>
</body>
</html>
```

运行效果如图16-4所示。如果用户刷新一次页面，计数器的数值将加1；如果用户关闭浏览器窗口，然后再次打开该网页，计数器会继续上一次计数，而不会重置为1。

图16-4　使用localStorage方法创建计数器

16.2.4　Web Storage API的其他操作

Web Storage API的localStorage和sessionStorage对象除了以上基本应用外，还有以下两个方面的应用。

1. 清空localStorage数据

localStorage的clear()函数用于清空同源的本地存储数据，比如localStorage.clear()将删除所有本地存储的localStorage数据。

而Web Storage的另外一部分Session Storage中的clear()函数只清空当前会话存储的数据。

2. 遍历localStorage数据

遍历localStorage数据可以查看localStrage对象保存的全部数据信息。在遍历过程中，需要访问localStorage对象的另外两个属性length与key。length表示localStorage对象中保存数据的总量，key表示保存数据时的键名项，该属性常与索引号（index）配合使用，表示第几条键名对应的数据记录。索引号（index）以0值开始，如果取第3条键名对应的数据，

index 值应该为 2。

取出数据并显示数据内容的代码如下：

```
function showInfo ( ) {
   var array=new Array ( );
   for ( var i=0;i
   //调用key方法获取localStorage中数据对应的键名
   //如这里键名是从test1开始递增到testN,那么localStorage.key ( 0 ) 对应test1
   var getKey=localStorage.key ( i );
   //通过键名获取值,这里的值包括内容和日期
   var getVal=localStorage.getItem ( getKey );
   //array[0]就是内容,array[1]是日期
   array=getVal.split ( “," );
   }
}
```

获取并保存数据的代码如下：

```
var storage = window.localStorage; f
or  ( var i=0, len = storage.length; i  <  len; i++ ) {
var key = storage.key ( i );
var value = storage.getItem ( key );
console.log ( key +  “=" + value ); }
```

16.2.5 使用 JSON 对象存取数据

在 HTML 5 中可以使用 JSON 对象来存取一组相关的对象。使用 JSON 对象可以收集一组用户输入信息，然后创建一个 Object 对象来囊括这些信息，之后用一个 JSON 字符串来表示这个 Object 对象，最后把 JSON 字符串存放在 localStorage 中。当用户检索指定名称时，会自动用该名称在 localStorage 中取得对应的 JSON 字符串，将字符串解析到 Object 对象，然后依次提取对应的信息，并构造 HTML 文本输入显示。

实例 5：使用 JSON 对象存取数据

下面通过一个简单的案例，来介绍如何使用 JSON 对象存取数据，具体操作方法如下。

01 新建一个网页文件，具体代码如下：

```
<!DOCTYPE html>
<html>
<head>
<meta charset="UTF-8">
<title>使用JSON对象存取数据</title>
<script type="text/javascript" src="objectStorage.js"></script>
</head>
<body>
<h3>使用JSON对象存取数据</h3>
<h4>填写待存取信息到表格中</h4>
<table>
<tr><td>用户名:</td><td><input type="text" id="name"></td></tr>
<tr><td>E-mail:</td><td><input type="text" id="email"></td></tr>
<tr><td>联系电话:</td><td><input type="text" id="phone"></td></tr>
<tr><td></td><td><input type="button" value="保存" onclick="saveStorage ( );"> </
td></tr>
```

```
</table>
<hr>
<h4> 检索已经存入localStorage的json对象,并且展示原始信息</h4>
<p>
<input type="text" id="find">
<input type="button" value="检索" onclick="findStorage ( 'msg' ) ;">
</p>
<!-- 下面这块用于显示被检索到的信息文本 -->
<p id ="msg"></p>
</body>
</html>
```

02 浏览保存的 html 文件，页面显示效果如图 16-5 所示。

图 16-5　创建存取对象表格

03 案例中用到了 JavaScript 脚本，其中包含两个函数，一个用于存数据，一个用于取数据。具体的 JavaScript 脚本代码如下：

```
function saveStorage ( ) {
    //创建一个json对象,用于存放当前从表单获得的数据
    var data = new Object;              //将对象的属性值名依次和用户输入的属性值关联起来
    data.user=document.getElementById ( "user" ) .value;
    data.mail=document.getElementById ( "mail" ) .value;
    data.tel=document.getElementById ( "tel" ) .value;
    //创建一个json对象,让其对应html文件中创建的对象的字符串数据形式
    var str = JSON.stringify ( data ) ;
    //将json对象存放到localStorage上,key为用户输入的NAME,value为这个json字符串
    localStorage.setItem ( data.user,str ) ;
    console.log ( "数据已经保存! 被保存的用户名为: "+data.user ) ;
}
//从localStorage中检索用户输入的名称对应的json字符串,然后把json字符串解析为一组信息, 并且打印到指定位置
function findStorage ( id ) {              //获得用户的输入,是用户希望检索的名字
    var requiredPersonName = document.getElementById ( "find" ) .value;
    //以这个检索的名字来查找localStorage,得到了json字符串
    var str=localStorage.getItem ( requiredPersonName ) ;
    //解析这个json字符串得到Object对象
    var data= JSON.parse ( str ) ;
    //从Object对象中分离出相关属性值,然后构造要输出的HTML内容
    var result="用户名:"+data.user+'<br>';
    result+="E-mail:"+data.mail+' <br>' ;
    result+="联系电话:"+data.tel+'<br>';                      //取得页面上要输出的容器
    var target = document.getElementById ( id ) ;//用刚才创建的HTML内容来填充这个容器
    target.innerHTML = result;
}
```

04 将 js 文件和 html 文件放在同一目录下，再次打开网页，在表单中依次输入相关内容，单击“保存”按钮，如图 16-6 所示。

05 在“检索”文本框中输入保存的用户名，单击“检索”按钮，则在页面下方自动显示保存的用户信息，如图 16-7 所示。

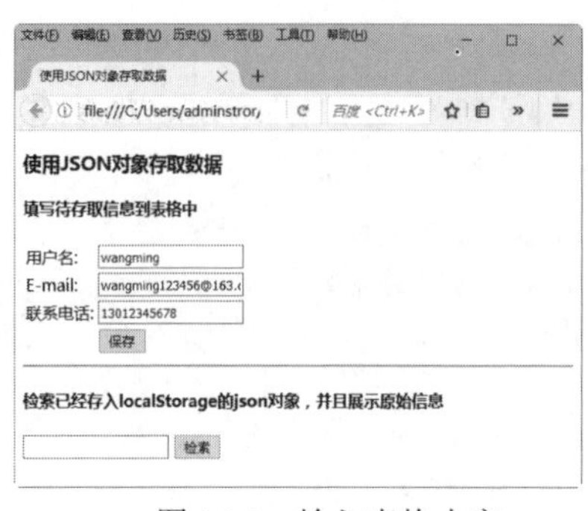

图 16-6　输入表格内容

图 16-7　检索数据信息

16.3　浏览器对 Web 存储的支持情况

不同的浏览器版本对 Web 存储技术的支持情况是不同的，表 16-1 是常见浏览器对 Web 存储的支持情况。

表 16-1　常见浏览器对 Web 存储的支持情况

浏览器名称	支持 Web 存储技术的版本
Internet Explorer	Internet Explorer 8 及更高版本
Firefox	Firefox 3.6 及更高版本
Opera	Opera 10.0 及更高版本
Safari	Safari 4 及更高版本
Chrome	Chrome 5 及更高版本
Android	Android 2.1 及更高版本

16.4　跨文档消息传输

利用跨文档消息传输功能，可以在不同域、端口或网页文档之间传递消息。

16.4.1　跨文档消息传输的基本知识

利用跨文档消息传输可以实现跨域的数据推动，使服务器端不再被动地等待客户端的请求，只要客户端与服务器端建立了一次链接，服务器端就可以在需要的时候，主动地将数据推送到客户端，直到客户端显示关闭这个链接。

HTML 5 提供了在网页文档之间互相接收与发送消息的功能。使用这个功能，只要获取网页所在页面对象的实例，不仅同域的 Web 网页之间可以互相通信，甚至可以实现跨域通信。

要想接收从其他文档发过来的消息，就必须对文档对象的message时间进行监视，实现代码如下：

```
window.addEventListener("message",function(){…},false)
```

要想发送消息，可以使用window对象的postMessage方法来实现，该方法的实现代码如下：

```
otherWindow.postMessage(message,targetOrigin)
```

说明：postMessage是HTML 5为了解决跨文档通信，特别引入的一个新的API，目前支持这个API的浏览器有：IE（8.0以上）、Firefox、Opera、Safari和Chrome。

postMessage允许页面中的多个iframe/window通信，postMessage也可以实现Ajax直接跨域，不通过服务器端代理。

16.4.2 跨文档通信应用测试

下面来介绍一个跨文档通信的应用案例，主要使用postMessage的方法来实现该案例。具体操作方法如下。

需要创建两个文档来实现跨文档的访问，名称分别为16.6.html和16.7.html。

01 创建用于实现信息发送的16.6.html文档，具体代码如下：

```
<!DOCTYPE HTML>
<html>
<head>
  <title>跨域文档通信1</title>
</head>
<script type="text/javascript">
  window.onload = function() {
    document.getElementById('title').innerHTML = '页面在' + document.location.host
+ '域中,且每过1秒向16.7.html文档发送一个消息! ';
    //定时向另外一个不确定域的文件发送消息
    setInterval(function(){
       var message = '消息发送测试!    ' + (new Date().getTime());
       window.parent.frames[0].postMessage(message, '*');
    },1000);
  };
</script>
<body>
<div id="title"></div>
</body>
</html>
```

02 运行效果如图16-8所示。

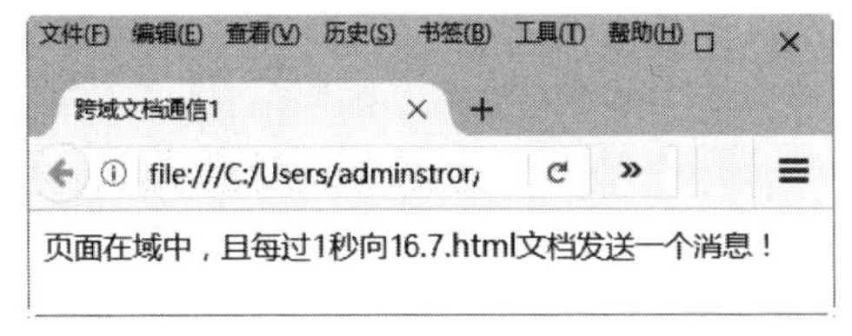

图16-8 程序运行结果

03 创建用于实现信息监听的16.7.html文档，具体代码如下：

```
<!DOCTYPE HTML>
<html>
<head>
  <title>跨域文档通信2</title>
</head>

<script type="text/javascript">
  window.onload = function ( ) {


    document.getElementById ( 'title' ) .innerHTML = '页面在' + document.location.host
+ '域中,且每过1秒向16.6.html文档发送一个消息! ';
    //定时向另外一个不同域的iframe发送消息
    setInterval ( function ( ) {
        var message = '消息发送测试!    ' + ( new Date ( ) .getTime ( ) ) ;
        window.parent.frames[0].postMessage ( message, '*' ) ;
    },1000 ) ;

    var onmessage = function ( e ) {
       var data = e.data,p = document.createElement ( 'p' ) ;
       p.innerHTML = data;
       document.getElementById ( 'display' ) .appendChild ( p ) ;
    };
    //监听postMessage消息事件
    if ( typeof window.addEventListener != 'undefined' ) {
      window.addEventListener ( 'message', onmessage, false ) ;
    } else if ( typeof window.attachEvent != 'undefined' ) {
      window.attachEvent ( 'onmessage', onmessage ) ;
    }

  };

</script>

<body>
<div id="title"></div>
<br>
<div id="display"></div>
</body>
</html>
```

04 运行16.7.html文件，效果如图16-9所示。

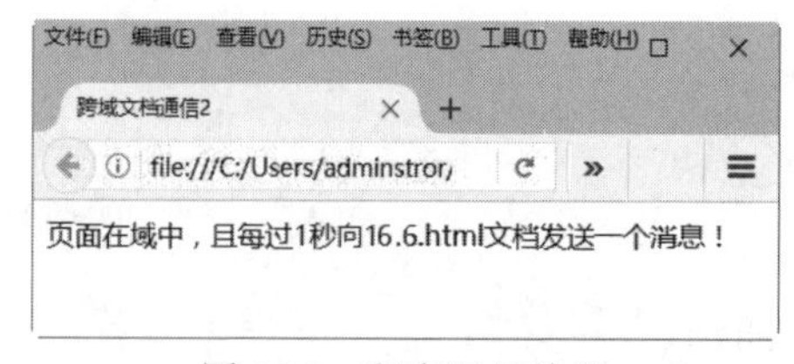

图16-9　程序运行结果

16.6.html文件中的“window.parent.frames[0].postMessage（message, '*'）;”语句中的“*”表示不对访问的域进行判断。如果要加入特定域的限制，可以将代码改为“window.parent.frames[0].postMessage（message, 'url'）;”；其中的url必须为完整的网站域名格式。而在信息监听接收方的onmessage中需要追加一个判断语句“if（event.origin !== 'url'） return;”。

> **提示**：由于在实际通信时，应当实现双向通信，所以，在编写代码时，每一个文档中都应该具有发送信息和监听接收信息的模块。

16.5 WebSockets API

HTML5 中有一个很实用的新特性：WebSockets。使用 WebSockets 可以在没有 Ajax 请求的情况下与服务器端对话。

16.5.1 什么是 WebSocket API

WebSocket API 是下一代客户端—服务器的异步通信方法。该通信取代了单个的 TCP 套接字，使用 WS 或 WSS 协议，可用于任意客户端和服务器程序。WebSocket 目前由 W3C 进行标准化。WebSocket 可以被 Firefox 4、Chrome 4、Opera 10.70 及 Safari 5 等浏览器支持。

WebSocket API 最好的地方是，服务器和客户端可以在给定的时间范围内的任意时刻，相互推送信息。WebSocket 并不限于以 Ajax（或 XHR）方式通信，因为 Ajax 技术需要客户端发起请求，而 WebSocket 服务器和客户端可以彼此相互推送信息；XHR 受域的限制，而 WebSocket 允许跨域通信。

Ajax 技术很聪明的一点是没有设计要使用的方式。而 WebSocket 为指定目标创建，用于双向推送消息。

16.5.2 WebSockets 通信基础

1. 产生 WebSockets 的背景

随着即时通信系统的普及，基于 Web 的实时通信也得以广泛应用，如新浪微博的评论、私信的通知，腾讯的 Web QQ 等。

在 WebSocket 出现之前，一般通过两种方式来实现 Web 实时应用：轮询机制和流技术，而其中的轮询机制又可分为普通轮询和长轮询（Coment），分别介绍如下。

（1）轮询。这是最早的一种实现实时 Web 应用的方案。客户端以一定的时间间隔向服务器端发出请求，以频繁请求的方式来保持客户端和服务器端的同步。这种同步方案的缺点是，当客户端以固定频率向服务器端发起请求的时候，服务器端的数据可能并没有更新，这样会带来很多无效的网络传输，所以这是一种非常低效的实时方案。

（2）长轮询。是对定时轮询的改进和提高，目地是降低无效的网络传输。当服务器端没有数据更新的时候，连接会保持一段时间，直到数据或状态改变或者时间过期，通过这种机制来减少无效的客户端和服务器间的交互。当然，如果服务器端的数据变更非常频繁，这种机制和定时轮询比较起来没有本质上的性能的提高。

（3）流。就是在客户端的页面使用一个隐藏的窗口向服务器端发出一个长连接的请求。服务器端接到这个请求后做出回应并不断更新连接状态以保证客户端和服务器端的连接不过期。通过这种机制可以将服务器端的信息源源不断地推向客户端。这种机制在用户体验上有一点问题，需要针对不同的浏览器设计不同的方案来改进用户体验，同时这种机制在并发量比较大的情况下，对服务器端的资源是一个极大的考验。

上述三种方式实际上都不是真正的实时通信技术，只是相对地模拟出了实时的效果，这种效果的实现对编程人员来说无疑增加了复杂性，在客户端和服务器端都需要复杂的 HTTP

链接设计来模拟双向的实时通信。这种复杂的实现方法制约了应用系统的扩展性。

基于上述弊端，在 HTML5 增加了实现 Web 实时应用的技术：Web Socket。Web Socket 通过浏览器提供的 API 真正实现了具备像 C/S 架构下的桌面系统的实时通信能力。其原理是使用 JavaScript 调用浏览器的 API 发出一个 WebSocket 请求至服务器，经过一次握手，和服务器建立了 TCP 通信，因为它本质上是一个 TCP 连接，所以数据传输的稳定性强和数据传输量比较小。由于 HTML5 中 WebSockets 的使用，使其具备了 Web TCP 的称号。

2. WebSocket 技术的实现方法

WebSocket 技术本质上是一个基于 TCP 的协议技术，其建立通信链接的操作步骤如下。

01 为了建立一个 WebSocket 连接，客户端的浏览器首先要向服务器发起一个 HTTP 请求，这个请求和通常的 HTTP 请求有所差异，除了包含一般的头信息外，还有一个附加的信息“Upgrade: WebSocket”，表明这是一个申请协议升级的 HTTP 请求。

02 服务器端解析这些附加的头信息，经过验证后，产生应答信息返回给客户端。

03 客户端接收返回的应答信息，建立与服务器端的 WebSocket 连接，之后双方就可以通过这个连接通道自由地传递信息，并且这个连接会持续存在，直到客户端或者服务器端的某一方主动关闭连接。

WebSocket 技术目前还是属于比较新的技术，其版本更新较快，其最新版本基本上可以被 Chrome、Firefox、Opera 和 IE（9.0 以上）等浏览器支持。

在建立实时通信时，客户端发到服务器的内容如下：

```
GET /chat HTTP/1.1
Host: server.example.com
Upgrade: websocket
Connection: Upgrade
Sec-WebSocket-Key: dGhlIHNhbXBsZSBub25jZQ==
Origin: http://example.com
Sec-WebSocket-Protocol: chat, superchat8.Sec-WebSocket-Version: 13
```

从服务器返回到客户端的内容如下：

```
HTTP/1.1 101 Switching Protocols
Upgrade: websocket
Connection: Upgrade
Sec-WebSocket-Accept: s3pPLMBiTxaQ9kYGzzhZRbK+xOo=
Sec-WebSocket-Protocol: chat
```

> **说明：**“Upgrade:WebSocket”表示这是一个特殊的 HTTP 请求，请求的目的就是要将客户端和服务器端的通信协议从 HTTP 协议升级到 WebSocket 协议。其中客户端的 Sec-WebSocket-Key 和服务器端的 Sec-WebSocket-Accept 就是重要的握手认证信息，实现握手后才能进一步地进行信息的发送和接收。

16.5.3 服务器端使用 WebSockets API

在实现 WebSockets 实时通信时，需要使客户端和服务器端建立链接，以配置相应的内容。一般构建链接握手时，客户端的内容浏览器都可以代劳完成，主要实现的是服务器端的内容。下面来看一下 WebSockets API 的具体使用方法。

服务器端需要编程人员自己来实现，目前市场上可直接使用的开源方法比较多，主要有以下5种。

Kaazing WebSocket Gateway：是一个Java实现的WebSocket Server。

mod_pywebsocket：是一个Python实现的WebSocket Server。

Netty：是一个Java实现的网络框架，其中包括对WebSocket的支持。

node.js：是一个Server端的JavaScript框架，提供了对WebSocket的支持。

WebSocket4Net：是一个.net的服务器端实现。

除了使用以上开源的方法外，自己编写一个简单的服务器端也是可以的。服务器端需要实现握手、接收和发送三个内容。下面就来详细介绍操作方法。

1. 握手

在实现握手时需要通过Sec-WebSocket信息来验证。使用Sec-WebSocket-Key和一个随机值构成一个新的key串，然后将新的key串SHA1编码，生成一个由多组两位十六进制数构成的加密串，最后再把加密串进行base64编码生成最终的key，这个key就是Sec-WebSocket- Accept。

实现Sec-WebSocket-Key运算的实例代码如下：

```
/// <summary>
/// 生成Sec-WebSocket-Accept
/// </summary>
/// <param name="handShakeText">客户端握手信息</param>
/// <returns>Sec-WebSocket-Accept</returns>
private static string GetSecKeyAccetp(byte[] handShakeBytes,int bytesLength)
{
    string handShakeText = Encoding.UTF8.GetString(handShakeBytes, 0,
bytesLength);
    string key = string.Empty;
    Regex r = new Regex(@"Sec\-WebSocket\-Key:(.*?)\r\n");
    Match m = r.Match(handShakeText);
    if (m.Groups.Count != 0)
    {
    key = Regex.Replace(m.Value, @"Sec\-WebSocket\-Key:(.*?)\r\n", "$1").Trim
();
    }
    byte[] encryptionString = SHA1.Create().ComputeHash(Encoding.ASCII. GetBytes
(key + "258EAFA5-E914-47DA-95CA-C5AB0DC85B11"));
    return Convert.ToBase64String(encryptionString);
}
```

2. 接收

如果握手成功，将会触发客户端的onOpen事件，进而解析接收的客户端信息。在进行数据信息解析时，会将数据以字节和位的方式拆分，并按照以下规则进行解析。

（1）第1byte。

1bit：frame-fin，x0表示该message后续还有frame；x1表示message的最后一个frame。

3bit：分别是frame-rsv1、frame-rsv2和frame-rsv3，通常都是x0。

4bit：frame-opcode，x0表示是延续frame；x1表示文本frame；x2表示二进制frame；x3～7保留给非控制frame；x8表示关闭连接；x9表示ping；xA表示pong；xB-F保留给控制frame。

（2）第 2byte。

1bit：Mask，1 表示该 frame 包含掩码；0 表示无掩码。

7bit、7bit+2byte、7bit+8byte：7bit 取整数值，若在 0 ~ 145 之间，则是负载数据长度；若是 146 表示后两个 byte 取无符号 16 位整数值，是负载长度；147 表示后 8 个 byte 取 64 位无符号整数值，是负载长度。

（3） 第 3 ~ 6byte。这里假定负载长度在 0 ~ 145 之间，并且 Mask 为 1，则这 4 个 byte 是掩码。

（4）第 7 ~ end byte。长度是上面取出的负载长度，包括扩展数据和应用数据两部分，通常没有扩展数据；若 Mask 为 1，则此数据需要解码，解码规则为 1 ~ 4byte 掩码循环和数据 byte 做异或操作。

实现数据解析的代码如下：

```
/// <summary>
/// 解析客户端数据包
/// </summary>
/// <param name="recBytes">服务器接收的数据包</param>
/// <param name="recByteLength">有效数据长度</param>
/// <returns></returns>
private static string AnalyticData(byte[] recBytes, int recByteLength)
{
    if (recByteLength < 2) { return string.Empty; }
    bool fin = (recBytes[0] & 0x80) == 0x80; // 1bit,1表示最后一帧
    if (!fin){
    return string.Empty;// 超过一帧暂不处理
    }
    bool mask_flag = (recBytes[1] & 0x80) == 0x80; // 是否包含掩码
    if (!mask_flag){
    return string.Empty;// 不包含掩码的暂不处理
    }
    int payload_len = recBytes[1] & 0x7F; // 数据长度
    byte[] masks = new byte[4];
    byte[] payload_data;
    if (payload_len == 146){
    Array.Copy(recBytes, 4, masks, 0, 4);
    payload_len = (UInt16)(recBytes[2] << 8 | recBytes[3]);
    payload_data = new byte[payload_len];
    Array.Copy(recBytes, 8, payload_data, 0, payload_len);
    }else if (payload_len == 147){
    Array.Copy(recBytes, 10, masks, 0, 4);
    byte[] uInt64Bytes = new byte[8];
    for (int i = 0; i < 8; i++){
        uInt64Bytes[i] = recBytes[9 - i];
    }
    UInt64 len = BitConverter.ToUInt64(uInt64Bytes, 0);
    payload_data = new byte[len];
    for (UInt64 i = 0; i < len; i++){
        payload_data[i] = recBytes[i + 14];
    }
        }else{
    Array.Copy(recBytes, 2, masks, 0, 4);
    payload_data = new byte[payload_len];
    Array.Copy(recBytes, 6, payload_data, 0, payload_len);
        }
        for (var i = 0; i < payload_len; i++){
```

```
    payload_data[i] = (byte)(payload_data[i] ^ masks[i % 4]);
        }
        return Encoding.UTF8.GetString(payload_data);56.}
```

3. 发送

服务器端接收并解析客户端发来的信息后，要返回回应信息，服务器发送的数据以 0x81 开头，然后是发送内容的长度，最后是内容的 byte 数组。

实现数据发送的代码如下：

```
/// <summary>
/// 打包服务器数据
/// </summary>
/// <param name="message">数据</param>
/// <returns>数据包</returns>
private static byte[] PackData(string message)
{
    byte[] contentBytes = null;
    byte[] temp = Encoding.UTF8.GetBytes(message);
    if (temp.Length < 146){
    contentBytes = new byte[temp.Length + 2];
    contentBytes[0] = 0x81;
    contentBytes[1] = (byte)temp.Length;
    Array.Copy(temp, 0, contentBytes, 2, temp.Length);
    }else if (temp.Length < 0xFFFF){
    contentBytes = new byte[temp.Length + 4];
    contentBytes[0] = 0x81;
    contentBytes[1] = 146;
    contentBytes[2] = (byte)(temp.Length & 0xFF);
    contentBytes[3] = (byte)(temp.Length >> 8 & 0xFF);
    Array.Copy(temp, 0, contentBytes, 4, temp.Length);
    }else{
// 暂不处理超长内容
    }
    return contentBytes;
}
```

16.5.4 客户机端使用 WebSockets API

一般浏览器提供的 API 就可以直接用来实现客户端的握手操作了，在应用时直接使用 JavaScript 调用即可。

客户端调用浏览器 API，实现握手操作的 JavaScript 代码如下。

```
var wsServer = 'ws://localhost:8888/Demo';      //服务器地址
var websocket = new WebSocket(wsServer);        //创建WebSocket对象
websocket.send("hello");                                       //向服务器发送消息
alert(websocket.readyState);                    //查看websocket当前状态
websocket.onopen = function (evt) {             //已经建立连接
};
websocket.onclose = function (evt) {            //已经关闭连接
};
websocket.onmessage = function (evt) {          //收到服务器消息,使用evt.data提取
};
websocket.onerror = function (evt) {            //产生异常
};
```

16.6 制作简单的 Web 留言本

使用 Web Storage 的功能可以制作 Web 留言本，具体制作方法如下。

01 构建页面框架，代码如下：

```
<!DOCTYPE html>
<html>
<head>
<title>本地存储技术之Web留言本</title>
</head>
<body onload="init ( ) ">
</body>
</html>
```

02 添加页面文件，主要由表单构成，包括单行文字表单和多行文本表单，代码如下：

```
    <h1>Web留言本</h1>
    <table>
    <tr>
    <td>用户名</td>
     <td><input type="text" name="name"
id="name" /></td>
    </tr>
    <tr>
    <td>留言</td>
      <td><textarea name="memo" id="memo"
cols ="50" rows = "5"> </textarea></td>
    </tr>
    <tr>
    <td></td>
    <td>
      <input type="submit" value="提交"
onclick="saveData ( ) " />
    </td>
    </tr>
    </table>
    <ht>
    <table id="datatable" border="1"></
table>
    <p id="msg"></p>
```

03 为了执行本地数据库的保存及调用功能，需要插入数据库的脚本代码，具体内容如下：

```
<script>
var datatable = null;
var db = openDatabase ( "MyData","1.0","My Database",2*1024*1024 ) ;
function init ( )
{
    datatable = document.getElementById ( "datatable" ) ;
    showAllData ( ) ;
}
function removeAllData ( ) {
    for ( var i = datatable.childNodes.length-1;i>=0;i-- ) {
        datatable.removeChild ( datatable.childNodes[i] ) ;
    }
    var tr = document.createElement ( 'tr' ) ;
    var th1 = document.createElement ( 'th' ) ;
    var th2 = document.createElement ( 'th' ) ;
    var th3 = document.createElement ( 'th' ) ;
    th1.innerHTML = "用户名";
    th2.innerHTML = "留言";
    th3.innerHTML = "时间";
    tr.appendChild ( th1 ) ;
    tr.appendChild ( th2 ) ;
    tr.appendChild ( th3 ) ;
    datatable.appendChild ( tr ) ;
}
function showAllData ( )
{
    db.transaction ( function ( tx ) {
        tx.executeSql ( 'create table if not exists MsgData ( name TEXT,message
TEXT,time INTEGER ) ',[] ) ;
        tx.executeSql ( 'select * from MsgData',[],function ( tx,rs ) {
```

```
            removeAllData ( ) ;
            for ( var i=0;i<rs.rows.length;i++ ) {
                showData ( rs.rows.item ( i ) ) ;
            }
        } ) ;
    } ) ;
}
function showData ( row ) {
    var tr=document.createElement ( 'tr' ) ;
    var td1 = document.createElement ( 'td' ) ;
    td1.innerHTML = row.name;
    var td2 = document.createElement ( 'td' ) ;
    td2.innerHTML = row.message;
    var td3 = document.createElement ( 'td' ) ;
    var t = new Date ( ) ;
    t.setTime ( row.time ) ;
    ttd3.innerHTML = t.toLocaleDateString ( )  + " " + t.toLocaleTimeString ( ) ;
    tr.appendChild ( td1 ) ;
    tr.appendChild ( td2 ) ;
    tr.appendChild ( td3 ) ;
    datatable.appendChild ( tr ) ;
}
function addData ( name,message,time )  {
    db.transaction ( function ( tx ) {
        tx.executeSql ( 'insert into MsgData values ( ?,?,? ) ',[name,message,
time],functionx,rs ) {
            alert ( "提交成功。" ) ;
        },function ( tx,error ) {
            alert ( error.source+"::"+error.message ) ;
        } ) ;
    } ) ;
} // End of addData
function saveData ( )  {
    var name = document.getElementById ( 'name' ) .value;
    var memo = document.getElementById ( 'memo' ) .value;
    var time = new Date ( ) .getTime ( ) ;
    addData ( name,memo,time ) ;
    showAllData ( ) ;
} // End of saveData
</script>
</head>
<body onload="init ( ) ">
    <h1>Web留言本</h1>
    <table>
        <tr>
            <td>用户名</td>
            <td><input type="text" name="name" id="name" /></td>
        </tr>
        <tr>
            <td>留言</td>
            <td><textarea name="memo" id="memo" cols ="50" rows = "5"> </
textarea></td>
        </tr>
        <tr>
            <td></td>
            <td>
                <input type="submit" value="提交" onclick="saveData ( ) " />
            </td>
        </tr>
```

```
    </table>
    <ht>
    <table id="datatable" border="1"></table>
    <p id="msg"></p>
</body>
</html>
```

04 文件保存后，运行效果如图 16-10 所示。

图 16-10　Web 留言本

16.7　编写简单的 WebSocket 服务器

前面学习 WebSocket API 的原理及基本使用方法时，提到在实现通信时关键要配置的是 WebSocket 服务器，下面就来介绍一个简单的 WebSocket 服务器编写方法。

为了实现操作，这里配合编写一个客户端文件，以测试服务器的实现效果。

01 首先编写客户端文件，文件代码如下：

```
<!DOCTYPE HTML>
<html>
<head>
    <meta charset="UTF-8">
    <title>Web sockets test</title>
    <script src="jquery-min.js" type="text/javascript"></script>
    <script type="text/javascript">
        var ws;
        function ToggleConnectionClicked() {
            try {
            ws = new WebSocket("ws://192.168.1.101:1818/chat");//连接服务器
            ws.onopen = function(event){alert("已经与服务器建立了连接\r\n当前连接状态:
"+this.readyState);};
            ws.onmessage = function(event){alert("接收到服务器发送的数据: \r\
n"+event.data);};
            ws.onclose = function(event){alert("已经与服务器断开连接\r\n当前连接状态:
"+this.readyState);};
            ws.onerror = function(event){alert("WebSocket异常! ");};
                } catch (ex) {
            alert(ex.message);
            }
        };
        function SendData() {
        try{
        ws.send("jane");
        }catch(ex){
```

```
        alert ( ex.message ) ;
        }
        };
        function seestate ( ) {
        alert ( ws.readyState ) ;
        }
    </script>
</head>
<body>
  <button id=' ToggleConnection'  type="button" onclick=' ToggleConnectionClicked
( ) ;  '>与服务器链接</button><br /><br />
    <button id=' ToggleConnection'  type="button" onclick=' SendData ( ) ;' >发送我的名
字: beston</button><br /><br />
    <button id=' ToggleConnection'  type="button" onclick=' seestate ( ) ;' >查看状态</
button><br /><br />
</body>
</html>
```

在 Opera 浏览器中预览，效果如图 16-11 所示。

图 16-11　程序运行结果

> **提示：**ws.onopen、ws.onmessage、ws.onclose 和 ws.onerror 对应四种状态的提示信息。在连接服务器时，需要在代码中指定服务器的链接地址，测试时将 IP 地址改为本机 IP 即可。

02 服务器程序可以使用 .net 等实现编辑，编辑后服务器端的主程序代码如下：

```
using System;
using System.Net;
using System.Net.Sockets;
using System.Security.Cryptography;
using System.Text;
using System.Text.RegularExpressions;
namespace WebSocket
{
    class Program
    {
        static void Main ( string[] args )
        {
            int port = 2828;
            byte[] buffer = new byte[1024];
            IPEndPoint localEP = new IPEndPoint ( IPAddress.Any, port ) ;
            Socket listener = new Socket ( localEP.Address.AddressFamily,SocketType.
            Stream,ProtocolType.Tcp ) ;
            try{
```

```
                listener.Bind(localEP);
                listener.Listen(10);
                Console.WriteLine( "等待客户端连接....");
                Socket sc = listener.Accept();//接受一个连接
                Console.WriteLine( "接收到了客户端: "+sc.RemoteEndPoint.ToString()
+"连接....");
                //握手
                int length = sc.Receive(buffer);//接收客户端握手信息
                sc.Send(PackHandShakeData(GetSecKeyAccetp(buffer,length)));
                Console.WriteLine( "已经发送握手协议了....");
                //接收客户端数据
                Console.WriteLine( "等待客户端数据....");
                length = sc.Receive(buffer);//接收客户端信息
                string clientMsg=AnalyticData(buffer, length);
                Console.WriteLine( "接收到客户端数据: " + clientMsg);
                //发送数据
                string sendMsg = "您好," + clientMsg;
                Console.WriteLine( "发送数据: ""+sendMsg+"" 至客户端....");
                sc.Send(PackData(sendMsg));
                Console.WriteLine( "演示Over!");
            }
            catch (Exception e)
            {
                Console.WriteLine(e.ToString());
            }
        }
        ...
        ...
        ...
        /// <summary>
        /// 打包服务器数据
        /// </summary>
        /// <param name="message">数据</param>
        /// <returns>数据包</returns>
        private static byte[] PackData(string message)
        {
            byte[] contentBytes = null;
            byte[] temp = Encoding.UTF8.GetBytes(message);
            if (temp.Length < 146){
                contentBytes = new byte[temp.Length + 2];
                contentBytes[0] = 0x81;
                contentBytes[1] = (byte)temp.Length;
               Array.Copy(temp, 0, contentBytes, 2, temp.Length);
            }else if (temp.Length < 0xFFFF){
                contentBytes = new byte[temp.Length + 4];
                contentBytes[0] = 0x81;
                contentBytes[1] = 146;
                contentBytes[2] = (byte)(temp.Length & 0xFF);
                contentBytes[3] = (byte)(temp.Length >> 8 & 0xFF);
                Array.Copy(temp, 0, contentBytes, 4, temp.Length);
            }else{
                // 暂不处理超长内容
            }
            return contentBytes;
        }
    }
}
```

内容较多，中间部分内容省略，编辑后保存到服务器文件目录。

03 测试服务器和客户端的连接通信。首先打开服务器，运行“源代码\ch16\WebSocket服务器\WebSocket-Server\WebSocket\obj\x86\Debug\WebSocket.exe”文件，提示等待客户端连接，效果16-12所示。

04 运行客户端文件（源代码\ch16\WebSocket服务器\index.html），效果如图16-13所示。

图16-12　等待客户端连接

图16-13　运行客户端文件

05 单击“与服务器建立连接”按钮，服务器端显示已经建立连接，客户端提示连接建立，且状态为1，效果如图16-14所示。

06 单击“发送消息”按钮，自服务器端返回信息，提示“您好，beston”。如图16-15所示。

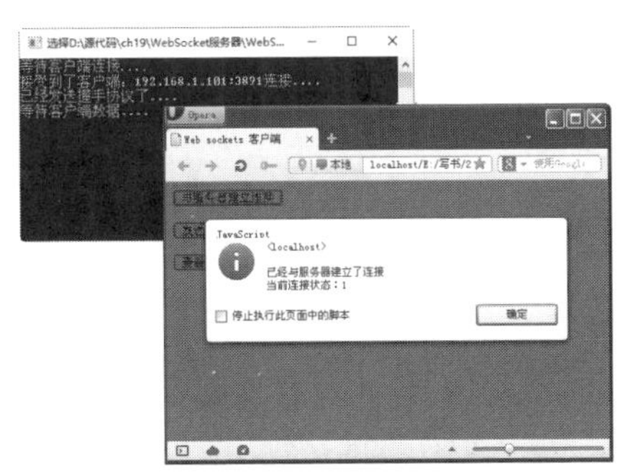

图16-14　与服务器建立连接

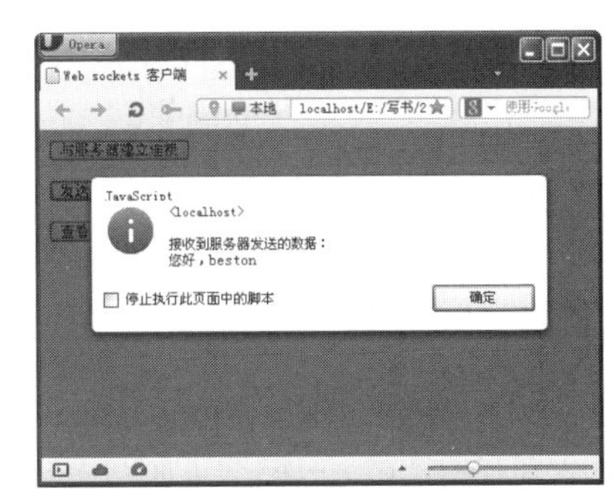

图16-15　服务器端返回的信息

16.8　新手常见疑难问题

疑问1：不同的浏览器可以读取同一个Web中存储的数据吗？

不同的浏览器将在不同的Web存储库中存储。例如，如果用户使用IE浏览器，则将所有数据存储在IE的Web存储库中，如果用户再次使用火狐浏览器访问该站点，将不能读取IE浏览器存储的数据，可见每个浏览器的存储是分开并独立工作的。

疑问2：离线存储站点时是否需要浏览者同意？

和地理定位类似，在网站使用manifest文件时，浏览器会提供一个权限提示，提示用户是否将离线设为可用，但是不是每个浏览器都支持这样的操作。

疑问3：WebSockets将会替代什么？

WebSockets可以替代Long Polling（PHP服务端推送技术）。客户端发送一个请求到服务器，现在，服务器端并不会响应还没准备好的数据，它会保持连接的打开状态直到最新的数据准备就绪发送，之后客户端收到数据，然后发送另一个请求。好处在于减少连接的延迟，当一个连接已经打开时就不需要创建另一个新的连接。但是 Long-Polling 并不是什么花哨技术，它仍有可能发生请求暂停，因此会需要建立新的连接。

疑问 4：WebSocket 的优势在哪里?

它可以实现真正的实时数据通信。众所周知，B/S 模式下应用的是 HTTP 协议，是无状态的，所以不能保持持续的连接。数据交换是通过客户端提交一个 Request 到服务器端，然后服务器端返回一个 Response 到客户端来实现的。而 WebSocket 是通过 HTTP 协议的初始握手阶段然后升级到 WebSocket 协议以支持实时数据通信。

WebSocket 支持服务器主动向客户端推送数据。一旦服务器和客户端通过 WebSocket 建立连接，服务器便可以主动地向客户端推送数据，而不像普通的 Web 传输方式需要先由客户端发送 Request 才能返回数据，从而增强了服务器的能力。

WebSocket 协议设计了更为轻量级的 Header，除了首次建立连接时需要发送头部和与普通 Web 连接类似的数据之外，建立 WebSocket 连接后，相互沟通的 Header 就会异常简洁，大大减少了冗余的数据传输。

WebSocket 提供了更为强大的通信能力和更为简洁的数据传输平台，能更为方便地完成 Web 开发中的双向通信功能。

16.9 实战技能训练营

实战：使用 Web Storage 设计一个页面计数器

通过 Web Storage 中的 sessionStorage 和 localStorage 两种方法存储和读取页面的数据并记录页面被打开的次数。运行结果如图 16-16 所示。输入要保存的数据后，单击“session 保存”按钮，然后反复刷新几次页面后，页面就会显示用户输入的内容和刷新页面的次数。

图 16-16 页面计数器

第17章　响应式网页设计

本章导读

响应式网页设计是目前非常流行的一种网络页面设计布局，主要优势是可以智能地根据用户行为以及不同的设备（台式电脑、平板电脑或智能手机）让内容适应性展示，从而让用户使用不同的设备都能够友好地浏览网页的内容。本章将重点学习响应式网页设计的原理和设计方法。

知识导图

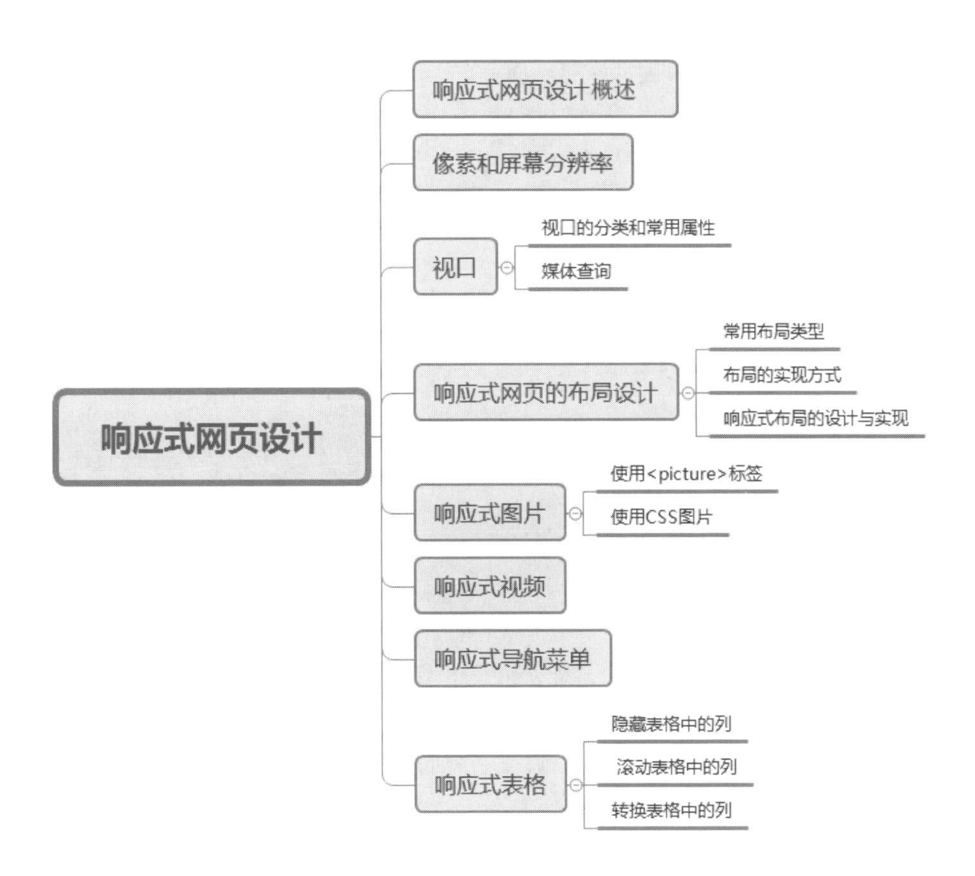

17.1　响应式网页设计概述

随着移动用户量不断增长，智能手机和平板电脑等移动上网设备已经非常普及。而为电脑端开发的网站在移动端浏览时页面内容会变形，从而影响预览效果。解决上述问题常见方法有以下三种。

（1）创建一个单独的移动版网站，然后配备独立的域名。移动用户需要用移动网站的域名进行访问。

（2）在当前的域名内创建一个单独的网站，专门服务于移动用户。

（3）利用响应式网页设计技术，能够使页面自动切换分辨率、图片尺寸等，以适用不同的设备，并可以在不同浏览终端进行网站数据的同步更新，从而为不同终端的用户提供更加美好的用户体验。

例如清华大学出版社的官网，通过电脑端访问该网站主页时，预览效果如图 17-1 所示。通过手机端访问该网站主页时，预览效果如图 17-2 所示。

图 17-1　电脑端浏览主页效果

图 17-2　手机端浏览主页的效果

响应性网页设计的技术原理如下：

（1）通过 <meta> 标签来实现。该标签可以设定页面格式、内容、关键字和刷新页面等，从而帮助浏览器精准地显示网页的内容。

（2）通过媒体查询适配对应的样式。通过不同的媒体类型和条件定义样式表规则，获取的值可以设置设备的手持方向、分辨率等。

（3）通过第三方框架来实现。例如目前比较流行的 Boostrap 和 Vue 框架，可以更高效地实现网页的响应式设计。

17.2 像素和屏幕分辨率

在响应式设计中，像素是一个非常重要的概念。像素是计算机屏幕中显示特定颜色的最小区域。屏幕中的像素越多，同一范围内能看到的内容就越多。或者说，当设备尺寸相同时，像素越密集，画面就越精细。

在设计网页元素的属性时，通常通过 width 属性来设置宽度。当用不同的设备显示设定的同一个宽度时，到底显示的宽度是多少像素？

要解决这个问题，首先理解两个基本概念，即设备像素和 CSS 像素。设备像素指的是设备屏幕的物理像素，任何设备的物理像素数量都是固定的。CSS 像素是 CSS 中使用的一个抽象概念。它和物理像素之间的比例取决于屏幕的特性以及用户进行的缩放，由浏览器自行换算。

由此可知，具体显示的像素数目，是和设备像素密切相关的。

屏幕分辨率是指纵横方向的像素个数。屏幕分辨率可以确定计算机屏幕上显示信息的多少，以水平和垂直像素来衡量。就相同大小的屏幕而言，当屏幕分辨率低时（例如 640×480），在屏幕上显示的像素少，单个像素尺寸比较大。当屏幕分辨率高时（例如 1600×1200），在屏幕上显示的像素多，单个像素尺寸比较小。

显示分辨率就是屏幕上显示的像素个数，分辨率 160×128 的意思是水平方向的像素数为 160 个，垂直方向的像素数为 128 个。屏幕尺寸一样的情况下，分辨率越高，显示的效果就越精细和细腻。

17.3 视口

视口（viewport）和窗口（window）是两个不同的概念。在电脑端，视口指的是浏览器的可视区域，其宽度和浏览器窗口的宽度保持一致。而在移动端，视口较为复杂，它是与移动设备相关的一个矩形区域，坐标位置与设备有关。

17.3.1 视口的分类和常用属性

移动端浏览器通常宽度为 240 ～ 640 像素，而大多数为电脑端设计的网站宽度至少为 800 像素，如果仍以浏览器窗口作为视口，网站内容在手机上看起来会不完整。

因此，引入了布局视口、视觉视口和理想视口 3 个概念，使得移动端的视口与浏览器宽度不再相关。

1. 布局视口

一般移动设备的浏览器都默认设置了一个 viewport 元标签，定义一个虚拟的布局视口，用于解决早期的页面在手机上显示不全的问题。iOS 和 Android 基本都将这个视口分辨率设置为 980 像素，所以 PC 上的网页基本上都能在手机上呈现，只不过元素看上去很小，一般默认可以通过手动缩放网页。

布局视口可以使视口与移动端浏览器屏幕宽度完全独立。CSS 布局将会根据布局视口来进行计算，并被它约束。

2. 视觉视口

视觉视口是用户当前看到的区域，用户可以通过缩放操作视觉视口，同时不会影响布局视口。

3. 理想视口（ideal viewport）

布局视口的默认宽度并不是一个理想的宽度，于是浏览器厂商引入了理想视口的概念，它对设备而言是最理想的布局视口尺寸。显示在理想视口中的网站具有最理想的宽度，用户无须进行缩放。

理想视口的值其实就是屏幕分辨率的值，它对应的像素叫做设备逻辑像素。设备逻辑像素和设备的物理像素无关，设备逻辑像素在任意像素密度的设备屏幕上都占据相同的空间。如果用户没有进行缩放，那么一个 CSS 像素就等于一个设备逻辑像素。

用下面的方法可以使布局视口与理想视口的宽度一致，代码如下：

```
<meta name="viewport" content="width=device-width">
```

这里的 viewport 属性对响应式设计起着非常重要的作用，该属性常用的属性值和含义如下。

（1）with：设置布局视口的宽度。该属性可以设置为数字值或 device-width，单位为像素。

（2）height：设置布局视口的高度。该属性可以设置为数字值或 device-height，单位为像素。

（3）initial-scale：设置页面初始缩放比例。

（4）minimum-scale：设置页面最小缩放比例。

（5）maximum-scale：设置页面最大缩放比例。

（6）user-scalable：设置用户是否可以缩放。yes 表示可以缩放，no 表示禁止缩放。

17.3.2 媒体查询

媒体查询的核心就是根据设备显示器的特征（视口宽度、屏幕比例和设备方向）来设定 CSS 的样式。媒体查询由媒体类型和一个或多个检测媒体特性的条件表达式组成。通过媒体查询，可以实现同一个 html 页面根据不同的输出设备，显示不同的外观效果。

媒体查询的使用方法是在 <head> 标签中添加 viewport 属性。具体代码如下：

```
<meta name="viewport" content="width=device-width",initial-scale=1,maxinum-
scale=1.0,user-scalable="no">
```

然后使用 @media 关键字编写 CSS 媒体查询内容。例如以下代码：

```
/*当设备宽度在450像素和650像素之间时,显示背景图片为m1.gif*/
@media screen and (max-width:650px) and (min-width:450px){
     header{
         background-image: url(m1.gif);
     }
}
/*当设备宽度小于或等于450像素时,显示背景图片为m2.gif*/
@media screen and (max-width:450px){
     header{
         background-image: url(m2.gif);
     }
}
```

上述代码实现的功能是根据屏幕的大小显示不同的背景图片。当设备屏幕宽度在 450 像素和 650 像素之间时，媒体查询中设置背景图片为 m1.gif；当设备屏幕宽度小于或等于 450 像素时，媒体查询中设置背景图片为 m2.gif。

17.4 响应式网页的布局设计

响应式网页布局设计的主要特点是根据不同的设备显示不同的页面布局效果。

17.4.1 常用布局类型

根据网页的列数可以将网页布局类型分为单列或多列布局。多列布局又可以分为均分多列布局和不均分多列布局。

1. 单列布局

网页单列布局模式是最简单的一种布局形式，也被称为“网页 1-1-1 型布局模式”。如图 17-3 所示为网页单列布局。

2. 均分多列布局

列数大于或等于 2 列，每列宽度相同，列与列的间距相同，如图 17-4 所示。

3. 不均分多列布局

列数大于或等于 2 列，每列宽度不相同，列与列的间距不同，如图 17-5 所示。

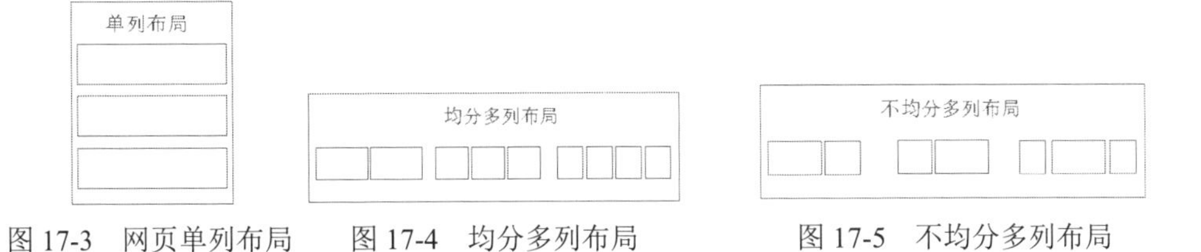

图 17-3 网页单列布局　图 17-4 均分多列布局　图 17-5 不均分多列布局

17.4.2 布局的实现方式

基于页面的实现单位（像素或百分比），布局的实现方式分为四种类型：固定布局、可切换的固定布局、弹性布局、混合布局。

（1）固定布局：以像素作为页面的基本单位，不管设备屏幕及浏览器宽度，只设计一套固定宽度的页面布局，如图 17-6 所示。

（2）可切换的固定布局：以像素作为页面单位，参考主流设备尺寸，设计几套不同宽度的布局，如图 17-7 所示。通过媒体查询技术识别不同的屏幕尺寸或浏览器宽度，选择最合适的宽度布局。

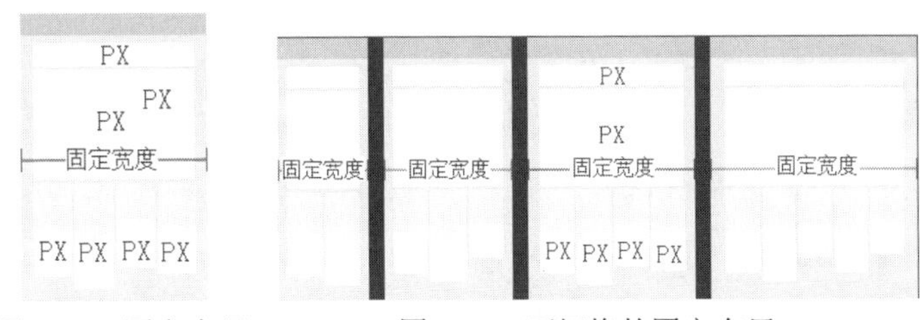

图 17-6 固定布局　图 17-7 可切换的固定布局

（3）弹性布局：以百分比作为页面的基本单位，可以适应一定范围内所有尺寸的设备屏幕及浏览器宽度，并能完美利用有效空间展现最佳效果，如图 17-8 所示。

（4）混合布局：同弹性布局类似，可以适应一定范围内所有尺寸的设备屏幕及浏览器宽度，并能完美利用有限空间展现最佳效果，可以以混合像素和百分比两种单位作为页面单位，如图 17-9 所示。

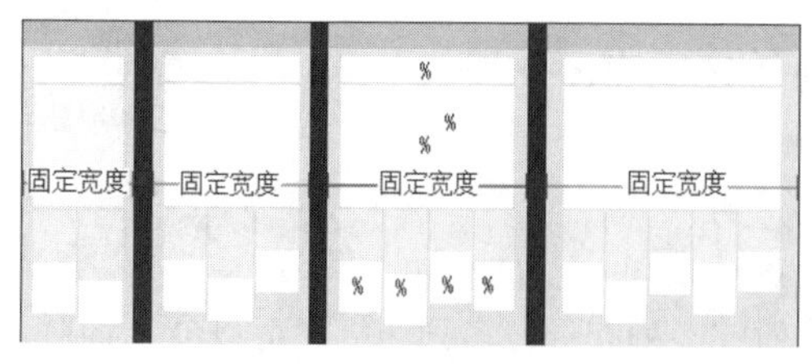

图 17-8 弹性布局

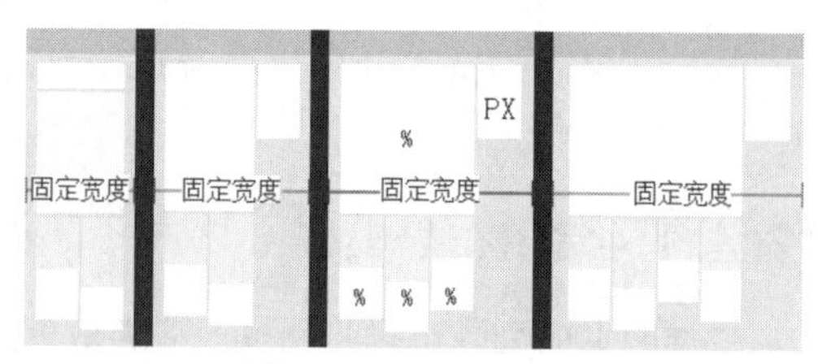

图 17-9 混合布局

可切换的固定布局、弹性布局、混合布局都是目前可被采用的响应式布局方式。其中，可切换的固定布局的实现成本最低，但拓展性比较差；而弹性布局与混合布局的效果具有响应性，是比较理想的响应式布局实现方式。对于不同类型的页面排版布局实现响应式设计，需要采用不用的实现方式。通栏、等分结构的适合采用弹性布局方式，而对于非等分的多栏结构往往需要采用混合布局的实现方式。

17.4.3 响应式布局的设计与实现

对页面进行响应式的设计实现，需要对相同内容进行不同宽度的布局设计，有两种方式：桌面电脑端优先（从桌面电脑端开始设计）；移动端优先（从移动端开始设计）。无论基于哪种模式的设计，要兼容所有设备，布局响应时不可避免地需要对模块布局做一些变化。

通过 JavaScript 获取设备的屏幕宽度，来改变网页的布局。常见的响应式布局方式有以下两种。

1. 模块内容不变

页面中整体模块内容不发生变化，通过调整模块宽度，可以将模块内容从挤压调整到拉伸，从平铺调整到换行，如图 17-10 所示。

2. 模块内容改变

页面中整体模块内容发生变化，通过媒体查询，检测当前设备的宽度，动态隐藏或显示模块内容，增加或减少模块的数量，如图 17-11 所示。

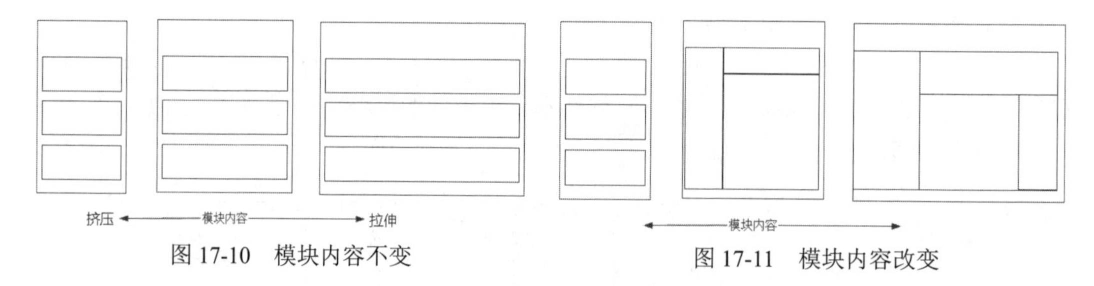

图 17-10 模块内容不变　　　图 17-11 模块内容改变

17.5 响应式图片

实现响应式图片效果的常见方法有两种，包括使用 <picture> 标签和 CSS 图片。

17.5.1 使用 <picture> 标签

<picture> 标签可以实现在不同的设备上显示不同的图片，从而实现响应式图片的效果。

语法格式如下：

```
<picture>
  <source media="(max-width: 600px)" srcset="m1.jpg">
  <img src="m2.jpg">
</picture>
```

<picture> 标签包含 <source> 标签和 <img> 标签，根据不同设备屏幕的宽度，显示不同的图片。上述代码的功能是，当屏幕的宽度小于 600 像素时，将显示 m1.jpg 图片，否则将显示默认图片 m2.jpg。

> **提示：**根据屏幕匹配的不同尺寸显示不同图片，如果没有匹配到或浏览器不支持 <picture> 标签，则使用 <img> 标签内的图片。

实例 1：使用 <picture> 标签实现响应式图片布局

本实例将通过使用 <picture> 标签、<source> 标签和 <img> 标签，根据不同设备屏幕的宽度，显示不同的图片。当屏幕的宽度大于 800 像素时，将显示 m1.jpg 图片，否则将显示默认图片 m2.jpg。

```
<!DOCTYPE html>
<html>
<head>
<title>使用<picture>标签</title>
</head>
<body>
<h1>使用<picture>标签实现响应式图片</h1>
<picture>
   <source media="(min-width: 800px)"
srcset="m1.jpg">
  <img src="m2.jpg">
</picture>
</body>
</html>
```

电脑端运行效果如图 17-12 所示。使用 Opera Mobile Emulator 模拟手机端运行效果，如图 17-13 所示。

图 17-12　电脑端预览效果

图 17-13　模拟手机端预览效果

17.5.2　使用 CSS 图片

大尺寸图片可以在大屏幕上显示，但在小屏幕上不能很好地显示。没有必要在小屏幕上加载大图片，这样很影响加载速度。所以可以利用媒体查询技术，使用 CSS 中的 media 关键字，根据不同的设备显示不同的图片。

语法格式如下：

```
@media screen and （min-width: 600px） {
CSS样式信息
    }
```

上述代码的功能是，当屏幕大于 600 像素时，将应用大括号内的 CSS 样式。

实例 2：使用 CSS 图片实现响应式图片布局

本实例使用媒体查询技术中的 media 关键字，实现响应式图片布局。当屏幕宽度大于 800 像素时，显示图片 m3.jpg；当屏幕宽度小于 799 像素时，显示图片 m4.jpg。

```
<!DOCTYPE html>
<html>
<head>
<meta name="viewport" content="width=device-width",initial-scale=1,maxinum-scale=1.0,user-scalable="no">
<!--指定页头信息-->
<title>使用CSS图片</title>
<style>
    /*当屏幕宽度大于800像素时*/
      @media screen and （min-width: 800px） {
        .bcImg {
              background-image:url（m3.jpg）;
                background-repeat: no-repeat;
            height: 500px;
        }
    }
    /*当屏幕宽度小于799像素时*/
      @media screen and （max-width: 799px） {
        .bcImg {
              background-image:url（m4.jpg）;
                background-repeat: no-repeat;
            height: 500px;
        }
    }
</style>
</head>
<body>
<div class="bcImg"></div>
</body>
</html>
```

电脑端运行效果如图 17-14 所示。使用 Opera Mobile Emulator 模拟手机端运行效果如图 17-15 所示。

图 17-14　电脑端使用 CSS 图片预览效果

图 17-15　模拟手机端使用 CSS 图片预览效果

17.6 响应式视频

相比于响应式图片，响应式视频的处理稍微要复杂一点。响应式视频不仅仅要处理视频播放器的尺寸，还要兼顾视频播放器的整体效果和体验问题。下面讲述如何使用 <meta> 标签处理响应式视频。

<meta> 标签中的 viewport 属性可以设置网页设计的宽度和实际屏幕宽度的关系。语法格式如下：

```
<meta name="viewport" content="width=device-width",initial-scale=1,maxinum-
scale=1,user-scalable="no">
```

实例 3：使用 <meta> 标签播放手机视频

本实例使用 <meta> 标签实现在手机端正常播放视频。首先使用 <iframe> 标签引入测试视频，然后通过 <meta> 标签中的 viewport 属性设置网页设计的宽度和实际屏幕宽度的关系。

```
<!DOCTYPE html>
<html>
<head>
<!--通过meta元标签,使网页宽度与设备宽度一致
-->
<meta name="viewport" content=
"width=device-width,initial-scale=1"
maxinum-scale=1,user-scalable="no">
<!--指定页头信息-->
<title>使用<meta>标签播放手机视频</title>
</head>
<body>
<div align="center">
    <!--使用iframe标签,引入视频-->
      <iframe src="精品课程.mp4"
frameborder="0" allowfullscreen></
iframe>
</div>
</body>
</html>
```

使用 Opera Mobile Emulator 模拟手机端运行效果，如图 17-16 所示。

图 17-16　模拟手机端预览视频的效果

17.7 响应式导航菜单

导航菜单是设计网站中最常用的元素。下面讲述响应式导航菜单的实现方法。利用媒体查询技术中的 media 关键字，获取当前设备屏幕的宽度，根据不同的设备显示不同的 CSS 样式。

实例 4：使用 media 关键字设计网上商城的响应式菜单

本实例使用媒体查询技术中的 media 关键字，实现网上商城的响应式菜单。

```
<!DOCTYPE HTML>
<html>
<head>
<meta name="viewport" content="width
=device-width, initial-scale=1">
<title>CSS3响应式菜单</title>
<style>
        .nav ul {
            margin: 0;
            padding: 0;
        }
        .nav li {
            margin: 0 5px 10px 0;
            padding: 0;
            list-style: none;
            display: inline-block;
            *display:inline; /* ie7 */
        }
        .nav a {
            padding: 3px 12px;
            text-decoration: none;
            color: #999;
            line-height: 100%;
        }
        .nav a:hover {
            color: #000;
        }
        .nav .current a {
            background: #999;
            color: #fff;
            border-radius: 5px;
        }

        /* right nav */
        .nav.right ul {
            text-align: right;
        }

        /* center nav */
        .nav.center ul {
            text-align: center;
        }

         @media screen and (max-width:
600px) {
            .nav {
                position: relative;
                min-height: 40px;
            }
            .nav ul {
                width: 180px;
                padding: 5px 0;
                position: absolute;
                top: 0;
                left: 0;
                border: solid 1px #aaa;

                border-radius: 5px;
                  box-shadow: 0 1px 2px
rgba(0,0,0,.3);
            }
            .nav li {
                display: none; /* hide
all <li> items */
                margin: 0;
            }
            .nav .current {
                display: block; /* show
only current <li> item */
            }
            .nav a {
                display: block;
                   padding: 5px 5px 5px
32px;
                text-align: left;
            }
            .nav .current a {
                background: none;
                color: #666;
            }
            /* on nav hover */
            .nav ul:hover {
                background-image: none;
                background-color: #fff;
            }
            .nav ul:hover li {
                display: block;
                margin: 0 0 5px;
            }

            /* right nav */
            .nav.right ul {
                left: auto;
                right: 0;
            }
            /* center nav */
            .nav.center ul {
                left: 50%;
                margin-left: -90px;
            }

        }
    </style>
</head>

<body>
<h2>风云网上商城</h2>
<!--导航菜单区域-->
```

```
<nav class="nav">
    <ul>
            <li  class="current"><a
href="#">家用电器</a></li>
        <li><a href="#">电脑</a></li>
        <li><a href="#">手机</a></li>
        <li><a href="#">化妆品</a></li>
        <li><a href="#">服装</a></li>
        <li><a href="#">食品</a></li>
    </ul>
</nav>
<p>风云网上商城-专业的综合网上购物商城,销售超数万品牌、4020万种商品,囊括家电、手机、电脑、化妆品、服装等6大品类。秉承客户为先的理念,商城所售商品为正品行货、全国联保、机打发票。</p>
</body>
</html>
```

电脑端运行效果如图 17-17 所示。使用 Opera Mobile Emulator 模拟手机端运行效果如图 17-18 所示。

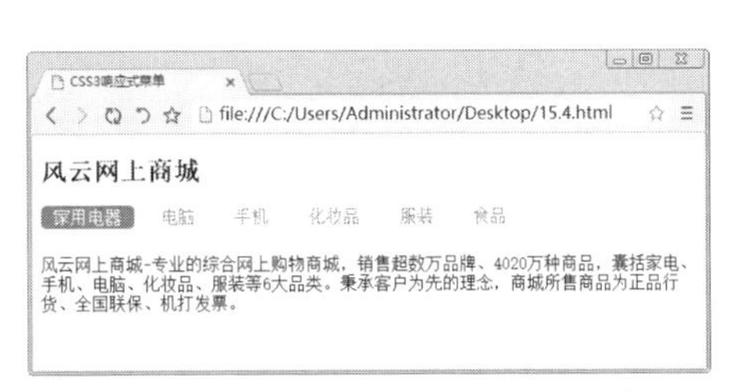

图 17-17　电脑端预览导航菜单的效果

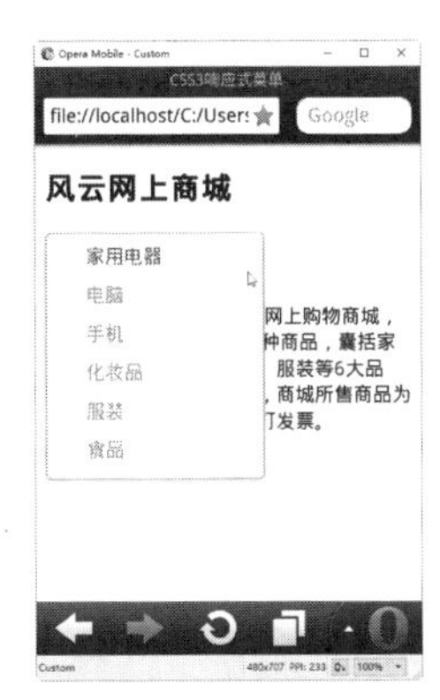

图 17-18　模拟手机端预览导航菜单的效果

17.8　响应式表格

表格在网页设计中非常重要。例如网站中的商品采购信息表，就是使用表格技术设计的。响应式表格通常是通过隐藏表格中的列、滚动表格中的列和转换表格中的列来实现。

17.8.1　隐藏表格中的列

为了适配移动端的布局效果，可以隐藏表格中不需要的列。通过利用媒体查询技术中的 media 关键字，获取当前设备屏幕的宽度，根据不同的设备将不重要的列设置为“display: none”，从而隐藏指定的列。

实例 5：隐藏商品采购信息表中不重要的列

利用媒体查询技术中的 media 关键字，在移动端隐藏表格的第 4 列和第 6 列。

```
<!DOCTYPE html>
<html >
<head>
      <meta  name="viewport"  content=
"width=device-width, initial-scale=1">
    <title>隐藏表格中的列</title>
    <style>
          @media only screen and (max-
width: 600px) {
            table td:nth-child(4),
            table th:nth-child(4),
            table td:nth-child(6),
                table th:nth-child(6)
{display: none;}
        }
    </style>
</head>
<body>
```

```
<h1 align="center">商品采购信息表</h1>
<table width="100%" cellspacing="1"
cellpadding="5" border="1">
    <thead>
    <tr>
        <th>编号</th>
        <th>产品名称</th>
        <th>价格</th>
        <th>产地</th>
        <th>库存</th>
        <th>级别</th>
    </tr>
    </thead>
    <tbody align="center">
    <tr>
        <td>1001</td>
        <td>冰箱</td>
        <td>6800元</td>
        <td>上海</td>
        <td>4999</td>
        <td>1级</td>
    </tr>
    <tr>
        <td>1002</td>
        <td>空调</td>
        <td>5800元</td>
        <td>上海</td>
        <td>6999</td>
        <td>1级</td>
    </tr>
    <tr>
        <td>1003</td>
        <td>洗衣机</td>
        <td>4800元</td>
        <td>北京</td>
        <td>3999</td>
        <td>2级</td>
    </tr>
    <tr>
        <td>1004</td>
        <td>电视机</td>
        <td>2800元</td>
        <td>上海</td>
        <td>8999</td>
        <td>2级</td>
    </tr>
    <tr>
        <td>1005</td>
        <td>热水器</td>
        <td>320元</td>
        <td>上海</td>
        <td>9999</td>
        <td>1级</td>
    </tr>
    <tr>
        <td>1006</td>
        <td>手机</td>
        <td>1800元</td>
        <td>上海</td>
        <td>9999</td>
        <td>1级</td>
    </tr>
    </tbody>
</table>
</body>
</html>
```

电脑端运行效果如图 17-19 所示。使用 Opera Mobile Emulator 模拟手机端运行效果如图 17-20 所示。

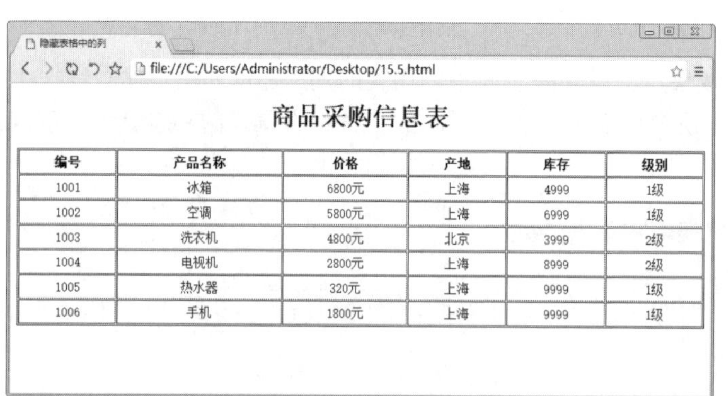

图 17-19　电脑端预览效果

图 17-20　隐藏表格中的列

17.8.2　滚动表格中的列

通过滚动条的方式，可以将手机端看不到的信息进行滚动查看。实现此效果主要是利用媒体查询技术中的 media 关键字，获取当前设备屏幕的宽度，根据不同的设备宽度，改变表格的样式，将表头由横向排列变成纵向排列。

实例 6：滚动表格中的列

本案例不改变表格的内容，通过滚动的方式查看表格中的所有信息。

```
<!DOCTYPE html>
<html>
<head>
    <meta name="viewport" content="width=device-width, initial-scale=1">
    <title>滚动表格中的列</title>

    <style>
        @media only screen and (max-width: 650px) {
             *:first-child+html .cf { zoom: 1; }
             table { width: 100%; border-collapse: collapse; border-spacing: 0; }
             th,
             td { margin: 0; vertical-align: top; }
             th { text-align: left; }
             table { display: block; position: relative; width: 100%; }
             thead { display: block; float: left; }
             tbody { display: block; width: auto; position: relative; overflow-x:
auto; white-space: nowrap; }
             thead tr { display: block; }
             th { display: block; text-align: right; }
             tbody tr { display: inline-block; vertical-align: top; }
             td { display: block; min-height: 1.25em; text-align: left; }
             th { border-bottom: 0; border-left: 0; }
             td { border-left: 0; border-right: 0; border-bottom: 0; }
             tbody tr { border-left: 1px solid #babcbf; }
             th:last-child,
             td:last-child { border-bottom: 1px solid #babcbf; }
        }
    </style>
</head>
<body>
<h1 align="center">商品采购信息表</h1>
<table width="100%" cellspacing="1" cellpadding="5" border="1">
    <thead>
    <tr>
        <th>编号</th>
        <th>产品名称</th>
        <th>价格</th>
        <th>产地</th>
        <th>库存</th>
        <th>级别</th>
    </tr>
    </thead>
    <tbody align="center">
    <tr>
        <td>1001</td>
        <td>冰箱</td>
        <td>6800元</td>
        <td>上海</td>
        <td>4999</td>
        <td>1级</td>
    </tr>
    <tr>
        <td>1002</td>
        <td>空调</td>
        <td>5800元</td>
        <td>上海</td>
        <td>6999</td>
        <td>1级</td>
    </tr>
    <tr>
        <td>1003</td>
        <td>洗衣机</td>
        <td>4800元</td>
        <td>北京</td>
        <td>3999</td>
        <td>2级</td>
    </tr>
    <tr>
```

```
            <td>1004</td>
            <td>电视机</td>
            <td>2800元</td>
            <td>上海</td>
            <td>8999</td>
            <td>2级</td>
        </tr>
        <tr>
            <td>1005</td>
            <td>热水器</td>
            <td>320元</td>
            <td>上海</td>
            <td>9999</td>
            <td>1级</td>
        </tr>
        <tr>
            <td>1006</td>
            <td>手机</td>
            <td>1800元</td>
            <td>上海</td>
            <td>9999</td>
            <td>1级</td>
        </tr>
        </tbody>
    </table>
    </body>
    </html>
```

电脑端运行效果如图 17-21 所示。使用 Opera Mobile Emulator 模拟手机端运行效果如图 17-22 所示。

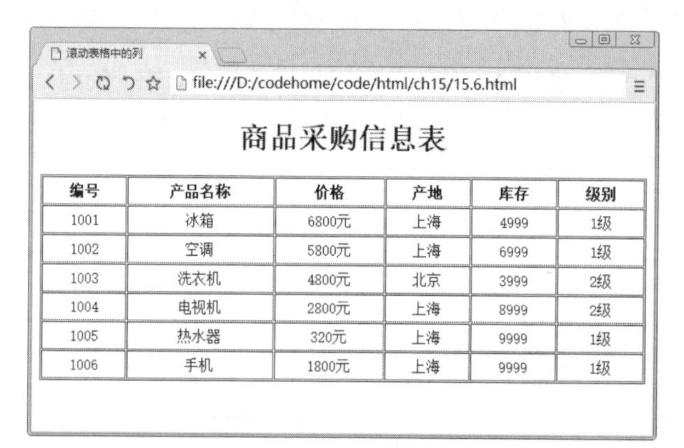

图 17-21　电脑端预览效果

图 17-22　滚动表格中的列

17.8.3　转换表格中的列

转换表格中的列就是将表格转换为列表。利用媒体查询技术中的 media 关键字，获取当前设备屏幕的宽度，然后利用 CSS 技术将表格转换为列表。

实例 7：转换表格中的列

本实例将学生考试成绩表转换为列表。

```
<!DOCTYPE html>
<html>
<head>
      <meta name="viewport" content=
"width=device-width, initial-scale=1">
    <title>转换表格中的列</title>
    <style>
          @media only screen and (max-
width: 800px) {
              /* 强制表格为块状布局 */
                table, thead, tbody, th,
td, tr {
                  display: block;
            }
            /* 隐藏表格头部信息 */
             thead tr {
                position: absolute;
                top: -9999px;
                left: -9999px;
            }
                tr { border: 1px solid
#ccc; }
             td {
                /* 显示列 */
                border: none;
                    border-bottom: 1px
```

```
solid #eee;
                position: relative;
                padding-left: 50%;
                white-space: normal;
                text-align:left;
            }
            td:before {
                position: absolute;
                top: 6px;
                left: 6px;
                width: 45%;
                padding-right: 10px;
                white-space: nowrap;
                text-align:left;
                font-weight: bold;
            }
            /*显示数据*/
              td:before { content: attr
(data-title); }
        }
    </style>
</head>
<body>
<h1 align="center">学生考试成绩表</h1>
<table width="100%" cellspacing="1"
cellpadding="5" border="1">
    <thead>
    <tr>
        <th>学号</th>
        <th>姓名</th>
        <th>语文成绩</th>
        <th>数学成绩</th>
        <th>英语成绩</th>
        <th>文综成绩</th>
        <th>理综成绩</th>
    </tr>
    </thead>
    <tbody align="center">
    <tr>
        <td>1001</td>
        <td>张飞</td>
        <td>126</td>
        <td>146</td>
        <td>124</td>
        <td>146</td>
        <td>106</td>
    </tr>
    <tr>
        <td>1002</td>
        <td>王小明</td>
        <td>106</td>
        <td>136</td>
        <td>114</td>
        <td>136</td>
        <td>126</td>
    </tr>
    <tr>
        <td>1003</td>
        <td>蒙华</td>
        <td>125</td>
        <td>142</td>
        <td>125</td>
        <td>141</td>
        <td>109</td>
    </tr>
    <tr>
        <td>1004</td>
        <td>刘蓓</td>
        <td>126</td>
        <td>136</td>
        <td>124</td>
        <td>116</td>
        <td>146</td>
    </tr>
    <tr>
        <td>1005</td>
        <td>李华</td>
        <td>121</td>
        <td>141</td>
        <td>122</td>
        <td>142</td>
        <td>103</td>
    </tr>
    <tr>
        <td>1006</td>
        <td>赵晓</td>
        <td>116</td>
        <td>126</td>
        <td>134</td>
        <td>146</td>
        <td>116</td>
    </tr>
    </tbody>
</table>
</body>
</html>
```

电脑端运行效果如图 17-23 所示。使用 Opera Mobile Emulator 模拟手机端运行效果如图 17-24 所示。

转换表格中的列

file:///D:/codehome/code/html/ch15/15.7.html

学生考试成绩表

学号	姓名	语文成绩	数学成绩	英语成绩	文综成绩	理综成绩
1001	张飞	126	146	124	146	106
1002	王小明	106	136	114	136	126
1003	蒙华	125	142	125	141	109
1004	刘蓓	126	136	124	116	146
1005	李华	121	141	122	142	103
1006	赵晓	116	126	134	146	116

图 17-23　电脑端预览效果

图 17-24　转换表格中的列

17.9　新手常见疑难问题

疑问 1：设计移动设备端网站时需要考虑的因素有哪些?

不管选择哪种技术来设计移动网站，都需要考虑以下因素。

（1）屏幕尺寸。

需要了解常见的移动手机屏幕的尺寸，包括 320×240、320×480、480×800、640×960 以及 1136×640 等。

（2）流量问题。

虽然 5G 网络已经开始广泛应用，但是很多用户仍然要为购买流量付出不菲的费用，所以图片的大小在设计时仍然需要考虑。对于不必要的图片，可以舍弃。

（3）字体、颜色与媒体问题。

移动设备上安装的字体数量可能很有限，因此要用 em 单位或百分比来设置字号，选择常见字体。部分早期的移动设备支持的颜色数量不多，在选择颜色时也要注意尽量提高对比度。此外还有许多移动设备并不支持 Adobe Flash 媒体。

疑问 2：响应式网页的优缺点是什么?

响应式网页的优点如下：

（1）跨平台友好显示。无论是电脑、平板或手机，响应式网页都可以适应并显示友好的网页界面。

（2）数据同步更新。由于数据库是统一的，所以当后台数据库更新后，电脑端或移动端都将同步更新，这样数据管理起来就比较及时和方便。

（3）降低成本。通过响应式网页设计，可以不用再开发一个独立的电脑端网站或移动端网站，从而降低了开发成本，同时也降低了维护的成本。

响应式网页的缺点如下：

（1）前期开发考虑的因素较多，需要考虑不同设备的宽度和分辨率等因素，以及图片、视频等多媒体是否能在不同的设备上优化地展示。

（2）由于网页需要提前判断设备的特征，同时要下载多套 CSS 样式代码，在加载页面时会增加读取时间和加载时间。

17.10 实战技能训练营

实战 1：使用 <picture> 标签实现响应式图片布局

本实例将通过使用 <picture> 标签、<source> 标签和 <img> 标签，根据不同设备屏幕的宽度显示不同的图片。当屏幕的宽度大于 600 像素时，将显示 x1.jpg 图片，否则将显示默认图片 x2.jpg。

电脑端运行效果如图 17-25 所示。使用 Opera Mobile Emulator 模拟手机端运行效果如图 17-26 所示。

图 17-25　电脑端预览效果

图 17-26　模拟手机端预览效果

实战 2：隐藏招聘信息表中指定的列

利用媒体查询技术中的 media 关键字，在移动端隐藏表格的第 4 列和第 5 列。

电脑端运行效果如图 17-27 所示。使用 Opera Mobile Emulator 模拟手机端运行效果如图 17-28 所示。

隐藏表格中的列
file:///D:/codehome/code/html/ch15/实战2.html

招聘信息表

编号	职位名称	招聘人数	工作地点	学历要求	薪资
1001	Java开发讲师	10	上海	本科	12800元
1002	Python开发讲师	15	上海	本科	12800元
1003	C++开发讲师	6	郑州	本科	8800元
1004	PHP开发讲师	8	北京	本科	9800元
1005	前端开发讲师	10	上海	本科	12000元

图 17-27　电脑端预览效果

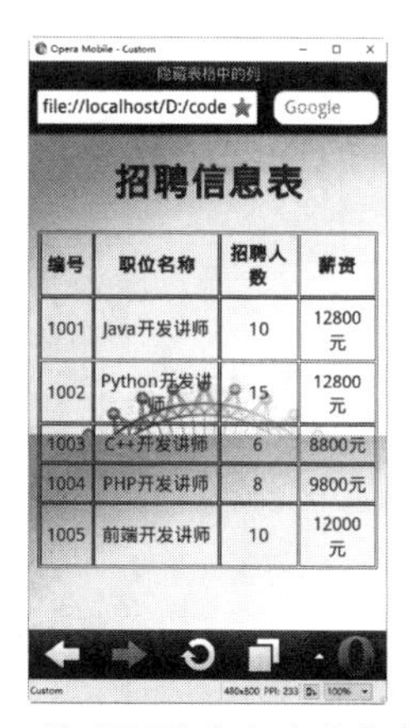

编号	职位名称	招聘人数	薪资
1001	Java开发讲师	10	12800元
1002	Python开发讲师	15	12800元
1003	C++开发讲师	6	8800元
1004	PHP开发讲师	8	9800元
1005	前端开发讲师	10	12000元

图 17-28　隐藏招聘信息表中指定的列

第18章　响应式开发框架Bootstrap

本章导读

Bootstrap 是一款用于快速开发 Web 应用程序和网站的前端框架，它是基于 HTML、CSS 和 JavaScript 等技术开发的。本章将简单介绍 Bootstrap 的基本使用。

知识导图

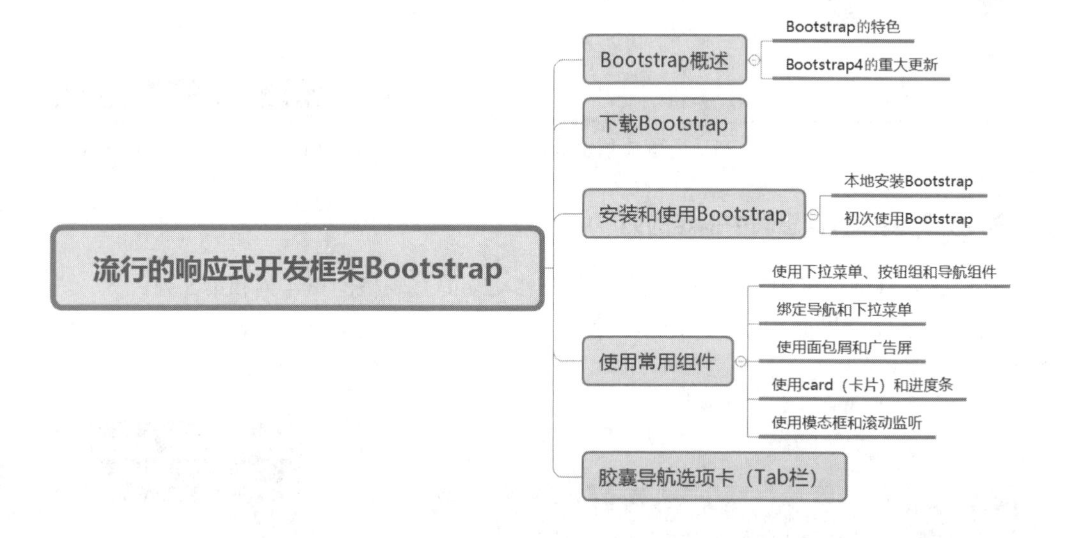

18.1 Bootstrap 概述

Bootstrap 是由 Twitter 公司主导设计研发的，是基于 HTML、CSS、JavaScript 开发的简洁、直观的前端开发框架，使得 Web 开发更加快捷。Bootstrap 推出后一直是 GitHub 上的热门开源项目，可以说 Bootstrap 是目前最受欢迎的前端框架之一。

18.1.1 Bootstrap 的特色

Bootstrap 是当前比较流行的前端框架，是 Web 开发人员的一个重要工具，它拥有下面一些特色。

1. 跨设备，跨浏览器

可以兼容所有现代主流浏览器，但 Bootstrap 3 不兼容 IE 7 及其以下的版本，Bootstrap 4 不再支持 IE 8。自 Bootstrap 3 起，框架包含贯穿于整个库的移动设备优先的样式，重点支持各种平板电脑和智能手机等移动设备。

2. 响应布局

从 Bootstrap 2 开始，便支持响应式布局，能够自适应于台式机、平板电脑和手机，从而提供一致的用户体验。

3. 列网格布局

Bootstrap 提供了一套响应式、移动设备优先的网格系统，随着屏幕或视口（viewport）尺寸的增加，系统最多会自动分为 12 列，也可以根据自己的需要定义列数。

4. 较全面的组件

Bootstrap 提供了实用性很强的组件，如导航、按钮、下拉菜单、表单、列表、输入框等，供开发者使用。

5. 内置 jQuery 插件

Bootstrap 提供了很多实用的 jQuery 插件，如模态框、旋转木马等，这些插件方便开发者实现 Web 中的各种常规特效。

6. 支持 HTML 5 和 CSS3

Bootstrap 要求在 HTML5 文档类型的基础上使用，所以支持 HTML5 标签和语法；bootstrap 支持 CSS3 的属性和标准，并不断完善。

7. 容易上手

只要具备 HTML 和 CSS 的基础知识，就可以开始学习使用 Bootstrap。

8. 开源的代码

Bootstrap 是完全开源的，不管是个人还是企业都可以免费使用。Bootstrap 全部托管于 GitHub，并借助 GitHub 平台实现社区化的开发和共建。

18.1.2 Bootstrap 4 的重大更新

Bootstrap 4 相比较 Bootstrap 3 有很多重大的更新，下面是更新中的一些亮点：

（1）不再支持 IE8，使用 rem 和 em 单位：Bootstrap 4 放弃对 IE8 的支持，这意味着开发者可以放心地利用 CSS 的优点，不必再研究 CSS hack 技巧或回退机制了。使用 rem 和 em 代替 px 单位，更适合做响应式布局，控制组件大小。如果要支持 IE8，只能继续用 Bootstrap 3。

（2）从 Less 到 Sass：现在，Bootstrap 已加入 Sass 的大家庭中，得益于 Libsass，Bootstrap 的编译速度比以前更快。

（3）支持选择弹性盒模型（Flexbox）：这是划时代的功能——只要修改一个变量 Boolean 值，就可以让 Bootstrap 中的组件使用 Flexbox。

（4）废弃了 wells、thumbnails 和 panels，使用 cards（卡片）代替：Cards 是个全新概念，用法与 wells、thumbnails 和 panels 很像，但是却更加方便。

（5）将所有 HTML 重置样式表整合到 Reboot 中：在一些地方用不了 Normalize.css 时，可以使用 Reboot 重置样式，它提供了更多选项。

（6）新的自定义选项：不再像上个版本一样，将 Flexbox、渐变、圆角、阴影等效果分放在单独的样式表中，而是将所有选项都移到一个 Sass 变量中。如果想要改变默认效果，只需要更新变量值，重新编译就可以了。

（7）重写所有 JavaScript 插件：为了利用 JavaScript 的新特性，Bootstrap 4 用 ES6 重写了所有插件。现在提供 UMD 支持、泛型拆解方法、选项类型检查等特性。

（8）更多变化：支持自定义窗体控件、空白和填充类，此外还包括新的实用程序类等。

18.2 下载 Bootstrap

Bootstrap 4 是 Bootstrap 的最新版本，与之前的版本相比，拥有更强大的功能。本节将教大家如何下载 Bootstrap 4。

Bootstrap 4 有两个版本，一个是源码文件，提供学习使用；另一个是编译版，可供直接引用。

1. 下载源码版的 Bootstrap

我们知道 Bootstrap 全部托管于 GitHub，并借助 GitHub 平台实现社区化的开发和共建，所以我们可以到 GitHub 上下载 Bootstrap 压缩包。使用谷歌浏览器访问“https://github.com/twbs/bootstrap/”页面，单击 Download ZIP 按钮，下载最新版的 Bootstrap 压缩包，如图 18-1 所示。

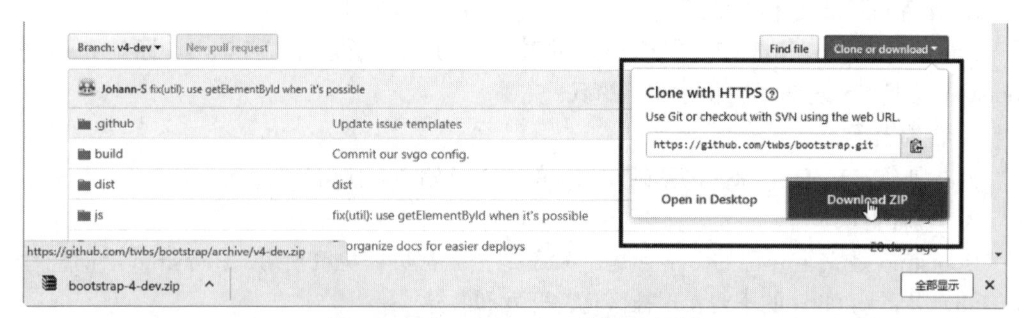

图 18-1　在 GitHub 上下载源码文件

Bootstrap 4 源码下载完成后并解压，目录结构如图 18-2 所示。

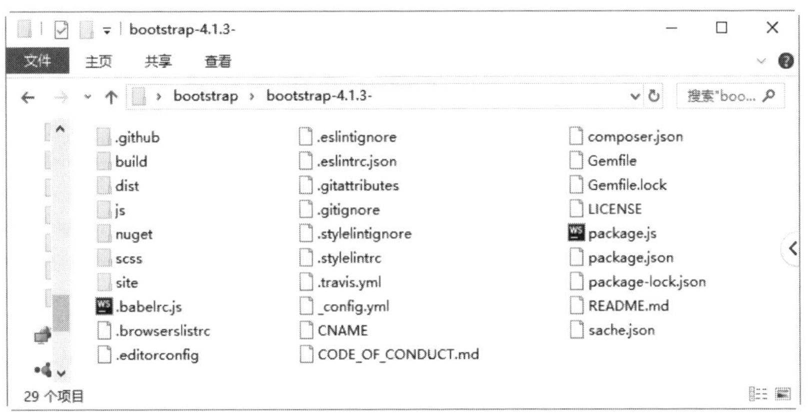

图 18-2　源码文件的目录结构

2. 下载编译版 Bootstrap

如果用户需要快速使用 Bootstrap 来开发网站，可以直接下载经过编译、压缩后的发布版本，使用浏览器访问“http://getbootstrap.com/docs/4.1/getting-started/download/”页面，单击 Download 按钮，下载编译版本的压缩文件，如图 18-3 所示。

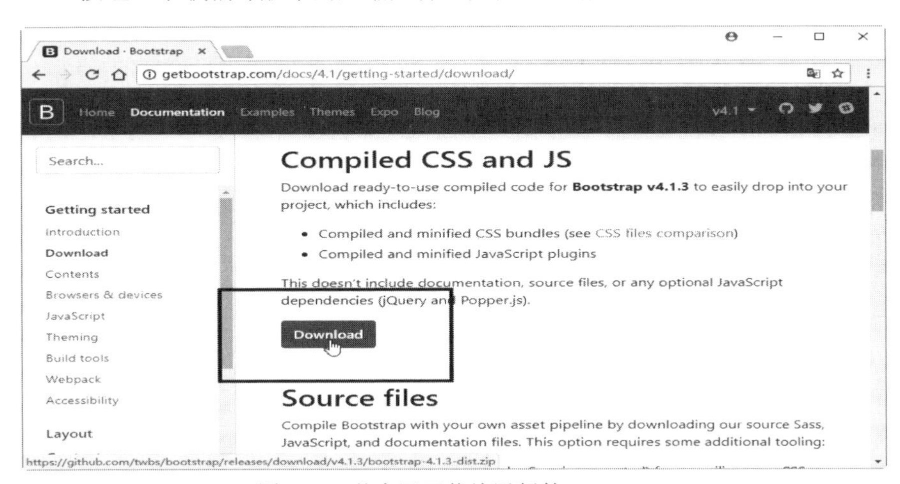

图 18-3　从官网下载编译版的 bootstrap

编译版的压缩文件仅包含编译好的 Bootstrap 应用文件，有 CSS 文件和 JS 文件，与 Bootstrap 3 相比少了 fonts 字体文件，如图 18-4 所示。

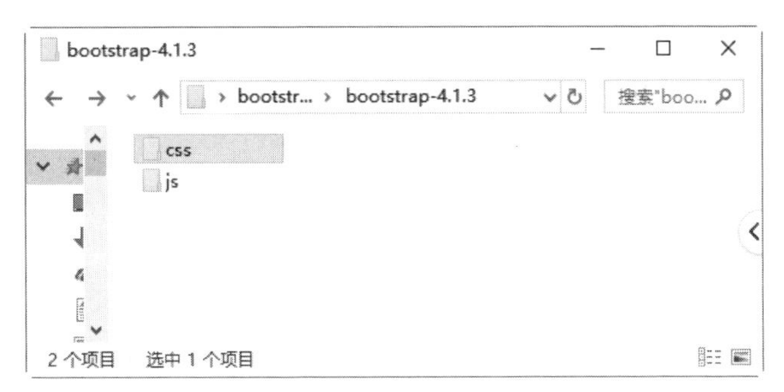

图 18-4　编译文件的目录结构

其中，CSS 文件的目录结构如图 18-5 所示，JS 文件的目录结构如图 18-6 所示。

图 18-5　CSS 文件的目录结构

图 18-6　JS 文件的目录结构

在网站目录中，导入相应的 CSS 文件和 JS 文件，便可以在项目中使用 Bootstrap 的效果和插件了。

18.3　安装和使用 Bootstrap

Bootstrap 下载完成后，需要安装后才可以使用。

18.3.1　本地安装 Bootstrap

Bootstrap 是本着移动设备优先的策略开发的，所以优先为移动设备优化代码，根据每个组件的情况并利用 CSS 媒体查询技术为组件设置合适的样式。为了确保在所有设备上都能够正确渲染并支持触控缩放，需要将设置 viewport 属性的 <meta> 标签添加到 <head> 中。具体代码如下。

```
<meta name="viewport" content="width=device-width, initial-scale=1, shrink-to-fit=no">
```

本地安装 Bootstrap 大致可以分为以下两步。

01 安装 Bootstrap 的基本样式，使用 <link> 标签引入 Bootstrap.css 样式表文件，并且放在所有其他的样式表之前，如下面代码所示：

```
<link rel="stylesheet" href="bootstrap-4.1.3/css/bootstrap.css">
```

02 调用 Bootstrap 的 JS 文件以及 jQuery 框架。要注意 Bootstrap 中的许多组件需要依赖 JavaScript 才能运行，它们依赖的是 jQuery、Popper.js，Popper.js 包含在我们引入的 bootstrap.bundle.js 中。具体的引入顺序是 jQuery.js 必须放在最前面，然后是 bundle.js，最后是 Bootstrap.js，如下面的代码所示：

```
<script src="jquery.js"></script>
<script src="bootstrap-4.1.3/js/bootstrap.bundle.js"></script>
<script src="bootstrap-4.1.3/js/bootstrap.js"></script>
```

18.3.2　初次使用 Bootstrap

Bootstrap 安装完成后，下面我们就用它来完成一个简单的小案例。

首先需要在页面的 <head> 中引入 bootstrap 核心代码文件，如下面代码所示：

```
<meta name="viewport" content="width=device-width, initial-scale=1, shrink-to-fit=no">
<link rel="stylesheet" href="bootstrap-4.1.3/css/bootstrap.css">
<script src="jquery.js"></script>
<script src="bootstrap-4.1.3/js/bootstrap.bundle.js"></script>
<script src="bootstrap-4.1.3/js/bootstrap.js"></script>
```

然后在 <body> 中添加一个 <h1> 标签，并添加 bootstrap 中的 bg-dark 和 text-white 类。bg-dark 用于设置 <h1> 标签的背景色为黑色，text-white 设置 <h1> 标签的字体颜色为白色。具体代码如下：

```
<!DOCTYPE html>
<html>
<head>
<title></title>
    <meta name="viewport" content="width=device-width, initial-scale=1, shrink-to-fit=no">
    <link rel="stylesheet" href="bootstrap-4.1.3/css/bootstrap.css">
    <script src="jquery.js"></script>
    <script src="bootstrap-4.1.3/js/bootstrap.bundle.js"></script>
    <script src="bootstrap-4.1.3/js/bootstrap.js"></script>
</head>
<body>
<!--.bg-dark类用来设置背景颜色为黑色,text-white用来设置文本颜色为白色-->
<h1 class="bg-dark text-white">hello world!</h1>
</body>
</html>
```

IE 11.0 浏览器中的显示效果如图 18-7 所示。

图 18-7　Bootstrap 框架效果

> **提示：** 在 <head> 中引入的核心代码，在后续的内容中将省略，读者务必加上。

18.4　使用常用组件

Bootstrap 提供了大量可复用的组件，下面简单介绍其中一些常用的组件，更详细的内容请参考官方文档。

18.4.1　使用下拉菜单

下拉菜单是网页中经常看到的效果之一，使用 Bootstrap 很容易就可以实现。

在 Bootstrap 中可以使用一个按钮或链接来打开下拉菜单，按钮或链接需要添加 .dropdown-toggle 类和 data-toggle="dropdown" 属性。

在菜单元素中需要添加 .dropdown-menu 类来实现下拉，然后在下拉菜单的选项中添加 .dropdown-item 类。在下面的案例中使用一个列表来设计菜单。

实例 1：设计下拉菜单

```
<!DOCTYPE html>
<html>
<head>
<title> </title>
```

```
    <meta name="viewport" content="width=device-width, initial-scale=1, shrink-to-
fit=no">
    <link rel="stylesheet" href="bootstrap-4.1.3/css/bootstrap.css">
    <script src="jquery.js"></script>
    <script src="bootstrap-4.1.3/js/bootstrap.bundle.js"></script>
    <script src="bootstrap-4.1.3/js/bootstrap.js"></script>
</head>
<body>
<div class="container">
    <div>
        <!--.btn类设置a标签为按钮,.dropdown-toggle类和data-toggle="dropdown" 属性类别用
来激活下拉菜单-->
        <a href="#" class="dropdown-toggle" data-toggle="dropdown">下拉菜单</a>
        <!--.dropdown-menu用来指定被激活的菜单-->
        <ul class="dropdown-menu">
            <!--.dropdown-item添加列表元素的样式-->
            <li><a href="#" class="dropdown-item">新闻</a></li>
            <li><a href="#" class="dropdown-item">电视
</a></li>
            <li><a href="#" class="dropdown-item">电影
</a></li>
        </ul>
    </div>
</div>
</body>
</html>
```

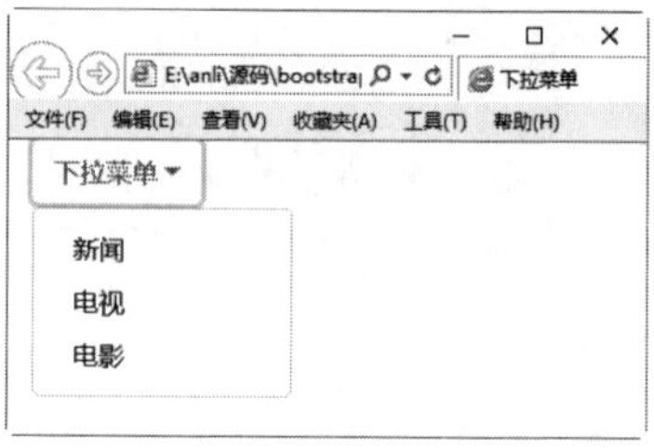

在 IE 11.0 浏览器中运行的结果如图 18-8 所示。

图 18-8　下拉菜单

18.4.2　使用按钮组

用含有 .btn-group 类的容器把一系列含有 .btn 类的按钮包裹起来，便形成了一个页面组件——按钮组。

实例 2：设计按钮组

```
<!DOCTYPE html>
<html>
<head>
<title></title>
    <meta name="viewport" content="width=device-width, initial-scale=1, shrink-to-
fit=no">
    <link rel="stylesheet" href="bootstrap-4.1.3/css/bootstrap.css">
    <script src="jquery.js"></script>
    <script src="bootstrap-4.1.3/js/bootstrap.bundle.js"></script>
    <script src="bootstrap-4.1.3/js/bootstrap.js"></script>
</head>
<body>
<div class="container">
    <!--使用含有.btn-group类的div来包裹按钮元素-->
    <div class="btn-group">
        <!--.btn btn-primary设置按钮为浅蓝色;.btn btn-info设置按钮为深蓝色;.btn btn-
success设置按钮为绿色;.btn btn-warning设置按钮为黄色;.btn btn-danger设置按钮为红色;-->
        <button class="btn btn-primary">首页</button>
        <button class="btn btn-success">新闻</button>
        <button class="btn btn-info">电视</button>
        <button class="btn btn-warning">电影</button>
```

```
        <button class="btn btn-danger">动漫</button>
    </div>
</div>
</body>
</html>
```

运行结果如图 18-9 所示。

图 18-9　按钮组

18.4.3　使用导航组件

一个简单的导航栏，可以通过在 <ul> 元素上添加 .nav 类、在每个 <li> 元素上添加 .nav-item 类、在每个链接上添加 .nav-link 类来实现。

实例 3：设计简单导航

```
<!DOCTYPE html>
<html>
<head>
<title></title>
    <meta name="viewport" content="width=device-width, initial-scale=1, shrink-to-
fit=no">
    <link rel="stylesheet" href="bootstrap-4.1.3/css/bootstrap.css">
    <script src="jquery.js"></script>
    <script src="bootstrap-4.1.3/js/bootstrap.bundle.js"></script>
    <script src="bootstrap-4.1.3/js/bootstrap.js"></script>
</head>
<body>
<div class="container">
    <p>基本的导航:</p>
    <!--在ul中添加.nav类创建导航栏-->
    <ul class="nav">
        <!--在li中添加.nav-item,在a中添加.nav-link设置导航的样式-->
        <li class="nav-item"><a class="nav-link" href="#">小说</a></li>
        <li class="nav-item"><a class="nav-link" href="#">音乐</a></li>
        <li class="nav-item"><a class="nav-link" href="#">视频</a></li>
        <li class="nav-item"><a class="nav-link" href="#">游戏</a></li>
    </ul>
</div>
</body>
</html>
```

运行结果如图 18-10 所示。

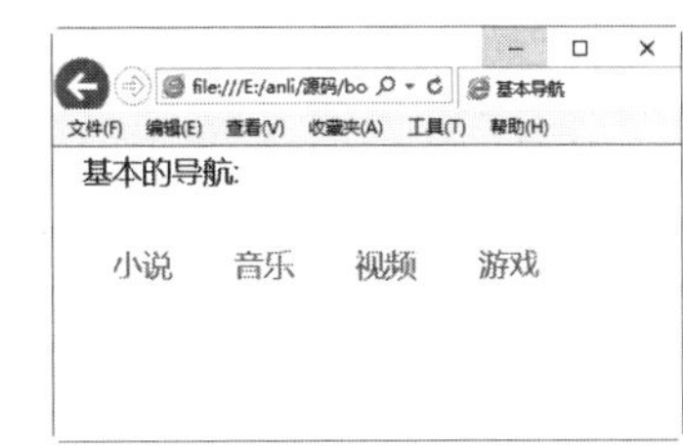

图 18-10　基本的导航

Bootstrap 的导航组件都是建立在基本的导航之上，可以通过扩展基础的 .nav 组件，来实现特殊的导航样式。

1. 标签页导航

在基本导航中，为 <ul> 元素添加 .nav-tabs 类，对于选中的选项使用 .active 类，并为每个链接添加 data-toggle="tab" 属性类别，便可以实现标签页导航了。

实例 4：设计标签页导航

```
<!DOCTYPE html>
<html>
<head>
<title></title>
```

```
    <meta name="viewport" content="width=device-width, initial-scale=1, shrink-to-
fit=no">
    <link rel="stylesheet" href="bootstrap-4.1.3/css/bootstrap.css">
    <script src="jquery.js"></script>
    <script src="bootstrap-4.1.3/js/bootstrap.bundle.js"></script>
    <script src="bootstrap-4.1.3/js/bootstrap.js"></script>
</head>
<body>
<div class="container">
    <p>标签页导航</p>
    <!--在ul中添加.nav和.nav-tabs,.nav-tabs用来设置标签页导航-->
    <ul class="nav nav-tabs">
        <!--在li中添加.nav-item,在a中添加.nav-link,对于选中的选项添加.active类-->
        <!--添加data-toggle="tab"属性类别,是去掉a标签的默认行为,实现动态切换导航的active属
性效果-->
        <li class="nav-item"><a class="nav-link active" href="#" data-toggle="tab">
健康</a></li>
        <li class="nav-item"><a class="nav-link" href="#" data-toggle="tab">时尚</
a></li>
        <li class="nav-item"><a class="nav-link" href="#" data-toggle="tab">减肥</
a></li>
        <li class="nav-item"><a class="nav-link" href="#" data-toggle="tab">美食</
a></li>
        <li class="nav-item"><a class="nav-
link" href="#" data-toggle="tab">交友</a></li>
        <li class="nav-item"><a class="nav-
link" href="#" data-toggle="tab">社区</a></li>
    </ul>
</div>
</body>
</html>
```

运行结果如图 18-11 所示。

图 18-11　标签页导航

2. 胶囊导航

在基本导航中，为 <ul> 添加 .nav-pills 类，对于选中的选项使用 .active 类，并为每个链接添加 data-toggle="pill" 属性类别，便可以实现胶囊导航了。

实例 5：设计胶囊导航

```
<!DOCTYPE html>
<html>
<head>
<title></title>
    <meta name="viewport" content="width=device-width, initial-scale=1, shrink-to-
fit=no">
    <link rel="stylesheet" href="bootstrap-4.1.3/css/bootstrap.css">
    <script src="jquery.js"></script>
    <script src="bootstrap-4.1.3/js/bootstrap.bundle.js"></script>
    <script src="bootstrap-4.1.3/js/bootstrap.js"></script>
</head>
<body>
<div class="container">
    <p>胶囊导航</p>
    <!--在ul中添加.nav和.nav-pills,.nav-pills类用来设置胶囊导航-->
    <ul class="nav nav-pills">
        <!--在li中添加.nav-item,在a中添加.nav-link,对于选中的选项添加.active类-->
        <!--添加data-toggle="pill"属性类别,是去掉a标签的默认行为,实现动态切换导航的active
```

```
属性效果-->
        <li class="nav-item"><a class="nav-link active" href="#" data-
toggle="pill">健康</a></li>
        <li class="nav-item"><a class="nav-link" href="#" data-toggle="pill">时尚</
a></li>
        <li class="nav-item"><a class="nav-link" href="#" data-toggle="pill">减肥</
a></li>
        <li class="nav-item"><a class="nav-link" href="#" data-toggle="pill">美食</
a></li>
        <li class="nav-item"><a class="nav-
link" href="#" data-toggle="pill">交友</a></li>
        <li class="nav-item"><a class="nav-
link" href="#" data-toggle="pill">社区</a></li>
    </ul>
</div>
</body>
</html>
```

运行结果如图 18-12 所示。

图 18-12 胶囊导航

18.4.4 绑定导航和下拉菜单

在 Bootstrap 中，下拉菜单可以与页面中的其他元素绑定使用，如导航、按钮等。本节设计标签页导航下拉菜单。

标签页导航在上一节介绍过，只需要在标签页导航选项中添加一个下拉菜单结构，然后为该标签选项添加 dropdown 类，为下拉菜单结构添加 dropdown-menu 类，便可以实现。

实例 6：绑定导航和下拉菜单

```
<!DOCTYPE html>
<html>
<head>
<title></title>
    <meta name="viewport" content="width=device-width, initial-scale=1, shrink-to-
fit=no">
    <link rel="stylesheet" href="bootstrap-4.1.3/css/bootstrap.css">
    <script src="jquery.js"></script>
    <script src="bootstrap-4.1.3/js/bootstrap.bundle.js"></script>
    <script src="bootstrap-4.1.3/js/bootstrap.js"></script>
</head>
<body>
<div class="container">
    <p>绑定导航和下拉菜单</p>
    <!--在ul中添加.nav和.nav-tabs,.nav-tabs用来设置标签页导航-->
    <ul class="nav nav-tabs">
        <!--在li中添加.nav-item,在a中添加.nav-link,对于选中的选项添加.active类-->
        <!--添加data-toggle="tab"属性类别,是去掉a标签的默认行为,实现动态切换导航的active属
性效果-->
        <li class="nav-item"><a class="nav-link" href="#">新闻</a></li>
        <!--.dropdown-toggle类和data-toggle="dropdown"属性类别 用来激活下拉菜单-->
        <li class="nav-item"><a class="nav-link active dropdown-toggle" data-
toggle="dropdown" href="#">教育</a>
            <!--.dropdown-menu用来指定被激活的菜单-->
            <ul class="dropdown-menu">
                <li><a href="#" class="dropdown-item">初中</a></li>
                <li><a href="#" class="dropdown-item">高中</a></li>
```

```
                <li><a href="#" class="dropdown-item">大学</a></li>
            </ul>
        </li>
        <li class="nav-item"><a class="nav-link" href="#">旅游</a></li>
        <li class="nav-item"><a class="nav-link" href="#">美食</a></li>
        <li class="nav-item"><a class="nav-link" href="#">理财</a></li>
        <li class="nav-item"><a class="nav-link" href="#">招聘</a></li>
    </ul>
</div>
</body>
</html>
```

运行结果如图 18-13 所示。

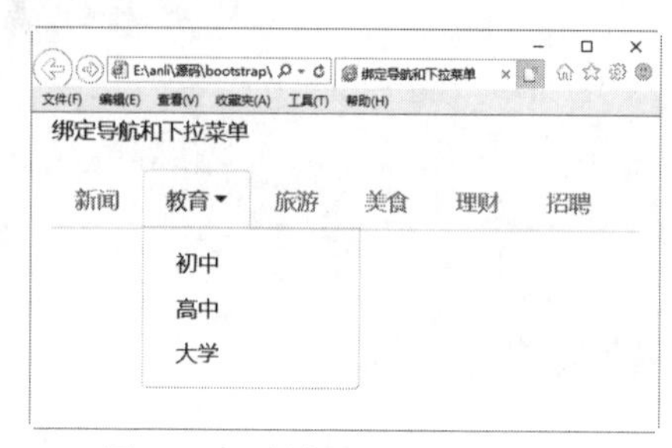

图 18-13　导航和下拉菜单绑定

18.4.5　使用面包屑导航

面包屑导航（Breadcrumbs）是一种基于网站层次信息的显示方式，可以表示当前页面在导航层次结构内的位置。在 CSS 中利用 ::before 和 content 来添加分隔符。

实例 7：设计面包屑导航

```
<!DOCTYPE html>
<html>
<head>
<title> </title>
    <meta name="viewport" content="width=device-width, initial-scale=1, shrink-to-
fit=no">
    <link rel="stylesheet" href="bootstrap-4.1.3/css/bootstrap.css">
    <script src="jquery.js"></script>
    <script src="bootstrap-4.1.3/js/bootstrap.bundle.js"></script>
    <script src="bootstrap-4.1.3/js/bootstrap.js"></script>
<style>
        /*利用::before 和content添加分隔线*/
        li::before {
            padding-right: 0.5rem;
            padding-left: 0.5rem;
            color: #6c757d;
            content: “>";           /*添加分割线为 “>"*/
        }
        /*去掉第一个li前面的分隔线*/
        li:first-child::before {
            content: “";            /*设置第一个li元素前面为空*/
        }
</style>
</head>
```

```
<body>
<div class="container">
    <!--在ul中添加.breadcrumb类,设置面包屑
-->
    <ul class="breadcrumb">
        <li><a href="#">学校</a></li>
        <li><a href="#">图书馆</a></li>
    </ul>
    <ul class="breadcrumb">
        <li><a href="#">学校</a></li>
        <li><a href="#">图书馆</a></li>
        <li><a href="#">图书</a></li>
    </ul>
    <ul class="breadcrumb">
        <li><a href="#">学校</a></li>
        <li><a href="#">图书馆</a></li>
        <li><a href="#">图书</a></li>
        <li><a href="#">编程类</a></li>
    </ul>
</div>
</body>
</html>
```

运行结果如图 18-14 所示。

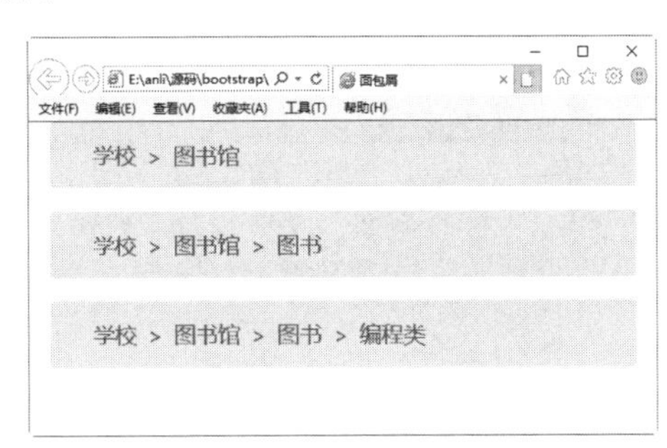

图 18-14　面包屑组件

18.4.6　使用广告屏

通过在 <div> 元素中添加 .jumbotron 类来创建 jumbotron（超大屏幕），它是一个大的灰色背景框，里面可以设置一些特殊的内容和信息，如可以放一些 HTML 标签，也可以放 Bootstrap 的元素。如果创建一个没有圆角的 jumbotron，可以在 .jumbotron-fluid 类的 div 标签中添加 .container 或 .container-fluid 类来实现。

实例 8：设计广告屏

```
<!DOCTYPE html>
<html>
<head>
<title> </title>
    <meta name="viewport" content="width=device-width, initial-scale=1, shrink-to-
fit=no">
    <link rel="stylesheet" href="bootstrap-4.1.3/css/bootstrap.css">
    <script src="jquery.js"></script>
    <script src="bootstrap-4.1.3/js/bootstrap.bundle.js"></script>
    <script src="bootstrap-4.1.3/js/bootstrap.js"></script>
</head>
<body>
<!--添加.jumbotron类创建广告屏-->
<div class="jumbotron">
    <h1>北京欢迎你!</h1>
    <p>北京,简称“京",是中华人民共和国的首都,文化中心、科技创新中心。</p>
    <hr>
    <p>Beijing, or “jing" for short,It is the capital of the People’s Republic of
China,cultural center、Technology innovation center.</p>
    <p>
```

```
        <!--.btn类为按钮添加基本样式,.btn-primary表示原始按钮样式（未被操作）-->
        <button class="btn btn-primary">了解更多</button>
    </p>
</div>
</body>
</html>
```

运行结果如图 18-15 所示。

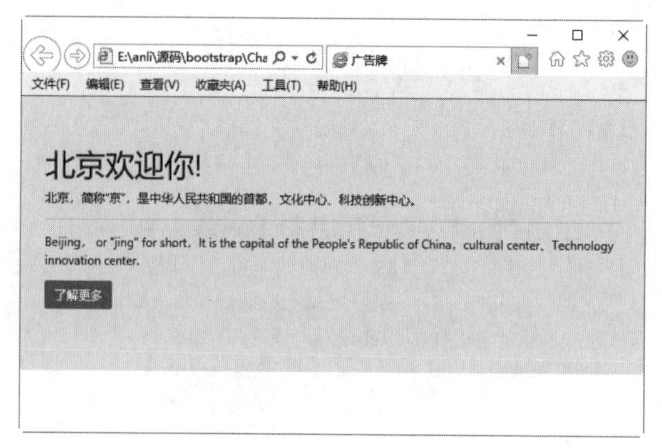

图 18-15　广告屏组件

18.4.7　使用 card（卡片）

通过 Bootstrap 4 的 .card 与 .card-body 类来创建一个简单的卡片，代码如下：

```
<!DOCTYPE html>
<html>
<head>
<title></title>
      <meta name="viewport" content=
"width=device-width, initial-scale=1,
shrink-to-fit=no">
      <link rel="stylesheet" href=
"bootstrap-4.1.3/css/bootstrap.css">
    <script src="jquery.js"></script>
      <script src="bootstrap-4.1.3/js/
bootstrap.bundle.js"></script>
      <script src="bootstrap-4.1.3/js/
bootstrap.js"></script>
</head>
<body>
<div class="container">
<div class="card">
<div class="card-body">简单的卡片</div>
</div>
</div>
</body>
</html>
```

运行结果如图 18-16 所示。

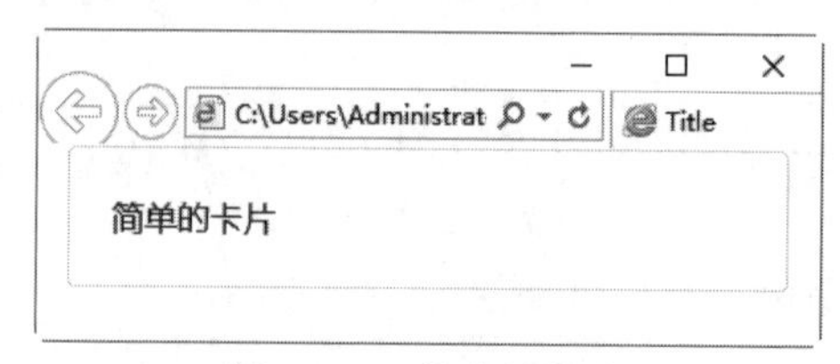

图 18-16　简单的卡片

卡片是一个灵活的、可扩展的内容窗口，包含可选的卡片头和卡片脚、一个大范围的内容、上下文背景色以及强大的显示选项。卡片代替了 Bootstrap 3 中的 panel、well 和 thumbnail 等组件。

实例 9：设计卡片

```
<!DOCTYPE html>
<html>
<head>
<title></title>
    <meta name="viewport" content="width=device-width, initial-scale=1, shrink-to-fit=no">
    <link rel="stylesheet" href="bootstrap-4.1.3/css/bootstrap.css">
    <script src="jquery.js"></script>
    <script src="bootstrap-4.1.3/js/bootstrap.bundle.js"></script>
    <script src="bootstrap-4.1.3/js/bootstrap.js"></script>
</head>
<body>
<div class="container">
    <!--添加.card类创建卡片,.bg-success类设置卡片的背景颜色,.text-white类设置卡片的文本颜色
-->
    <div class="card bg-success text-white">
        <!--.card-header类用于创建卡片的头部样式-->
        <div class="card-header">卡片头</div>
        <div class="card-body">
            <!--给 <img> 添加 .card-img-top可以设置图片在文字上方或添加.card-img-bottom
类设置图片在文字下方。-->
            <img src="004.jpg" alt="" width="100%" height="200px">
            <h4 class="card-title">乡间小路</h4>
            <p class="card-text">太阳西下,黄昏下的乡村小路,弯弯曲曲延伸到村子的尽头,高低起
伏的路面变幻莫测,只有叽叽喳喳在田间嬉闹的麻雀,此时也飞得无影无踪,大地只留下一片清凉。</p>
        </div>
        <!--.card-footer 类用于创建卡片的底部样式-->
        <div class="card-footer">卡片脚</div>
    </div>
</div>
</body>
</html>
```

运行结果如图 18-17 所示。

图 18-17　卡片设计效果

18.4.8 使用进度条

进度条主要用来表示用户的任务进度，如下载、删除、复制等。

创建一个基本的进度条有以下 3 个步骤：

（1）添加一个含有 .progress 类的 <div>。

（2）在 <div> 中，添加一个含有 .progress-bar 的空的 <div>。

（3）为含有 .progress-bar 类的 <div> 添加一个带有百分比表示宽度的 style 属性，如 style="50%"，表示进度条在 50% 的位置。

实例 10：设计基本的进度条

```
<!DOCTYPE html>
<html>
<head>
<title></title>
    <meta name="viewport" content="width=device-width, initial-scale=1, shrink-to-
fit=no">
    <link rel="stylesheet" href="bootstrap-4.1.3/css/bootstrap.css">
    <script src="jquery.js"></script>
    <script src="bootstrap-4.1.3/js/bootstrap.bundle.js"></script>
    <script src="bootstrap-4.1.3/js/bootstrap.js"></script>
</head>
<body>
<div class="container">
    <p>基本的进度条</p>
    <div class="progress">
        <div class="progress-bar  "
style="width:50%"></div>
    </div>
</div>
</body>
</html>
```

运行结果如图 18-18 所示。

图 18-18 基本的进度条

1. 设置高度和添加文本

用户可以在基本滚动条的基础上设置高度和添加文本，在含有 .progress 类的 <div> 中设置高度，在含有 .progress-bar 类的 <div> 中添加文本内容。

实例 11：为进度条设置高度和添加文本

```
<!DOCTYPE html>
<html>
<head>
<title></title>
    <meta name="viewport" content="width=device-width, initial-scale=1, shrink-to-
fit=no">
    <link rel="stylesheet" href="bootstrap-4.1.3/css/bootstrap.css">
    <script src="jquery.js"></script>
    <script src="bootstrap-4.1.3/js/bootstrap.bundle.js"></script>
    <script src="bootstrap-4.1.3/js/bootstrap.js"></script>
</head>
<body>
<div class="container">
    <p>设置高度和文本的滚动条</p>
```

```
    <!--设置滚动条高度为20px,文本内容为--60%-->
    <div class="progress" style="height:20px">
        <div class="progress-bar  " style="width:60%">60%</div>
    </div><br>
    <!--设置滚动条高度为30px,文本内容为--80%-->
    <div class="progress"
style="height:30px">
        <div class="progress-bar  "
style="width:80%">80%</div>
    </div>
</div>
</body>
</html>
```

运行结果如图 18-19 所示。

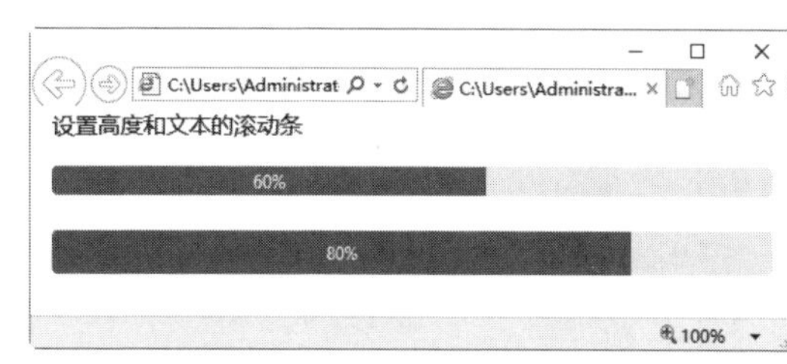

图 18-19　设置高度和添加文本

2. 设置背景颜色

滚动条的默认背景颜色是蓝色，为了能给用户一个更好的体验，进度条和警告信息框一样，也根据不同的状态配置了不同的颜色，我们可以通过添加 bg-success、bg-info、bg-warning 和 bg-danger 类来改变默认背景颜色，它们分别表示浅绿色、浅蓝色、浅黄色和浅红色。

实例 12：设置进度条的背景颜色

```
<!DOCTYPE html>
<html>
<head>
<title></title>
    <meta name="viewport" content="width=device-width, initial-scale=1, shrink-to-
fit=no">
    <link rel="stylesheet" href="bootstrap-4.1.3/css/bootstrap.css">
    <script src="jquery.js"></script>
    <script src="bootstrap-4.1.3/js/bootstrap.bundle.js"></script>
    <script src="bootstrap-4.1.3/js/bootstrap.js"></script>
</head>
<body>
<div class="container">
    <p>不同颜色的滚动条</p>
    <div class="progress">
        <div class="progress-bar" style="width:30%">默认</div>
    </div>
    <br>
    <div class="progress">
        <div class="progress-bar bg-success" style="width:40%">bg-success</div>
    </div>
    <br>
    <div class="progress">
        <div class="progress-bar bg-info" style="width:50%">bg-info</div>
    </div>
    <br>
    <div class="progress">
        <div class="progress-bar bg-warning" style="width:60%">bg-warning</div>
    </div>
    <br>
    <div class="progress">
        <div class="progress-bar bg-danger" style="width:70%">bg-danger</div>
    </div>
</div>
```

```
</body>
</html>
```

运行结果如图 18-20 所示。

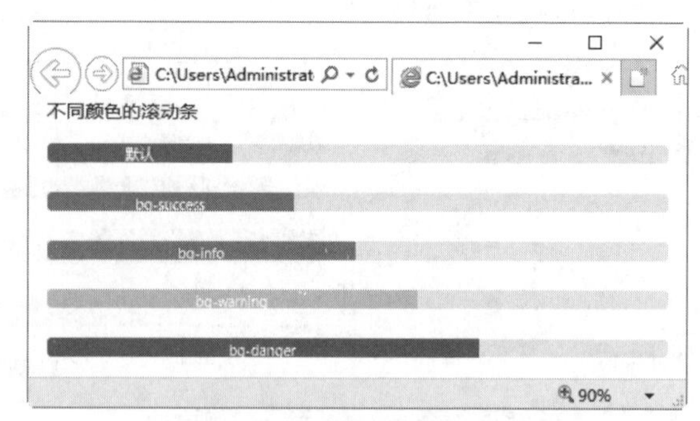

图 18-20　不同背景色的进度条

3. 设置动画条纹进度条

添加 progress-bar-striped 类和 progress-bar-animated 类，可以为滚动条设置彩色条纹和动画效果。

实例 13：设置动画条纹进度条

```
<!DOCTYPE html>
<html>
<head>
<title></title>
    <meta name="viewport" content="width=device-width, initial-scale=1, shrink-to-fit=no">
    <link rel="stylesheet" href="bootstrap-4.1.3/css/bootstrap.css">
    <script src="jquery.js"></script>
    <script src="bootstrap-4.1.3/js/bootstrap.bundle.js"></script>
    <script src="bootstrap-4.1.3/js/bootstrap.js"></script>
</head>
<body>
<div class="container">
    <p>设置滚动条纹效果</p>
    <!--添加.progress类,创建滚动条-->
    <div class="progress">
        <!--.progress-bar-striped类设置滚动条条纹效果,.progress-bar-animated类设置条纹滚动条的动画效果-->
        <div class="progress-bar progress-bar-striped progress-bar-animated" style="width:60%"></div>
    </div>
</div>
</body>
</html>
```

运行结果如图 18-21 所示。

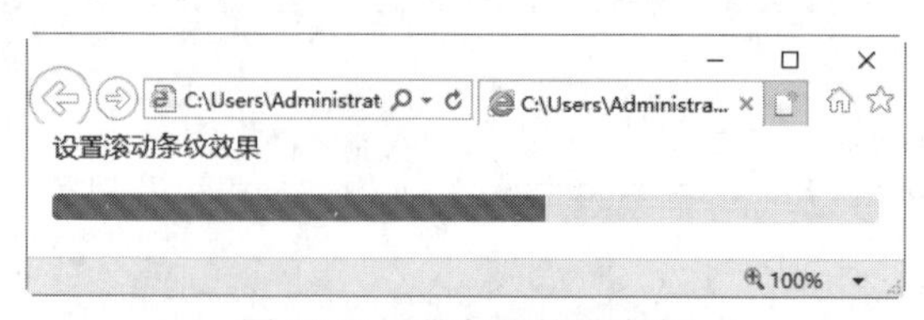

图 18-21　带条纹的进度条

4. 混合色彩的进度条

在进度条中，我们可以在含有 .progress 类的 <div> 中添加多个含有 .progress-bar 类的 <div>，然后分别为每个含有 .progress-bar 类的 <div> 设置不同的背景颜色，来实现具有混合色彩的进度条。

实例 14：设计具有混合色彩的进度条

```
<!DOCTYPE html>
<html>
<head>
<title></title>
    <meta name="viewport" content="width=device-width, initial-scale=1, shrink-to-
fit=no">
    <link rel="stylesheet" href="bootstrap-4.1.3/css/bootstrap.css">
    <script src="jquery.js"></script>
    <script src="bootstrap-4.1.3/js/bootstrap.bundle.js"></script>
    <script src="bootstrap-4.1.3/js/bootstrap.js"></script>
</head>
<body>
<div class="container">
    <p>混合色彩的进度条</p>
    <div class="progress" style="height:30px">
        <div class="progress-bar bg-success" style="width:20%">bg-success</div>
        <div class="progress-bar bg-info" style="width:20%">bg-info</div>
        <div class="progress-bar bg-warning" style="width:20%">bg-warning</div>
        <div class="progress-bar bg-danger" style="width:20%">bg-danger</div>
    </div>
</div>
</body>
</html>
```

运行结果如图 18-22 所示。

图 18-22　混合色彩的进度条

18.4.9　使用模态框

模态框是一种灵活的、对话框式的提示，它是页面的一部分，是覆盖在父窗体上的子窗体。通常，目的是显示来自一个单独的源的内容，用户可以在不离开父窗体的情况下与网站进行交互。

模态框的基本结构如下面代码所示。

```
<!--按钮——用于打开模态框-->
<button type="button" data-toggle="modal" data-target="#myModal">...</button>
<!--定义模态框-->
<div class="modal fade" id="myModal">
        <div class="modal-dialog">
            <div class="modal-content">
```

```
                <div class="modal-header">...</div>
                <div class="modal-body">...</div>
                <div class="modal-footer">...</div>
            </div>
        </div>
    </div>
</div>
```

在上面的结构中，按钮中的属性分析如下。

（1）data-toggle="modal"：用于打开模态框。

（2）data-target="#myModal"：指定打开的模态框目标（使用哪个模态框，就把哪个模态框的 id 写在其中）。

定义模态框中的属性分析如下。

（1）.modal 类：用来把 <div> 的内容识别为模态框。

（2）.fade 类：当模态框被切换时，设置模态框的淡入淡出效果。

（3）id="myModal"：被指定打开的目标 id。

（4）.modal-dialog：定义模态对话框层。

（5）.modal-content：定义模态对话框的样式。

（6）.modal-header：为模态框的头部定义样式。

（7）.modal-body：为模态框的主体定义样式。

（8）.modal-footer：为模态框的底部定义样式。

（9）data-dismiss=” modal”：用于关闭模态窗口。

实例 15：设计模态框

```
<!DOCTYPE html>
<html>
<head>
<title></title>
    <meta name="viewport" content="width=device-width, initial-scale=1, shrink-to-
fit=no">
    <link rel="stylesheet" href="bootstrap-4.1.3/css/bootstrap.css">
    <script src="jquery.js"></script>
    <script src="bootstrap-4.1.3/js/bootstrap.bundle.js"></script>
    <script src="bootstrap-4.1.3/js/bootstrap.js"></script>
</head>
<body>
<div class="container">
<h3>模态框</h3>
<!-- 按钮：用于打开模态框 -->
<button type="button" class="btn btn-primary" data-toggle="modal" data-
target="#myModal">
        打开模态框
 </button>
<!-- 模态框 -->
<div class="modal fade" id="myModal">
    <div class="modal-dialog">
        <div class="modal-content">
            <!-- 模态框头部 -->
            <div class="modal-header">
                <!--modal-title用于设置标题在模态框头部垂直居中-->
                <h4 class="modal-title">用户注册</h4>
                <button type="button" class="close" data-dismiss="modal">&times;</
```

```
button>
            </div>
            <!-- 模态框主体 -->
            <div class="modal-body">
                <form action="#">
                    <p>姓名：<input type="text"></p>
                    <p>密码：<input type="password"></p>
                    <p>邮箱：<input type="email"></p>
                </form>
            </div>
            <!-- 模态框底部 -->
            <div class="modal-footer">
                <button type="button" class="btn btn-primary">提交</button>
                <button type="button" class="btn btn-secondary" data-
dismiss="modal">
                    关闭
                </button>
            </div>
        </div>
    </div>
</div>
</div>
</body>
</html>
```

运行结果如图 18-23 所示。单击“打开模态框”按钮将激活模态框，效果如图 18-24 所示。

图 18-23　模态框组件

图 18-24　模态框效果

18.4.10　使用滚动监听

滚动监听，即根据滚动条的位置自动更新对应的导航目标。

实现滚动监听可以分为以下三步：

（1）设计导航栏以及可滚动的元素，可滚动元素上的 id 值要匹配导航栏上超链接的 href 属性，如可滚动元素的 id 属性值为“a”，导航栏上超链接的 href 属性值应该为“#a”。

（2）为想要监听的元素添加 data-spy="scroll" 属性，然后添加 data-target 属性，它的值为导航栏的 id 或者 class 值，这样才能联系上可滚动区域。监听的元素通常是 <body>。

（3）设置相对定位：使用 data-spy="scroll" 的元素需要将其 CSS 的 position 属性设置为 relative。

data-offset 属性用于计算滚动位置时距离顶部的偏移像素，默认为 10px。

实例 16：设计滚动监听

```
<!DOCTYPE html>
<html>
<head>
<title></title>
    <meta name="viewport" content="width=device-width, initial-scale=1, shrink-to-fit=no">
    <link rel="stylesheet" href="bootstrap-4.1.3/css/bootstrap.css">
    <script src="jquery.js"></script>
    <script src="bootstrap-4.1.3/js/bootstrap.bundle.js"></script>
<script src="bootstrap-4.1.3/js/bootstrap.js"></script>
<style>
body {
     position: relative;
}
#navbar{
       position: fixed;
       top:200px;
        right: 50px;
}
</style>
</head>
<!--添加data-spy="scroll" 属性,设置监听元素-->
<!--data-target="#navbar"属性指定导航栏的id（navbar）-->
<body data-spy="scroll" data-target="#navbar" data-offset="50">
<!--.navbar设置导航,.bg-dark类和.nav-dark类设置黑色背景、白色文字-->
<nav class="navbar bg-dark navbar-dark" id="navbar">
    <!--.navbar-nav在导航.nav的基础上重新调整了菜单项的浮动效果与内外边距。-->
    <ul class="navbar-nav">
        <!--在li中添加.nav-item ,在a中添加.nav-link设置导航的样式-->
        <li class="nav-item">
            <a class="nav-link" href="#s1">Section 1</a>
        </li>
        <li class="nav-item">
            <a class="nav-link" href="#s2">Section 2</a>
        </li>
        <li class="nav-item">
            <!--.dropdown-toggle类和data-toggle="dropdown" 属性用来激活下拉菜单-->
            <a class="nav-link dropdown-toggle" data-toggle="dropdown"  href="#">
                Section 3
            </a>
            <!--.dropdown-menu用来指定被激活的菜单-->
            <div class="dropdown-menu">
                <!--.dropdown-item添加列表元素的样式-->
                <a class="dropdown-item" href="#s3">3.1</a>
                <a class="dropdown-item" href="#s4">3.2</a>
            </div>
        </li>
    </ul>
</nav>
<div id="s1">
    <h1>Section 1</h1>
    <p><img src="005.jpg" alt="" width="300px" height="300px"></p>
</div>
<div id="s2">
    <h1>Section 2</h1>
    <p><img src="006.jpg" alt="" width="300px" height="300px"></p>
</div>
```

```
<div id="s3">
    <h1>Section 3.1</h1>
    <p><img src="007.jpg" alt="" width="300px" height="300px"></p>
</div>
<div id="s4">
    <h1>Section 3.2</h1>
    <p><img src="008.jpg" alt="" width="300px" height="300px"></p>
</div>
</body>
</html>
```

运行结果如图 18-25 所示；当滚动滚动条时，导航条会时时监听并更新当前被激活的菜单项，效果如图 18-26 所示。

图 18-25 滚动前

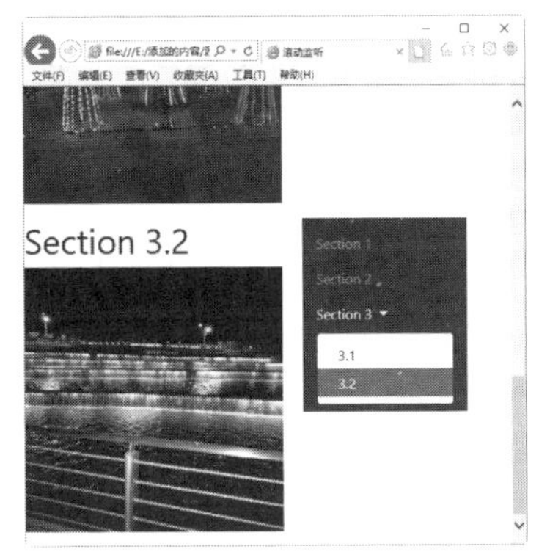

图 18-26 滚动后

18.5 胶囊导航选项卡（Tab 栏）

选项卡是网页中一种常用的功能，用户单击或悬浮某个菜单选项，能切换为对应的内容。

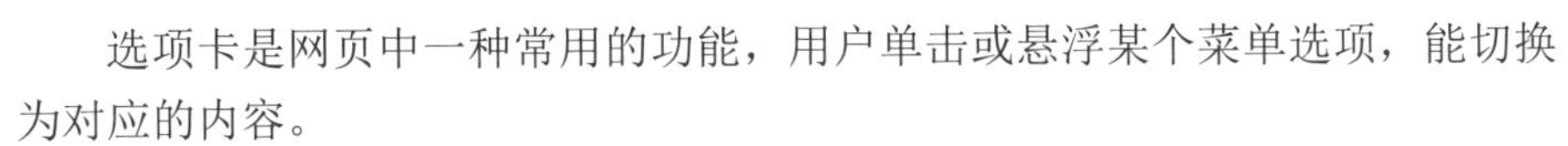

使用 Bootstrap 框架来实现胶囊导航选项卡只需要以下两部分内容。

（1）胶囊导航组件：对应的是 Bootstrap 中的 nav-pills。

（2）可以切换的选项卡面板：对应的是 Bootstrap 中的 tab-pane 类。选项卡面板的内容统一放在 tab-content 容器中，而且每个内容面板 tab-pane 都需要设置一个独立的选择符（ID）与选项卡中的 data-target 或 href 的值匹配。

> **注意：** 选项卡中链接的锚点要与对应的面板内容容器的 ID 相匹配。

实例 17：设计胶囊导航选项卡

```
<!DOCTYPE html>
<html>
<head>
<title></title>
    <meta name="viewport" content="width=device-width, initial-scale=1, shrink-to-fit=no">
    <link rel="stylesheet" href="bootstrap-4.1.3/css/bootstrap.css">
    <script src="jquery.js"></script>
    <script src="bootstrap-4.1.3/js/bootstrap.bundle.js"></script>
    <script src="bootstrap-4.1.3/js/bootstrap.js"></script>
```

```
</head>
<body>
<div class="container">
    <h2>胶囊导航选项卡</h2>
    <!--在ul中添加.nav和.nav-pills,.nav-pills类用来设置胶囊导航-->
    <ul class="nav nav-pills">
        <!--在li中添加.nav-item,在a中添加.nav-link,对于选中的选项添加.active类-->
        <!--添加data-toggle="pill"属性类别,是去掉a标签的默认行为,实现动态切换导航的active
属性效果-->
        <!--给每个a标签的href属性添加属性值,用于绑定选项卡面板中对应的元素,当导航切换时,显示
对应的内容-->
        <li class="nav-item"><a class="nav-link active" data-toggle="pill"
href="#tab1">图片1</a></li>
        <li class="nav-item"><a class="nav-link" data-toggle="pill" href="#tab2">图
片2</a></li>
        <li class="nav-item"><a class="nav-link" data-toggle="pill" href="#tab3">图
片3</a></li>
        <li class="nav-item"><a class="nav-link" data-toggle="pill" href="#tab4">图
片4</a></li>
    </ul>
    <!--选项卡面板-->
    <!-- 选项卡面板中的tab-content类和.tab-pane类 与data-toggle="pill"一同使用, 设置标签
页对应的内容随胶囊导航的切换而更改-->
    <div class="tab-content">
        <!--.active类用来设置胶囊导航默认情况下激活的选项所对应的元素-->
        <div id="tab1" class="tab-pane active">
            <img src="01.png" alt="景色1" class="img-fluid">
        </div>
        <div id="tab2" class="tab-pane fade">
            <img src="02.png" alt="景色2" class="img-fluid">
        </div>
        <div id="tab3" class="tab-pane fade">
            <img src="03.png" alt="景色3" class="img-fluid">
        </div>
        <div id="tab4" class="tab-pane fade">
            <img src="04.png" alt="景色4" class="img-fluid">
        </div>
    </div>
</div>
</body>
</html>
```

运行结果如图 18-27 所示；单击 nav4 选项卡切换面板内容，效果如图 18-28 所示。

图 18-27　页面加载完成后的效果

图 18-28　nav4 选项卡

18.6 新手常见疑难问题

疑问 1：如何使用 Bootstrap 创建缩略图?

使用 Bootstrap 创建缩略图的步骤如下：

（1）在图像周围添加带有 class .thumbnail 的 <a> 标签。

（2）添加四个像素的内边距（padding）和一个灰色的边框。

（3）当鼠标悬停在图像上时，会动画显示出图像的轮廓。

疑问 2：如何使用 Bootstrap 实现轮播效果?

Bootstrap 轮播（Carousel）插件是一种灵活的响应式的为站点添加滑块的方式。除此之外，内容也是足够灵活的，可以是图像、内嵌框架、视频或者想要放置的任何类型的内容。

例如，以下代码实现一个简单的图片轮播效果：

```
<div id="myCarousel" class="carousel slide">
    <!-- 轮播（Carousel）指标 -->
    <ol class="carousel-indicators">
       <li data-target="#myCarousel" data-slide-to="0" class="active"></li>
       <li data-target="#myCarousel" data-slide-to="1"></li>
       <li data-target="#myCarousel" data-slide-to="2"></li>
    </ol>
    <!-- 轮播（Carousel）项目 -->
    <div class="carousel-inner">
       <div class="item active">
          <img src="01.png" alt="第1幅图">
       </div>
       <div class="item">
          <img src="02.png" alt="第2幅图">
       </div>
       <div class="item">
          <img src="03.png" alt="第3幅图">
       </div>
    </div>
    <!-- 轮播（Carousel）导航 -->
    <a class="left carousel-control" href="#myCarousel" role="button" data-
slide="prev">
       <span class="glyphicon glyphicon-chevron-left" aria-hidden="true"></span>
       <span class="sr-only">Previous</span>
    </a>
    <a class="right carousel-control"
href="#myCarousel" role="button" data-
slide="next">
       <span class="glyphicon glyphicon-
chevron-right" aria-hidden="true"></span>
       <span class="sr-only">Next</span>
    </a>
</div>
```

效果如图 18-29 所示。

图 18-29　图片轮播效果

18.7 实战技能训练营

实战 1：设计网上商城导航菜单

本实例设计标签页导航下拉菜单，运行效果如图 18-30 所示。

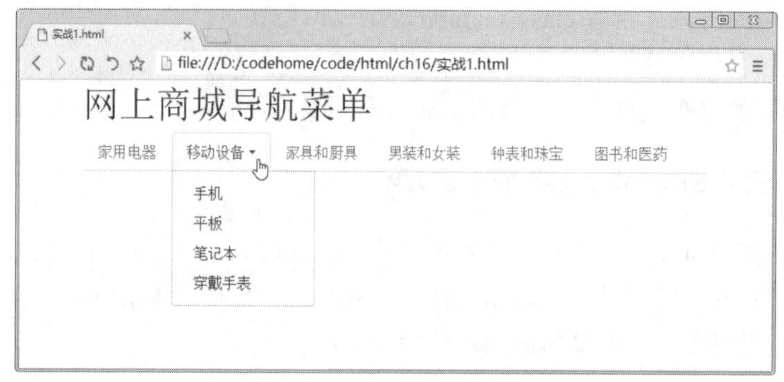

图 18-30　网上商城导航菜单

实战 2：为商品添加采购信息页面

本实例使用模态框为商品添加采购信息页面。单击任意商品名称，即可弹出提示输入信息页面，如图 18-31 所示。

图 18-31　为商品添加采购信息页面

第19章　综合项目1——开发连锁咖啡响应式网站

本章导读

本案例制作一个咖啡销售网站，通过网站呈现咖啡的理念和咖啡的文化。页面采用两栏的布局形式，简单、时尚的设计风格，让人浏览时心情舒畅。

知识导图

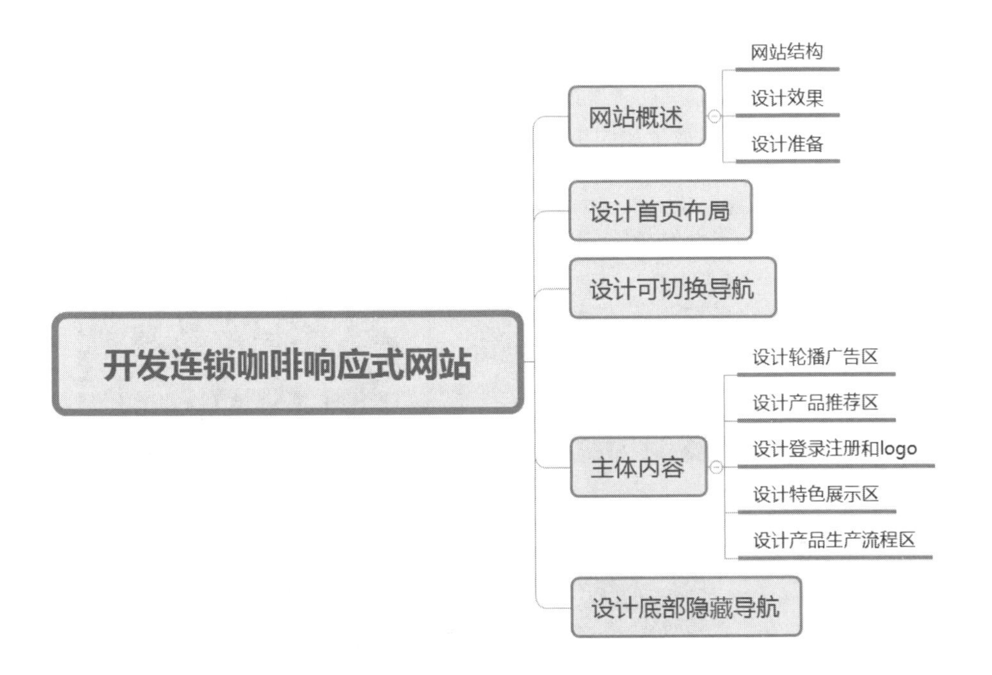

19.1 网站概述

网站的设计思路和设计风格与Bootstrap框架风格完美融合，下面介绍具体的实现步骤。

19.1.1 网站结构

本案例目录文件说明如下：

- bootstrap-4.2.1-dist：Bootstrap框架文件夹。
- font-awesome-4.7.0：图标字体库文件。下载地址：http://www.fontawesome.com.cn/。
- css：样式表文件夹。
- js：JavaScript脚本文件夹，包含index.js文件和jQuery库文件。
- images：图片素材。
- index.html：首页。

19.1.2 设计效果

本案例制作咖啡网站，主要设计首页效果，其他页面设计可以套用首页模板。首页在大屏（≥992px）设备中显示的效果如图19-1、图19-2所示。

图19-1 大屏上首页上半部分的显示效果

图 19-2 大屏上首页下半部分的显示效果

底边栏导航在小屏设备（<768px）上显示的效果如图 19-3 所示。

图 19-3 小屏上底边栏导航的显示效果

19.1.3 设计准备

应用 Bootstrap 框架的页面建议采用 HTML5 文档类型。同时在页面头部区域导入框架的基本样式文件、脚本文件、jQuery 文件和自定义的 CSS 样式及 JavaScript 文件。本项目的配置文件如下：

```
<!DOCTYPE html>
```

```
<html>
<head>
<meta charset="UTF-8">
<title>Title</title>
<meta name="viewport" content="width=device-width,initial-scale=1, shrink-to-
fit=no">
<link rel="stylesheet" href="bootstrap-4.2.1-dist/css/bootstrap.css">
<script src="jquery-3.3.1.slim.js"></script>
<script src="https://cdn.staticfile.org/popper.js/1.14.6/umd/popper.js"></script>
<script src="bootstrap-4.2.1-dist/js/bootstrap.min.js"></script>
<!--css文件-->
<link rel="stylesheet" href="style.css">
<!--js文件-->
<script src="js/index.js"></script>
<!--字体图标文件-->
<link rel="stylesheet" href="font-awesome-4.7.0/css/font-awesome.css">
</head>
<body>
</body>
</html>
```

19.2 设计首页布局

本案例首页分为三个部分：左侧可切换导航、右侧主体内容和底部隐藏导航栏，如图 19-4 所示。

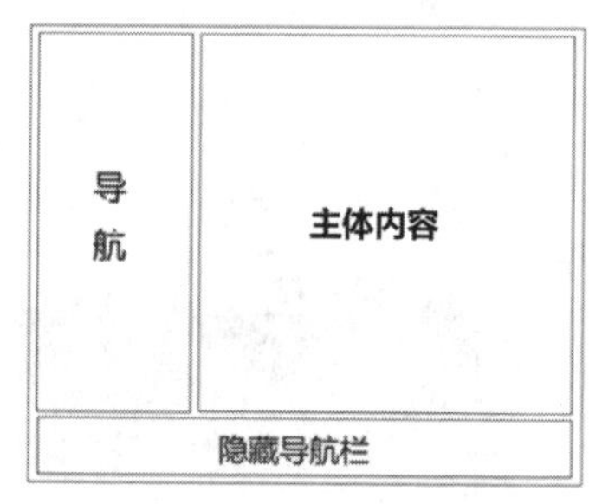

图 19-4　首页布局效果

左侧可切换导航和右侧主体内容使用 Bootstrap 框架的网格系统进行设计，在大屏设备（≥ 992px）中，左侧可切换导航占网格系统的 3 份，右侧主体内容占 9 份；在中、小屏设备（<992px）中，左侧可切换导航和右侧主体内容各占一行。

底部隐藏导航栏使用无序列表进行设计，添加了 d-block d-sm-none 类，只在小屏设备上显示。

```
<div class="row">
<!--左侧导航-->
<div class="col-12 col-lg-3 left  “></
div>
<!--右侧主体内容-->
<div class="col-12 col-lg-9 right"></
div>
</div>
<!--隐藏导航栏-->
<div>
<ul>
<li><a href="index.html"></a></li>
</ul>
</div>
```

添加一些自定义样式来调整页面布局，代码如下：

```
@media (max-width: 992px){
/*在小屏设备中,设置外边距,上下外边距为1rem,
左右为0*/
.left{
        margin:1rem 0;
    }
}
@media (min-width: 992px){
/*在大屏设备中,左侧导航设置固定定位,右侧主体
内容设置左边外边距25%*/
.left {
        position: fixed;
        top: 0;
        left: 0;
    }
.right{
        margin-left:25% ;
    }
}
```

19.3 设计可切换导航

本案例左侧导航的设计很复杂，在不同宽度的设备上有3种显示效果。

设计步骤如下：

01 设计切换导航的布局。可切换导航使用网格系统进行设计，在大屏（>992px）设备上占网格系统的3份，如图19-5所示；在中、小屏设备（<992px）的设备上占满整行，如图19-6所示。

图19-5　大屏设备布局效果

图19-6　中、小屏设备布局效果

02 设计导航展示内容。导航展示内容包括导航条和登录、注册两部分。导航条用网格系统布局，嵌套Bootstrap导航组件进行设计，使用<ul class="nav">定义；登录注册使用Bootstrap的按钮组件进行设计，使用<a href="#" class="btn">定义。在小屏上将隐藏登录、注册按钮，如图19-7所示，包裹在<div class="d-none d-sm-block">容器中。

图19-7　小屏设备上隐藏登录、注册按钮

```
<div class="col-12 col-lg-3"></div>
<div class="col-sm-12 col-lg-3 left  ">
<div id="template1">
<div class="row">
<div class="col-10">
<!--导航条-->
<ul class="nav">
<li class="nav-item">
<a class="nav-link active" href="index.html">
```

```
<img width="40" src="images/logo.png" alt="" class="rounded-circle">
</a>
</li>
<li class="nav-item mt-1">
<a class="nav-link" href="javascript:void(0);">账户</a>
</li>
<li class="nav-item mt-1">
<a class="nav-link" href="javascript:void(0);">菜单</a>
</li>
</ul>
</div>
<div class="col-2 mt-2 font-menu text-right">
<a id="a1" href="javascript:void(0); "><i class="fa fa-bars"></i></a>
</div>
</div>
<div class="margin1">
<h5 class="ml-3 my-3 d-none d-sm-block text-lg-center">
<b>心情惬意,来杯咖啡吧</b>  <i class="fa fa-coffee"></i>
</h5>
<div class="ml-3 my-3 d-none d-sm-block text-lg-center">
<a href="#" class="card-link btn  rounded-pill text-success"><i class="fa fa-user-circle"></i> 登 录</a>
<a href="#" class="card-linkbtnbtn-outline-success rounded-pill text-success">注 册</a>
</div>
</div>
</div>
</div>
```

03 设计隐藏导航内容。隐藏导航内容包含在 id 为 #template2 的容器中，在默认情况下是隐藏的，使用 Bootstrap 隐藏样式 d-none 来设置，内容包括导航条、菜单栏和登录、注册按钮。

导航条用网格系统布局，嵌套 Bootstrap 导航组件进行设计，使用 <ul class="nav"> 定义。菜单栏使用 h6 标签和超链接进行设计，使用 <h6><a href="a.html"> 定义。登录、注册按钮使用按钮组件进行设计 <a href="#" class="btn"> 定义。

```
<div class="col-sm-12 col-lg-3 left  ">
<div id="template2" class="d-none">
<div class="row">
<div class="col-10">
<ul class="nav">
<li class="nav-item">
<a class="nav-link active" href="index.html">
<img width="40" src="images/logo.png" alt="" class="rounded-circle">
</a>
</li>
<li class="nav-item">
<a class="nav-link mt-2" href="index.html">
咖啡俱乐部
</a>
</li>
</ul>
</div>
<div class="col-2 mt-2 font-menu text-right">
<a id="a2" href="javascript:void(0);"><i class="fa fa-times"></i></a>
</div>
```

```
</div>
<div class="margin2">
<div class="ml-5 mt-5">
<h6><a href="a.html">门店</a></h6>
<h6><a href="b.html">俱乐部</a></h6>
<h6><a href="c.html">菜单</a></h6>
<hr/>
<h6><a href="d.html">移动应用</a></h6>
<h6><a href="e.html">臻选精品</a></h6>
<h6><a href="f.html">专星送</a></h6>
<h6><a href="g.html">咖啡讲堂</a></h6>
<h6><a href="h.html">烘焙工厂</a></h6>
<h6><a href="i.html">帮助中心</a></h6>
<hr/>
<a href="#" class="card-link btn rounded-pill text-success pl-0"><i class="fa fa-
user-circle"></i> 登 录</a>
<a href="#" class="card-linkbtnbtn-outline-success rounded-pill text-success">注
 册</a>
</div>
</div>
</div>
</div>
```

04 设计自定义样式，使页面更加美观。

```
.left{
    border-right: 2px solid #eeeeee;
}
.left a{
    font-weight: bold;
    color: #000;
}
@media (min-width: 992px){
      /*使用媒体查询定义导航的高度,当屏幕宽度
大于992px时,导航高度为100vh*/
.left{
        height:100vh;
    }
}
@media (max-width: 992px){
    /*使用媒体查询定义字体大小*/
      /*当屏幕尺寸小于768px时,页面的根字体大
小为14px*/
.left{
        margin:1rem 0;
    }
}
@media (min-width: 992px){
      /*当屏幕尺寸大于768px时,页面的根字体大
小为15px*/
.left {
        position: fixed;
        top: 0;
        left: 0;
    }
.margin1{
        margin-top:40vh;
    }
}
.margin2 h6{
    margin: 20px 0;
font-weight:bold;
}
```

05 添加交互行为。在可切换导航中，为 <i class="fa fa-bars"> 图标和 <i class="fa fa-times"> 图标添加单击事件。在大屏设备中，为了使页面更友好，设计在大屏设备上切换导航时，显示右侧主体内容，当单击 <i class="fa fa-bars"> 图标时，如图 19-8 所示，切换隐藏的导航内容；在隐藏的导航内容中，单击 <i class="fa fa-times"> 图标时，如图 19-9 所示，可切回导航展示内容。在中、小屏设备（<992px）上，隐藏右侧主体内容，单击 <i class="fa fa-bars"> 图标时，如图 19-10、图 19-12 所示，切换隐藏的导航内容；在隐藏的导航内容中，单击 <i class="”fa fa-times”> 图标时，如图 19-11、图 19-13 所示，可切回导航展示内容。

图 19-8　大屏设备切换隐藏的导航内容

图 19-9　大屏设备切回导航展示的内容

实现导航展示内容和隐藏内容交互行为的脚本代码如下：

```
$(function(){
    $("#a1").click(function () {
        $("#template1").addClass("d-none");
        $(".right").addClass("d-none d-lg-block");
        $("#template2").removeClass("d-none");
    })
    $("#a2").click(function () {
        $("#template2").addClass("d-none");
        $(".right").removeClass("d-none");
        $("#template1").removeClass("d-none");
    })
})
```

提示：d-none 和 d-lg-block 类是 Bootstrap 框架中的样式。Bootstrap 框架中的样式，在 JavaScript 脚本中可以直接调用。

图 19-10　中屏设备切换隐藏的导航内容

图 19-11　中屏设备切回导航展示的内容

图 19-12　小屏设备切换隐藏的导航内容

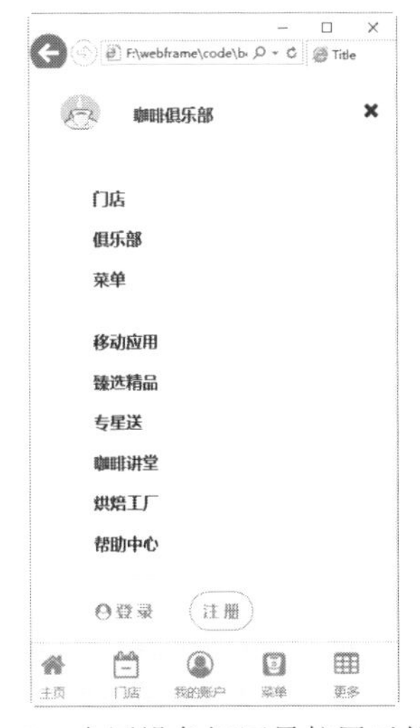

图 19-13　小屏设备切回导航展示的内容

19.4　主体内容

使页面内容具有可读性和可理解性至关重要。好的版式可以让人感觉清爽而令人眼前一亮，而糟糕的版式容易令人分心。排版是为了内容更好地呈现，应以不会增加用户认知负荷的方式来修饰内容。

本案例主体内容包括轮播广告区、产品推荐区、Logo 展示、特色展示区和产品生产流程 5 个部分，页面版式如图 19-14 所示。

图 19-14　主体内容排版设计

19.4.1　设计轮播广告区

Bootstrap 轮播插件的结构比较固定，轮播包含框需要指明 ID 值和 carousel、slide 类。框内包含三部分组件：标签框（carousel-indicators）、图文内容框（carousel-inner）和左右导

航按钮（carousel-control-prev、carousel-control-next）。通过 data-target="#carousel" 属性启动轮播，使用 data-slide-to="0"、data-slide ="pre"、data-slide ="next" 定义交互按钮的行为。完整的代码如下：

```
<div id="carousel" class="carousel slide">
<!—标签框-->
<ol class="carousel-indicators">
<li data-target="#carousel" data-slide-to="0" class="active"></li>
</ol>
<!—图文内容框-->
<div class="carousel-inner">
<div class="carousel-item active">
<imgsrc="images “ class="d-block w-100" alt="...">
<!—文本说明框-->
<div class="carousel-caption d-none d-sm-block">
<h5></h5>
<p></p>
</div>
</div>
</div>
<!—左右导航按钮-->
<a class="carousel-control-prev" href="#carousel" data-slide="prev">
<span class="carousel-control-prev-icon"></span>
</a>
<a class="carousel-control-next" href="#carousel" data-slide="next">
<span class="carousel-control-next-icon"></span>
</a>
</div>
```

设计轮播广告位结构。本案例没有添加标签框和文本说明框（<div class=” carousel-caption” >）。代码如下：

```
<div class="col-sm-12 col-lg-9 right p-0 clearfix">
<div id="carouselExampleControls" class="carousel slide" data-ride="carousel">
<div class="carousel-inner max-h">
<div class="carousel-item active">
<imgsrc="images/001.jpg" class="d-block w-100" alt="...">
</div>
<div class="carousel-item">
<imgsrc="images/002.jpg" class="d-block w-100" alt="...">
</div>
<div class="carousel-item">
<imgsrc="images/003.jpg" class="d-block w-100" alt="...">
</div>
</div>
<a class="carousel-control-prev" href="#carouselExampleControls" data-slide="prev">
<span class="carousel-control-prev-icon"></span>
</a>
<a class="carousel-control-next" href="#carouselExampleControls" data-slide="next">
<span class="carousel-control-next-icon" ></span>
</a>
</div>
</div>
```

为了避免轮播中的图片过大而影响整体页面，这里为轮播区设置一个最大高度 max-h 类。

```
.max-h{
    max-height:300px;              /*居中对齐*/
}
```

在 IE 浏览器中运行，轮播效果如图 19-15 所示。

图 19-15　轮播效果

19.4.2　设计产品推荐区

产品推荐区使用 Bootstrap 中的卡片组件进行设计。卡片组件中有 3 种排版方式，分别为卡片组、卡片阵列和多列卡片浮动排版。本案例使用多列卡片浮动排版。多列卡片浮动排版使用 <div class="card-columns"> 进行定义。

```
<div class="p-4 list">
<h5 class="text-center my-3">咖啡推荐</
h5>
<h5 class="text-center mb-4 text-
secondary">
<small>在购物旗舰店可以发现更多咖啡心意</
small>
</h5>
<!—多列卡片浮动排版-->
<div class="card-columns">
<div class="my-4 my-sm-0">
<img class="card-img-top" src="images
/006.jpg" alt="">
</div>
<div class="my-4 my-sm-0">
<img class="card-img-top"
src="images/004.jpg" alt="">
</div>
<div class="my-4 my-sm-0">
<img class="card-img-top"
src="images/005.jpg" alt="">
</div>
</div>
</div>
```

为推荐区添加自定义样式，包括颜色和圆角效果。

```
.list{
    background: #eeeeee;/*定义背景颜色*/
}
.list-border{
    border: 2px solid #DBDBDB;/*定义边框
*/
    border-top:1px solid #DBDBDB ;/*定
义顶部边框*/
}
```

在 IE 浏览器中运行，产品推荐区如图 19-16 所示。

图 19-16　产品推荐区效果

19.4.3 设计登录、注册按钮和 Logo

登录、注册按钮和logo使用网格系统布局，并添加响应式设计。在中、大屏设备（≥ 768px）中，左侧是登录、注册按钮，右侧是公司 Logo，如图 19-17 所示；在小屏设备（<768px）中，登录、注册按钮和 Logo 将各占一行显示，如图 19-18 所示。

图 19-17 中、大屏设备显示效果

图 19-18 小屏设备显示效果

对于左侧的登录、注册按钮，使用卡片组件进行设计，并且添加了响应式的对齐方式 text-center 和 text-sm-left。在小屏设备（<768px）中，内容居中对齐；在中、大屏设备（≥ 768px）中，内容居左对齐。代码如下：

```
<div class="row py-5">
<div class="col-12 col-sm-6 pt-2">
<div class="card border-0 text-center
text-sm-left">
<div class="card-body ml-5">
<h4 class="card-title">咖啡俱乐部</h4>
<p class="card-text">开启您的星享之旅,星星
越多、会员等级越高、好礼越丰富。</p>
<a href="#" class="card-linkbtnbtn-
outline-success">注册</a>
<a href="#" class="card-linkbtnbtn-
outline-success">登录</a>
</div>
</div>
</div>
<div class="col-12 col-sm-6 text-center
mt-5">
<a href=""><imgsrc="images/007.png"
alt="" class="img-fluid"></a>
</div>
</div>
```

19.4.4 设计特色展示区

特色展示内容使用网格系统进行设计，并添加响应类。在中、大屏（≥ 768px）设备上显示为一行四列，如图 19-19 所示；在小屏幕（<768px）设备上显示为一行两列，如图 19-20 所示；在超小屏幕（<576px）设备上显示为一行一列，如图 19-21 所示。

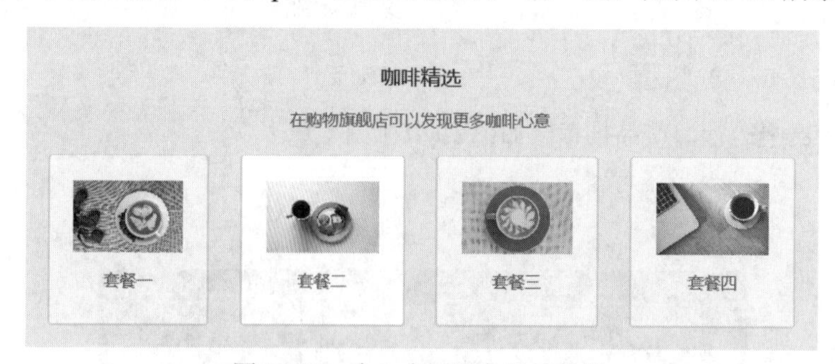

图 19-19 中、大屏设备显示效果

图 19-20　小屏设备显示效果

图 19-21　超小屏设备显示效果

特色展示区实现代码如下：

```
<div class="p-4 list">
<h5 class="text-center my-3">咖啡精选</
h5>
<h5 class="text-center mb-4 text-
secondary">
<small>在购物旗舰店可以发现更多咖啡心意</
small>
</h5>
<div class="row">
<div class="col-12 col-sm-6 col-md-3
mb-3 mb-md-0">
<div class="bg-light p-4 list-border
rounded">
<img class="img-fluid" src="images/008.
jpg" alt="">
<h6 class="text-secondary text-center
```

```
mt-3">套餐一</h6>
</div>
</div>
<div class="col-12 col-sm-6 col-md-3
mb-3 mb-md-0">
<div class="bg-white p-4 list-border
rounded">
<img class="img-fluid" src="images/009.
jpg" alt="">
<h6 class="text-secondary text-center
mt-3">套餐二</h6>
</div>
</div>
<div class="col-12 col-sm-6 col-md-3
mb-3 mb-md-0">
<div class="bg-light p-4 list-border
rounded">
<img class="img-fluid" src="images/010.
jpg" alt="">
<h6 class="text-secondary text-center
mt-3">套餐三</h6>
</div>
</div>
<div class="col-12 col-sm-6 col-md-3
mb-3 mb-md-0">
<div class="bg-light p-4 list-border
rounded">
<img class="img-fluid" src="images/011.
jpg" alt="">
<h6 class="text-secondary text-center
mt-3">套餐四</h6>
</div>
</div>
</div>
</div>
```

19.4.5 设计产品生产流程区

01 设计结构。产品流程区主要由标题和图片展示组成。标题使用 <h> 标签设计，图片展示使用 <ul> 标签设计。在图片展示部分还添加了左右两个箭头，使用 font-awesome 字体图标进行设计。代码如下：

```
<div class="p-4">
<h5 class="text-center my-3">咖啡讲堂</
h5>
<h5 class="text-center mb-4 text-
secondary"><small>了解更多咖啡文化</
small></h5>
<div class="box">
<ul id="ulList"class="clearfix">
<li class="list-border rounded">
<imgsrc="images/015.jpg" alt=""
width="300">
<h6 class="text-center mt-3">咖啡种植</
h6>
</li>
<li class="list-border rounded">
<imgsrc="images/014.jpg" alt=""
width="300">
<h6 class="text-center mt-3">咖啡调制</
h6>
</li>
<li class="list-border rounded">
<imgsrc="images/014.jpg" alt=""
width="300">
<h6 class="text-center mt-3">咖啡烘焙</
h6>
</li>
<li class="list-border rounded">
<imgsrc="images/012.jpg" alt=""
width="300">
<h6 class="text-center mt-3">手冲咖啡</
h6>
</li>
</ul>
<div id="left">
<i class="fa fa-chevron-circle-left fa-
2x text-success"></i>
</div>
<div id="right">
<i class="fa fa-chevron-circle-right
fa-2x text-success"></i>
</div>
</div>
</div>
```

02 设计自定义样式。

```
.box{
    width:100%;/*定义宽度*/
height: 300px;/*定义高度*/
overflow: hidden;/*超出隐藏*/
position: relative;/*相对定位*/
}
#ulList{
    list-style: none;/*去掉无序列表的项目
符号*/
width:1400px;/*定义宽度*/
position: absolute;/*定义绝对定位*/
}
#ulList li{
    float: left;/*定义左浮动*/
```

```
    margin-left: 15px;/*定义左边外边距*/
    z-index: 1;/*定义堆叠顺序*/
}
#left{
position:absolute;/*定义绝对定位*/
left:20px;top: 30%;/*距离左侧和顶部的距离
*/
z-index: 10;/*定义堆叠顺序*/
cursor:pointer;/*定义鼠标指针显示形状*/
}
#right{
position:absolute;/*定义绝对定位*/
right:20px;top: 30%;/*距离右侧和顶部的距离
*/
z-index: 10;/*定义堆叠顺序*/
cursor:pointer;/*定义鼠标指针显示形状*/
 }
.font-menu{
    font-size: 1.3rem;/*定义字体大小*/
}
```

03 添加用户行为。

```
<script src="jquery-1.8.3.min.js"></script>
<script>
    $(function(){
        var nowIndex=0;                        //定义变量nowIndex
        var liNumber=$("#ulList li").length;//计算li的个数
        function change(index){
            var ulMove=index*300;//定义移动距离//定义动画,动画时间为0.5秒
            $("#ulList").animate({left:"-"+ulMove+"px"},500);
        }
        $("#left").click(function(){
nowIndex = (nowIndex> 0) ? (--nowIndex) :0;       //使用三元运算符判断nowIndex
            change(nowIndex);//调用change()方法
        })
        $("#right").click(function(){     //使用三元运算符判断nowIndex
nowIndex=(nowIndex<liNumber-1) ? (++nowIndex) :(liNumber-1);
            change(nowIndex);//调用change()方法
        });
    })
</script>
```

在 IE 浏览器中运行，效果如图 19-22 所示；单击右侧箭头，图片向左移动，效果如图 19-23 所示。

图 19-22　生产流程页面效果

图 19-23　滚动后效果

19.5　设计底部隐藏导航

设计步骤如下：

01 设计底部隐藏导航布局。首先定义一个容器 <div id="footer">，用来包裹导航。在该容器上添加一些 Bootstrap 通用样式，使用 fixed-bottom 固定在页面底部，使用 bg-light 设置高亮背景，使用 border-top 设置上边框，使用 d-block 和 d-sm-none 设置导航只在小屏幕上显示。

```
<!--footer——在sm型设备尺寸下显示-->
<div class="row fixed-bottom d-block d-sm-none bg-light border-top py-1" id="footer"
>
<ul class="text-center p-0" id="myTab">
<li><a class="ab" href="index.html"><i class="fa fa-home fa-2x p-1"></i><br/>主页</
a></li>
<li><a href="javascript:void(0);"><i class="fa fa-calendar-minus-o fa-2x p-1"></
i><br/>门店</a></li>
<li><a href="javascript:void(0);"><i class="fa fa-user-circle-o fa-2x p-1"></
i><br/>我的账户</a></li>
<li><a href="javascript:void(0);"><i class="fa fa-bitbucket-square fa-2x p-1"></
i><br/>菜单</a></li>
<li><a href="javascript:void(0);"><i class="fa fa-table fa-2x p-1"></i><br/>更多</
a></li>
</ul>
</div>
```

02 设计字体颜色以及每个导航元素的宽度。

```
.ab{
color:#00A862!important;/*定义字体颜色*/
}
#myTab li{
width: 20vw;/*定义宽度*/
min-width: 30px; /*定义最小宽度*/
font-size: 0.8rem;              /*定义字体大
小*/
color: #919191;/*定义字体颜色*/
}
```

03 为导航元素添加单击事件，被单击元素添加 .ab 类，其他元素则删除 .ab 类。

```
$(function(){
    $("#footer ul li").click(function(){
        $(this).find("a").addClass("ab");
        $(this).siblings().find("a").removeClass("ab");
    })
})
```

在 IE 浏览器中运行，底部隐藏导航效果如图 19-24 所示；单击“门店”，将切换到门店页面。

图 19-24　底部隐藏导航效果

第20章　综合项目2——开发房产企业响应式网站

本章导读

当今是一个信息时代，企业信息可以通过企业网站传递到世界各个角落，以此来宣传企业的产品和服务，全面展示企业形象。在平时浏览网页时，用户可能已经访问了大量的企业网站，尽管它们各有特色，但整体布局相似，一般包括一个展示企业形象的首页、几个介绍企业情况的文章页、一个“关于”页面。本章就来设计一个流行的企业网站。

知识导图

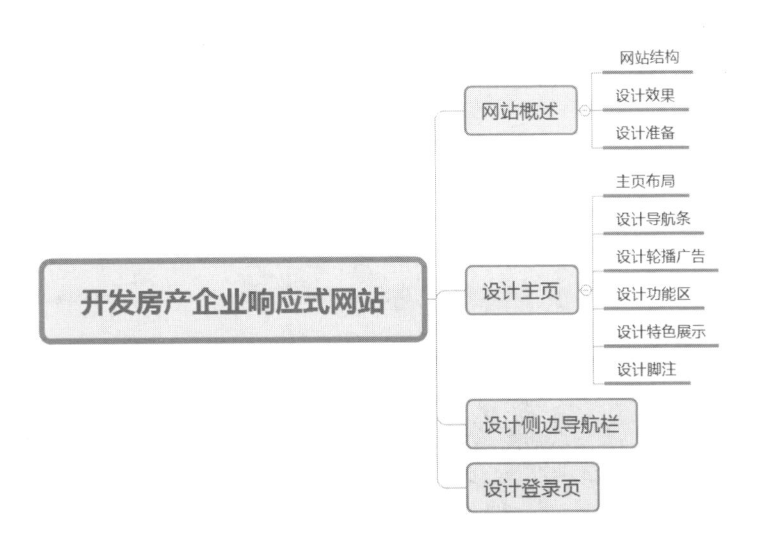

20.1 网站概述

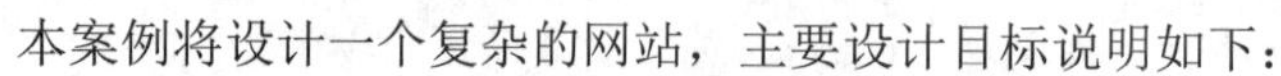

本案例将设计一个复杂的网站，主要设计目标说明如下：

- 完成复杂的页头区，包括左侧隐藏的导航以及 Logo 和右上角的实用导航（登录表单）。
- 实现企业风格的配色方案。
- 实现特色展示区的响应式布局。
- 实现特色展示图片的遮罩效果。
- 页脚设置多栏布局。

20.1.1 网站结构

本案例目录文件说明如下。

- bootstrap-4.2.1-dist：Bootstrap 框架文件夹。
- font-awesome-4.7.0：图标字体库文件。
- css：样式表文件夹。
- js：JavaScript 脚本文件夹，包含 index.js 文件和 jQuery 库文件。
- images：图片素材。
- index.html：主页面。

20.1.2 设计效果

本案例主要设计主页。在宽屏中浏览主页，上半部分的显示效果如图 20-1 所示，下半部分的显示效果如图 20-2 所示。

图 20-1　上部分的显示效果

图 20-2　下部分的显示效果

页头中设计了隐藏的左侧导航和登录表单，左侧导航栏如图 20-3 所示，登录表单如图 20-4 所示。

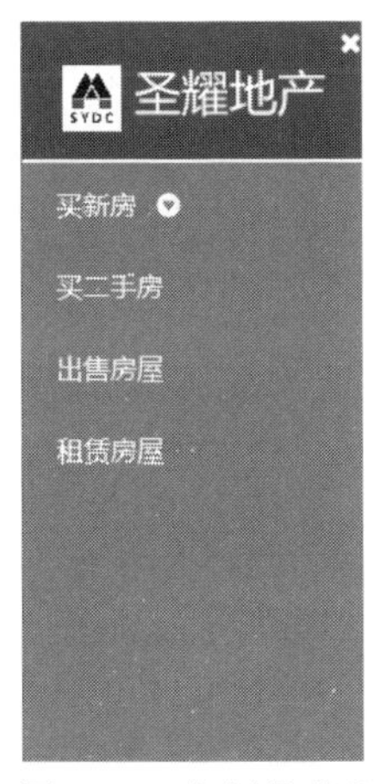

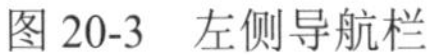

图 20-3　左侧导航栏

图 20-4　登录表单

20.1.3　设计准备

应用 Bootstrap 框架的页面建议采用 HTML5 文档类型。同时在页面头部区域导入框架的基本样式文件、脚本文件、jQuery 文件和自定义的 CSS 样式及 JavaScript 文件。

```
<!DOCTYPE html>
<html>
<head>
    <meta charset="UTF-8">
    <meta name="viewport" content="width=device-width,initial-scale=1, shrink-to-
fit=no">
    <title>Title</title>
    <link rel="stylesheet" href="bootstrap-4.2.1-dist/css/bootstrap.css">
    <link rel="stylesheet" href="font-awesome-4.7.0/css/font-awesome.css">
    <link rel="stylesheet" href="css/style.css">
     <script src="js/index.js"></script>
    <script src="jquery-3.3.1.slim.js"></script>
    <script src="https://cdn.staticfile.org/popper.js/1.14.6/umd/popper.js"></
script>
    <script src="bootstrap-4.2.1-dist/js/bootstrap.min.js"></script>
</head>
<body>
</body>
</html>
```

20.2　设计主页

在网站开发中，设计和制作主页将会占据整个网站制作时间的 30% ～ 40%。主页设计是一个网站能否成功的关键，应该让用户看到主页就会对整个网站有一个整体的感觉。

20.2.1　主页布局

本例主页主要包括页头导航条、轮播广告区、功能区、特色推荐和页脚区。

就像搭积木一样，每个模块犹如一个积木，如何用积木拼凑出一个漂亮的房子，需要创意和想象力。本案例布局如图 20-5 所示。

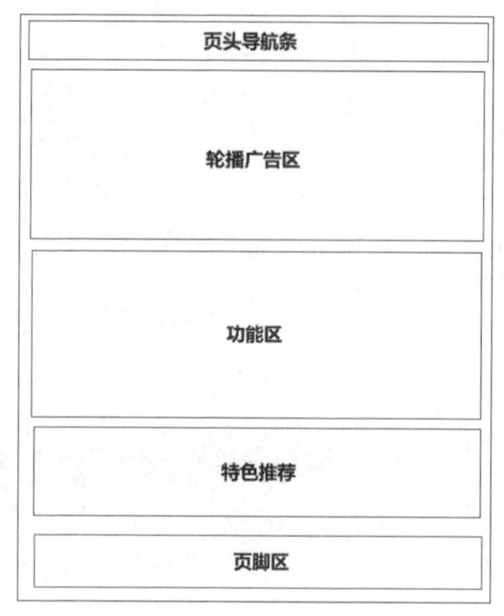

图 20-5　主页布局

20.2.2　设计导航条

01 构建导航条的 HTML 结构。整个结构包含 3 个图标，图标的布局使用 Bootstrap 网格系统，代码如下：

```
<div class="row">
<div class="col-4"></div>
<div class="col-4  “></div>
<div class="col-4  “></div>
<div class="col-4  “></div>
</div>
</div>
```

02 应用 Bootstrap 的样式设计导航条。在导航条外添加 <div class="head fixed-top"> 包含容器，自定义 head 控制导航条的背景颜色，fixed-top 将导航栏固定在顶部。然后为网格系统中的每列添加 Bootstrap 水平对齐样式 text-center 和 text-right，为中间两个容器添加 Display 显示属性。

```
<div class="head fixed-top">
<div class="mx-5 row py-3  “>
<!—左侧图标-->
<div class="col-4">
<a class="show" href="javascript:void(0);"><i class="fa fa-bars fa-2x"></i></a>
</div>
<!—中间图标-->
<div class="col-4 text-center d-none d-sm-block">
<a href="javascript:void(0);"><i class="fa fa-television fa-2x"></i></a>
</div>
<div class="col-4 text-center d-block d-sm-none">
<a href="javascript:void(0);"><i class="fa fa-mobile fa-2x"></i></a>
</div>
<!—右侧图标-->
<div class="col-4 text-right">
<a href="javascript:void(0);" class="show1"><i class="fa fa-user-o fa-2x"></i></
a>
```

```
</div>
</div>
</div>
```

自定义背景色和字体颜色：

```
.head{
    background: #00aa88;       /*定义背景色*/
    z-index:50;               /*设置元素的堆叠顺序*/
}
.head a{
    color:white;              /*定义字体颜色*/
}
```

中间部分由两个图标构成，每个图标都添加了 d-none d-sm-block 和 d-block d-sm-none 显示样式，控制在页面中只能显示一个图标。在中、大屏设备（≥ 768px）上显示效果如图 20-6 所示，中间显示为电脑图标；在小屏设备（<768px）上显示效果如图 20-7 所示，中间显示为手机图标。

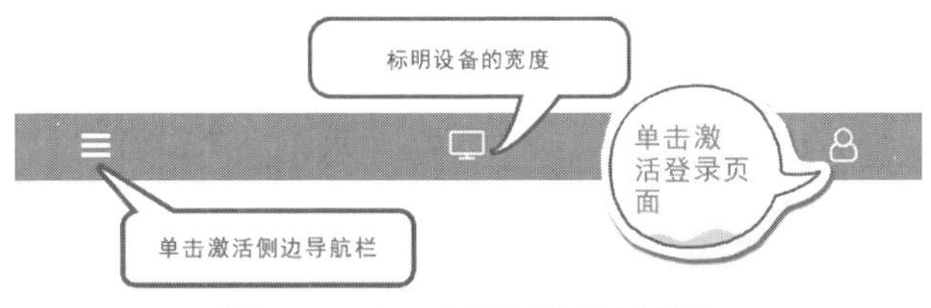

图 20-6　中、大屏设备显示效果

图 20-7　小屏设备显示效果

当拖动滚动条时，导航条始终固定在顶部，效果如图 20-8 所示。

图 20-8　导航条固定效果

03 为左侧图标添加 click（单击）事件，绑定 show 类。当单击左侧图标时，激活隐藏的侧边导航栏，效果如图 20-9 所示。

04 为右侧图标添加 click 事件，绑定 show1 类。当单击右侧图标时，激活隐藏的登录页面，效果如图 20-10 所示。

图 20-9　侧边导航栏激活效果

图 20-10　登录页面激活效果

> **提示**：侧边导航栏和登录页面的设计将在“20.3 设计登录页”“20.4 设计侧边导航栏”中具体介绍。

20.2.3　设计轮播广告

Bootstrap 框架中，轮播插件的结构比较固定：轮播包含框需要指明 ID 值和 carousel、slide 类。框内包含三部分组件：标签框（carousel-indicators）、图文内容框（carousel-inner）和左右导航按钮（carousel-control-prev、carousel-control-next）。通过 data-target="#carousel" 属性启动轮播，使用 data-slide-to="0"、data-slide ="pre"、data-slide ="next" 定义交互按钮的行为。完整的代码如下：

```
<div id="carousel" class="carousel slide">
     <!—标签框-->
    <ol class="carousel-indicators">
        <li data-target="#carousel" data-slide-to="0" class="active"></li>
    </ol>
     <!—图文内容框-->
    <div class="carousel-inner">
        <div class="carousel-item active">
            <img src="images  " class="d-block w-100" alt="...">
            <div class="carousel-caption d-none d-sm-block">
                <h5> </h5>
                <p> </p>
            </div>
        </div>
    </div>
     <!—左右导航按钮-->
    <a class="carousel-control-prev" href="#carousel" data-slide="prev">
        <span class="carousel-control-prev-icon"></span>
    </a>
    <a class="carousel-control-next" href="#carousel" data-slide="next">
        <span class="carousel-control-next-icon"></span>
    </a>
</div>
```

在轮播基本结构的基础上，设计本案例轮播广告位结构。在图文内容框（carousel-inner）中包裹多层内嵌结构，其中每个图文项目使用 <div class="carousel-item"> 定义，使用 <div class="carousel-caption"> 定义轮播图标签文字框。本案例没有设计标签框。

左右导航按钮分别使用 carousel-control-prev 和 carousel-control-next 来控制，使用 carousel-control-prev-icon 和 carousel-control-next-icon 类设计左右箭头。使用 href="#carouselControls" 绑定轮播框，使用 data-slide="prev" 和 data-slide="next" 激活轮播行为。整个轮播图的代码如下:

```
<div id="carouselControls" class="carousel slide" data-ride="carousel">
    <div class="carousel-inner max-h">
        <div class="carousel-item active">
            <img src="images/001.jpg" class="d-block w-100" alt="...">
            <div class="carousel-caption d-none d-sm-block">
                <h5>推荐一</h5>
                <p>说明</p>
            </div>
        </div>
        <div class="carousel-item">
            <img src="images/002.jpg" class="d-block w-100" alt="...">
            <div class="carousel-caption d-none d-sm-block">
                <h5>推荐二</h5>
                <p>说明</p>
            </div>
        </div>
        <div class="carousel-item">
            <img src="images/003.jpg" class="d-block w-100" alt="...">
            <div class="carousel-caption d-none d-sm-block">
                <h5>推荐三</h5>
                <p>说明</p>
            </div>
        </div>
    </div>
    <a class="carousel-control-prev" href="#carouselControls" data-
slide="prev">
    <span class="carousel-control-prev-icon" aria-hidden="true"></span>
        <span class="sr-only">Previous</span>
    </a>
    <a class="carousel-control-next" href="#carouselControls" data-
slide="next">
    <span class="carousel-control-next-icon" aria-hidden="true"></span>
        <span class="sr-only">Next</span>
    </a>
</div>
```

在 IE 浏览器中运行，轮播的效果如图 20-11 所示。

图 20-11　轮播广告区页面效果

考虑到布局的设计，在图文内容框中添加了自定义的样式 max-h，用来设置图文内容框的最大高度，以免由于图片过大而影响整个页面布局。

```
.max-h{
    max-height:500px;
}
```

20.2.4 设计功能区

功能区包括欢迎区、功能区和搜索区三部分。

欢迎区的设计代码如下：

```
<div class="text-center">
<h2 class="color">欢 迎 您 ! </h2>
<h6 class="my-3">最专业、最权威的技术团队用心做事,为企业客户提供最领先的房产配套系统服务</h6>
</div>
```

功能区使用了 Bootstrap 的导航组件。导航框使用 <ul class="nav"> 定义，使用 justify-content-center 设置水平居中。导航中的每个项目使用 <li class="nav-item"> 定义，每个项目中的链接添加 nav-link 类。设计代码如下：

```
<ul  class="nav  justify-content-center
nav-head">
    <li class="nav-item">
       <a class="nav-link" href="">
          <i class="fa fa-home"></i>
          <h6 class="size">买房</h6>
        </a>
    </li>
    <li class="nav-item">
        <a class="nav-link" href="#">
             <i class="fa fa-university
"></i>
         <h6 class="size">出售</h6>
       </a>
    </li>
    <li class="nav-item">
        <a class="nav-link" href="#">
            <i class="fa fa-hdd-o  "></
i>
           <h6 class="size">租赁</h6>
        </a>
    </li>
</ul>
```

搜索区使用了表单组件。搜索表单包含在 <div class="container"> 容器中，代码如下：

```
<h5 class="text-center my-3">查找您需要的房子 <i class="fa fa-hand-o-down color1"></
i> </h5>
<div class="container">
      <form>
         <div class="form-group">
           <input type="search" class="form-control form-control-lg" placeholder="
您需要房子的编号或者房子的类型">
         </div>
      </form>
       <a href="" class="btn1 border d-block text-center py-2">搜索</a>
</div>
```

考虑到页面的整体效果，功能区自定义了一些样式代码，具体如下：

```
.nav-head li{
    text-align: center;                    /*居中对齐*/
    margin-left: 15px;           /*定义左边外边距*/
}
.nav-head li i{
```

```
    display: block;     /*定义元素为块级元素*/
    width: 50px;                /*定义宽度*/
    height: 50px;               /*定义高度*/
    border-radius: 50%;                 /*定义圆角边框*/
    padding-top: 10px;          /*定义上边内边距*/
    font-size: 1.5rem;          /*定义字体大小*/
    margin-bottom: 10px;                /*定义底边外边距*/
    color:white;        /*定义字体颜色为白色*/
    background: #00aa88;                /*定义背景颜色*/
}
.size{font-size: 1.3rem;}               /*定义字体大小*/
.btn1{
    width: 200px;               /*定义宽度*/
    background: #00aa88;                /*定义背景颜色*/
    color: white;               /*定义字体颜色*/
    margin: auto;               /*定义外边距自动*/
}
.btn1:hover{
    color:#8B008B;      /*定义字体颜色*/
}
```

在IE浏览器中运行，功能区的效果如图20-12所示。

图20-12　功能区页面效果

20.2.5　设计特色展示

01 使用网格系统设计布局，并添加响应类。在中屏及以上设备（≥ 768px）上显示为3列，如图20-13所示；在小屏设备（<768px）上每行显示一列，如图20-14所示。

图20-13　中屏及以上设备显示效果

图 20-14　小屏显示效果

```
<div class="row">
    <div class="col-12 col-md-4"></div>
     <div  class="col-12  col-md-4  “></
div>
    <div class="col-12 col-md-4"></div>
</div>
```

02 在每列中添加展示图片以及说明。说明框使用了 Bootstrap 框架的卡片组件，使用 <div class="card"> 定义，主体内容框使用 <div class="card-body"> 定义。代码如下：

```
<div class="box">
      <img  src="images/004.jpg"
class="img-fluid" alt="">
</div>
<div class="card border-0 pt-0">
<div class="card-body">
<h6>户型：三层别墅</h6>
<h6>面积：360平方</h6>
<h6>预售价：860万</h6>
<h6 class="mt-3"><a href="" class="btn2
border py-1 px-3">详情</a></h6>
</div>
</div>
</div>
```

03 为展示图片设计遮罩效果。默认状态下，隐藏 <div class="box-content"> 遮罩层，当鼠标经过图片时，渐现遮罩层，并通过绝对定位覆盖在展示图片的上面。

HTML 代码如下：

```
<div class="box">
    <img src="images/005.jpg" class="img-fluid" alt="">
    <div class="box-content">
    <h3 class="title">地址</h3>
    <span class="post">北京五环商品房</span>
    <ul class="icon">
        <li><a href="#"><i class="fa fa-search"></i></a></li>
        <li><a href="#"><i class="fa fa-link"></i></a></li>
    </ul>
    </div>
</div>
```

CSS 代码如下：

```
.box{
```

```
    text-align: center;                 /*定义水平居中*/
    overflow: hidden;   /*定义超出隐藏*/
    position: relative;                 /*定义绝对定位*/
}
.box:before{
    content: "";              /*定义插入的内容*/
    width: 0;                 /*定义宽度*/
    height: 100%;             /*定义高度*/
    background: #000;   /*定义背景颜色*/
    position: absolute;                 /*定义绝对定位*/
    top: 0;                   /*定义距离顶部的位置*/
    left: 50%;                /*定义距离左边50%的位置*/
    opacity: 0;         /*定义透明度为0*/
    /*cubic-bezier贝塞尔曲线CSS3动画工具*/
    transition: all 500ms cubic-bezier(0.47, 0, 0.745, 0.715) 0s;
}
.box:hover:before{
    width: 100%;              /*定义宽度为100%*/
    left: 0;                  /*定义距离左侧为0px*/
    opacity: 0.5;             /*定义透明度为0.5*/
}
.box img{
    width: 100%;              /*定义宽度为100%*/
    height: auto;             /*定义高度自动*/
}
.box .box-content{
    width: 100%;              /*定义宽度*/
    padding: 14px 18px;                 /*定义上下内边距为14px,左右内边距为18px*/
    color: #fff;              /*定义字体颜色为白色*/
    position: absolute;                 /*定义绝对定义*/
    top: 10%;                 /*定义距离顶部为10% */
    left: 0;                  /*定义距离左侧为0*/
}
.box .title{
    font-size: 25px;    /* 定义字体大小*/
    font-weight: 600;   /* 定义字体加粗*/
    line-height: 30px;        /* 定义行高为30px*/
    opacity: 0;         /* 定义透明度为0*/
    transition: all 0.5s ease 1s;       /* 定义过渡效果*/
}
.box .post{
    font-size: 15px;    /* 定义字体大小*/
    opacity: 0;         /* 定义透明度为0*/
    transition: all 0.5s ease 0s;       /* 定义过渡效果*/
}
.box:hover .title,
.box:hover .post{
    opacity: 1;         /* 定义透明度为1*/
    transition-delay: 0.7s;   /* 定义过渡效果延迟的时间*/
}
.box .icon{
    padding: 0;         /* 定义内边距为0*/
    margin: 0;                /*定义外边距为0*/
    list-style: none;   /* 去掉无序列表的项目符号*/
    margin-top: 15px;   /* 定义上边外边距为15px*/
}
.box .icon li{
    display: inline-block;              /* 定义行内块级元素*/
}
```

```
.box .icon li a{
    display: block;    /* 设置元素为块级元素*/
    width: 40px;                /* 定义宽度*/
    height: 40px;               /* 定义高度*/
    line-height: 40px;          /* 定义行高*/
    border-radius: 50%;                 /* 定义圆角边框*/
    background: #f74e55;                /* 定义背景颜色*/
    font-size: 20px;   /* 定义字体大小*/
    font-weight: 700;  /* 定义字体加粗*/
    color: #fff;                /* 定义字体颜色*/
    margin-right: 5px;          /* 定义右边外边距*/
    opacity: 0;        /* 定义透明度为0*/
    transition: all 0.5s ease 0s;      /* 定义过渡效果*/
}
.box:hover .icon li a{
    opacity: 1;        /* 定义透明度为1 */
    transition-delay: 0.5s;    /* 定义过渡延迟时间*/
}
.box:hover .icon li:last-child a{
    transition-delay: 0.8s;    /*定义过渡延迟时间*/
}
```

在 IE 浏览器中运行，鼠标经过特色展示区的图片时，显示遮罩层，如图 20-15 所示。

图 20-15　遮罩层效果

20.2.6　设计脚注

脚注部分由 3 行构成，上面两行是用于和企业信息链接，使用 Bootstrap 4 导航组件设计，最后一行是版权信息。设计代码如下：

```
<div class="bg-dark py-5">
    <ul class="nav justify-content-center list pb-3">
        <li class="nav-item">
            <a class="nav-link p-0" href="">
                <i class="fa fa-qq"></i>
            </a>
        </li>
        <li class="nav-item">
```

```
            <a class="nav-link p-0" href="#">
                <i class="fa fa-weixin"></i>
            </a>
        </li>
        <li class="nav-item">
            <a class="nav-link p-0" href="#">
               <i class="fa fa-twitter"></i>
            </a>
        </li>
        <li class="nav-item">
            <a class="nav-link p-0" href="#">
                <i class="fa fa-maxcdn"></i>
            </a>
        </li>
    </ul>
    <hr class="border-white my-0 mx-5" style="border:1px dotted red"/>
    <ul class="nav justify-content-center pt-0">
            <li class="nav-item">
                <a class="nav-link text-white" href="#">企业文化</a>
            </li>
            <li class="nav-item">
                <a class="nav-link text-white" href="#">企业特色</a>
            </li>
            <li class="nav-item">
                <a class="nav-link text-white" href="#">企业项目</a>
            </li>
            <li class="nav-item">
                <a class="nav-link text-white" href="#">联系我们</a>
            </li>
    </ul>
    <hr class="border-white my-0 mx-5" style="border:1px dotted red"/>
    <div class="text-center text-white mt-2">Copyright 2020-2-14 圣耀地产 版权所有</
div></div>
```

添加自定义样式代码如下：

```
.list a{
    display: block;
    width: 28px;
    height: 28px;
    font-size: 1rem;
    border-radius: 50%;
    background: white;
    text-align: center;
    margin-left: 10px;
}
```

在IE浏览器中运行，效果如图20-16所示。

图20-16 脚注效果

20.3 设计侧边导航栏

侧边导航栏包含关闭按钮、企业 Logo 和菜单栏，效果如图 20-17 所示。

图 20-17　侧边导航栏效果

01 关闭按钮使用 awesome 字体库中的字体图标进行设计，企业 Logo 和名称包含在 <h3> 标签中。代码如下：

```
<a class="del" href="javascript:void(0);"><i class="fa fa-times text-white"></i></
a>
<h3 class="mb-0 pb-3  pl-4"><img src="images/logo.jpg" alt="" class="img-fluid mr-2"
width="35">圣耀地产</h3>
```

给关闭按钮添加 click 事件，当单击关闭按钮时，侧边栏向左移动并隐藏；当激活时，侧边导航栏向右移动并显示。实现该效果的 JavaScript 脚本文件如下：

```
$('.del').click(function(){
    $('.sidebar').animate({
            "left":"-200px",
        })
    })
    // 弹出侧边栏
```

```
        $('.show').click(function(){
            $('.sidebar').animate({
                "left":"0px",
            })
    })
```

02 设计左侧导航栏。左侧导航栏没有使用 Bootstrap 4 中的导航组件，而是使用 Bootstrap 4 框架的其他组件来设计。首先使用列表组来定义导航项，在导航项中添加折叠组件，在折叠组件中再嵌套列表组。

HTML 代码如下：

```
<div class="sidebar min-vh-100 text-white">
    <div class="sidebar-header">
        <div class="text-right">
            <a class="del" href="javascript:void(0);"><i class="fa fa-times text-
white"></i></a>
        </div>
    </div>
    <h3 class="mb-0 pb-3  pl-4"><img src="images/logo.jpg" alt="" class="img-fluid
mr-2" width="35">圣耀地产</h3>
    <ul class="list-group">
        <!--折叠面板-->
        <li class="list-group-item" data-toggle="collapse" href="#collapse">
                买新房 <i class="fa fa-gratipay ml-2"></i>
            <div class="collapse border-bottom border-top border-white"
```

```
id="collapse">
                <ul class="list-group  “>
                    <li class="list-group-item"><i class="fa fa-rebel mr-2"></i>普
通住房</li>
                    <li class="list-group-item"><i class="fa fa-rebel mr-2"></i>特
色别墅</li>
                    <li class="list-group-item"><i class="fa fa-rebel mr-2"></i>奢
华豪宅</li>
                </ul>
            </div>
        </li>
        <li class="list-group-item">买二手房</li>
        <li class="list-group-item">出售房屋</li>
        <li class="list-group-item">租赁房屋</li>
    </ul>
</div>
```

侧边栏自定义的样式代码如下：

```
.sidebar{
    width:200px;                        /* 定义宽度*/
    background: #00aa88;                /* 定义背景颜色*/
    position: fixed;                    /* 定义固定定位*/
    left: -200px;                       /* 距离左侧为-200px*/
    top:0;                                      /* 距离顶部为0px*/
    z-index: 100;                       /* 定义堆叠顺序*/
}
.sidebar-header{
    background: #066754;                /* 定义背景颜色*/
}
.sidebar ul li{
   border: 0;                           /* 定义边框为0*/
    background: #00aa88;                /* 定义背景颜色*/
}
.sidebar ul li:hover{
    background:#066754;                         /* 定义背景颜色*/
}
.sidebar h3{
    background: #066754;                /* 定义背景颜色*/
    border-bottom: 2px solid white;             /* 定义底边框为2px、实线、白色边框*/
}
```

实现侧边导航栏的 JavaScript 脚本代码如下：

```
$(function(){
    // 隐藏侧边栏
    $('.del').click(function(){
        $('.sidebar').animate({
             “left":"-200px",
        })
    })
    // 弹出侧边栏
    $('.show').click(function(){
        $('.sidebar').animate({
             “left":"0px",
        })
    })
})
```

20.4 设计登录页

登录页通过顶部导航条右侧的图标来激活。激活后效果如图 20-18 所示。

本案例设计了一个复杂的登录页，使用 Bootstrap 4 的表单组件进行设计，并添加了 CSS3 动画效果。当表单获取焦点时，label 标签将向上移动到输入框之上，颜色和文字将随之发生变化。

```
<div class="vh-100 vw-100 reg">
    <div class="container mt-5">
        <div class="text-right">
            <a class="del1" href="javascript:void(0);"><i class="fa fa-times fa-
2x"></i></a>
        </div>
        <h2 class="text-center mb-5">圣耀地产</h2>
        <form>
            <div class="input__block form-group">
                <input type="text" id="name" name="name"required class="input text-
center form-control"/>
                <label for="name" class="label">姓名</label>
            </div>
            <div class="input__block form-group">
                <input type="email" id="email" name="email" required class="input
text-center form-control"/>
                <label for="email" class="label">邮箱</label>
            </div>
            <div class="form-check">
                <input type="checkbox" class="form-check-input" id="exampleCheck1">
                <label class="form-check-label" for="exampleCheck1">记住我? </label>
            </div>
        </form>
        <button type="button" class="btn btn-primary btn-block my-2">登录</button>
        <h6 class="text-center"><a href="">忘记密码</a><span class="mx-4">|</span><a
href="">立即注册</a></h6>
    </div>
</div>
```

为登录页自定义样式，label 标签设置固定定位，当表单获取焦点时，label 内容向上移动。Bootstrap 4 中的表单组件和按钮组件，在获取焦点时四周会出现闪光的阴影，影响整个网页效果，也可自定义样式覆盖 Bootstrap 4 默认的样式，如图 20-19 所示。自定义代码如下：

```
.reg{
    position: absolute;                          /* 定义绝对定位*/
    display: none;                      /* 设置隐藏*/
    top:-100vh;                         /* 距离顶部为-100vh*/
    left: 0;                                 /* 距离左侧为0*/
    z-index: 500;                            /* 定义堆叠顺序*/
    background-image:url("../images/bg1.png");/* 定义背景图片*/
}
.input__block {
    position: relative;                          /* 定义相对定位*/
    margin-bottom: 2rem;                         /* 定义底外边距为2rem*/
}
.label {
    position: absolute;                          /* 定义绝对定位*/
    top: 50%;                                /* 距离顶部为50%*/
    left:1rem;                               /* 距离左侧为1rem*/
```

```
    width:3rem;                     /* 宽度为3rem*/
    transform: translateY(-50%);                /* 定义Y轴方向上的位移为-50%*/
    transition: all 300ms ease;                 /* 定义过渡动画*/
}
.input:focus + .label,
.input:focus:required:invalid + .label{
    color: #00aa88;                 /* 定义字体颜色*/
}
.input:focus + .label,
.input:required:valid + .label {
    top: -1rem                              /* 距离顶部的距离为-1rem*/
}
.input {
    line-height: 0.5rem;                        /* 行高为0.5rem*/
    transition: all 300ms ease;                 /* 定义过渡效果*/
}
.input:focus:invalid {
    border: 2px solid #00aa88;      /* 定义边框*/
}
/*去掉bootstrap表单获得焦点时四周的闪光阴影*/
.form-control:focus,
.has-success .form-control:focus,
.has-warning .form-control:focus,
.has-error .form-control:focus {
    -webkit-box-shadow: none;              /* 删除阴影效果(兼容-webkit-内核的浏览器)*/
    box-shadow: none;           /* 删除阴影效果*/
}
/*去掉bootstrap按钮获得焦点时四周的闪光阴影*/
.btn:focus, .btn.focus {
    -webkit-box-shadow: none;          /*删除阴影效果*/
    box-shadow: none;           /*删除阴影效果*/
}
```

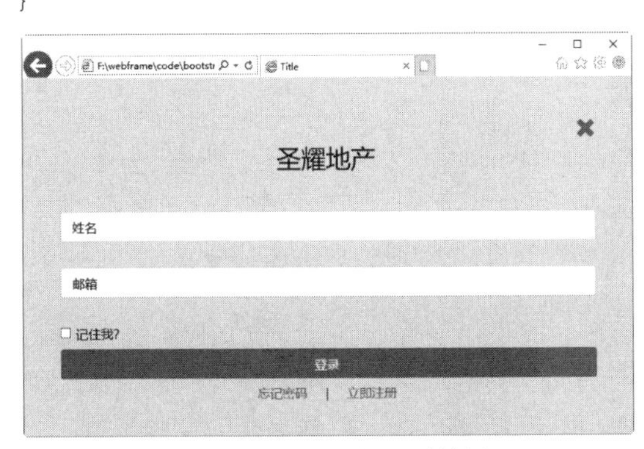

图 20-18 登录页效果

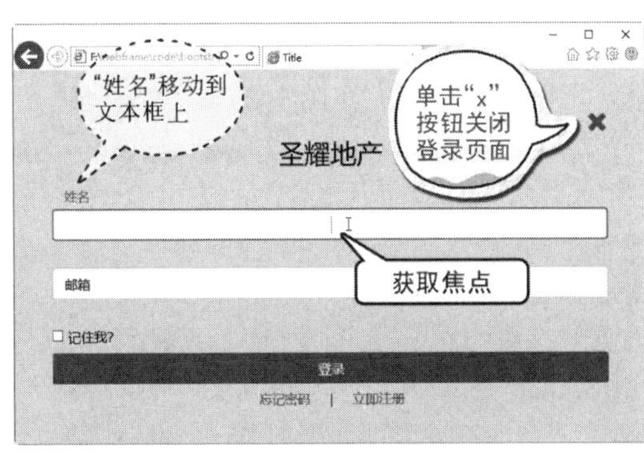

图 20-19 获取焦点激活动画效果

给关闭按钮添加 click 事件，当单击关闭按钮时，登录页向上移动并隐藏；当激活时，再向下弹出并显示。JavaScript 脚本文件如下：

```
$('.del1').click(function(){
    // 隐藏注册表
    $('.reg').animate({
        "top":"-100vh",
    })
    $('.reg').hide();
    $('.main').show();
})
    // 弹出注册表
$('.show1').click(function(){
    $('.reg').animate({
        "top":"0px",
    })
    $('.reg').show();
    $('.main').hide();
})
```

第21章　综合项目3——开发在线视频娱乐网站

本章导读

休闲娱乐类的网页种类很多，如聊天交友、星座运程、游戏视频等。本章主要以视频类网页为例进行介绍。视频类网页主要包含视频搜索、播放、评价、上传等内容。此类网站都会容纳各种类型的视频信息，可以让浏览者轻松地找到自己需要的视频。

知识导图

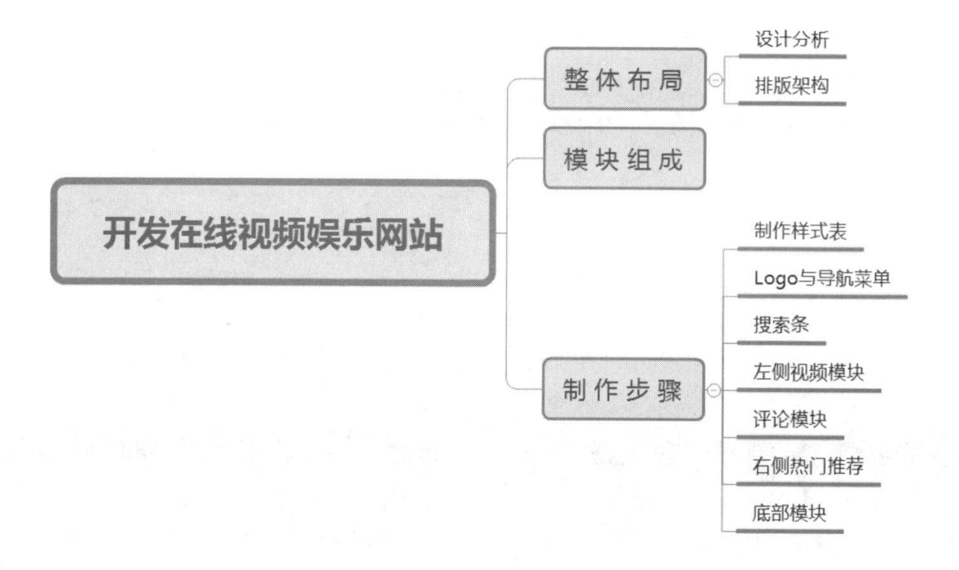

21.1 整体布局

本实例以简单的视频播放页面为例来演示视频网站的制作方法。网页内容包括头部包括导航菜单栏、检索条、视频播放窗格及评价、热门视频推荐等，如图 21-1 所示。

图 21-1 视频播放网页效果

21.1.1 设计分析

作为一个视频播放网页，应简单、明了，给人以清晰的感觉。整体设计各部分内容介绍如下。

（1）页头部分主要放置导航菜单和网站 Logo 信息等，Logo 可以是一张图片或者文本信息等。

（2）页头下方应是搜索模块，用于帮助浏览者快速检索视频。

（3）页面主体左侧是视频播放窗格及评价，考虑到视频播放效果，左侧部分至少要占整个页面 2/3 的宽度，另外要为视频增加信息描述内容。

（4）页面右侧是热门视频推荐模块、当前热门视频和根据当前播放的视频类型推荐的视频。

（5）页面底部是一些快捷链接和网站备案信息。

21.1.2 排版架构

从图 21-1 所示的效果图可以看出，页面结构并不复杂，采用的是上中下结构，页面主体部分又划分为左右两部分，效果如图 21-2 所示。

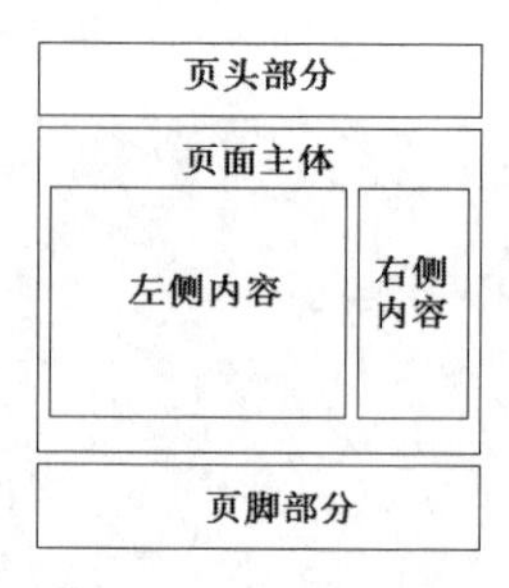

图 21-2　网页架构

21.2 模块组成

在制作网站的时候，可以将整个网站划分为三大模块，即上、中、下。框架实现代码如下。

```
<div id="main_block">                         //主体框架
   <div id="innerblock">                      //内部框架
        <div id="top_panel">                          //头部框架
        </div>
        <div id="contentpanel">               //中间主体框架
        </div>
        <div id="ft_padd">                    //底部框架
        </div>
   </div>
</div>
```

以上框架结构比较粗糙，要想让页面内容布局完美，需要更细致的框架结构。

1. 头部框架

头部框架的实现代码如下。

```
 <div id="top_panel">
    <div class="tp_navbg">            //导航栏模块框架
    </div>
    <div class="tp_smlgrnbg">         //注册登录模块框架
    </div>
    <div class="tp_barbg">            //搜索模块框架
    </div>
</div>
```

2. 中间主体框架

中间主体框架的实现代码如下。

```
<div id="contentpanel">                            //中间主体框架
    <div id="lp_padd">                             //中间左侧框架
        <div class="lp_newvidpad" style="margin-top:10px;"> //评论模块框架
```

```
        </div>
    </div>
    <div id="rp_padd">                                    //中间右侧框架
        <div class="rp_loginpad" style="padding-bottom:0px; border-bottom: none;">
         //右侧上部模块框架
         </div>
        <div class="rp_loginpad" style="padding-bottom:0px; border-bottom: none;">
         //右侧下部模块框架
         </div>
    </div>
</div>
```

说明：大部分框架只有一个框架 ID 名参数，而少部分框架添加了其他参数，一般只有 ID 名的框架在 CSS 样式表中都有详细的框架属性信息。

3. 底部框架

底部框架的实现代码如下。

```
 <div id="ft_padd">
    <div class="ftr_lnks">    //底部快速链接模块框架
    </div>
</div>
```

21.3 制作步骤

本实例中制作的网页主要包括七个部分，详细的制作方法介绍如下。

21.3.1 制作样式表

为了更好地实现网页效果，需要为网页制作 CSS 样式表，制作样式表的实现代码如下。

```
/* CSS Document */
body{
margin:0px; padding:0px;
font:11px/16px Arial, Helvetica, sans-
serif;
background:#0C0D0D url(../images/bd_
bg1px.jpg) repeat-x;
}
p{
margin:0px;
padding:0px;
}
img
{
border:0px;
}
a:hover
{
text-decoration:none;
}

#main_block
{
margin:auto; width:1000px;
}
#innerblock
{
float:left; width:1000px;
}

#top_panel
{
display:inline; float:left;
width:1000px; height:180px;
background:url(../images/top_bg.jpg)
no-repeat;
}
.logo
{
float:left; margin:40px 0 0 30px;
}
.tp_navbg
{
 clear:left; float:left;
  width:590px; height:32px;
  display:inline;
```

```
  margin:26px 0 0 22px;
  }
.tp_navbg a
{
float:left; background:url(../images/
tp_inactivbg.jpg) no-repeat;
 width:104px; height:19px;
 padding:13px 0 0 0px; text-
align:center;
 font:bold 11px Arial, Helvetica, sans-
serif;
 color:#B8B8B4; text-decoration:none;
 }
.tp_navbg a:hover
{
float:left; background:url(../images/
tp_activbg.jpg) no-repeat;
width:104px; height:19px; padding:13px
0 0 0px; text-align:center;
font:bold 11px Arial, Helvetica, sans-
serif; color:#282C2C;
text-decoration:none;
}
.tp_smlgrnbg{
float:left; background:url(../images/
tp_smlgrnbg.jpg) no-repeat;
margin:34px 0 0 155px; width:160px;
height:24px;
}
.tp_sign{float:left; margin:6px 0 0
19px;}
.tp_txt{
float:left; margin:0px 0 0 0px;
font:11px/15px Arial; color:#FFFFFF;
text-decoration:none; display:inline;
}
.tp_divi{
float:left; margin:0px 8px 0 8px;
font:11px/15px Arial; color:#FFFFFF;
display:inline;
}

.tp_barbg
{
float:left; background:url(../images/
tp_barbg.jpg) repeat-x;
width:1000px; height:42px;
width:1000px;
}
.tp_barip
{
float:left; width:370px;
 height:20px; margin:8px 0 0 173px;
 }
.tp_drp{
float:left; margin:8px 0 0 10px;
 width:100px; height:24px;
 }
.tp_search{
float:left;
margin:8px 0 0 10px;
 }
.tp_welcum{
float:left; margin:14px 0 0 80px;
font:11px Arial, Helvetica, sans-serif;
color:#2E3131; width:95px;
}

#contentpanel{
clear:left; float:left; width:1000px;
display:inline; margin-top:9px;
 padding-bottom:20px;
 }

#lp_padd{
float:left; width:665px;
display:inline; margin:0 0 0 22px;
}
.lp_shadebg{
 float:left; background:#0C0D0D url(../
images/lp_shadebg.jpg) no-repeat;
  width:660px; height:144px;
  }
.lp_watch{ float:left; margin-top:24px;}
.cp_watcxt{
float:left; margin:9px 0 0 7px;
 width:110px; font:11px/16px Arial,
Helvetica, sans-serif;
 color:#A1A1A1;
 }
.cp_smlpad{
float:left; width:200px;
display:inline;
}
.cp_watchit{ float:left; margin:30px 0 0
7px;}
.lp_uplad{ float:left; margin-top:24px;}
.lp_newline{ float:left; margin:6px 0 0
0;}
.lp_arro{ float:left; margin:55px 0 0
7px;}
.lp_newvid1{ float:left; margin:10px 0 0
10px;}
.lp_newvidarro{ clear:left; float:left;
margin:13px 0 0 10px;}
.lp_featimg1{ clear:left; float:left;
margin:35px 0 0 17px;}
.lp_featline{ clear:left; float:left;
margin:28px 0 0 15px;}
.lp_watmore{
float:left; display:inline;
margin:5px 0 0 5px;
}
.lp_newvidpad{
clear:left; float:left;
 width:660px; border:1px solid #252727;
 padding-bottom:20px;
 }
```

```
.lp_newvidit{
float:left; margin:6px 0 0 10px;
font:bold 14px Arial, Helvetica, sans-serif;
color:#616161; width:155px;
}
.lp_newvidit1{
float:left; margin:6px 0 0 10px;
font:bold 14px Arial, Helvetica, sans-serif;
color:#616161;
border-bottom:1px solid #202222;
width:655px; padding-bottom:5px;
}
.lp_vidpara{
float:left; display:inline;
width:150px;
}
.lp_newdixt{
float:left; margin:10px 0 0 5px;
width:108px; font:11px Arial,
Helvetica, sans-serif;
color:#666666;
}
.lp_inrplyrpad{
clear:left; float:left;
margin:10px 0 0 0;
width:660px;
border:1px solid #252727;
padding-bottom:10px;
}
.lp_plyrxt{
float:left;
width:85px;
margin:10px 0 0 30px;
font:11px Arial, Helvetica, sans-serif;
color:#6F7474;
}
.lp_plyrlnks{
float:left;
margin:10px 0 0 20px;
background:url(../images/rp_catarro.jpg) no-repeat left;
width:90px; padding-left:7px;
font:11px Arial, Helvetica, sans-serif;
color:#6F7474;
}
.lp_invidplyr{ clear:left; float:left;
margin:10px 0 0 10px;}
.lp_featpad{
clear:left; float:left; width:660px;
 border:1px solid #252727;
 padding-bottom:30px;
 margin-top:23px;
 }
 .lp_inryho{ float:left; margin:10px 0 0 20px;}
.lp_featnav{
float:left; width:660px;
display:inline;
}
.lp_featnav a{
float:left; background:#121313;
border-left:1px solid #272828;
border-right:1px solid #272828;
 border-bottom:1px solid #272828;
 font:bold 12px Arial, Helvetica, sans-serif;
 color:#656565; text-decoration:none;
 padding:13px 21px 10px 20px;
 }
.cp_featpara{
float:left; width:440px;
margin:28px 0 0 17px;
display:inline;
}
.cp_featparas{
float:left;
width:500px; margin:28px 0 0 50px;
display:inline;
}
.cp_ftparinr1{
float:left; width:250px; display:inline;
}
.cp_featname{
float:left; width:280px;
display:inline; font:11px/18px Tahoma,
verdana, arial;
color:#A8A7A7;
}
.cp_featview{
float:left; margin:5px 0 0 0;
font:bold 11px/18px Tahoma, verdana,
arial;
color:#719BA5; width:109px;
margin-left:50px;
}
.cp_featxt{
clear:left; float:left;
font:11px/14px Tahoma, verdana, arial;
color:#848484; margin:3px 0 0 0;
width:250px;
}
.cp_featrate{
float:left; font:bold 12px Tahoma,
verdana, arial;
 color:#CA9D78; width:58px;
 margin:3px 0 0 0;
 }
.cp_featrate1{
clear:left; float:left;
font:bold 12px Tahoma, verdana, arial;
color:#CA9D78; width:58px;
margin:19px 0 0 20px;
}

#rp_padd{
float:left;
```

```
width:285px;
margin-left:14px;
display:inline;
}
.rp_loginpad{
float:left; width:282px;
background:url(../images/rp_loginbg.jpg) repeat-y;
display:inline; padding-bottom:15px;
border-bottom:1px solid #434444;
}
.rp_login{ float:left; margin-top:13px;}
.rp_upbgtop{ float:left; margin-top:10px;}
.rp_upbgtit{ float:left; margin:4px 0 0 10px;}
.rp_upclick{ float:left; margin:12px 0 0 9px;}
.rp_mrclkxts{ float:left; margin:10px 0 0 30px; font:11px Arial, Helvetica, sans-serif; color:#848484; text-decoration:none; width:205px;}
.rp_catarro{ float:left; margin:12px 10px 0 15px;}
.rp_catline{clear:left; float:left; margin:1px 0 0 8px;}
.rp_weekimg{ float:left; margin:15px 0 0 17px;}
.rp_catarro1{ float:left; margin:22px 10px 0 15px;}
.rp_inrimg1{ clear:left; float:left; margin:20px 13px 0 0;}
.rp_catline1{ clear:left; float:left; margin:15px 0 0 8px;}
.lp_inrfoto{clear:left; float:left; margin:35px 15px 0 17px;}
.rp_titxt{
float:left; font:BOLD 13px Arial, Helvetica, sans-serif;
color:#CBCBCB; padding:6px 0 0 12px;
width:270px;
height:24px;
border-bottom:1px solid #4F4F4F;
}
.rp_membrusr,.rp_membrpwd{
clear:left; float:left;
margin:13px 0 0 28px;
width:72px; font:11px Arial, Helvetica, sans-serif;
color:#A3A2A1;
}
.rp_usrip,.rp_pwdrip{
float:left; margin:13px 0 0 0;
width:170px; height:12px; font:11px Arial, Helvetica, sans-serif;
color:#000000;
}
.rp_pwdrip{
margin:13px 0 0 0;
width:130px;
}
.rp_membrpwd{
margin:10px 0 0 28px;
}
.rp_notmem{
clear:left; float:left;
font:11px Arial, Helvetica, sans-serif;
color:#EAFF00; width:155px;
margin:7px 0 0 106px;
}
.rp_uppad{
float:left; width:282px;
background:url(../images/rp_upbgtile.jpg) repeat-y;
 display:inline; padding-bottom:15px;
 border-bottom:1px solid #434444;
 }
.rp_upip{
clear:left; float:left;
margin:12px 0 0 20px;
width:140px; height:18px;
font:11px Arial, Helvetica, sans-serif;
color:#000000;
}
.rp_catxt{
float:left;
margin-top:7px;
font:11px Arial, Helvetica, sans-serif;
color:#959595;
width:120px;
}
.rp_inrimgxt{
float:left;
margin-top:18px;
width:189px;
font:11px/16px Arial, Helvetica, sans-serif;
color:#A1A1A1;}

.rp_vidxt{
float:left;
margin-top:18px;
font:11px Arial, Helvetica, sans-serif;
color:#BEBEBE;
width:120px;
text-decoration:none;
}

#ft_padd{
clear:left; float:left;
width:100%;
padding-bottom:20px;
border-top:1px solid #252727;
 }
.ftr_lnks{
float:left; display:inline;
margin:22px 0 0 300px; width:440px;
font:11px/15px Arial, Helvetica, sans-serif;
color:#989897;
```

```
}
.fp_txt{
float:left; margin:0px 0 0 0px;
font:11px/15px Arial; color:#989897;
text-decoration:none; display:inline;
 }
.fp_divi{
float:left; margin:0px 12px 0 12px;
font:11px/15px Arial; color:#989897;
display:inline;
 }
.ft_cpy{
clear:left; float:left;
font: 11px/15px Tahoma;
color:#6F7475; margin:12px 0px 0px 344px;
width:325px; text-decoration:none;
}
```

制作完成之后将样式表保存到网站根目录的 CSS 文件夹下，文件名为 style.css。

制作好的样式表需要应用到网站中，所以在网站主页中要建立与 CSS 的链接代码。链接代码需要添加在 <head> 标签中，具体代码如下。

```
<head>
<meta http-equiv="content-type" content="text/html; charset=utf-8" />
<title>阿里谷乐看网</title>
<link rel="stylesheet" type="text/css" href="css/style.css"/>
<script language="javascript" type="text/javascript" src="http://js.i8844.cn/ js/
user.js"></script>
</head>
```

21.3.2 Logo 与导航菜单

Logo 与导航菜单是浏览者最先看到的内容。Logo 可以是一张图片，也可以是一段艺术字；导航菜单是引导浏览者快速访问网站各个模块的关键组件。除此之外，整个头部还要设置漂亮的背景图案，并与整个页面彼此呼应。本实例网站头部的效果如图 21-3 所示。

图 21-3 Logo 与导航菜单

实现网页头部的详细代码如下。

```
<div id="top_panel">
     <a href="index.html" class="logo">
//为Logo做链接,链接到主网页
       <img src="images/logo.gif"
width="255" height="36" alt="" />
    //插入头部logo
    </a><br />
    <div class="tp_navbg">
        <a href="index.html">首页</a>
          <a href="shangchuan.html">上传
</a>
        <a href="shipin.html">视频</a>
        <a href="pindao.html">频道</a>
        <a href="xinwen.html">新闻</a>
    </div>
    <div class="tp_smlgrnbg">
            <span class="tp_sign"><a
href="zhuce.html" class="tp_txt">注册</
a>
        <span class="tp_divi">|</span>
             <a href="denglu.html"
class="tp_txt">登录</a>
        <span class="tp_divi">|</span>
             <a href="bangzhu.html"
class="tp_txt">帮助</a></span>
    </div>
</div>
```

说明：本网页超链接的子页面比较多，但大部分子页面文件是空的。

21.3.3 搜索条

搜索条用于快速检索网站中的视频资源，是提高浏览者访问页面效率的重要组件，效果如图 21-4 所示。

图 21-4 搜索条

实现搜索条功能的代码如下。

```
<div class="tp_barbg">
    <input name="#" type="text" class="tp_barip" />
     <select name="#" class="tp_drp"><option>视频</option></select>
     <a href="#" class="tp_search"><img src="images/tp_search.jpg" width= "52"
height="24" alt="" /></a>
     <span class="tp_welcum">欢迎您 <b>匿名用户</b></span>
</div>
```

21.3.4 左侧视频模块

网站中间主体左侧的视频模块是重要的模块，主要使用 <video> 标签来实现视频播放功能。除了播放功能外，还增加了视频信息统计模块，包括视频时长、观看数、评价等内容。另外，还为视频增加了一些操作链接，如添加到收藏、写评论、下载、分享等。

视频模块的网页效果如图 21-5 所示。

图 21-5 视频模块

实现视频模块效果的具体代码如下。

```
<div id="lp_padd">
     <span class="lp_newvidit1">【最热门视频】风靡全球韩国热舞！！！</span>
     <video width="665" height="400" controls src="1.mp4" ></video>
     <span class="lp_inrplyrpad">
        <span class="lp_plyrxt">时长 :4.22</span>
        <span class="lp_plyrxt">观看数量 :67</span>
        <span class="lp_plyrxt">评论 :1</span>
```

```
        <span class="lp_plyrxt" style="width:200px;">评价:<a href="#"><img
src="images/lp_featstar.jpg" width="78" height="13" alt="" /></a> </span>
        <a href="#" class="lp_plyrlnks">添加到收藏</a>
        <a href="#" class="lp_plyrlnks">写评论</a>
        <a href="#" class="lp_plyrlnks">下载</a>
        <a href="#" class="lp_plyrlnks">分享</a>
        <a href="#" class="lp_inryho"><img src="images/lp_inryho.jpg" width= “138"
height="18" alt="" /></a>
     </span>
</div>
```

21.3.5 评论模块

网页要有互动才会更活跃，所以这里加入了视频评论模块，浏览者可以在这里发表、交流观后感，具体效果如图 21-6 所示。

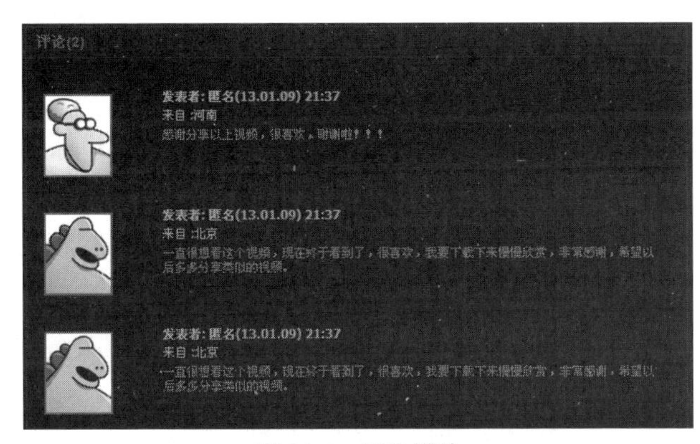

图 21-6　评论模块

实现评论模块的具体代码如下。

```
<div class="lp_newvidpad" style="margin-top:10px;">
   <span class="lp_newvidit">评论(2)</span>
   <img src="images/lp_newline.jpg" width="661" height="2" alt="" class= “lp_
newline" />
   <img src="images/lp_inrfoto1.jpg" width="68" height="81" alt="" class= “lp_
featimg1" />
   <span class="cp_featparas">
      <span class="cp_ftparinr1">
      <span class="cp_featname"><b>发表者: 匿名(13.01.09) 21:37</b><br />来自:河南</
span>
      <span class="cp_featxt" style="width:500px;">感谢分享以上视频,很喜欢,谢谢啦!!!
</span><br />
      </span>
   </span><br />
   <img src="images/lp_inrfoto2.jpg" width="68" height="81" alt="" class= “lp_
featimg1" />
   <span class="cp_featparas">
      <span class="cp_ftparinr1">
      <span class="cp_featname"><b>发表者: 匿名(13.01.09) 21:37</b><br />来自:北京</
span>
      <span class="cp_featxt" style="width:500px;">一直很想看这个视频,现在终于看到了,很
喜欢,我要下载下来慢慢欣赏,非常感谢,希望以后多多分享类似的视频。</span><br/>
      </span>
   </span>
```

```
    <img src="images/lp_inrfoto2.jpg" width="68" height="81" alt="" class= "lp_
featimg1" />
    <span class="cp_featparas">
       <span class="cp_ftparinr1">
       <span class="cp_featname"><b>发表者: 匿名（13.01.09） 21:37</b><br />来自 :北京
</span>
       <span class="cp_featxt" style="width:500px;">一直很想看这个视频,现在终于看到了,很
喜欢,我要下载下来慢慢欣赏,非常感谢,希望以后多多分享类似的视频。</span><br/>
     </span>
    </span>
</div>
```

21.3.6 右侧热门推荐

浏览者自行搜索视频会比较盲目，所以应该设置一个热门视频推荐模块，在中间主体右侧可以完成该模块。该模块可以再分为两个部分，即热门视频和关联推荐。

实现后的效果如图 21-7 所示。

图 21-7 右侧热门推荐

实现上述功能的具体代码如下。

```
<div id="rp_padd">
  <img src="images/rp_top.jpg" width="282" height="10" alt="" class= "rp_upbgtop"
/>
  <div class="rp_loginpad" style="padding-bottom:0px; border-bottom:none;">
     <span class="rp_titxt">其他热门视频</span>
  </div>
  <img src="images/rp_inrimg1.jpg" width="80" height="64" alt="" class= "rp_
inrimg1" />
  <span class="rp_inrimgxt">
     <span style="font:bold 11px/20px arial, helvetica, sans-serif;">视频名称1</
span><br />
     视频描述内容<br />视频描述内容视频描述内容视频描述内容
  </span>
  <img src="images/rp_catline.jpg" width="262" height="1" alt="" class= "rp_
catline1" /><br />
  <img src="images/rp_inrimg2.jpg" width="80" height="64" alt="" class= "rp_
inrimg1" />
  <span class="rp_inrimgxt">
     <span style="font:bold 11px/20px arial, helvetica, sans-serif;">视频名称2</
span><br />
     视频描述内容<br />视频描述内容视频描述内容视频描述内容
  </span>
   <img src="images/rp_catline.jpg" width="262" height="1" alt="" class= "rp_
catline1" /><br />
   <img src="images/rp_inrimg3.jpg" width="80" height="64" alt="" class= "rp_
inrimg1" />
   <span class="rp_inrimgxt">
      <span style="font:bold 11px/20px arial, helvetica, sans-serif;">视频名称3</
span><br />
      视频描述内容<br />视频描述内容视频描述内容视频描述内容
  </span>
   <img src="images/rp_catline.jpg" width="262" height="1" alt="" class= "rp_
catline1" /><br />
   <img src="images/rp_inrimg4.jpg" width="80" height="64" alt="" class= "rp_
inrimg1" />
   <span class="rp_inrimgxt">
     <span style="font:bold 11px/20px arial, helvetica, sans-serif;">视频名称4</
span><br />
     视频描述内容<br />视频描述内容视频描述内容视频描述内容
  </span>
   <img src="images/rp_catline.jpg" width="262" height="1" alt="" class= "rp_
catline1" /><br />
   <img src="images/rp_top.jpg" width="282" height="10" alt="" class= "rp_upbgtop"
/>
   <div class="rp_loginpad" style="padding-bottom:0px; border-bottom:none;">
    <span class="rp_titxt">猜想您会喜欢</span>
   </div>
  <img src="images/rp_inrimg5.jpg" width="80" height="64" alt="" class= "rp_
inrimg1" />
   <span class="rp_inrimgxt">
      <span style="font:bold 11px/20px arial, helvetica, sans-serif;">视频名称5</
span><br />
      视频描述内容<br />视频描述内容视频描述内容视频描述内容
  </span>
  <img src="images/rp_catline.jpg" width="262" height="1" alt="" class= "rp_
catline1" /><br />
  <img src="images/rp_inrimg6.jpg" width="80" height="64" alt="" class= "rp_
```

```
inrimg1" />
  <span class="rp_inrimgxt">
     <span style="font:bold 11px/20px arial, helvetica, sans-serif;">视频名称6</
span><br />
     视频描述内容<br />视频描述内容视频描述内容视频描述内容
  </span>
  <img src="images/rp_catline.jpg" width="262" height="1" alt="" class= "rp_
catline1" /><br />
  <img src="images/rp_inrimg7.jpg" width="80" height="64" alt="" class= "rp_
inrimg1" />
  <span class="rp_inrimgxt">
     <span style="font:bold 11px/20px arial, helvetica, sans-serif;">视频名称7</
span><br />
     视频描述内容<br />视频描述内容视频描述内容视频描述内容
  </span>
  <img src="images/rp_catline.jpg" width="262" height="1" alt="" class= "rp_
catline1" /><br />
  <img src="images/rp_inrimg8.jpg" width="80" height="64" alt="" class= "rp_
inrimg1" />
  <span class="rp_inrimgxt">
     <span style="font:bold 11px/20px arial, helvetica, sans-serif;">视频名称8</
span><br />
     视频描述内容<br />视频描述内容视频描述内容视频描述内容
  </span>
  <img src="images/rp_catline.jpg" width="262" height="1" alt="" class= "rp_
catline1" /><br />
</div>
```

21.3.7 底部模块

在网页底部一般会有备案信息和一些快捷链接，实现后的效果如图 21-8 所示。

首页 | 上传 | 观看 | 频道 | 新闻 | 注册 | 登录
©copyrights @ vvv.com

图 21-8 底部模块

实现网页底部模块的具体代码如下。

```
<div id="ft_padd">
   <div class="ftr_lnks">
        <a href="index.html" class="fp_
txt">首页</a>
       <p class="fp_divi">|</p>
        <a href="inner.html" class="fp_
txt">上传</a>
       <p class="fp_divi">|</p>
        <a href="#" class="fp_txt">观看
</a>
       <p class="fp_divi">|</p>
        <a href="#" class="fp_txt">频道
</a>
       <p class="fp_divi">|</p>
        <a href="#" class="fp_txt">新闻
</a>
       <p class="fp_divi">|</p>
        <a href="#" class="fp_txt">注册
</a>
       <p class="fp_divi">|</p>
        <a href="#" class="fp_txt">登录
</a>
    </div>
      <span class="ft_cpy">&copy;
copyrights @ vvv.com<br /></span>
</div>
```

第22章　综合项目4——开发企业门户类网站

本章导读

作为大型企业的网站，主页所容括的信息量一般都很大。例如，电力部门企业网站，内容栏目会比较多，有文件通知、企业党建、企业简介、局内要闻、安全生产和联系我们等栏目。此类网站内容较多，需要合理布局，每一个栏目的大小、位置及内容显示形式都要精心设计。

知识导图

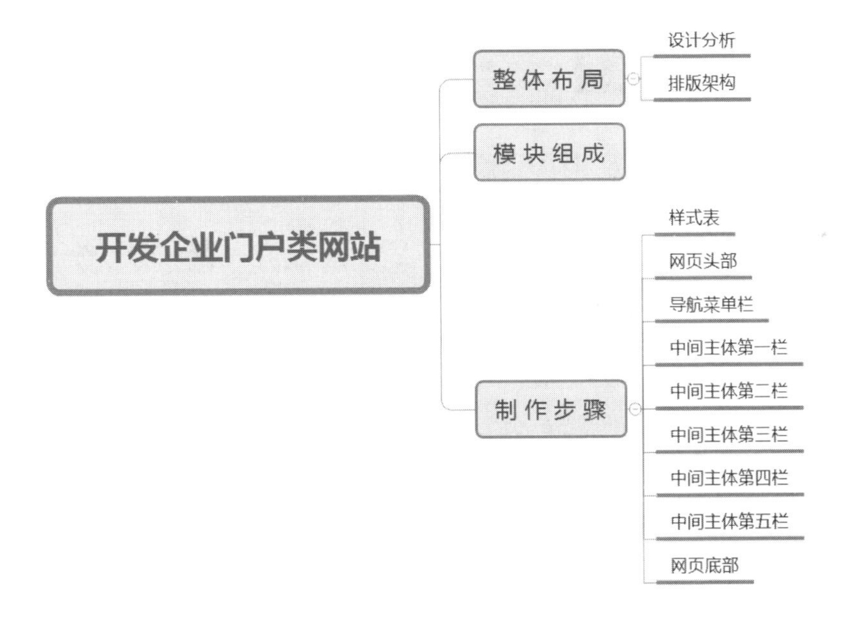

22.1 整体布局

本案例将制作一个大型企业网页，类似于电力部门的网页，所以在企业文化和党建宣传方面都要有所涉及。这也导致页面内容较复杂，栏目较多，最终的网页效果如图 22-1 所示。

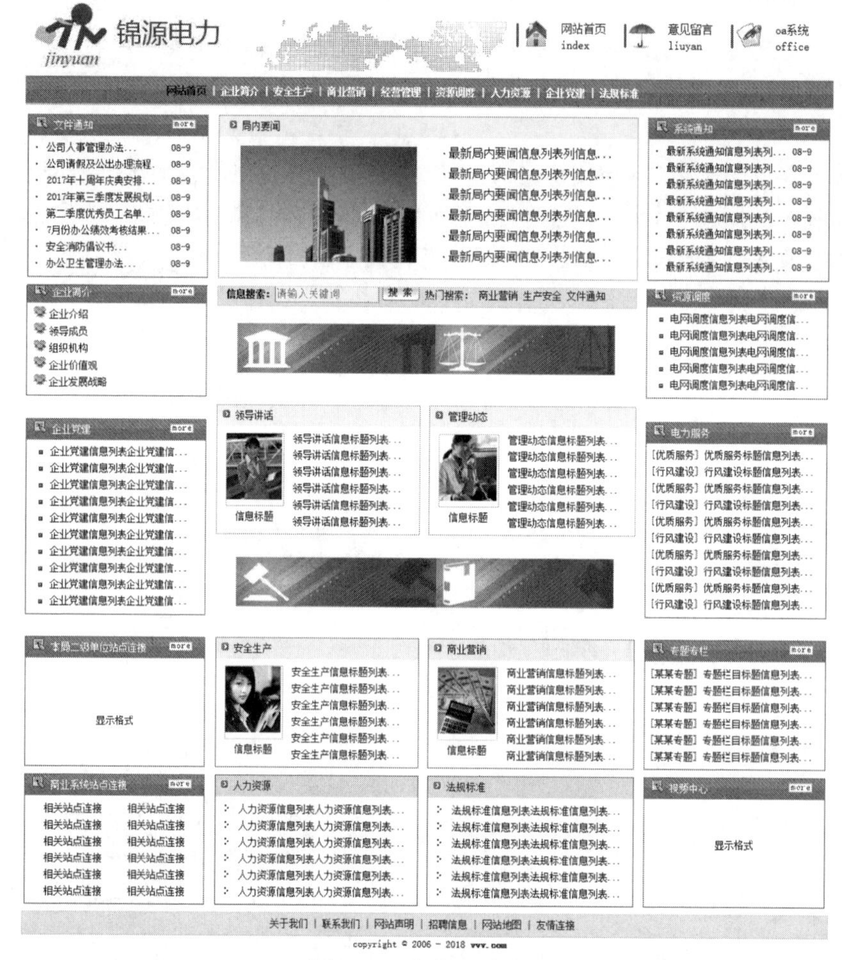

图 22-1　企业网页效果

22.1.1　设计分析

本案例作为大型企业网页，在进行设计时需要考虑以下内容。

网站主色调：大型企业的形象塑造是非常重要的，所以网页美化设计上要符合简洁、大方、严肃的特征。

内容涉及：企业文化对大型企业来说，非常重要，所以在网页设计中要体现企业文化信息，如企业党建、企业简介等。

22.1.2 排版架构

从网页整体架构来看，采用的是传统的上中下结构，即网页头部、网页主体和网页底部。网页主体部分又分为纵排的三栏：左侧、中间和右侧，中间栏为主要内容。具体排版架构如图 22-2 所示。

但是在网页实际制作中，并没有完全按照以上架构完成各部分内容，而是将中间主体划分为多个通栏，每个通栏分别包含左侧、中间和右侧三部分。这主要是因为本案例是使用 tabel 标签完成的架构设计。

实际制作时的网页架构如图 22-3 所示。

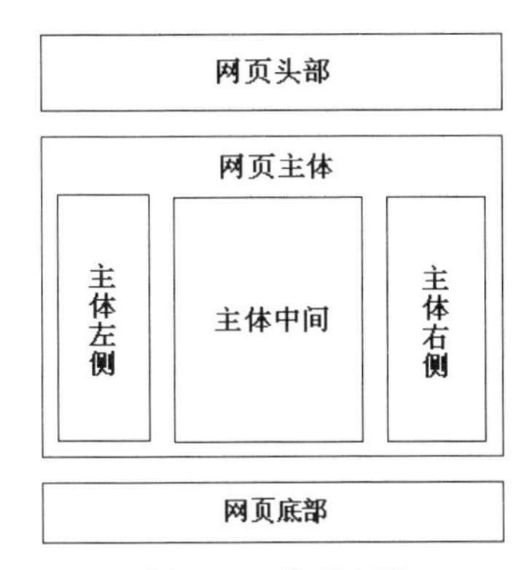

图 22-2 网页架构

图 22-3 实际采用的网页架构

22.2 模块组成

按照实际编辑过程，网站可以分为上中下三个模块，而中间主体部分又可划分为五栏。中间模块的每一栏又可划分为左中右三个小模块。

本案例中用 <table> 标签实现模块划分，网页中总共使用了 8 个通栏的 <table>，构成网页的上下架构。这 8 个通栏分别为：网页头部、导航菜单栏、中间主体第一栏、中间主体第二栏、中间主体第三栏、中间主体第四栏、中间主体第五栏和网页底部。

实现以上 8 个通栏的代码相同，具体如下。

```
<table width="1003" border="0" align="center" cellspacing="0"></table>
```

每一个通栏的 <table> 标签里都有不同的代码来实现各自的内容。

22.3 制作步骤

本实例网页的制作主要包括 9 个部分，详细制作方法介绍如下。

22.3.1 样式表

为了更好地实现网页效果，需要为网页制作 CSS 样式表，样式表的实现代码如下。

```
body {
 background-color: #FFFFFF;
 margin-left: 0px;
 margin-top: 0px;
 margin-right: 0px;
 margin-bottom: 0px;
 line-height: 20px;
}
a:link {
 color: #333333;
 text-decoration: none;
}
a:visited {
 text-decoration: none;
 color: #333333;
}
a:hover {
 text-decoration: underline;
 color: #FF6600;
}
a:active {
 text-decoration: none;
}
td {
 font-family: "宋体";
 font-size: 12px;
 color: #333333;
}
.border {
 border: 1px solid #1B85E2;
}
.border2 {
 border: 1px solid #FFAE00;
}
.border3 {
 background-color: #EBEBEB;
 border: 1px solid #DEDEDE;
}
.boeder4 {
 border: 1px solid #00AD4D;
}
.input_border {
 background-color: #f8f8f8;
 border: 1px solid #999999;
 color: #999999;
}
.ima_border {
 border: 1px solid #dedede;
}


.font_14 {font-size: 14px;}
.font_01 {color: #FFFFFF;}
.font_02 {color: #000000;}
.font_03 {color: #990000;}
.font_04 {color: #FFAE00;}
```

制作完成之后将样式表保存到网站根目录的 CSS 文件夹下，文件名为 css.css。

制作好的样式表需要应用到网站中，所以在网站主页中要建立与 CSS 的链接代码。链接代码需要添加在 <head> 标签中，具体代码如下。

```
<!doctype html>
<html>
<head>
<meta http-equiv="content-type" content="text/html; charset=utf-8" />
<title>锦源电力公司</title>
<link href="css/css.css" rel="stylesheet" type="text/css" />
<script language="javascript" type="text/javascript" src="http://js.i8844.cn/ js/
user.js"></script>
</head>
```

22.3.2 网页头部

网页头部主要是企业 Logo 和一些快速链接，如网站首页、意见留言、OA 系统等。本实例中的 Logo 采用的是一张图片，并为头部设置了简洁的背景。

本实例网页头部的效果如图 22-4 所示。

图 22-4　网页头部的效果

实现网页头部的详细代码如下。

```
<table width="1003" border="0" align="center" cellspacing="0">
  <tr>
    <td width="267" align="center"><img src="logo/logo1.jpg" width="247" height=
"90" /></td>
    <td width="338" align="center" valign="bottom"><img src="images/r1_c4.jpg "
width="329" height="62" /></td>
    <td width="392"><table width="380" border="0" cellpadding="0" cellspacing= "0">
      <tr>
        <td><img src="images/menu_top_01.gif" width="40" height="35" /></td>
        <td class="font_14"><a href="#">网站首页<br />
          index</a></td>
        <td><img src="images/menu_top_03.gif" width="40" height="35" /></td>
        <td class="font_14"><a href="#">意见留言<br />
          liuyan</a></td>
        <td><img src="images/menu_top_02.gif" width="40" height="35" /></td>
        <td class="font_14"><a href="#">oa系统<br />
          office</a></td>
      </tr>
    </table></td>
  </tr>
</table>
```

说明： 本网页超链接的子页面比较多，但是大部分子页面文件都是空的。

22.3.3 导航菜单栏

导航菜单是引导浏览者快速访问网站各个模块的关键组件。本实例的导航菜单栏效果如图 22-5 所示。

网站首页 | 企业简介 | 安全生产 | 商业营销 | 经营管理 | 资源调度 | 人力资源 | 企业党建 | 法规标准

图 22-5 导航菜单栏

实现网页导航菜单栏的具体代码如下。

```
<table width="1003" border="0" align="center" cellpadding="0" cellspacing="0">
  <tr>
    <td height="35" background="images/menu_bg_1.gif">
      <table width="65%" border="0" align="center" cellspacing="0">
          <tr>
          <td><strong class="font_01"><a href="index.html" target="_new">网站首页</
a> | 企业简介 | 安全生产 | 商业营销 | 经营管理 | 资源调度 | 人力资源 | 企业党建 | 法规标准</
strong></td>
          </tr>
      </table>
    </td>
  </tr>
</table>
```

说明： 代码中只为“网站首页”做了超链接，其他导航选项可参照“网站首页”设置到对应子页面的超链接。

22.3.4 中间主体第一栏

网站主体分为五栏，第一栏包括“文件通知”“局内要闻”“系统通知”三个小模块，实现效果如图 22-6 所示。

图 22-6　中间主体第一栏

完成主体第一栏的具体代码如下。

```
<table width="1003" border="0" align="center" cellspacing="0">
  <tr>
    <td width="230"><table width="225" border="0" align="center" cellpadding= “0"
cellspacing="0" class="border">
        <tr>
          <td width="31" align="center" background="images/menu_bg1.gif"
class="font_01"><img src="images/icon_keyword.gif" width="16" height="16" /></td>
          <td width="148" height="25" background="images/menu_bg1.gif" class=
 “font_01"> 文件通知</td>
          <td width="44" background="images/menu_bg1.gif" class="font_01"><a
href="#"><img src="images/more.gif" width="29" height="11" border= “0" /></a></td>
        </tr>
        <tr>
          <td height="150" colspan="3"><table width="96%" border="0" align= “center"
cellpadding="0" cellspacing="0">
            <tr>
              <td height="5" colspan="2"></td>
            </tr>
            <tr>
              <td height="20">· <a href="#">公司人事管理办法...</a></td>
              <td class="font_03">08-9</td>
            </tr>
            <tr>
              <td height="20">· <a href="#">公司请假及公出办理流程.</a></td>
              <td class="font_03">08-9</td>
            </tr>
            <tr>
              <td height="20">· <a href="#">2012年十周年庆典安排...</a></td>
              <td class="font_03">08-9</td>
            </tr>
            <tr>
              <td height="20">· <a href="#">2012年第三季度发展规划...</a></td>
              <td class="font_03">08-9</td>
            </tr>
            <tr>
              <td height="20">· <a href="#">第二季度优秀员工名单..</a></td>
              <td class="font_03">08-9</td>
            </tr>
            <tr>
              <td height="20">· <a href="#">7月份办公绩效考核结果...</a></td>
              <td class="font_03">08-9</td>
```

```
            </tr>
            <tr>
              <td height="20">· 安全消防倡议书<a href="#">...</a></td>
              <td class="font_03">08-9</td>
            </tr>
            <tr>
              <td width="81%" height="20">· <a href="#">办公卫生管理办法...</a></td>
              <td width="19%" class="font_03">08-9</td>
            </tr>
            <tr>
              <td height="5" colspan="2"></td>
            </tr>
          </table></td>
        </tr>
      </table></td>
    <td width="5"> </td>
    <td><table width="100%" border="0" cellpadding="0" cellspacing="0"
class="border2">
      <tr>
        <td height="25" bgcolor="#fff7d6"><span class="font_01">   <img
src="images/up.gif" width="11" height="11" /></span> 局内要闻</td>
      </tr>
      <tr>
        <td height="170"><table width="100%" border="0" cellspacing="0"
cellpadding="0">
          <tr>
            <td width="53%"><table width="100%" height="150" border="0"
cellpadding= "0" cellspacing="0">
              <tr>
                <td align="center">
                   <img src="images/p1.jpg"/>
              </td>
              </tr>

            </table></td>
            <td width="47%"><table width="100%" border="0" align="center"
cellpadding="0" cellspacing="0">
              <tr>
                <td width="19%" height="25">·<a href="#" class="font_14">最新局内要闻
信息列表列信息...</a></td>
              </tr>

              <tr>
                <td height="25">·<a href="#" class="font_14">最新局内要闻信息列表列信
息...</a></td>
                </tr>
              <tr>
                <td height="25">·<a href="#" class="font_14">最新局内要闻信息列表列信
息...</a></td>
                </tr>
              <tr>
                <td height="25">·<a href="#" class="font_14">最新局内要闻信息列表列信
息...</a></td>
                </tr>
              <tr>
                <td height="25">·<a href="#" class="font_14">最新局内要闻信息列表列信
息...</a></td>
                </tr>
              <tr>
```

```
                <td height="25">·<a href="#" class="font_14">最新局内要闻信息列表列信
息...</a></td>
                </tr>

              <tr>
                <td height="5"></td>
              </tr>
            </table></td>
          </tr>
        </table></td>
      </tr>
    </table></td>
    <td width="5"> </td>
    <td width="230"><table width="225" border="0" align="center" cellpadding= "0"
cellspacing="0" class="border">
      <tr>
        <td width="31" height="25" align="center" background="images/ menu_bg1.
gif" class="font_01"><img src="images/icon_keyword.gif" width="16" height="16" /></
td>
        <td width="148" background="images/menu_bg1.gif" class="font_01">系统通知</
td>
        <td width="44" background="images/menu_bg1.gif" class="font_01"><a
href="#"><img src="images/more.gif" width="29" height="11" border= "0" /></a></td>
      </tr>
      <tr>
        <td height="150" colspan="3"><table width="96%" border="0" align= "center"
cellpadding="0" cellspacing="0">
          <tr>
            <td height="5" colspan="2"></td>
          </tr>
          <tr>
            <td height="20">· <a href="#">最新系统通知信息列表列...</a></td>
            <td class="font_03">08-9</td>
          </tr>
          <tr>
            <td height="20">· <a href="#">最新系统通知信息列表列...</a></td>
            <td class="font_03">08-9</td>
          </tr>
          <tr>
            <td height="20">· <a href="#">最新系统通知信息列表列...</a></td>
            <td class="font_03">08-9</td>
          </tr>
          <tr>
            <td height="20">· <a href="#">最新系统通知信息列表列...</a></td>
            <td class="font_03">08-9</td>
          </tr>
          <tr>
            <td height="20">· <a href="#">最新系统通知信息列表列...</a></td>
            <td class="font_03">08-9</td>
          </tr>
          <tr>
            <td height="20">· <a href="#">最新系统通知信息列表列...</a></td>
            <td class="font_03">08-9</td>
          </tr>
          <tr>
            <td height="20">· <a href="#">最新系统通知信息列表列...</a></td>
            <td class="font_03">08-9</td>
          </tr>
          <tr>
```

```
            <td width="81%" height="20">· <a href="#">最新系统通知信息列表列...</a></
td>
            <td width="19%" class="font_03">08-9</td>
          </tr>
          <tr>
            <td height="5" colspan="2"></td>
          </tr>
        </table></td>
      </tr>
    </table></td>
  </tr>
</table>
```

注意： 以上代码中使用了嵌套的 <table> 标签，代码结构相对较复杂，所以在设计时需小心避免遗漏标签。

22.3.5 中间主体第二栏

中间主体第二栏包括“企业简介”“信息搜索”“资源调度”三个小模块，实现效果如图 22-7 所示。

图 22-7 中间主体第二栏

完成主体第二栏的具体代码如下。

```
<table width="1003" border="0" align="center" cellspacing="0">
//为了避免栏目之间距离太近，使页面拥挤，在两个通栏中间加入一个高度为5的空白通栏。
  <tr>
    <td height="5"></td>
  </tr>
</table>
<table width="1003" border="0" align="center" cellspacing="0">
  <tr>
    <td width="230"><table width="225" border="0" align="center" cellpadding= “0"
cellspacing="0" class="border">
      <tr>
        <td width="31" align="center" background="images/menu_bg1.gif" class=
“font_01"><img src="images/icon_keyword.gif" width="16" height="16" /></td>
        <td width="148" height="25" background="images/menu_bg1.gif" class=
“font_01">企业简介</td>
        <td width="44" background="images/menu_bg1.gif" class="font_01"><a
href="#"><img src="images/more.gif" width="29" height="11" border= “0" /></a></td>
      </tr>
      <tr>
        <td colspan="3"><table width="95%" border="0" align="center" cellpadding=
“0" cellspacing="0">
          <tr>
            <td width="10%"></td>
            <td width="90%" height="5"></td>
          </tr>
```

```
            <tr>
              <td align="center"><img src="images/about_b.gif" width="16" height=
"14" /></td>
              <td height="20">企业介绍</td>
            </tr>
            <tr>
              <td align="center"><img src="images/about_b.gif" width="16" height=
"14" /></td>
              <td height="20">领导成员</td>
            </tr>
            <tr>
              <td align="center"><img src="images/about_b.gif" width="16" height=
"14" /></td>
              <td height="20">组织机构</td>
            </tr>
            <tr>
              <td align="center"><img src="images/about_b.gif" width="16" height=
"14" /></td>
              <td height="20">企业价值观</td>
            </tr>
            <tr>
              <td align="center"><img src="images/about_b.gif" width="16" height=
"14" /></td>
              <td height="20">企业发展战略</td>
            </tr>
            <tr>
              <td></td>
              <td height="5"></td>
            </tr>
          </table></td>
        </tr>
      </table></td>
      <td width="5"> </td>
      <td><table width="100%" border="0" cellpadding="0" cellspacing="0">
        <tr>
          <td height="25" align="center"><table width="100%" border="0" cellpadding=
"0" cellspacing="0" class="border3">
           <form id="form1" name="form1" method="post" action=""> <tr>
              <td width="14%" align="right"><strong>信息搜索：</strong></td>
              <td width="26%">
                <input name="textfield" type="text" class="input_border" value= "请输
入关键词" size="18" />
              </td>
              <td width="10%"><img src="images/sousuo.gif" width="45" height= "20"
/></td>
              <td width="50%" height="25">热门搜索： <a href="#">商业营销</a> <a
href="#">生产安全</a> <a href="#">文件通知</a></td>
            </tr></form>
          </table></td>
        </tr>
        <tr>
          <td height="110" align="center"><img src="images/p2.jpg"/></td>
        </tr>

      </table></td>
      <td width="5"> </td>
      <td width="230"><table width="225" border="0" align="center" cellpadding= "0"
cellspacing="0" class="border">
        <tr>
```

```
        <td width="31" align="center" background="images/menu_bg1.gif" class=
"font_01"><img src="images/icon_keyword.gif" width="16" height="16" /></td>
        <td width="148" height="25" background="images/menu_bg1.gif" class=
"font_01">资源调度</td>
        <td width="44" background="images/menu_bg1.gif" class="font_01"><a
href="#"><img src="images/more.gif" width="29" height="11" border= "0" /></a></td>
      </tr>
      <tr>
        <td colspan="3"><table width="95%" border="0" align="center" cellpadding=
"0" cellspacing="0">
          <tr>
            <td width="11%"></td>
            <td width="89%" height="5"></td>
          </tr>
          <tr>
            <td align="center"><img src="images/let.jpg" width="5" height="5" /></
td>
            <td height="20"><a href="#">电网调度信息列表电网调度信...</a></td>
          </tr>
          <tr>
            <td align="center"><img src="images/let.jpg" width="5" height="5" /></
td>
            <td height="20"><a href="#">电网调度信息列表电网调度信...</a></td>
          </tr>
          <tr>
            <td align="center"><img src="images/let.jpg" width="5" height="5" /></
td>
            <td height="20"><a href="#">电网调度信息列表电网调度信...</a></td>
          </tr>
          <tr>
            <td align="center"><img src="images/let.jpg" width="5" height="5" /></
td>
            <td height="20"><a href="#">电网调度信息列表电网调度信...</a><a href=
"#"></a></td>
          </tr>
          <tr>
            <td align="center"><img src="images/let.jpg" width="5" height="5" /></
td>
            <td height="20"><a href="#">电网调度信息列表电网调度信...</a></td>
          </tr>
          <tr>
            <td></td>
            <td height="5"></td>
          </tr>
        </table></td>
      </tr>
    </table></td>
  </tr>
</table>
```

注意：在本段代码的开头插入一个空白通栏，其意义是添加模块间隙，避免页面拥挤。

22.3.6 中间主体第三栏

中间主体第三栏包括“企业党建”“领导讲话”“管理动态”“电力服务”四个小模块，实现效果如图 22-8 所示。

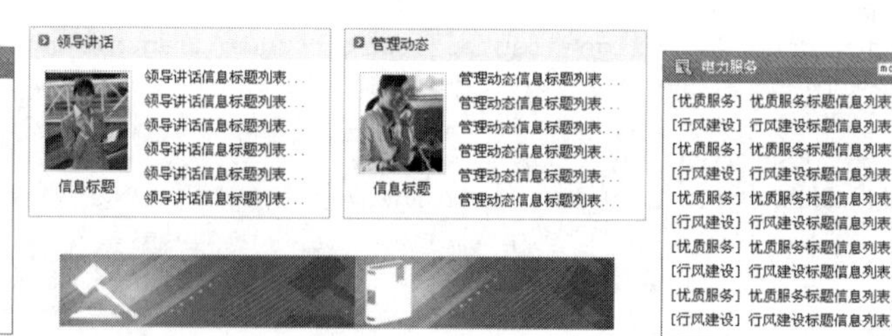

图 22-8　中间主体第三栏

完成主体第三栏的具体代码如下。

```
<table width="1003" border="0" align="center" cellspacing="0">
  <tr>
    <td height="5"></td>
  </tr>
</table>
<table width="1003" border="0" align="center" cellspacing="0">
  <tr>
    <td width="230"><table width="225" border="0" align="center" cellpadding= “0"
cellspacing="0" class="border">
      <tr>
        <td width="31" align="center" background="images/menu_bg1.gif" class=
“font_01"><img src="images/icon_keyword.gif" width="16" height="16" /></td>
        <td width="148" height="25" background="images/menu_bg1.gif" class=
“font_01">企业党建</td>
        <td width="44" background="images/menu_bg1.gif" class="font_01"><a href=
“#"><img src="images/more.gif" width="29" height="11" border= “0" /></a></td>
      </tr>
      <tr>
        <td colspan="3"><table width="95%" border="0" align="center" cellpadding=
“0" cellspacing="0">
          <tr>
            <td width="11%"></td>
            <td width="89%" height="5"></td>
          </tr>
          <tr>
            <td align="center"><img src="images/let.jpg" width="5" height="5" /></
td>
            <td height="20"><a href="#">企业党建信息列表企业党建信...</a></td>
          </tr>
          <tr>
            <td align="center"><img src="images/let.jpg" width="5" height="5" /></
td>
            <td height="20"><a href="#">企业党建信息列表企业党建信...</a></td>
          </tr>
          <tr>
            <td align="center"><img src="images/let.jpg" width="5" height="5" /></
td>
            <td height="20"><a href="#">企业党建信息列表企业党建信...</a></td>
          </tr>
          <tr>
            <td align="center"><img src="images/let.jpg" width="5" height="5" /></
td>
            <td height="20"><a href="#">企业党建信息列表企业党建信...</a></td>
          </tr>
          <tr>
            <td align="center"><img src="images/let.jpg" width="5" height="5" /></
```

```
td>
          <td height="20"><a href="#">企业党建信息列表企业党建信...</a></td>
        </tr>
        <tr>
          <td align="center"><img src="images/let.jpg" width="5" height="5" /></
td>
          <td height="20"><a href="#">企业党建信息列表企业党建信...</a></td>
        </tr>
        <tr>
          <td align="center"><img src="images/let.jpg" width="5" height="5" /></
td>
          <td height="20"><a href="#">企业党建信息列表企业党建信...</a></td>
        </tr>
        <tr>
          <td align="center"><img src="images/let.jpg" width="5" height="5" /></
td>
          <td height="20"><a href="#">企业党建信息列表企业党建信...</a></td>
        </tr>
        <tr>
          <td align="center"><img src="images/let.jpg" width="5" height="5" /></
td>
          <td height="20"><a href="#">企业党建信息列表企业党建信...</a></td>
        </tr>
        <tr>
          <td align="center"><img src="images/let.jpg" width="5" height="5" /></
td>
          <td height="20"><a href="#">企业党建信息列表企业党建信...</a></td>
        </tr>
        <tr>
          <td></td>
          <td height="5"></td>
        </tr>
      </table></td>
    </tr>
  </table></td>
  <td width="5"> </td>
  <td><table width="100%" border="0" cellspacing="0" cellpadding="0">
    <tr>
      <td><table width="255" border="0" cellpadding="0" cellspacing="0"
class="border2">
        <tr>
          <td height="25" bgcolor="#fff7d6"><span class="font_01">  <img
src="images/up.gif" width="11" height="11" /></span> 领导讲话</td>
        </tr>
        <tr>
          <td><table width="100%" border="0" cellspacing="0" cellpadding="0">
            <tr>
              <td height="5" colspan="2"></td>
              </tr>
            <tr>
              <td width="38%" rowspan="6"><table width="100%" border="0"
cellspacing="0" cellpadding="0">
                <tr>
                  <td align="center"><table width="74" height="84" border= "0"
cellpadding="0" cellspacing="0" class="ima_border">
                      <tr>
                        <td><a href="#"><img src="images/3.jpg" width="70"
height= "80" border="0" /></a></td>
                      </tr>
                    </table></td>
```

```
                    </tr>
                    <tr>
                      <td height="25" align="center"><a href="#">信息标题</a> </td>
                    </tr>
                  </table></td>
                  <td width="62%" height="20"><a href="#">领导讲话信息标题列表... </a></
td>
                </tr>
                <tr>
                  <td height="20"><a href="#">领导讲话信息标题列表...</a></td>
                </tr>
                <tr>
                  <td height="20"><a href="#">领导讲话信息标题列表...</a></td>
                </tr>
                <tr>
                  <td height="20"><a href="#">领导讲话信息标题列表...</a></td>
                </tr>
                <tr>
                  <td height="20"><a href="#">领导讲话信息标题列表...</a></td>
                </tr>
                <tr>
                  <td height="20"><a href="#">领导讲话信息标题列表...</a></td>
                </tr>
                <tr>
                  <td height="5" colspan="2"></td>
                  </tr>
              </table></td>
            </tr>
          </table></td>
          <td><table width="255" border="0" align="right" cellpadding="0"
cellspacing="0" class="border2">
            <tr>
              <td height="25" bgcolor="#fff7d6"><span class="font_01">  <img
src="images/up.gif" width="11" height="11" /></span> 管理动态</td>
            </tr>
            <tr>
              <td><table width="100%" border="0" cellspacing="0" cellpadding="0">
                <tr>
                  <td height="5" colspan="2"></td>
                </tr>
                <tr>
                  <td width="38%" rowspan="6"><table width="100%" border="0"
cellspacing="0" cellpadding="0">
                      <tr>
                        <td align="center"><table width="74" height="84" border="0"
cellpadding="0" cellspacing="0" class="ima_border">
                            <tr>
                              <td><a href="#"><img src="images/baiming1.jpg"
width="70" height="80" border="0" /></a></td>
                            </tr>
                        </table></td>
                      </tr>
                      <tr>
                        <td height="25" align="center"><a href="#">信息标题</a> </td>
                      </tr>
                  </table></td>
                  <td width="62%" height="20"><a href="#">管理动态信息标题列表... </a></
td>
                </tr>
                <tr>
```

```
              <td height="20"><a href="#">管理动态信息标题列表...</a></td>
            </tr>
            <tr>
              <td height="20"><a href="#">管理动态信息标题列表...</a></td>
            </tr>
            <tr>
              <td height="20"><a href="#">管理动态信息标题列表...</a></td>
            </tr>
            <tr>
              <td height="20"><a href="#">管理动态信息标题列表...</a></td>
            </tr>
            <tr>
              <td height="20"><a href="#">管理动态信息标题列表...</a></td>
            </tr>
            <tr>
              <td height="5" colspan="2"></td>
            </tr>
          </table></td>
        </tr>
      </table></td>
    </tr>
  </table>
    <table width="100%" border="0" cellspacing="0" cellpadding="0">
      <tr>
        <td height="5"></td>
      </tr>
      <tr>
        <td height="70" align="center"><td height="110" align="center"> <img
src="images/p3.jpg"/></td></td>
      </tr>
    </table></td>
  <td width="5"> </td>
  <td width="230"><table width="225" border="0" align="center" cellpadding= "0"
cellspacing="0" class="border">
    <tr>
      <td width="31" align="center" background="images/menu_bg1.gif" class=
"font_01"><img src="images/icon_keyword.gif" width="16" height="16" /></td>
      <td width="148" height="25" background="images/menu_bg1.gif" class=
"font_01">电力服务</td>
      <td width="44" background="images/menu_bg1.gif" class="font_01"><a
href="#"><img src="images/more.gif" width="29" height="11" border="0" /></a></td>
    </tr>
    <tr>
      <td colspan="3"><table width="95%" border="0" align="center" cellpadding=
"0" cellspacing="0">
        <tr>
          <td height="5"></td>
        </tr>
        <tr>
          <td height="20">[优质服务] <a href="#">优质服务标题信息列表... </a></td>
        </tr>
        <tr>
          <td height="20">[行风建设] <a href="#">行风建设标题信息列表... </a></td>
        </tr>
        <tr>
          <td height="20">[优质服务] <a href="#">优质服务标题信息列表... </a></td>
        </tr>
        <tr>
          <td height="20">[行风建设] <a href="#">行风建设标题信息列表... </a></td>
        </tr>
```

```
          <tr>
            <td height="20">[优质服务] <a href="#">优质服务标题信息列表... </a></td>
          </tr>
          <tr>
            <td height="20">[行风建设] <a href="#">行风建设标题信息列表... </a></td>
          </tr>

          <tr>
            <td height="20">[优质服务] <a href="#">优质服务标题信息列表... </a></td>
          </tr>
          <tr>
            <td height="20">[行风建设] <a href="#">行风建设标题信息列表... </a></td>
          </tr>

          <tr>
            <td height="20">[优质服务] <a href="#">优质服务标题信息列表... </a></td>
          </tr>
          <tr>
            <td height="20">[行风建设] <a href="#">行风建设标题信息列表... </a></td>
          </tr>

          <tr>
            <td height="5"></td>
          </tr>
        </table></td>
      </tr>
    </table></td>
  </tr>
</table>
```

22.3.7　中间主体第四栏

中间主体第四栏包括“本局二级单位站点连接”“安全生产”“商业营销”“专题专栏”四个小模块，实现效果如图 22-9 所示。

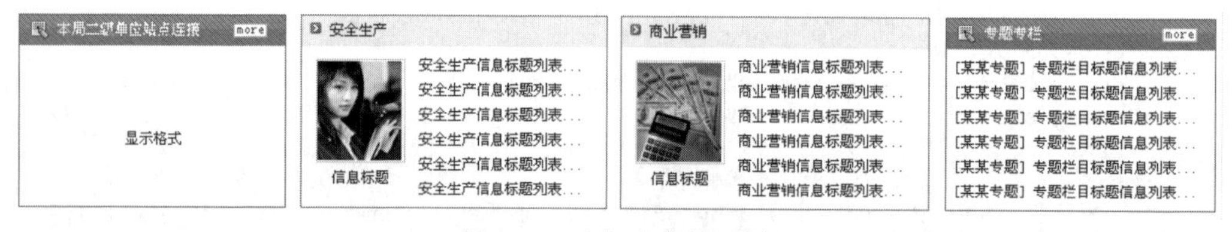

图 22-9　中间主体第四栏

完成主体第四栏的具体代码如下。

```
<table width="1003" border="0" align="center" cellspacing="0">
  <tr>
    <td height="5"></td>
  </tr>
</table>
<table width="1003" border="0" align="center" cellspacing="0">
  <tr>
    <td width="230"><table width="225" border="0" align="center" cellpadding= "0"
cellspacing="0" class="border">
      <tr>
        <td width="31" align="center" background="images/menu_bg1.gif" class=
```

```
"font_01"><img src="images/icon_keyword.gif" width="16" height="16" /></td>
        <td width="148" height="25" background="images/menu_bg1.gif" class=
"font_01">本局二级单位站点连接</td>
        <td width="44" background="images/menu_bg1.gif" class="font_01"><a
href="#"><img src="images/more.gif" width="29" height="11" border= "0" /></a></td>
      </tr>
      <tr>
        <td colspan="3"><table width="95%" border="0" align="center" cellpadding=
"0" cellspacing="0">
          <tr>
            <td></td>
            <td height="5"></td>
          </tr>
          <tr>
            <td> </td>
            <td height="20"> </td>
          </tr>
          <tr>
            <td> </td>
            <td height="20"> </td>
          </tr>
          <tr>
            <td> </td>
            <td height="20"> </td>
          </tr>
          <tr>
            <td height="20" colspan="2" align="center">显示格式</td>
            </tr>
          <tr>
            <td> </td>
            <td height="20"> </td>
          </tr>
          <tr>
            <td> </td>
            <td height="20"> </td>
          </tr>
          <tr>
            <td></td>
            <td height="5"></td>
          </tr>
        </table></td>
      </tr>
    </table></td>
    <td width="5"> </td>
    <td><table width="100%" border="0" cellspacing="0" cellpadding="0">
      <tr>
        <td><table width="255" border="0" cellpadding="0" cellspacing="0"
class="boeder4">
          <tr>
            <td height="25" bgcolor="#d4fde7"><span class="font_01">  <img
src="images/up.gif" width="11" height="11" /></span> 安全生产</td>
          </tr>
          <tr>
            <td><table width="100%" border="0" cellspacing="0" cellpadding="0">
              <tr>
                <td height="5" colspan="2"></td>
              </tr>
              <tr>
                <td width="38%" rowspan="6"><table width="100%" border="0"
```

```
cellspacing="0" cellpadding="0">
                    <tr>
                      <td align="center"><table width="74" height="84" border= "0"
cellpadding="0" cellspacing="0" class="ima_border">
                          <tr>
                            <td><a href="#"><img src="images/xinshou1.jpg" width=
 "70" height="80" border="0" /></a></td>
                          </tr>
                      </table></td>
                    </tr>
                    <tr>
                      <td height="25" align="center"><a href="#">信息标题</a></td>
                    </tr>
                </table></td>
                <td width="62%" height="20"><a href="#">安全生产信息标题列表... </a></
td>
              </tr>
              <tr>
                <td height="20"><a href="#">安全生产信息标题列表...</a></td>
              </tr>
              <tr>
                <td height="20"><a href="#">安全生产信息标题列表...</a></td>
              </tr>
              <tr>
                <td height="20"><a href="#">安全生产信息标题列表...</a></td>
              </tr>
              <tr>
                <td height="20"><a href="#">安全生产信息标题列表...</a></td>
              </tr>
              <tr>
                <td height="20"><a href="#">安全生产信息标题列表...</a></td>
              </tr>
              <tr>
                <td height="5" colspan="2"></td>
              </tr>
            </table></td>
          </tr>
        </table></td>
        <td><table width="255" border="0" align="right" cellpadding="0"
cellspacing="0" class="boeder4">
          <tr>
            <td height="25" bgcolor="#d4fde7"><span class="font_01">  <img
src="images/up.gif" width="11" height="11" /></span> 商业营销</td>
          </tr>
          <tr>
            <td><table width="100%" border="0" cellspacing="0" cellpadding="0">
              <tr>
                <td height="5" colspan="2"></td>
              </tr>
              <tr>
                <td width="38%" rowspan="6"><table width="100%" border="0"
cellspacing="0" cellpadding="0">
                    <tr>
                      <td align="center"><table width="74" height="84" border= "0"
cellpadding="0" cellspacing="0" class="ima_border">
                          <tr>
                            <td><a href="#"><img src="images/1.jpg" width="70"
height="80" border="0" /></a></td>
                          </tr>
```

```
                </table></td>
              </tr>
              <tr>
                <td height="25" align="center"><a href="#">信息标题</a></td>
              </tr>
            </table></td>
            <td width="62%" height="20"><a href="#">商业营销信息标题列表... </a></
td>
          </tr>
          <tr>
            <td height="20"><a href="#">商业营销信息标题列表...</a></td>
          </tr>
          <tr>
            <td height="20"><a href="#">商业营销信息标题列表...</a></td>
          </tr>
          <tr>
            <td height="20"><a href="#">商业营销信息标题列表...</a></td>
          </tr>
          <tr>
            <td height="20"><a href="#">商业营销信息标题列表...</a></td>
          </tr>
          <tr>
            <td height="20"><a href="#">商业营销信息标题列表...</a></td>
          </tr>
          <tr>
            <td height="5" colspan="2"></td>
          </tr>
        </table></td>
      </tr>
    </table></td>
  </tr>
</table></td>
<td width="5"> </td>
<td width="230"><table width="225" border="0" align="center" cellpadding= "0"
cellspacing="0" class="border">
  <tr>
    <td width="31" align="center" background="images/menu_bg1.gif" class=
"font_01"><img src="images/icon_keyword.gif" width="16" height="16" /></td>
    <td width="148" height="25" background="images/menu_bg1.gif" class=
"font_01">专题专栏</td>
    <td width="44" background="images/menu_bg1.gif" class="font_01"><a
href="#"><img src="images/more.gif" width="29" height="11" border= "0" /></a></td>
  </tr>
  <tr>
    <td colspan="3"><table width="95%" border="0" align="center" cellpadding=
"0" cellspacing="0">
      <tr>
        <td height="5"></td>
      </tr>
      <tr>
        <td height="20">[某某专题] <a href="#">专题栏目标题信息列表...</a></td>
      </tr>
      <tr>
        <td height="20">[某某专题] <a href="#">专题栏目标题信息列表...</a></td>
      </tr>
      <tr>
        <td height="20">[某某专题] <a href="#">专题栏目标题信息列表...</a></td>
      </tr>
      <tr>
```

```
          <td height="20">[某某专题] <a href="#">专题栏目标题信息列表...</a></td>
        </tr>
        <tr>
          <td height="20">[某某专题] <a href="#">专题栏目标题信息列表...</a></td>
        </tr>
        <tr>
          <td height="20">[某某专题] <a href="#">专题栏目标题信息列表...</a></td>
        </tr>
        <tr>
          <td height="5"></td>
        </tr>
      </table></td>
    </tr>
  </table></td>
 </tr>
</table>
```

22.3.8 中间主体第五栏

中间主体第五栏包括“商业系统站点连接”“人力资源”“法规标准”“视频中心”四个小模块，实现效果如图 22-10 所示。

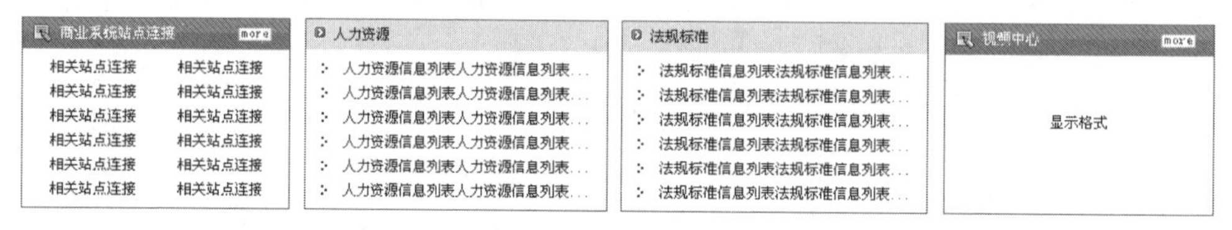

图 22-10　中间主体第五栏

完成主体第五栏的具体代码如下。

```
<table width="1003" border="0" align="center" cellspacing="0">
  <tr>
    <td height="5"></td>
  </tr>
</table>
<table width="1003" border="0" align="center" cellspacing="0">
  <tr>
    <td width="230"><table width="225" border="0" align="center" cellpadding= “0"
cellspacing="0" class="border">
      <tr>
        <td width="31" align="center" background="images/menu_bg1.gif" class=
 “font_01"><img src="images/icon_keyword.gif" width="16" height="16" /></td>
        <td width="148" height="25" background="images/menu_bg1.gif" class=
 “font_01">商业系统站点连接</td>
        <td width="44" background="images/menu_bg1.gif" class="font_01"><a
href="#"><img src="images/more.gif" width="29" height="11" border="0" /></a></td>
      </tr>
      <tr>
        <td colspan="3"><table width="95%" border="0" align="center" cellpadding=
 “0" cellspacing="0">
          <tr>
            <td width="50%"></td>
            <td width="50%" height="5"></td>
          </tr>
          <tr>
```

```
            <td align="center"><a href="#">相关站点连接</a></td>
            <td height="20" align="center"><a href="#">相关站点连接</a></td>
          </tr>
          <tr>
            <td align="center"><a href="#">相关站点连接</a></td>
            <td height="20" align="center"><a href="#">相关站点连接</a></td>
          </tr>
          <tr>
            <td align="center"><a href="#">相关站点连接</a></td>
            <td height="20" align="center"><a href="#">相关站点连接</a></td>
          </tr>
          <tr>
            <td align="center"><a href="#">相关站点连接</a></td>
            <td height="20" align="center"><a href="#">相关站点连接</a></td>
          </tr>
          <tr>
            <td align="center"><a href="#">相关站点连接</a></td>
            <td height="20" align="center"><a href="#">相关站点连接</a></td>
          </tr>
          <tr>
            <td align="center"><a href="#">相关站点连接</a></td>
            <td height="20" align="center"><a href="#">相关站点连接</a></td>
          </tr>
          <tr>
            <td></td>
            <td height="5"></td>
          </tr>
        </table></td>
      </tr>
    </table></td>
    <td width="5"> </td>
    <td><table width="100%" border="0" cellspacing="0" cellpadding="0">
      <tr>
        <td><table width="255" border="0" cellpadding="0" cellspacing="0"
class="border">
          <tr>
            <td height="25" bgcolor="#d6e8ff"><span class="font_01">  <img
src="images/up.gif" width="11" height="11" /></span> 人力资源</td>
          </tr>
          <tr>
            <td><table width="100%" border="0" cellspacing="0" cellpadding="0">
              <tr>
                <td width="12%"></td>
                <td width="88%" height="5"></td>
              </tr>
              <tr>
                <td align="center"><img src="images/i30.gif" width="7" height= "10"
/></td>
                <td height="20"><a href="#">人力资源信息列表人力资源信息列表... </a></
td>
              </tr>
              <tr>
                <td align="center"><img src="images/i30.gif" width="7" height= "10"
/></td>
                <td height="20"><a href="#">人力资源信息列表人力资源信息列表... </a></
td>
              </tr>
              <tr>
                <td align="center"><img src="images/i30.gif" width="7" height= "10"
/></td>
```

```
                <td height="20"><a href="#">人力资源信息列表人力资源信息列表... </a></
td>
              </tr>
              <tr>
                <td align="center"><img src="images/i30.gif" width="7" height= “10"
/></td>
                <td height="20"><a href="#">人力资源信息列表人力资源信息列表... </a></
td>
              </tr>
              <tr>
                <td align="center"><img src="images/i30.gif" width="7" height= “10"
/></td>
                <td height="20"><a href="#">人力资源信息列表人力资源信息列表... </a></
td>
              </tr>
              <tr>
                <td align="center"><img src="images/i30.gif" width="7" height= “10"
/></td>
                <td height="20"><a href="#">人力资源信息列表人力资源信息列表... </a></
td>
              </tr>
              <tr>
                <td></td>
                <td height="5"></td>
              </tr>
            </table></td>
          </tr>
        </table></td>
        <td><table width="255" border="0" align="right" cellpadding="0"
cellspacing="0" class="border">
          <tr>
            <td height="25" bgcolor="#d6e8ff"><span class="font_01">  <img
src="images/up.gif" width="11" height="11" /></span> 法规标准</td>
          </tr>
          <tr>
            <td><table width="100%" border="0" cellspacing="0" cellpadding="0">
              <tr>
                <td width="12%"></td>
                <td width="88%" height="5"></td>
              </tr>
              <tr>
                <td align="center"><img src="images/i30.gif" width="7" height= “10"
/></td>
                <td height="20"><a href="#">法规标准信息列表法规标准信息列表... </a></
td>
              </tr>
              <tr>
                <td align="center"><img src="images/i30.gif" width="7" height= “10"
/></td>
                <td height="20"><a href="#">法规标准信息列表法规标准信息列表... </a></
td>
              </tr>
              <tr>
                <td align="center"><img src="images/i30.gif" width="7" height= “10"
/></td>
                <td height="20"><a href="#">法规标准信息列表法规标准信息列表... </a></
td>
              </tr>
              <tr>
                <td align="center"><img src="images/i30.gif" width="7" height= “10"
```

```
/></td>
                <td height="20"><a href="#">法规标准信息列表法规标准信息列表... </a></
td>
              </tr>
              <tr>
                <td align="center"><img src="images/i30.gif" width="7" height= “10"
/></td>
                <td height="20"><a href="#">法规标准信息列表法规标准信息列表... </a></
td>
              </tr>
              <tr>
                <td align="center"><img src="images/i30.gif" width="7" height= “10"
/></td>
                <td height="20"><a href="#">法规标准信息列表法规标准信息列表... </a></
td>
              </tr>
              <tr>
                <td></td>
                <td height="5"></td>
              </tr>
            </table></td>
          </tr>
        </table></td>
      </tr>
    </table></td>
    <td width="5"> </td>
    <td width="230"><table width="225" border="0" align="center" cellpadding= “0"
cellspacing="0" class="border">
      <tr>
        <td width="31" align="center" background="images/menu_bg1.gif" class=
“font_01"><img src="images/icon_keyword.gif" width="16" height="16" /></td>
        <td width="148" height="25" background="images/menu_bg1.gif" class=
“font_01">视频中心</td>
        <td width="44" background="images/menu_bg1.gif" class="font_01"><a href=
“#"><img src="images/more.gif" width="29" height="11" border="0" /></a></td>
      </tr>
      <tr>
        <td colspan="3"><table width="100%" border="0" cellspacing="0" cellpadding=
“0">
          <tr>
            <td height="5"></td>
          </tr>
          <tr>
            <td height="20"> </td>
          </tr>
          <tr>
            <td height="20"> </td>
          </tr>
          <tr>
            <td height="20" align="center">显示格式</td>
          </tr>
          <tr>
            <td height="20"> </td>
          </tr>
          <tr>
            <td height="20"> </td>
          </tr>
          <tr>
            <td height="20"> </td>
```

```
          </tr>
          <tr>
            <td height="5"></td>
          </tr>
        </table></td>
      </tr>
    </table></td>
  </tr>
</table>
```

22.3.9 网页底部

在网页底部一般会有备案信息和一些快捷链接，实现效果如图 22-11 所示。

关于我们 | 联系我们 | 网站声明 | 招聘信息 | 网站地图 | 友情链接

copyright © 2006 - 2018 vvv.com

图 22-11 网页底部

实现网页底部的具体代码如下。

```
<table width="1003" border="0" align="center" cellspacing="0">
  <tr>
    <td height="5"></td>
  </tr>
</table>
<table width="1003" border="0" align="center" cellspacing="0" class="border3">
  <tr>
    <td height="25" align="center">关于我们 | 联系我们 | 网站声明 | 招聘信息 | 网站地图 |
友情链接</td>
  </tr>
</table>
<table width="1003" border="0" align="center" cellpadding="0" cellspacing="0">
  <tr>
    <td width="423" align="center">copyright &copy; 2006 - 2018 <a
href=""><strong>vvv.com</strong></a><br />
  </tr>
</table>
```